高等职业教育汽车及机械工程系列精品教材

机械制图

Mechanical Drawing

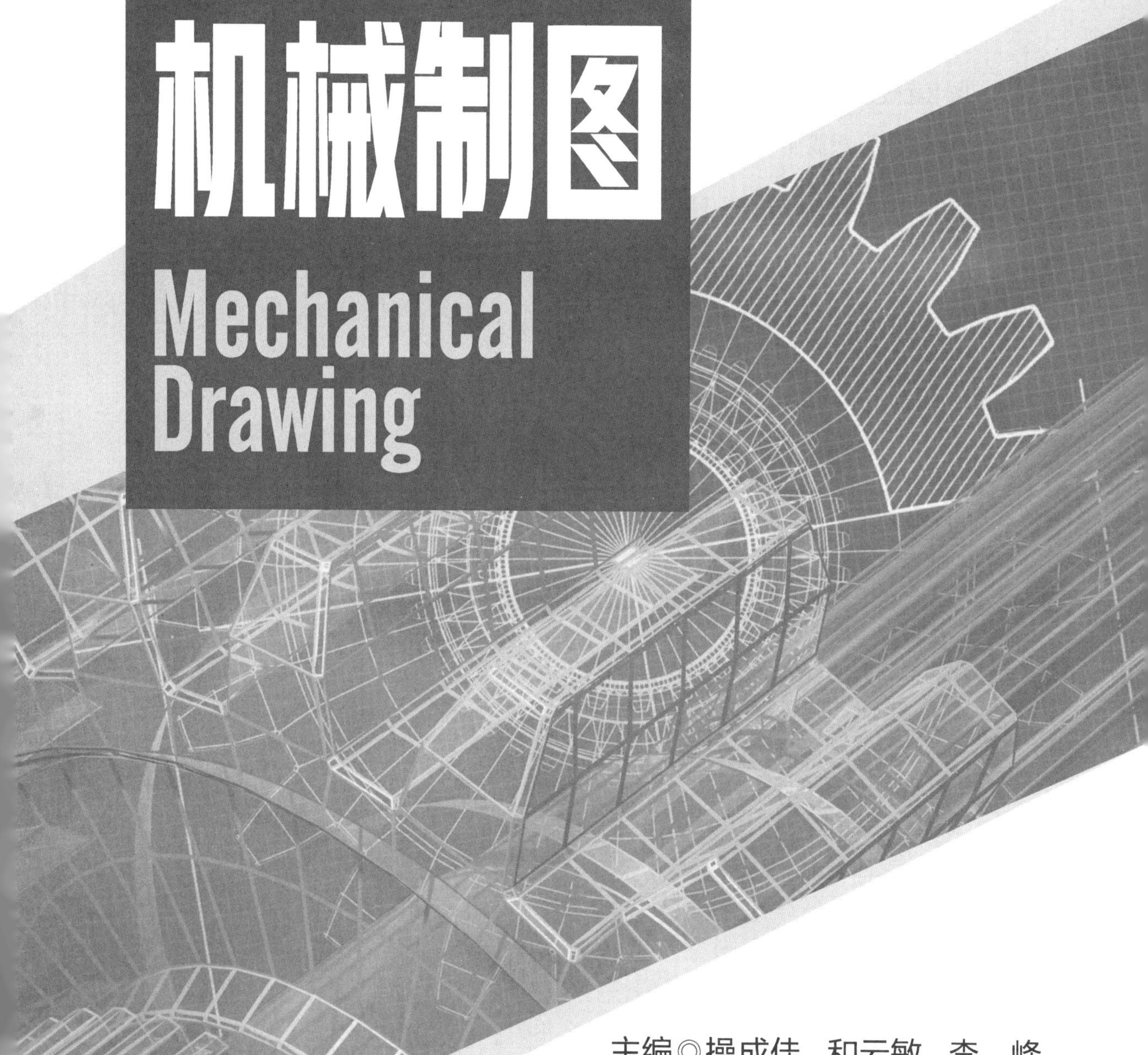

主编◎操成佳　和云敏　李　峰

同济大学出版社
TONGJI UNIVERSITY PRESS
·上海·

内 容 提 要

本书以职业能力发展为主线，由浅入深，由易到难，介绍了制图的基本知识和技能，投影理论基础，基本体的投影，轴测图绘制，截交线和相贯线，组合体，零件图，连接类零件绘制，支承与传动类零件绘制以及装配图绘制。书中配有二维码，对于复杂的零件图、装配图，扫码后即可观看详细的立体图形及拆装动画演示过程。全书内容力求精炼，以“必须、够用”为度，注重理论和实践的紧密结合。

本书适合高等职业教育机械相关专业师生作为教材使用，也可供机械行业工程技术人员阅读参考。

图书在版编目(CIP)数据

机械制图 / 操成佳，何云敏，李峰主编. -- 上海：同济大学出版社，2023.8

ISBN 978-7-5765-0762-1

Ⅰ. ①机… Ⅱ. ①操… ②何… ③李… Ⅲ. ①机械制图 Ⅳ. ①TH126

中国国家版本馆 CIP 数据核字(2023)第 018422 号

高等职业教育汽车及机械工程系列精品教材

机械制图

主编 操成佳 和云敏 李 峰 **副主编** 甘江明 吴克兵 宋国强 田 刚

参编 姬庆玲 肖 莉

责任编辑 陈佳蔚 **责任校对** 徐逢乔 **封面设计** 渲彩轩

出版发行 同济大学出版社 www.tongjipress.com.cn

(地址：上海市四平路 1239 号 邮编：200092 电话：021-65985622)

经　　销 全国各地新华书店

制　　作 南京月叶图文制作有限公司

印　　刷 常熟市大宏印刷有限公司

开　　本 787mm×1092mm 1/16

印　　张 17.5

字　　数 437 000

版　　次 2023 年 8 月第 1 版

印　　次 2023 年 8 月第 1 次印刷

书　　号 ISBN 978-7-5765-0762-1

定　　价 59.00 元

前　言

机械制图是工科院校相关专业培养高级技能型人才必须学习的一门课程，也是每个从事工程技术相关专业的人员必须学习和熟练掌握的基本技能。

本书在编写时遵循教育教学规律，符合教学对象的认知水平和学习规律，内容指向制图员职业的工作任务、工作内在联系和工作过程，结合行业需求和专业特色以及教学对象的实际情况，按照职业能力发展过程组织教材内容，力求做到“实用、够用、会用”，重在培养学生的职业技能。

本书在编写的过程中力求突出以下七个特点。

1. 以职业能力发展为主线，在内容选取上符合国家职业标准，并将国家职业标准融入各章节，由浅入深，由易到难，体现“做中学”“学中做”的教学理念。

2. 弱化画法几何内容，以“必须、够用”为度，建立平面与空间的关系。

3. 从简到难，从小到大，从局部到整体，渗透教育教学规律。

4. 注重解决实际问题的能力培养。加强各类零件测绘方法和常用测量工具的应用，书中图形清晰，分析过程详尽，有利于读者自学。

5. 每章都写明教学须达到的素质目标、知识目标和能力目标。

6. 书中配有二维码，对于复杂的零件图、装配图，扫码后即可观看详细的立体图形及拆装动画演示过程，方便读者更好地理解和掌握重难点知识。

7. 采用最新的国家标准作为编写依据。

本书由武汉城市职业学院操成佳、李峰，长江工程职业技术学院和云敏担任主编；武汉城市职业学院甘江明、吴克兵、宋国强，天门职业学院田刚担任副主编；武汉城市职业学院姬庆玲、肖莉参编。具体分工如下：和云敏负责绪论和第1,2章的编写，姬庆玲负责第3章的编写，甘江明负责第4章和附录的编写，操成佳负责第5,6,7章的编写，李峰负责第8章的编写及全书动画制作，田刚负责第9章的编写，肖莉负责校对文字，全书由操成佳负责统稿。

限于编者水平有限，书中如有不足和错误之处，恳请读者批评指正！

编　者

2023年6月

目 录

第0章 绪 论

0.1 图样及其在生产中的作用

根据投影原理和有关规定绘制的表示工程对象并有必要技术要求说明的图，称为图样。

图样在表达设计思想，描绘物体形状、大小、精度等性质方面，具有语言和文字无法相比的形象、直观的优势，是产品设计和制造过程中不可缺少的技术资料。

在设计阶段，图样可以表达设计意图。

在加工阶段，机械加工以图样为依据。

在检验阶段，图样可以作为检验零件是否合格的依据。

在使用阶段，图样可以作为使用和维护的要求。

因此，图样被誉为工程界的语言，作为工程技术人员必须很好地掌握这门语言。

例如，铣刀头轴实物如图 0-1 所示，这样的图对于没有读图基础的人员来说立体感强，容易读懂零件的形状和结构，但在实际的工作中，这样的图并不能用于指导加工生产。因为图 0-1 没有完全清楚地表达零件的全部结构，比如，铣刀头轴左段和右段圆柱体正上方要求加工键槽结构，前方不加工，后方和下方有没有加工要求在图中并没有表达清楚。要想表达清楚，就需要提供零件图，如图 0-2 所示。要读懂这样的图就要掌握读图的一些基本知识和要领。本课程的主要内容就是介绍读零件图的相关知识，目的是使学生最终读懂装配图，如图 0-3所示千斤顶装配图，为后续专业课程打好基础。

图 0-1 铣刀头轴

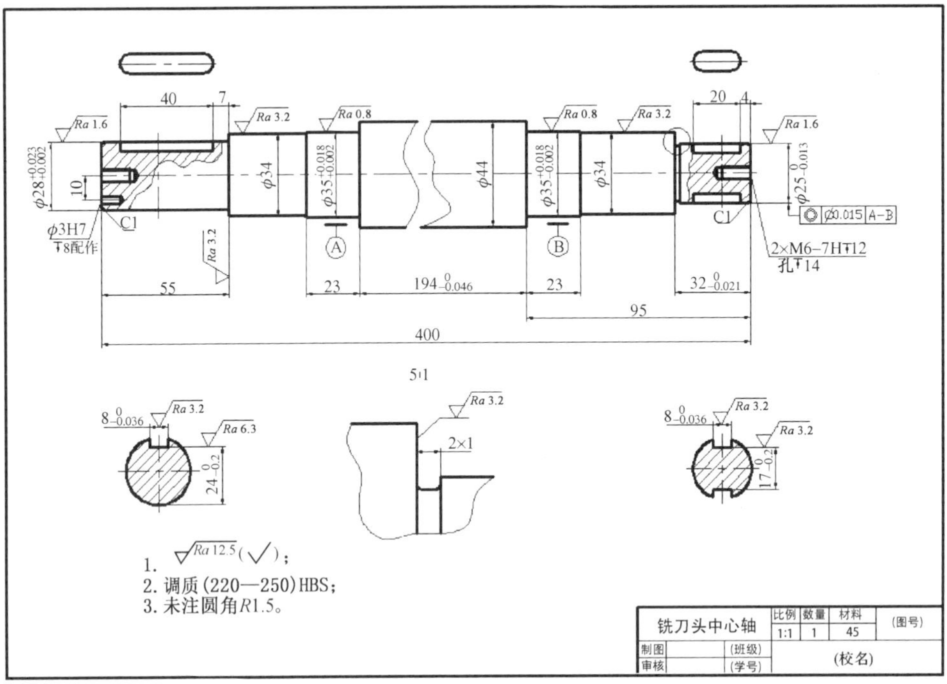

图 0-2 铣刀头中心轴零件图(单位：mm)

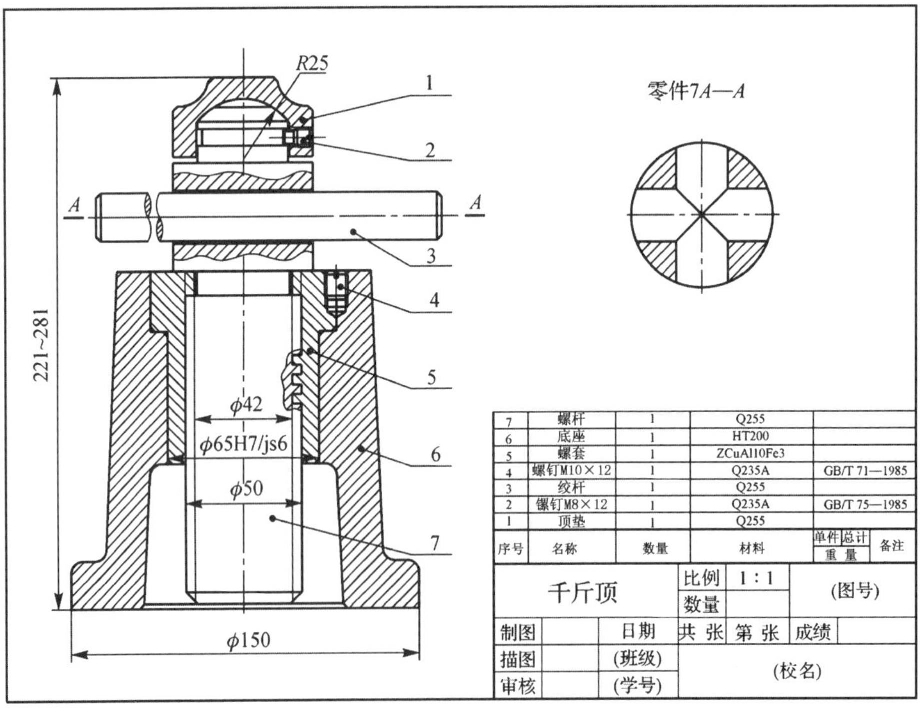

图 0-3 千斤顶装配图(单位：mm)

0.2 课程目的

工程技术图样应满足以下四点要求。

(1) 图形必须唯一准确地反映物体的原形,不能模棱两可,既像这个物体又像那个物体。

(2) 图形要有一定的直观性,能够容易看懂表达的内容。

(3) 图形要有一定的度量性,根据图样能方便地确定物体各部分的尺寸和比例。

(4) 容易绘制。

0.3 课程任务

本课程的主要任务是培养学生画图和读图的能力。通过本课程的学习,学生应达到如下基本要求。

(1) 掌握正投影法的基本原理及其应用,培养空间想象能力和思维能力。

(2) 拥有绘制和识读中等复杂程度机械图样的基本能力,为进一步学习计算机绘图奠定坚实的基础。

(3) 熟练掌握常用的制图国家标准及其他有关规定,具备查阅标准和技术资料的能力。

(4) 养成认真负责的工作态度和一丝不苟的工作作风。

0.4 学习方法

“机械制图”是一门既有理论又注重实践的课程,学习时应注意以下四点。

(1) 在听课和复习过程中,重点掌握正投影法的基本理论和基本方法,不能死记硬背。通过循序渐进的练习,不断提高空间思维能力和表达能力。

(2) 本课程的实践性较强,只有通过大量的实践,才能提高画图与读图的能力,提高绘图的技巧。

(3) 本课程的主要内容需要通过一系列的画图与读图实践才能掌握,因此及时完成规定的练习和作业是学好本课程的重要环节。

(4) 重视学习并严格遵守制图国家标准,牢记常用的标准并能熟练地运用。

第1章　制图的基本知识和技能

本章导读

机械图样是按照国家标准的规定和投影原理绘制的，用于表达机器和机械零件的结构形状和技术要求，它是制造机器和加工零件的依据。现行的国家标准《技术制图》和《机械制图》是阅读和绘制机械图样的准则和依据。

我国的标准编号由标准代号、标准顺序号和批准的年号构成。国家标准分为强制性国家标准（代号是“GB”）和推荐性国家标准（代号是“GB/T”），分别如图1-1和图1-2所示。

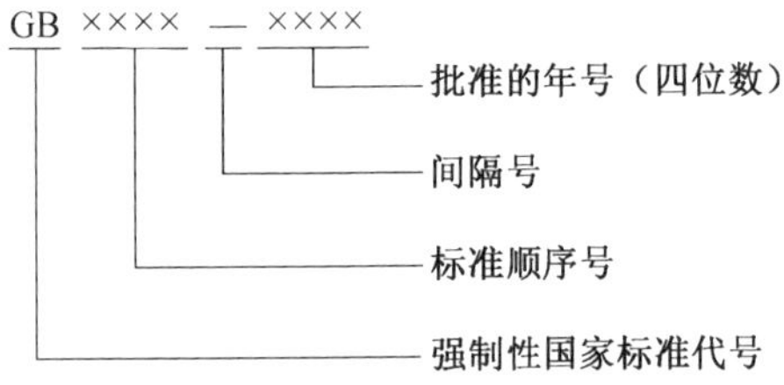

图1-1　强制性国家标准的编号

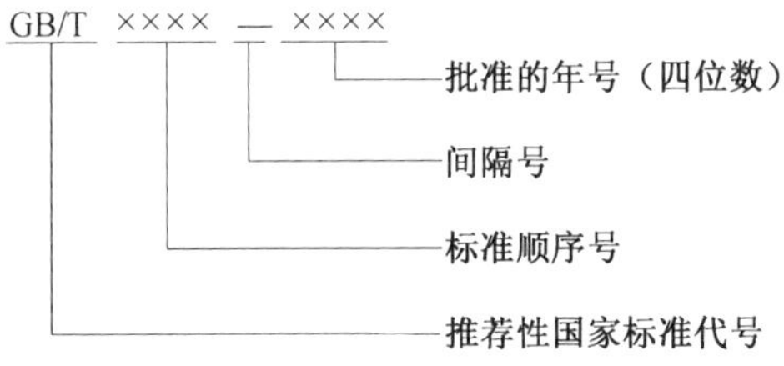

图1-2　推荐性国家标准的编号

要正确地绘制出机械图样，除了熟悉国家标准的有关规定外，还要能正确地使用绘图工具，掌握几何制图的方法和技巧，并通过绘图技能的训练以保证绘图质量，提高绘图速度。

素质目标

（1）培养学生的爱国情怀和中华民族自豪感。介绍图纸的起源，讲述机械制图的历史渊源及我国机械制图技术的发展历程。

（2）培养学生对本课程的兴趣，树立专业自豪感。学习中国机械行业的前辈、专家的优秀事迹，他们对发展中国机械及推动整个中国制造业发展的用心良苦，以及他们的工作和学习作风。

知识目标

（1）熟悉国家标准《技术制图》和《机械制图》的基本规定和要求。

（2）了解常用绘图工具、仪器和用品的种类及使用、保养方法。

（3）学会常用几何图形的画法，掌握平面图形的分析方法、绘制方法和绘制步骤。

能力目标

能按照国家标准的规定，正确使用绘图工具绘制平面图形并标注其尺寸。

1.1 绘图工具的使用

“工欲善其事，必先利其器”。虽然计算机绘图已经普及，但尺规绘图仍然是技术人员必备的基本技能，是学习和巩固绘图知识的必要途径。要提高绘图的准确性和效率，必须正确使用各种绘图工具和仪器，并养成爱护绘图工具和仪器的良好习惯。下面介绍手工绘图时所用的绘图工具和绘图仪器的种类及使用方法。

1.1.1 绘图工具

常用的绘图工具有铅笔、图板、丁字尺、三角板、比例尺等，如图 1-3 所示。

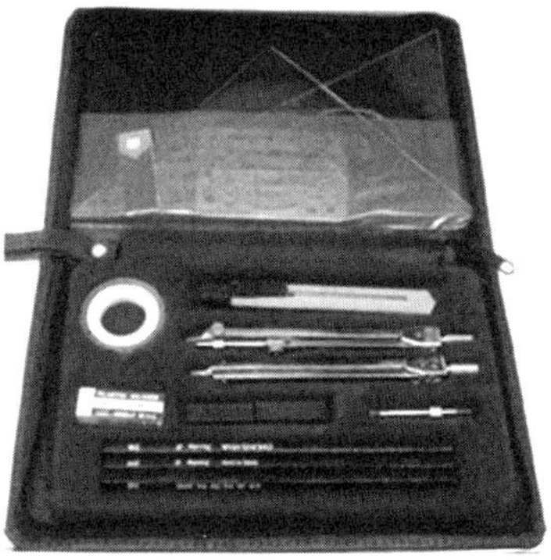

图 1-3 绘图工具包

1. 铅笔

绘图铅笔用 B 和 H 代表铅芯的软硬程度。B 的号数越大，则铅芯越软；H 的号数越大，则铅芯越硬；HB 表示铅芯的软硬适中。常用 H 或 2H 的铅笔画细实线，用 HB 的铅笔写字，用 B 或 2B 的铅笔画粗实线。削铅笔时应从无标号的一端削起以保留标号，以铅芯露出 6～8mm 为宜。根据需要，铅芯可削成相应的形状。写字或画细线时，铅芯削成锥状；加深粗线时，铅芯削成四棱柱状，如图 1-4 所示。

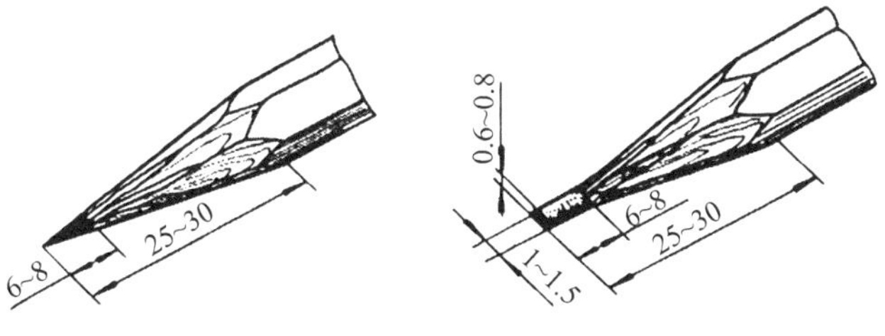

（a）2H、H、HB铅笔的削法　　（b）2B、B铅笔的削法

图 1-4 绘图铅笔的削法(单位：mm)

2. 图板

图板主要用来铺放及固定图纸。它一般由胶合板制成，板面光滑平整，四边由平直的硬木镶边，其左侧边称为导边。常用的图板规格有 0 号、1 号、2 号和 3 号，如图 1-5 所示。

一般图纸用胶带纸固定在图板的左下角，画完图后，不要撕去胶带纸，只需将其向后卷贴在图纸的反面即可，不要使用图钉固定图纸，以免损坏图板表面。

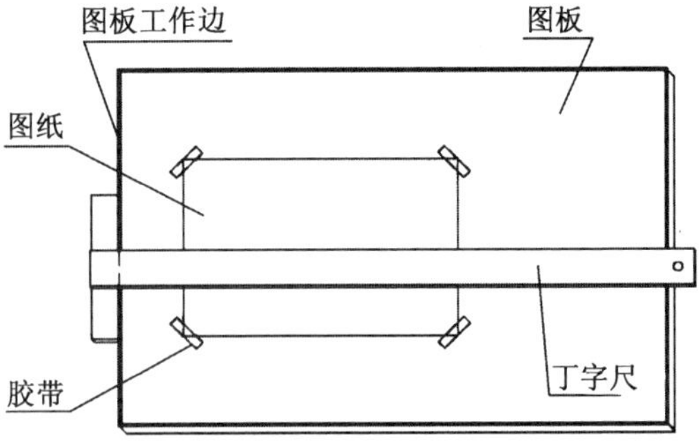

图 1-5 图板和丁字尺

3. 丁字尺

丁字尺的材质有木质和有机玻璃两种。它由相互垂直的尺头和尺身组成。使用时，左手扶住尺头，将尺头的内侧边紧贴图板的导边，上下移动丁字尺，自左向右，即可画出不同位置的水平线。禁止用丁字尺画垂直线及用尺身下缘画水平线。

4. 三角板

三角板一般由有机玻璃制成，其中一块为30°、60°直角三角形，另一块为45°等腰直角三角形。三角板与丁字尺配合使用可画垂直线和各种15°倍数角度的斜线，如图1-6所示。

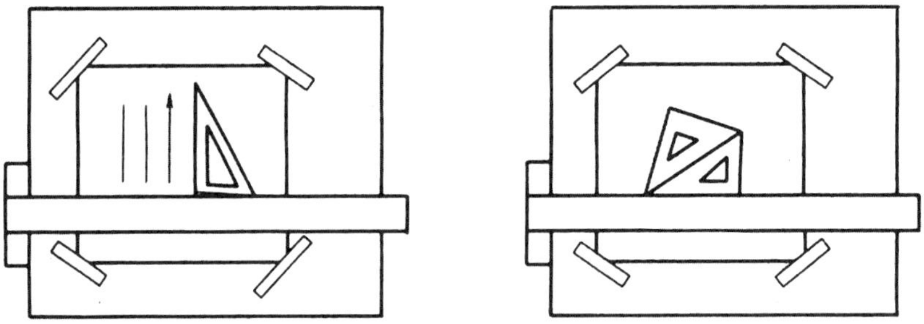

图 1-6 三角板和丁字尺的配合使用

5. 比例尺

比例尺常为木质三棱柱体，故又称三棱尺，它的三面刻有6种不同的比例刻度。绘图时，应根据所绘图形的比例，选用相应的刻度，直接进行度量，无需换算，如图1-7所示。

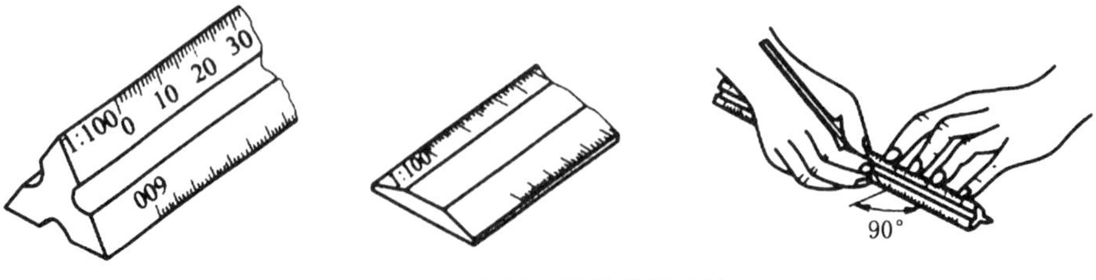

图 1-7 比例尺及其使用方法

1.1.2 绘图仪器

1. 圆规与分规

圆规是画圆和圆弧的工具。圆规有两只脚，其中一只脚上有活动针尖，针尖是画圆或圆弧时定心用的；另一只脚上有活动关节，可随时装换铅芯插脚、鸭嘴插脚、作分规用的锥形钢针插脚，如图 1-8 所示。

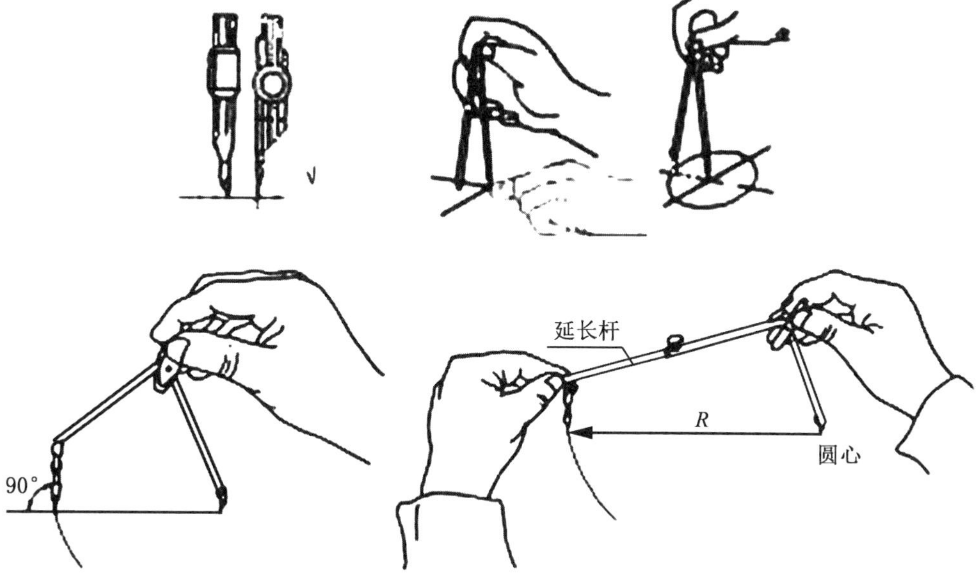

图 1-8　圆规的使用方法

分规是用来量取线段和等分线段的工具。分规的两腿端部有钢针，两腿合拢时，两针尖应合为一点。分规的使用方法如图 1-9 所示。

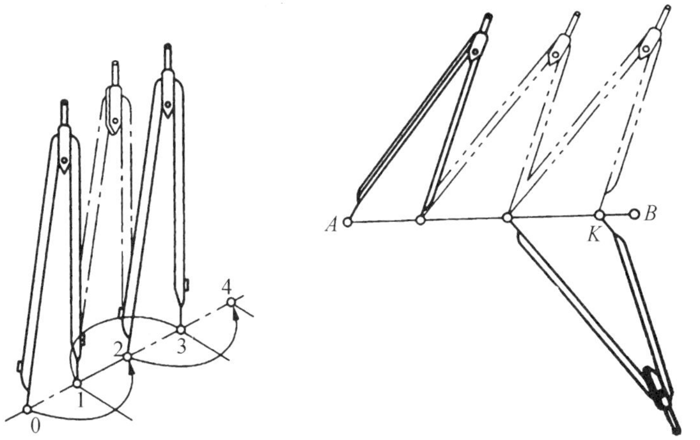

图 1-9　分规的使用方法

2. 曲线板

曲线板是绘制非圆曲线的常用工具。画线时，先徒手将各点轻轻地连成曲线，然后在曲线板上选取曲率相当的部分，分几段逐次将各点连成曲线，但每段都不要全部描完，至少留出后两点间的一小段，使之与下段吻合，以保证曲线的光滑连接，如图 1-10 所示。

图 1-10　曲线板及其使用方法

1.2　制图国家标准的基本规定

1959 年，我国首次颁布国家标准《机械制图》，后来又作了多次修订。随着科学技术的高速发展和相互渗透，自 1998 年起，我国开始制定并陆续颁布了《技术制图》国家标准。《技术制图》国家标准在技术内容上打破以往机械、土木建筑、电气、造船等行业间的界限，尽可能使基础部分达到统一。对于一些专业画法、注法、代号和符号等不能统一的部分，均同时纳入专业标准。如《机械制图》标准就是在贯彻执行《技术制图》标准的前提下，作为界限行业的制图标准发布的。本节仅简要介绍国家标准《技术制图》和《机械制图》中有关图纸幅面和格式、比例、字体、图线以及尺寸注法等基本规定。

1.2.1　《技术制图　图纸幅面和格式》(GB/T 14689—2008)

1. 图纸的幅面

图纸幅面指图纸宽度与长度组成的图面。为了合理利用图纸和便于图样管理，国家标准规定了五种图纸的幅面，其代号分别为 A0，A1，A2，A3，A4。绘图时应优先选用国标中规定的幅面尺寸。基本幅面图纸中，A0 幅面为 1 m^2，长边是短边的$\sqrt{2}$倍，因此，A0 图纸长边 L 为 1 189 mm，短边 B 为 841 mm，A1 图纸的面积是 A0 的一半，A2 图纸的面积是 A1 的一半，其余依次类推，关系见表 1-1。

表 1-1　图纸的基本幅面尺寸　　单位：mm

幅面代号	A0	A1	A2	A3	A4
$B\times L$	841×1 189	594×841	420×594	297×420	210×297
a	25				
c	10			5	
e	20		10		

注：a 指装订那一边的边宽尺寸，c 指其余三边的边宽尺寸，e 指不装订的四边的边宽尺寸。

必要时，允许以基本幅面的短边的整数倍加长幅面，加长后幅面代号记作：基本幅面代号×倍数，如 A3×3，表示按 A3 图幅短边加长为 297 mm 的 3 倍，即加长图纸为 420 mm×891 mm，如图 1-11 所示。

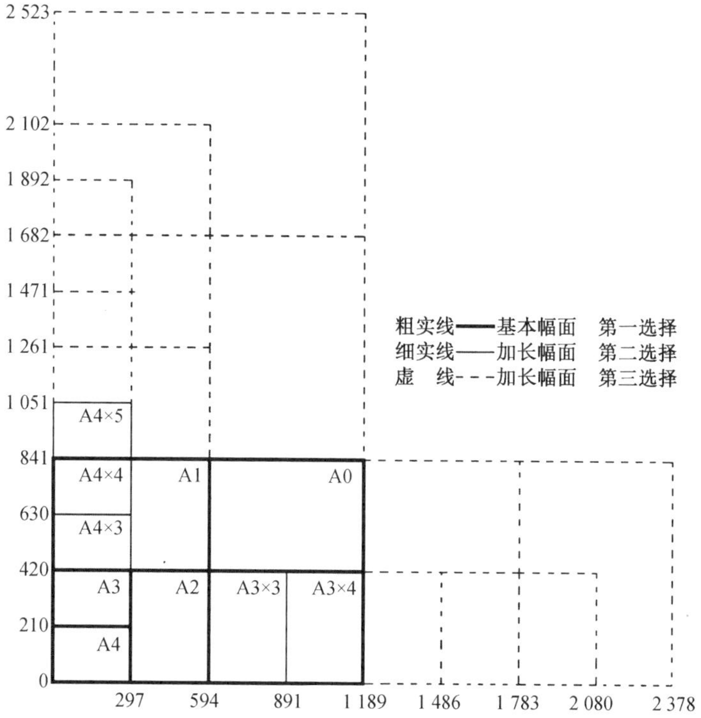

图 1-11　基本幅面与加长幅面尺寸(单位：mm)

2. 图框的格式

在图纸上，图框用粗实线绘制。图框有不留装订边和留装订边两种格式。同一产品中所有图样均应采用同一格式。

(1) 留装订边图纸的图框格式如图 1-12 所示，图中的尺寸 a 和 c 按表 1-1 的规定选用。一般采用 A4 幅面竖装，A3 幅面横装。

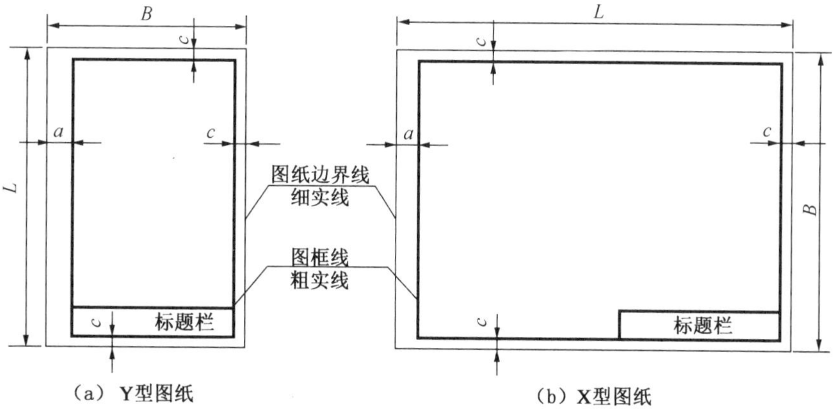

图 1-12　留装订边图纸的图框格式

（2）不留装订边图纸的图框格式如图 1-13 所示，图中 e 的尺寸按表 1-1 的规定选用。

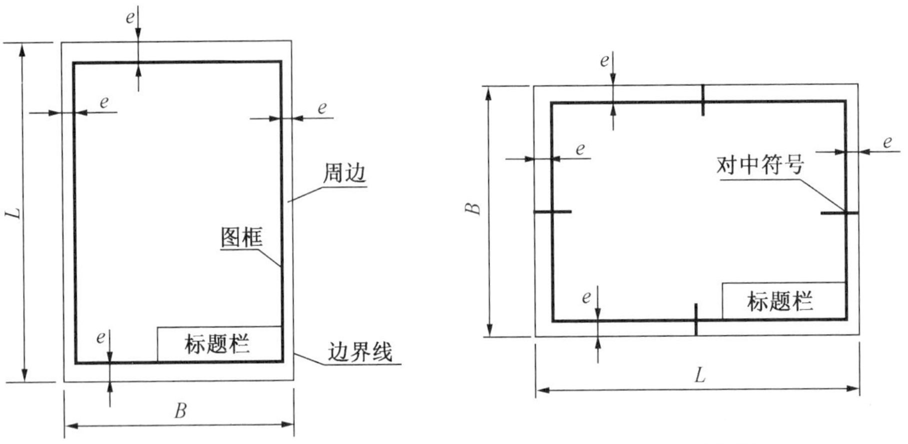

（a） Y型图纸　　（b）X型图纸

图 1-13　不留装订边图纸的图框格式

为了使图样在复制和微缩摄影时方便定位，应在图纸各边的中点处分别画出对中符号，对中符号用粗实线绘制，线宽不小于 0.5 mm，长度从纸边界开始至伸入图框内约 5 mm，当对中符号处于标题栏范围内时，则伸入标题栏部分省略不画，如图 1-14 所示。

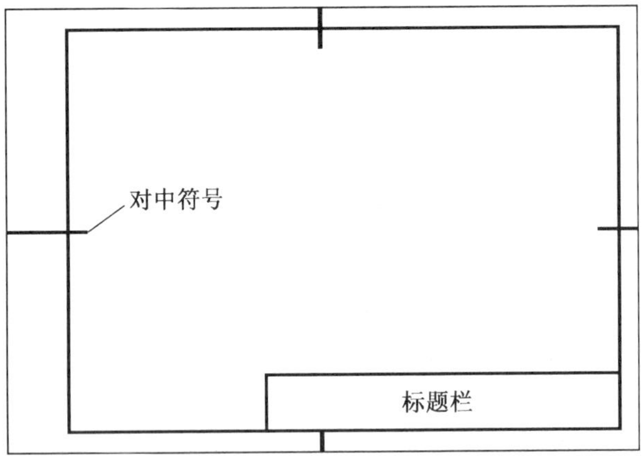

图 1-14　对中符号

3. **标题栏的方位及格式**

每张图纸都必须画出标题栏，标题栏的位置通常位于图纸的右下角。若标题栏的长边置于水平方向并与图纸长边平行，则构成 X 型图纸；若标题栏的长边垂直于图纸长边时，则构成 Y 型图纸，如图 1-12 和图 1-13 所示。标题栏中文字的方向为看图方向。标题栏的格式已由国家标准(GB/T 10609.1—2008)作出规定，如图 1-15(a)所示，学校的制图作业可采用简化的标题栏，如图 1-15(b)所示。

标题栏中的字体，除签名以外，均应符合《技术制图　字体》(GB/T 14691—1993)的规定。

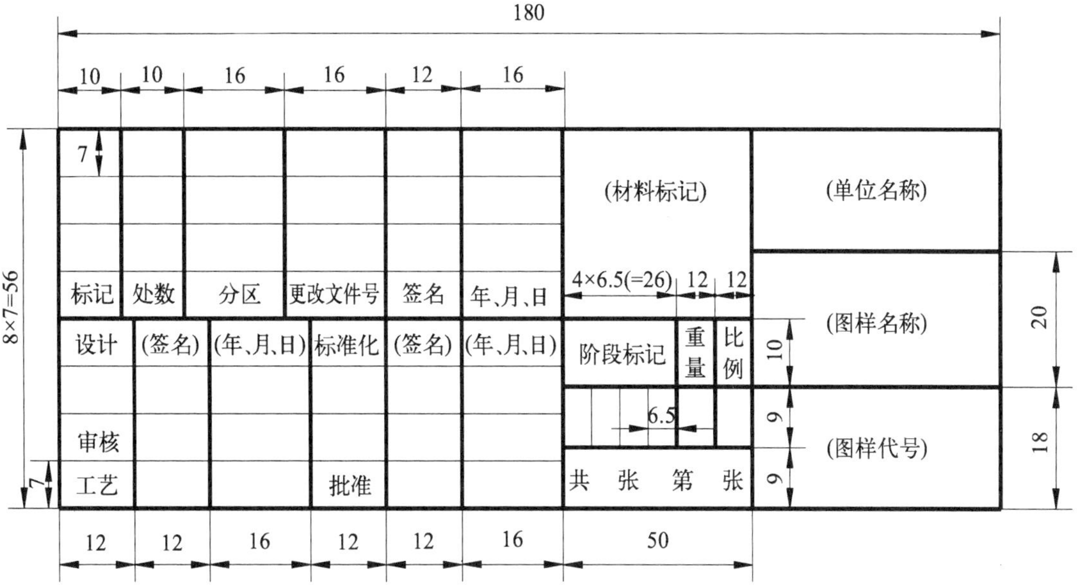

(a) 国家标准规定的标题栏格式

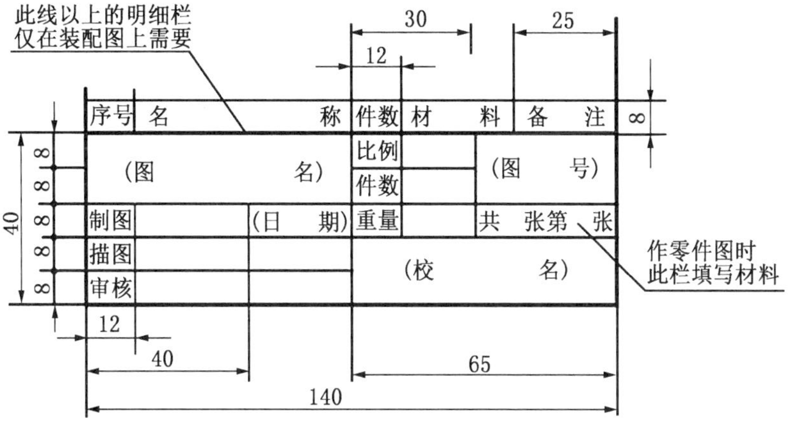

(b) 零件图和装配图中的标题栏格式(教学用)

图 1-15　标题栏的格式(单位：mm)

为了利用预先印制好的图纸，允许将 X 型图纸的短边置于水平位置，或者将 Y 型图纸的长边置于水平位置，此时，为了明确绘图与看图时的图纸方向，应在图纸下边对中符号处加画一个方向符号，如图 1-16(a)所示。方向符号是一个用细实线绘制的等边三角形，其大小及所在位置如图 1-16(b)所示。

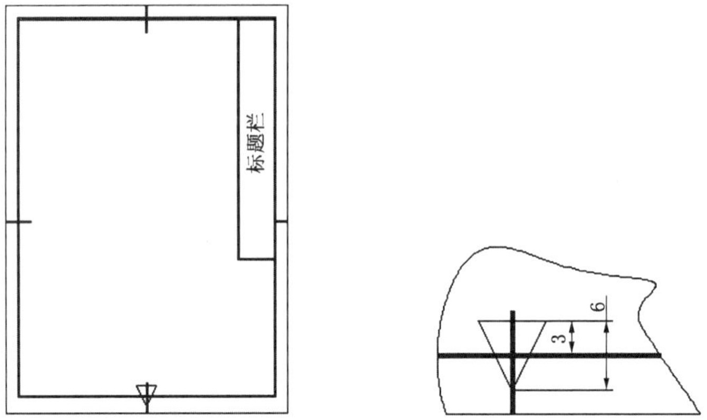

（a）在图纸上画出方向符号　　（b）方向符号的大小与位置

图 1-16　方向符号(单位：mm)

1.2.2 《技术制图　比例》(GB/T 14690—1993)

图中图形与其实物相应要素的线性尺寸之比称为比例。

为了看图方便，绘制图样时，应尽可能按机件的原值比例画出。如果机件太大或太小，应优先采用表 1-2 中规定的优先比例画图。图样无论是放大还是缩小画出，标注尺寸时，均应按机件的实际大小尺寸标注在图形的上方，与绘图的比例和准确程度无关，如图 1-17 所示。

表 1-2　标准比例(n 为正整数)

种类	比例	
	优先选取	允许选取
原值比例	1∶1	
放大比例	5∶1　5×10ⁿ∶1 2∶1　2×10ⁿ∶1	4∶1　4×10ⁿ∶1 2.5∶1　2.5×10ⁿ∶1
缩小比例	1∶2　1∶2×10ⁿ 1∶5　1∶5×10ⁿ 1∶10　1∶10×10ⁿ	1∶1.5　1∶1.5×10ⁿ 1∶2.5　1∶2.5×10ⁿ 1∶3　1∶3×10ⁿ 1∶4　1∶4×10ⁿ 1∶6　1∶6×10ⁿ

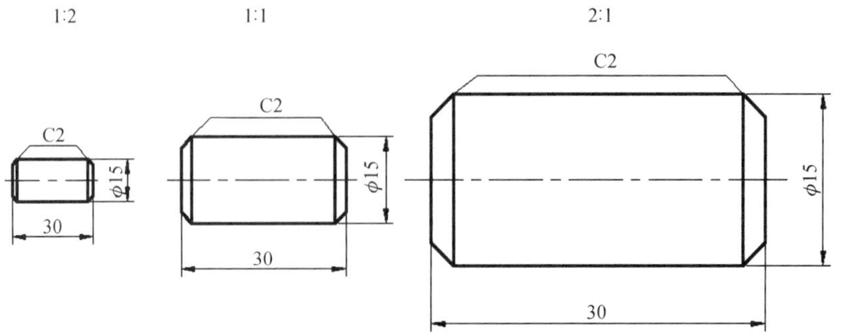

图 1-17　同一零件采用不同比例时的尺寸标注(单位：mm)

绘制同一机件的各个视图应采用相同的比例，并在标题栏的比例一栏内写明采用的比例。

1.2.3 《技术制图　字体》(GB/T 14691—1993)

图样中书写的汉字、数字、字母的字体必须做到：字体工整、笔画清楚、间隔均匀、排列整齐。

字体的号数，即字体的高度，用 h 表示。分为 1.8 mm，2.5 mm，3.5 mm，5 mm，7 mm，10 mm，14 mm，20 mm，共 8 种。如需要书写更大的字，其字体高度应按 $\sqrt{2}$ 的比率递增。

1. **汉字**

图样中的汉字应写成长仿宋体，并采用国家正式公布推行的简化字。汉字的高度不应小于 3.5 mm，其字宽一般为 $h/\sqrt{2}$。长仿宋体汉字的书写要领是：横平竖直、结构匀称、注意起落、填满方格。汉字示例如下：

10号汉字

字体工整笔划清楚间隔均匀排列整齐

7号汉字

横平竖直注意起落结构均匀填满方格

5号汉字

技术制图机械电子汽车航空船舶土木建筑矿山港口纺织服装

2. **字母和数字**

拉丁字母大写斜体：

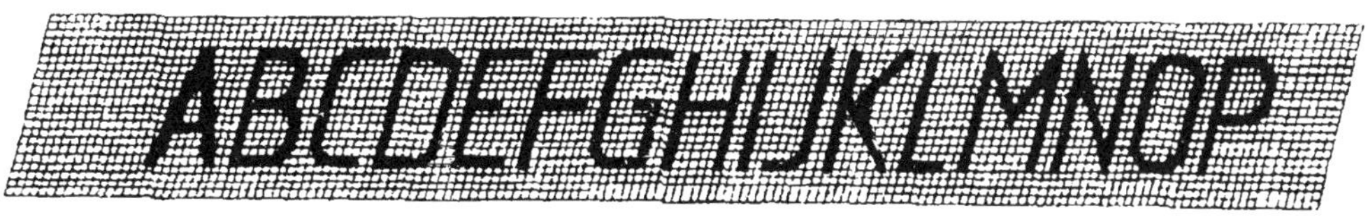

拉丁字母小写斜体：

阿拉伯数字斜体：

阿拉伯数字直体：

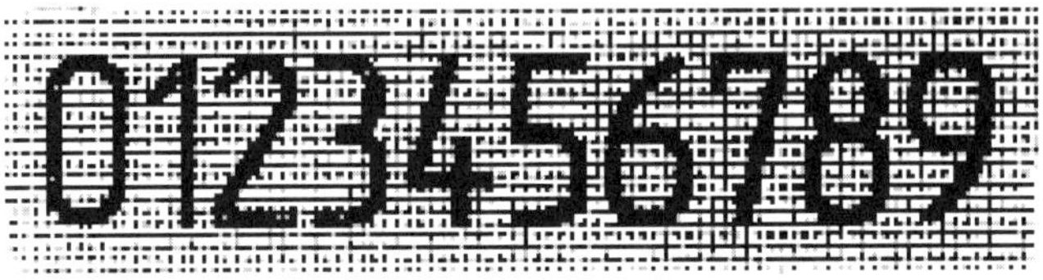

罗马数字斜体：

I　II　III　IV　V　VI

VII　VIII　IX　X　XI　XII

拉丁字母大写直体：

ABCDEFGHIJKLMNOPQRSTUVWXYZ

拉丁字母小写直体：

a b c d e f g h i j k l m n o p q r s t u v w x y z

图样中数字及字母的常用标注(图 1-18)：

10JS5(±0.003)M24—6h

$\phi 25\frac{H6}{m5}$　$\frac{\text{II}}{2:1}$　$\frac{A\frown}{5:1}$

图 1-18　数字和字母常用字体示例

1.2.4 《机械制图　图样画法　图线》(GB/T 4457.4—2002)

1. 图线形式及应用

在机械制图中常用的线型有实线、虚线、点划线、双点划线、波浪线、双折线等，它们的使用在国标中都有严格的规定(表 1-3)，使用时应严格遵守。

2. 图线宽度

在机械图样中采用粗、细两种线宽，它们之间的比例为 2∶1。

表 1-3　图线及其应用

图线名称	图线型式	图线宽度	一般应用
粗实线		d=0.5、0.7mm	可见轮廓线、可见棱边线、相贯线、螺纹牙顶线、螺纹长度终止线、齿顶圆(线)
细实线	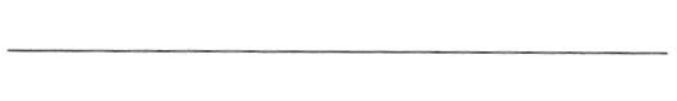	$d/2$	过渡线、尺寸线、尺寸界线、指引线和基准线、剖面线、重合断面的轮廓线、短中心线、螺纹的牙底及齿轮的齿根线、范围线及分界线、零件成形前的弯折线、辅助线、不连续同一表面连线、成规律分布的相同要素连线
波浪线		$d/2$	断裂处边界线、视图与剖视图的分界线
双折线	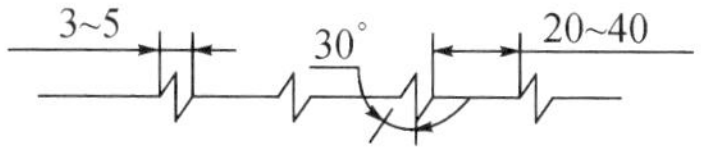	$d/2$	断裂处边界线
细虚线		$d/2$	不可见轮廓线、不可见棱边线、不可见过渡线
细点画线		$d/2$	轴线、对称中心线、分度圆(线)、孔系分布的中心线
细双点画线		$d/2$	相邻辅助零件的轮廓线、可动零件的极限位置的轮廓线、轨迹线、毛坯图中制成品的轮廓线
粗点画线		d	有特殊要求的线或表面的表示线

图线的宽度 d 应根据图形的大小和复杂程度，在下列数系中选择：0.13 mm，0.18 mm，0.25 mm，0.35 mm，0.5 mm，0.7 mm，1 mm，1.4 mm，2 mm。通常情况下，粗线的宽度采用 0.7 mm，细线的宽度采用 0.35 mm。在同一图样中，同类图线的宽度应一致。

3. 图线的应用

图 1-19 为上述几种图线的应用举例。在图示零件的视图上，粗实线表示该零件的可见轮廓线；虚线表示不可见轮廓线；细实线表示尺寸线、尺寸界线及剖面线；波浪线表示断裂处的边界线及局部视图和剖视图的分界线；细点划线表示对称中心线及轴线；双点划线表示相邻辅助零件的轮廓线及极限位置轮廓线。

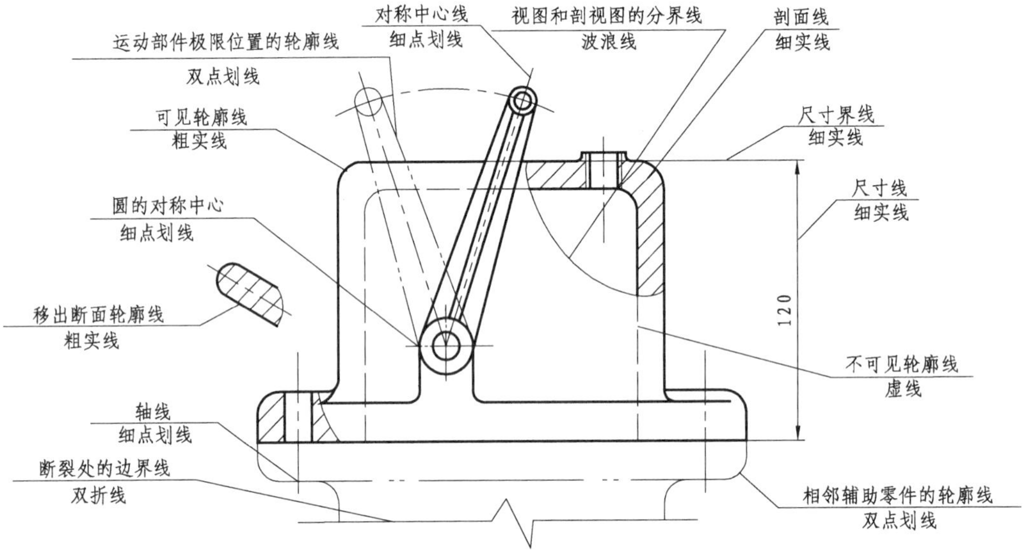

图 1-19　图线的应用举例

4. 图线画法

(1) 在同一图样中，同类图线的宽度应一致。

(2) 两平行线(包括剖面线)之间的距离应不小于粗实线的两倍宽度，其最小距离不得小于 0.7 mm。

(3) 绘制圆的对称中心线时，圆心应为线段的交点，且对称中心线的两端应超出圆弧 2～5 mm。在较小的图形上绘制点划线或双点划线有困难时，可用细实线代替，如图 1-20 所示。

(4) 点划线和双点划线中的“点”应画成长约 1 mm 的短划，点划线和双点划线的首尾应是长划而不是“点”。画线时，点划线之间、虚线之间、虚线与实线之间以及虚线与点划线之间均应相交于长划处，而不应留空隙。但当虚线是粗实线的延长线时，相接处在虚线一侧应留出间隙，如图 1-20 所示。

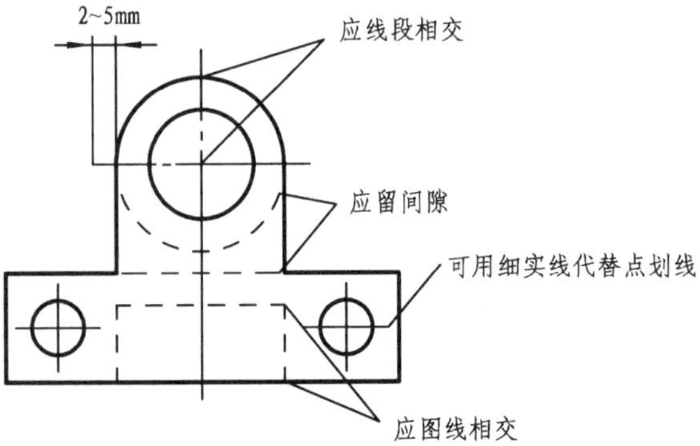

图 1-20　图线画法举例

1.2.5 《机械制图 尺寸注法》(GB/T 4458.4—2003)

图样上的图形只能表达零件的形状，而零件的大小还必须通过标注尺寸才能确定。标注尺寸是一项极为重要的工作，必须认真细致，一丝不苟。如果尺寸有遗漏或错误，都会给生产带来损失。

1. 标注尺寸的基本要求

正确：所标注的尺寸要符合国家标准的有关规定(GB/T 4458.4—2003)。

完全：要标注制造零件所需要的全部尺寸，既不遗漏，也不重复。

清晰：所标注的尺寸布置整齐、清晰，便于阅读。

合理：标注的尺寸符合设计要求及工艺要求。

2. 标注尺寸的基本规则

(1) 图样中的尺寸数值为零件的真实大小，与绘图比例及绘图的准确度无关。

(2) 图样中的尺寸以毫米为单位时可以省略，如采用其他单位，则必须注明单位。

(3) 图样中所注尺寸为零件完工后的尺寸，否则要另加说明。

(4) 每个尺寸一般只标注一次，并应标注在最能清晰地反映该结构特征的视图上。

3. 尺寸的组成要素

一个完整的尺寸，应由尺寸界线、尺寸线(包括尺寸终端)、尺寸数字(包括必要的符号和字母)三要素组成，如图1-21所示。

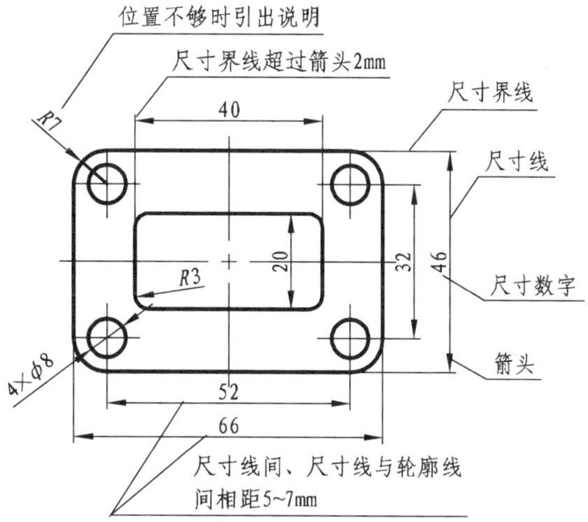

图1-21 尺寸的组成要素及标注示例(单位：mm)

(1) 尺寸界线

尺寸界线用来表示所注尺寸的起始和终止位置。

尺寸界线用细实线绘制，并应由图形的轮廓线、轴线或对称中心线处引出，也可用这些线代替。尺寸界线应超出尺寸线2～5 mm。尺寸界线一般应与尺寸线垂直，必要时允许与尺寸线倾斜。

(2) 尺寸线

尺寸线用来表示所注尺寸的方向。

尺寸线的终端有两种形式(图1-22)：箭头和斜线。同一张图样中只能采用一种尺寸线终端形式，不得混用。圆的直径和圆弧半径的尺寸线终端应画成箭头。

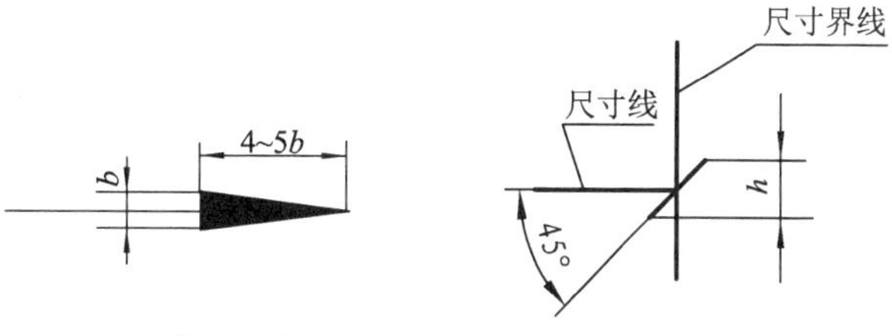

(a) 箭头画法 (b) 斜线画法

图1-22 尺寸线终端的两种形式

(3) 尺寸数字(GB/T 14691—1993)

尺寸数字用来表示零件的真实大小,与图形的大小无关。

尺寸数字一般应注在尺寸线的上方,也可注在尺寸线的中断处,但同一张图样上注法应尽量一致。线性尺寸数字的方向如图 1-23 所示。尺寸数字不可被任何图线所通过,如图 1-24 所示。

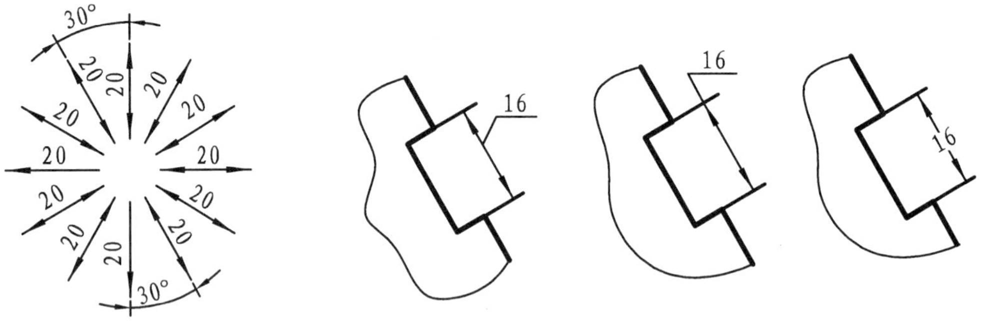

图 1-23　线性尺寸数字的方向(单位: mm)

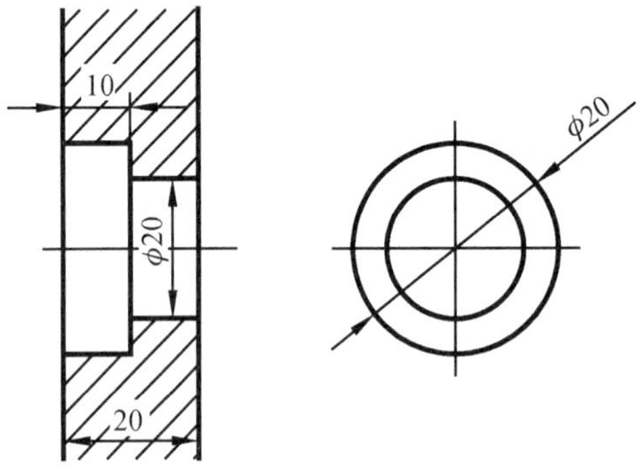

图 1-24　图线穿越尺寸数字时应断开(单位: mm)

(4) 相关符号(GB/T 4458.4—2003)

标注尺寸时,应尽可能使用符号和缩写词。常用的符号和缩写词见表 1-4。

表 1-4　尺寸标注常用的符号和缩写词

名称	直径	半径	球直径	球半径	厚度	正方形	深度	45°倒角	沉孔或锪平	埋头孔	斜度	锥度	均布
符号或缩写词	ϕ	R	Sϕ	SR	t	□	↧	C	⌴	∨	∠	◁	EQS

4. **角度、直径、半径及狭小部位尺寸的标注**

(1) 角度尺寸

① 尺寸界线应径向引出,尺寸线应画成圆弧,其圆心是该角的顶点。

② 角度数字一律注写成水平方向。一般注写在尺寸线的中断处。必要时,可注写在尺

寸线上方或外边，也可引出标注，如图 1-25 所示。

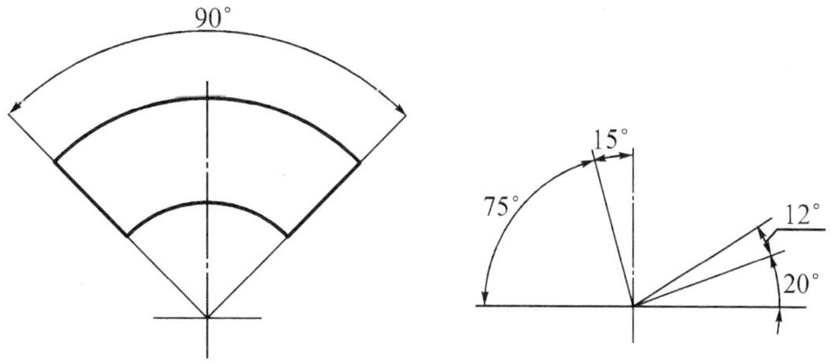

图 1-25　角度的标注

(2) 直径尺寸

标注直径尺寸时，应在尺寸数字前加注符号“φ”，如图 1-26 所示。

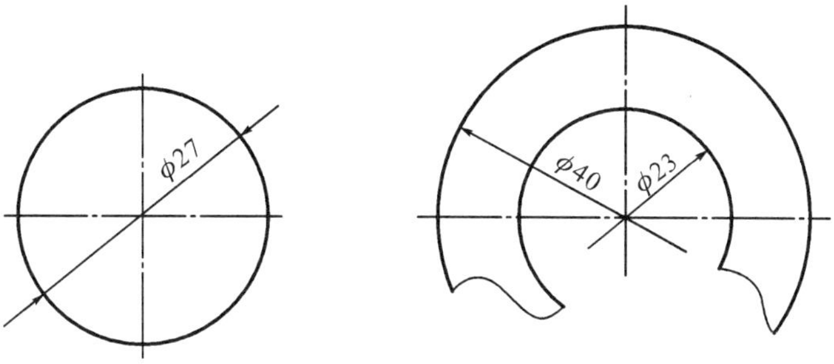

图 1-26　圆的直径标注(单位：mm)

(3) 圆弧半径尺寸

标注圆弧半径尺寸时，应在尺寸数字前加注符号“*R*”，如图 1-27 所示。

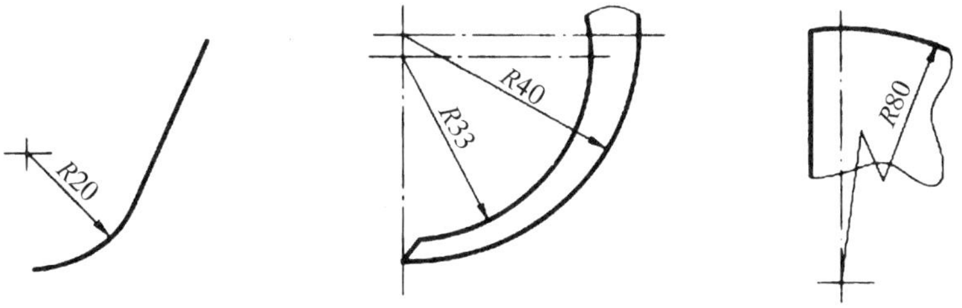

图 1-27　圆弧半径标注方法(单位：mm)

(4) 球面直径和球面半径尺寸

球面直径和球面半径尺寸的标注如图 1-28 所示。

(5) 狭小部位尺寸

当采用箭头时，在没有足够位置的情况下允许用圆点或细斜线代替箭头，如图 1-29 所示。

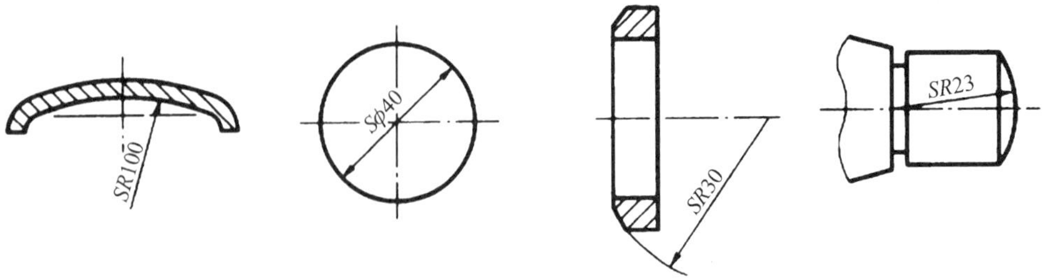

图 1-28　球面标注方法(单位：mm)

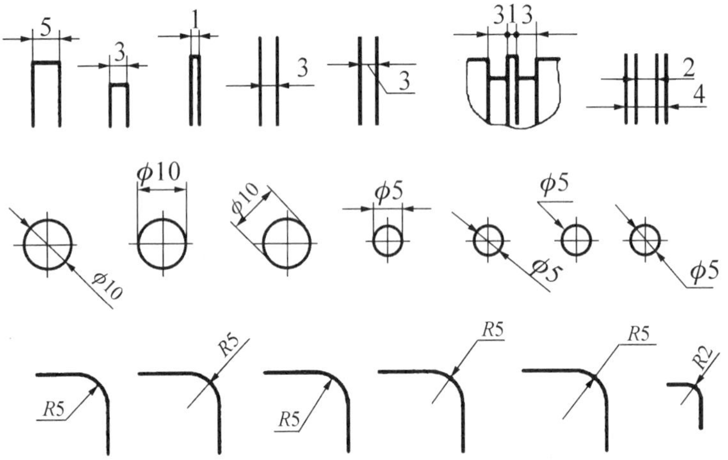

图 1-29　小尺寸标注示例(单位：mm)

5. **常见平面图形的尺寸标注示例**

平面图形中标注的尺寸，必须能唯一地确定图形的大小。应遵守国家标准的有关规定，并做到不遗漏、不重复。其基本步骤如下：

(1) 确定尺寸基准

标注尺寸的起点称为尺寸基准。平面图形中一般选用图形的对称中心线、较大圆的中心线或较长的直线作为尺寸基准。

(2) 定形尺寸

定形尺寸是确定平面图形中各线段或线框形状大小的尺寸。图 1-30 中的 φ20，4×φ12，R10，100，60 均为定形尺寸。

(3) 定位尺寸

定位尺寸是确定平面图形中各线段、线框的相对位置和圆的中心位置的尺寸。图 1-30 中 50，30 为定位尺寸。

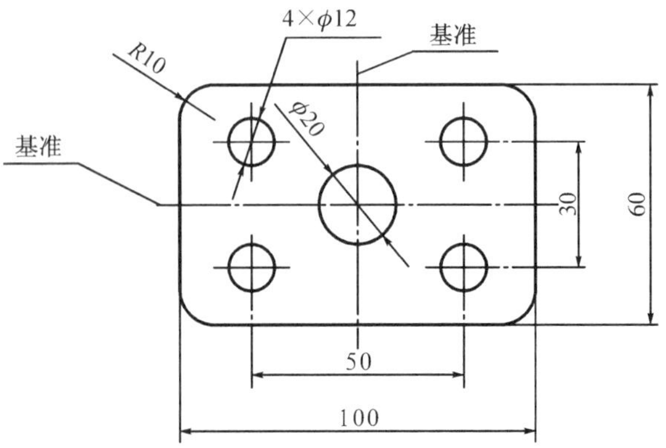

图 1-30　平面图形的尺寸标注(单位：mm)

表 1-5 为常见平面图形的尺寸标注方法。

表 1-5　常见平面图形的尺寸标注

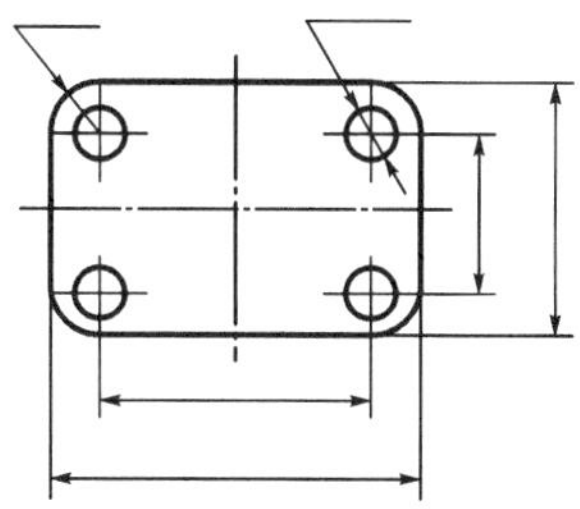	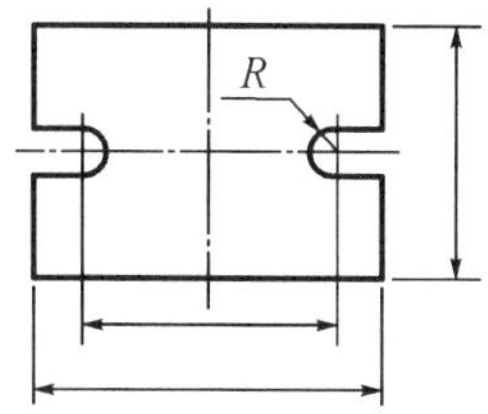	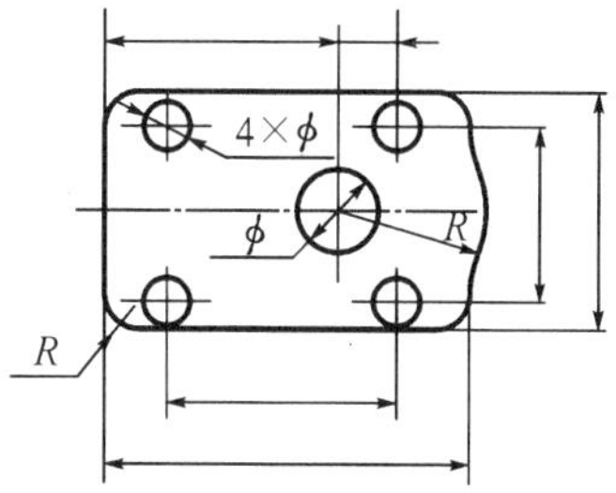
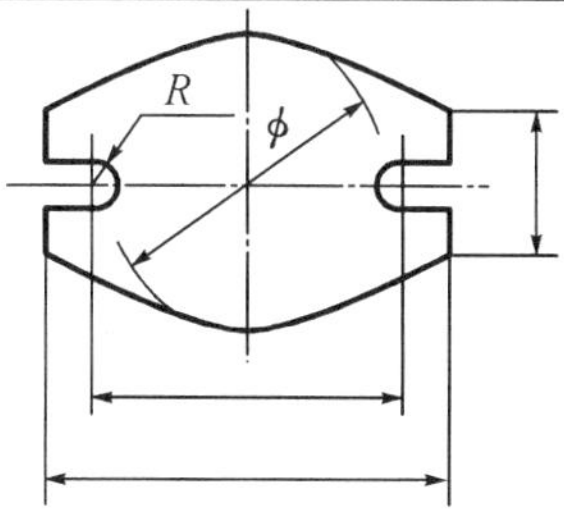	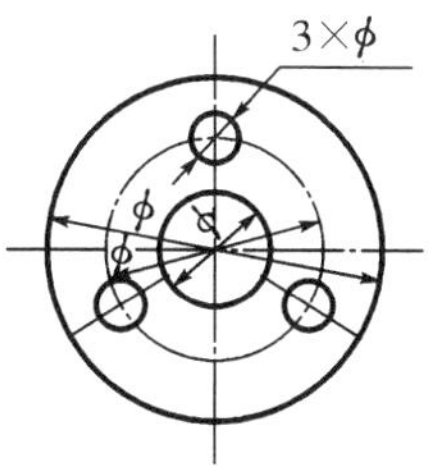	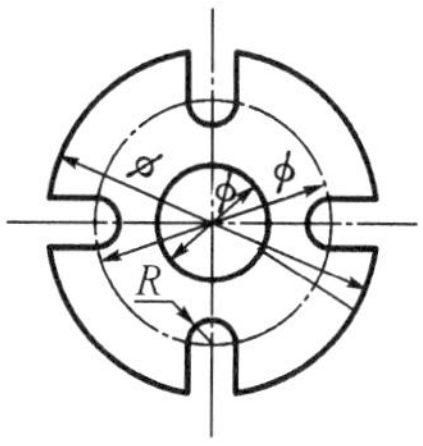

1.3　几 何 作 图

图样中的图形是由直线或曲线组成的，因此，画好直线和曲线并做好它们之间的连接，就能画好所需要的图形。只有熟练地掌握各种几何图形的作图方法，才能够保证绘图的质量和提高绘图的速度。

1.3.1　等分线段

将已知线段分成需要的份数即是等分线段。

1. **平行线法**

平行线法是利用相似三角形的平行截割定理进行作图。

如图 1-31 所示，将线段 AB 五等分。

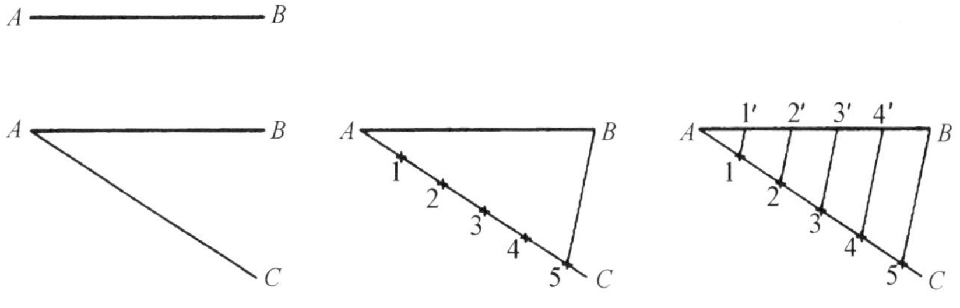

(a)　　(b)　　(c)

图 1-31　平行线法

2. **分规试分法**

若将线段 AB 三等分，其作图方法和步骤如图 1-32 所示。

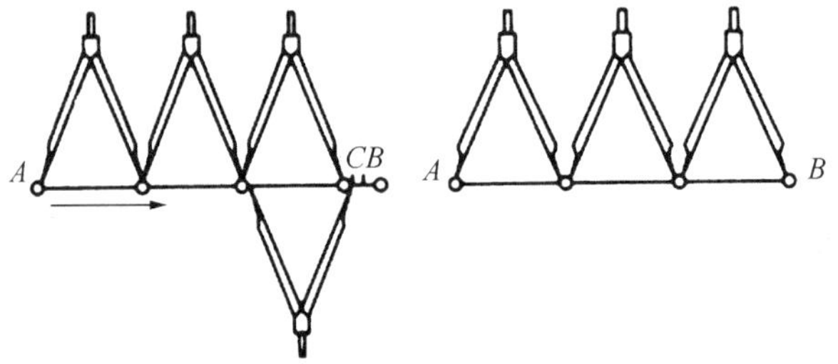

图 1-32　分规试分法

1.3.2　等分圆周及作正多边形

圆周有三等分、六等分、十二等分、五等分以及任意等分等。下面介绍用圆规、直尺、丁字尺、三角板等分的方法。

1. **圆周的四、八等分**

圆周的四、八等分，可用丁字尺与 45°三角板直接作出，如图 1-33 所示。

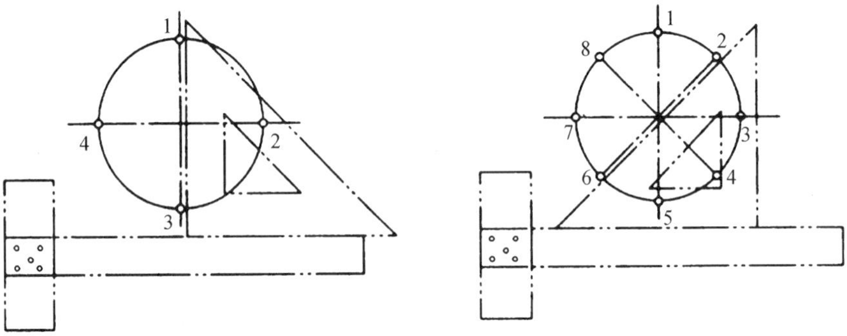

(a) 四等分　　(b) 八等分

图 1-33　圆周的四、八等分

2. **圆周的三、五、六、十、十二等分**

(1) 用丁字尺与 30°～60°三角板可将圆周三、六等分，如图 1-34 所示。

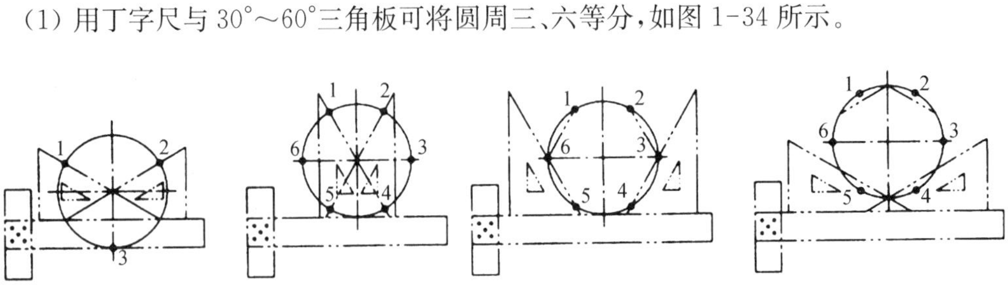

(a) 三等分　(b) 六等分(一)　(c) 六等分(二)　(d) 六等分(三)

图 1-34　用三角板作圆周三、六等分

(2) 用圆规作圆周三、六、十二等分，如图 1-35 所示。

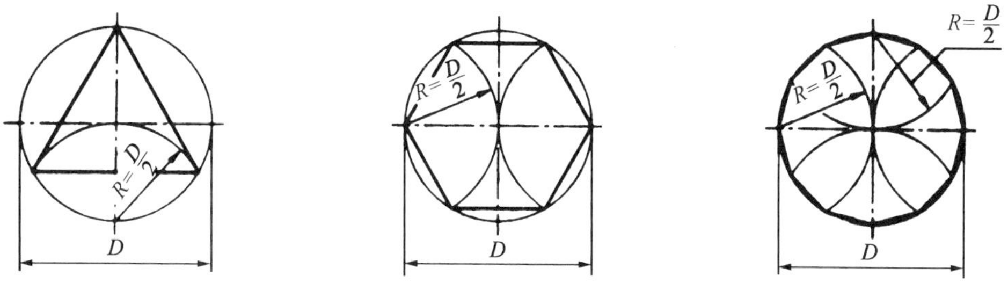

(a) 三等分　　(b) 六等分　　(c) 十二等分

图 1-35　用圆规作圆周三、六、十二等分

(3) 用圆规作圆周五、十等分，如图 1-36 所示。

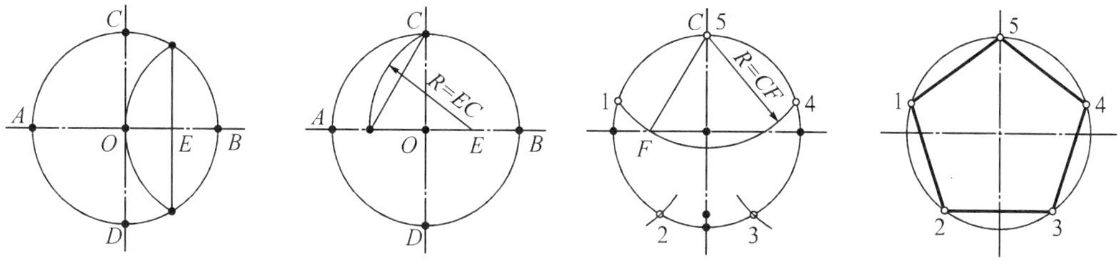

(a)　　(b)　　(c)　　(d)

图 1-36　用圆规作圆周五等分

五等分圆周

1.3.3　斜度和锥度

1. 斜度和锥度的概念

斜度是一直线对另一直线或一平面对另一平面的倾斜程度。其大小用两条直线(或两个平面)夹角的正切表示，如图 1-37 所示，直线 CD 对直线 AB 的斜度 $=H/L=(H-h)/l=\tan\alpha$。通常将比例前项化为 1，以 1 ∶ n 的形式表示(n 为正整数)。

锥度是指正圆锥底圆直径与圆锥高度之比，如图 1-38 所示，正圆锥或圆台的锥度 $=D/L=(D-d)/l=2\tan(\alpha/2)$，同样把比值化成 1 ∶ n 的形式表示(n 为正整数)。

斜度和锥度的符号如图 1-39 所示。

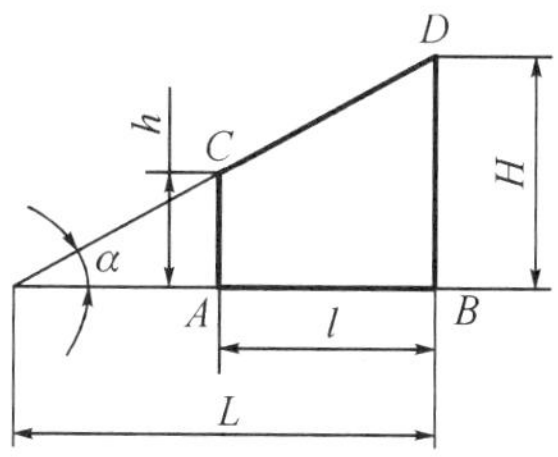

图 1-37　斜度的概念

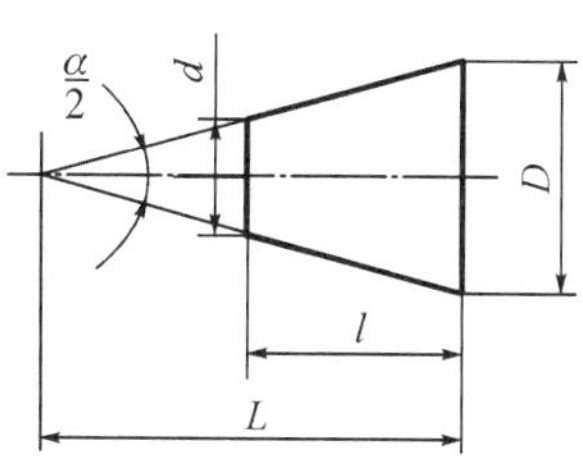

图 1-38　锥度的概念

斜度

锥度

(a) 斜度符号　　(b) 锥度符号

图 1-39　斜度和锥度的符号

2. 绘图方法和步骤

按 1∶1 抄绘已知图形[图 1-40(a)]并标注斜度。

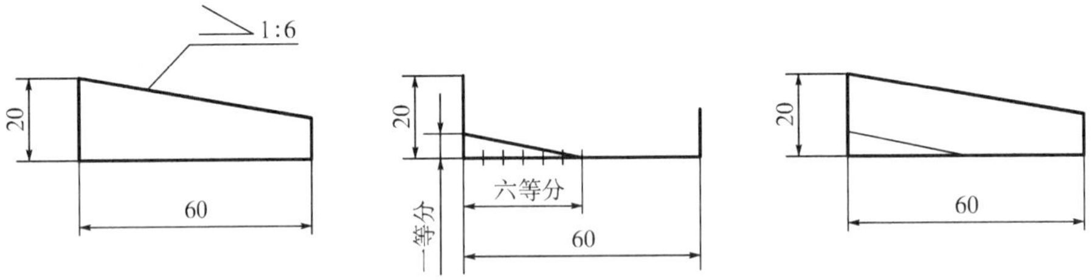

(a)　(b)　(c)

图 1-40　斜度的画法(单位: mm)

按 1∶1 抄绘已知图形[图 1-41(a)]并标注锥度。

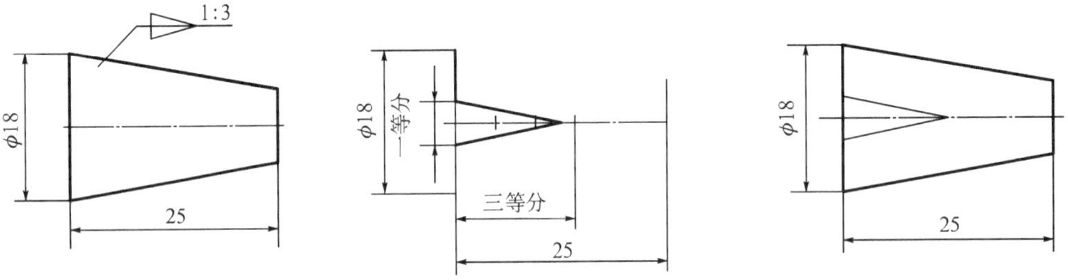

(a)　(b)　(c)

图 1-41　锥度的画法(单位: mm)

3. 标注的方法

斜度和锥度用符号和比例来标注。标注时,斜度和锥度符号的倾斜方向必须与图形的倾斜方向一致,如图 1-42 和图 1-43 所示。应特别注意斜度符号的水平线和斜线应和所标斜度的方向相对应。标注锥度时,将其符号画在基准直线上。

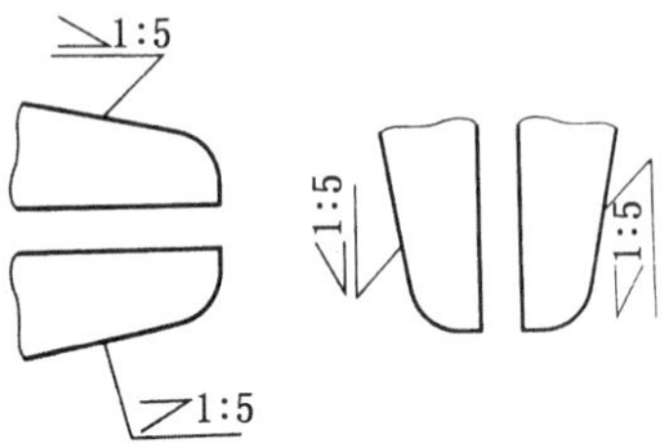

图 1-42　斜度的标注

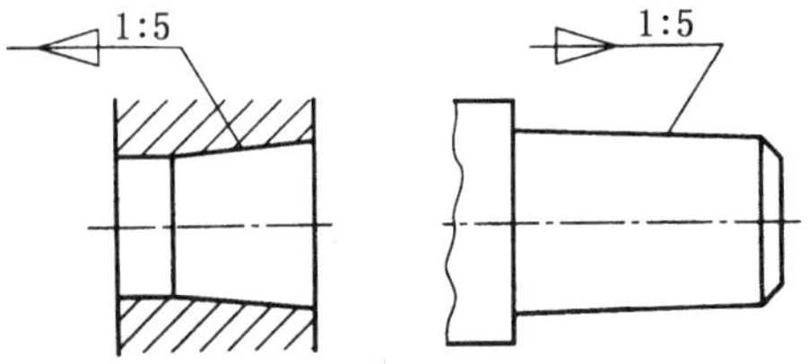

图 1-43　锥度的标注

1.3.4　椭圆的画法

椭圆为非圆曲线，作椭圆的方法比较多，常用的有同心圆法和四心圆弧法。

1. 同心圆法

同心圆法是通过作图确定椭圆上的若干点后，再连接而成(图 1-44)。

2. 四心圆弧法

虽然用同心圆法求出的点的位置准确，但连接作图多有不便，为此，在需要表示椭圆的情况下常采用四心圆弧法。

四心圆弧法是用四段圆弧代替椭圆曲线，在画圆弧前需要通过作图确定 4 条圆弧的圆心，如图 1-45 所示。

注意　作图要准确，连接时应定准圆弧连接点位置。

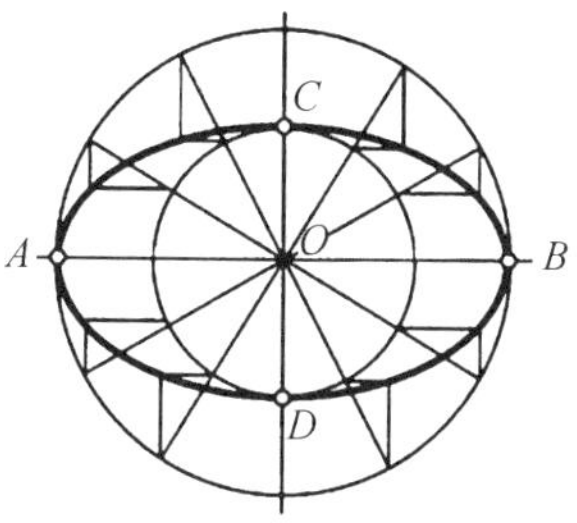

图 1-44　同心圆法

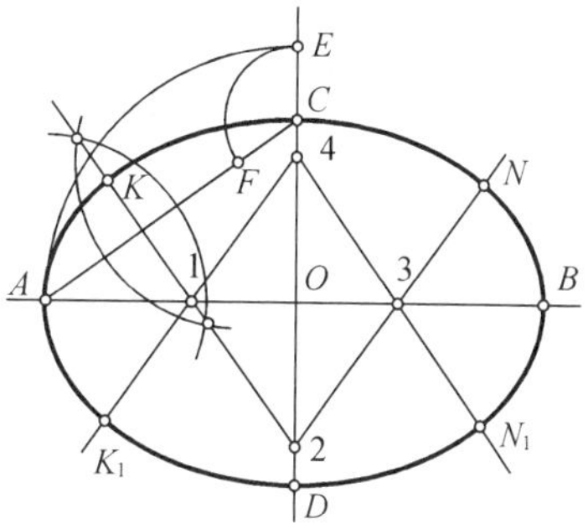

图 1-45　四心圆弧法

1.3.5　圆弧连接

圆弧连接是用给定半径的圆弧将已知直线或圆弧光滑地连接起来。

圆弧连接的形式有：用圆弧连接两直线；用圆弧连接两圆弧；用圆弧连接一直线和一圆弧。通过作图要解决两个问题：一是确定连接圆弧圆心的位置；二是确定连接点(切点)的位置。

(a) 圆弧连接

1. 用圆弧连接两直线

(1) 两直线相交成锐角，如图 1-46(a)所示。

(2) 两直线相交成钝角，如图 1-46(b)所示。

(3) 两直线相交成直角，如图 1-46(c)所示。

(b) 圆弧连接

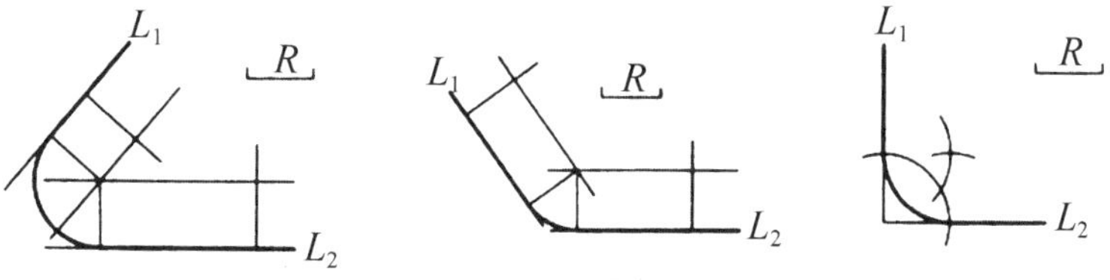

(a)　(b)　(c)

图 1-46　用圆弧连接两直线

(c) 圆弧连接

2. **用圆弧连接两圆弧**

(1) 连接圆弧与两圆弧外切,如图 1-47 所示。

(2) 连接圆弧与两圆弧内切,如图 1-48 所示。

外切圆弧连接

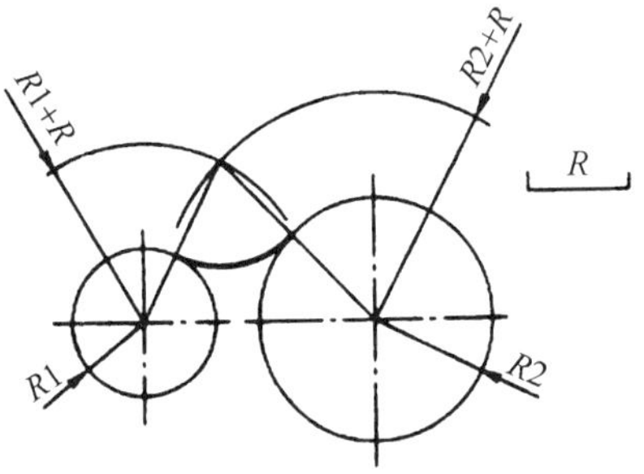

图 1-47　外切圆弧连接

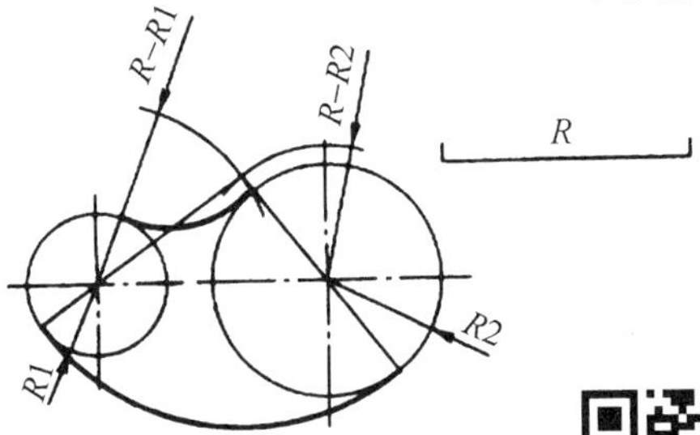

图 1-48　内切圆弧连接

内切圆弧连接

(3) 连接圆弧与两圆内外切,如图 1-49 所示。

3. **用圆弧连接一直线和一圆弧**

连接作图方法如图 1-50 所示。作图时应注意:①求得圆心后应定出连接点的位置;②连接前应先试画确认可接准后再画线。

内外切圆弧连接

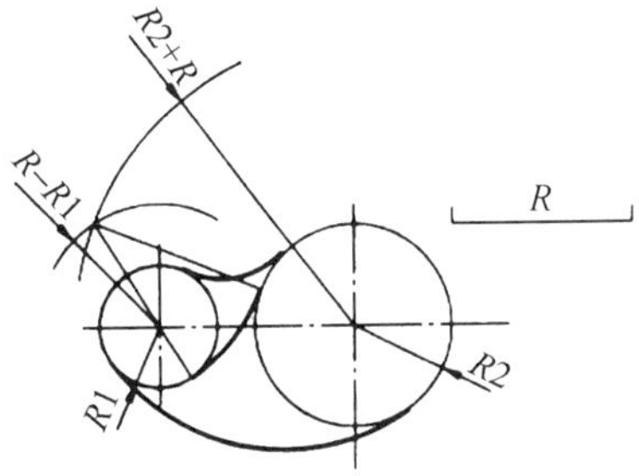

图 1-49　内外切圆弧连接

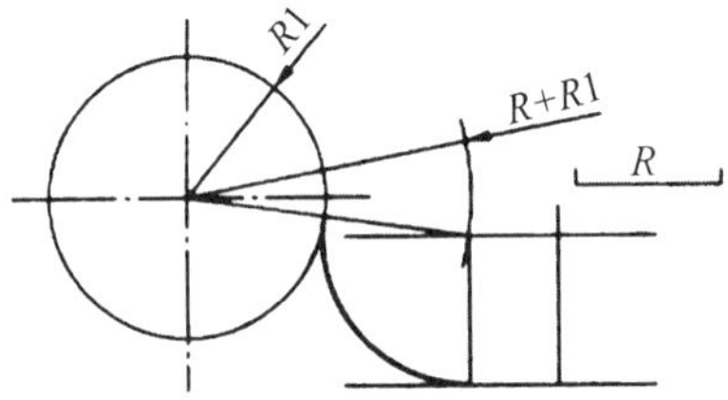

图 1-50　用圆弧连接直线和圆弧

1.4　平面图形的画法

1.4.1　平面图形分析

平面图形一般由一个或多个封闭图形组成,而每一个封闭图形又是由若干线段(直线或圆弧)组成的。因此,画平面图形之前,必须先对图形的尺寸进行分析,确定线段的性质,明确作图顺序,才能正确、快速地画出图形和标注尺寸。

1. **平面图形的尺寸分析**

平面图形的尺寸分为定形尺寸和定位尺寸。在进行尺寸分析时,还应该建立尺寸基准的概念。

(1) 尺寸基准

尺寸基准就是标注尺寸的起点。平面图形中有水平和垂直两个方向的尺寸基准。通常选择对称图形的对称线、较大圆的中心线、主要轮廓线作为尺寸基准。在图1-51中，底线和右边边线分别为定位尺寸“50”和“70”的基准。标注尺寸时，应首先确定图形的尺寸基准，然后依次注出各线段的定形和定位尺寸。

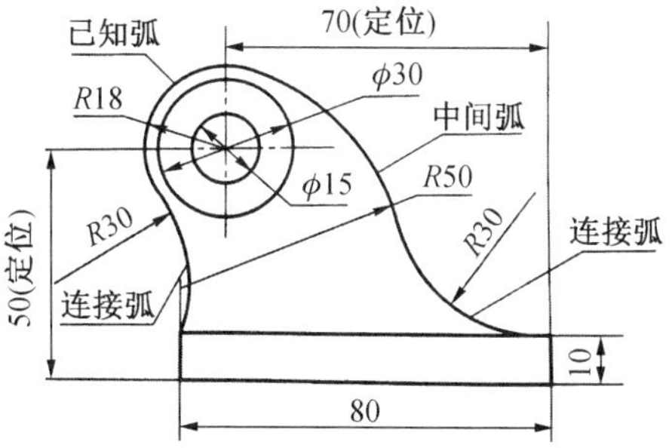

图1-51　平面图形的尺寸分析和线段性质分析(单位：mm)

(2) 定形尺寸

定形尺寸是确定平面图形各组成部分形状大小的尺寸，如直线段的长度、圆及圆弧的直径或半径、角度的大小等。在图1-51中，ϕ15，ϕ30，R18，R30，R50，80和10都属于定形尺寸。

(3) 定位尺寸

定位尺寸是确定平面图形中各组成部分之间相对位置的尺寸。确定平面图形的位置需要有两个方向的定位尺寸，即左右和上下(或横向和竖向)。在图1-51中，ϕ30为圆心的定位尺寸，尺寸“70”为左右(横向)定位尺寸，尺寸“50”为上下(竖向)定位尺寸。

应该指出，有时一个尺寸同时具有定形和定位两种作用。在图1-51中，尺寸“80”既是矩形的长度(定形尺寸)，也是R50圆弧尺寸的横向定位尺寸。

2. 平面图形的线段分析

平面图形中的线段，一般根据其尺寸的完整程度分为以下3种。

(1) 已知线段

定形、定位尺寸齐全的线段称为已知线段。画该类线段可按照尺寸直接作图，如图1-51中ϕ15和ϕ30的圆、R18的圆弧、尺寸“80”和“10”的直线等几个线段。

(2) 中间线段

有定形尺寸但缺少一个定位尺寸的线段称为中间线段。画该类线段应根据其与相邻已知线段的几何关系，通过几何作图确定所缺的定位尺寸才能画出，如图1-51中的R30圆弧。

(3) 连接线段

只有定形尺寸而没有定位尺寸的线段称为连接线段。画该类线段应根据其与相邻两线段的几何关系，通过几何作图(1.3节介绍的圆弧连接)的方法画出，如图1-51中的R30圆弧。

1.4.2 平面图形的绘图方法和步骤

1. 平面图形的绘图方法

(1) 分析图形。

(2) 选定图幅、比例,并固定图纸。

(3) 备齐绘图工具和仪器,削好铅笔。

(4) 画底稿。

画底稿,一般用削尖的 H 或 2H 铅笔准确、轻轻地绘制。画底稿的步骤是:先画图框、标题栏,后画图形。绘图时,首先要根据其尺寸布置好图形的位置,画出基准线、轴线、对称中心线,然后再画图形,并遵循先主体、后细部的原则。

(5) 描深底稿。先粗后细、先实后虚、先小后大、先圆后直、先上后下、先左后右、先水平后垂直,最后描斜线。

(6) 一次性画出尺寸线、尺寸界线。

(7) 画箭头,填写尺寸数字和标题栏等。

绘图时应注意:

① 画底稿时,细线类图线可一次画好,不必描深。

② 描深前必须全面检查底稿,把错线、多余线和作图辅助线擦去。

③ 描深图线时,用力要均匀,以保证图线浓淡一致。

④ 为保证图面整洁,要擦净绘图工具,尽量减少三角板在已加深的图线上反复移动。

2. 平面图形的尺寸标注

(1) 分析平面图形各部分的构成,确定尺寸基准。

(2) 标注全部定形尺寸。

(3) 标注必要的定位尺寸。已知线段的两个定位尺寸都要注出;中间弧只需注出圆心的一个定位尺寸;连接弧圆心的两个定位尺寸都不必注出,否则会出现多余尺寸。

【例 1-1】 抄绘图 1-52 所示吊钩图形。

(1) 尺寸分析(图 1-53)

① 尺寸基准

ϕ15 轴线作为左右方向的基准;过 ϕ27 的圆心并与 ϕ15 轴线相交的水平线作为上下方向的基准。

② 定形尺寸

圆的直径、圆弧半径、多边形边长、角度大小等均属于定形尺寸。如图中的 20,ϕ27,R32 等。

③ 定位尺寸

圆心、封闭线框、线段等在平面图形中的位置尺寸。如图中的 6,10,60。

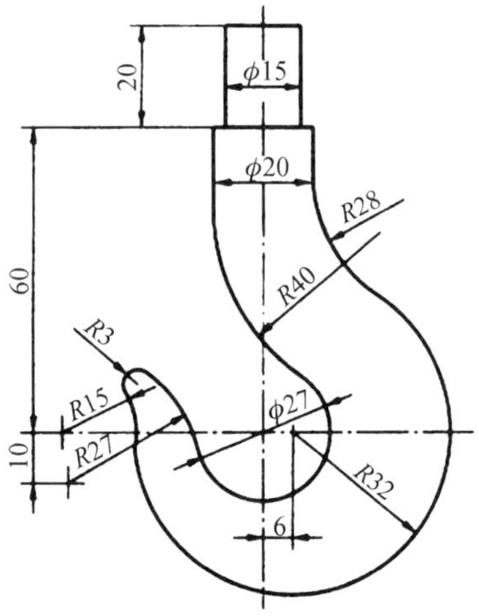

图 1-52 吊钩(单位: mm)

(2) 线段分析(图 1-54)

直线作图比较简单，这里只分析圆弧。

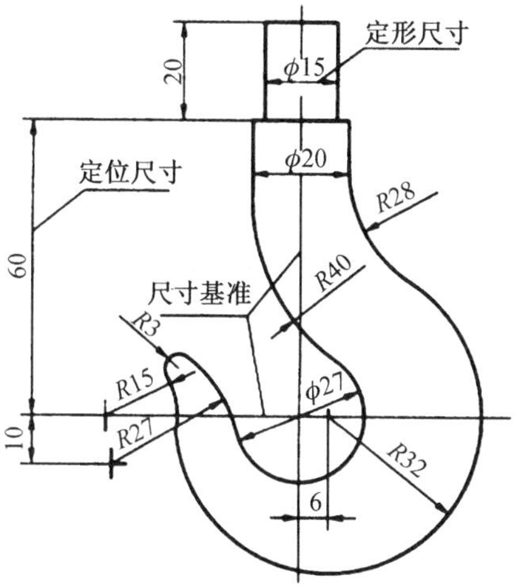

图 1-53　吊钩尺寸分析(单位：mm)

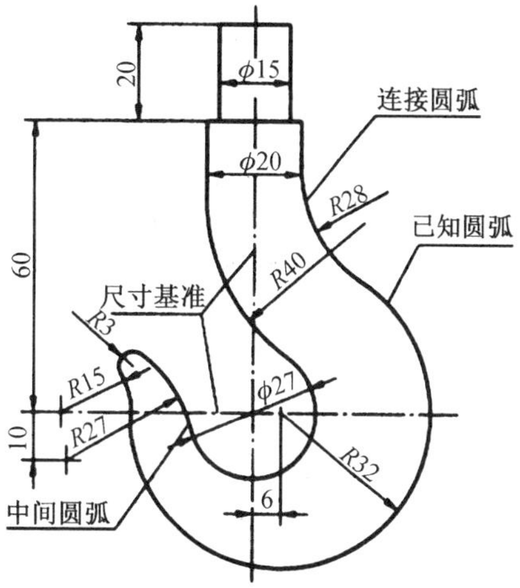

图 1-54　吊钩尺寸分析(单位：mm)

① 已知圆弧

半径和圆心位置的两个定位尺寸均为已知的圆弧。根据图中所注尺寸能直接画出。如图中的 $\phi 27$,$R32$。

② 中间圆弧

已知半径和圆心的一个定位尺寸的圆弧。须与其一端连接的线段画出后，才能确定其圆心位置。如图中的 $R15$,$R27$。

③ 连接圆弧

只有已知半径尺寸，而无圆心的两个定位尺寸的圆弧。须与其两端相连接的线段画出后，通过作图才能确定其圆心位置。如图中的 $R3$,$R28$,$R40$。

3. 平面图形的绘图步骤

(1) 画基准线(图 1-55)。

(2) 画已知线段(图 1-56)。

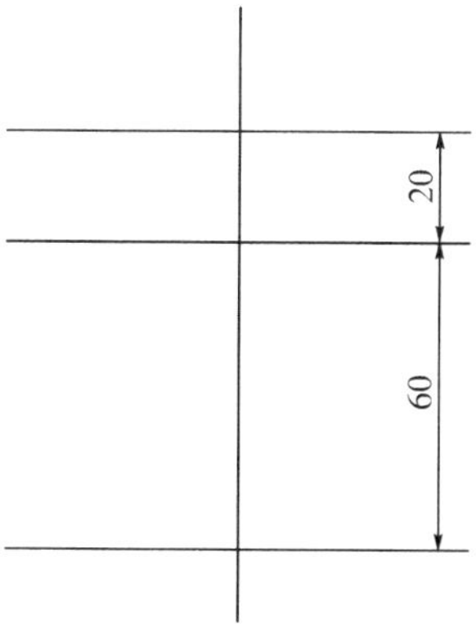

图 1-55　画基准线(单位：mm)

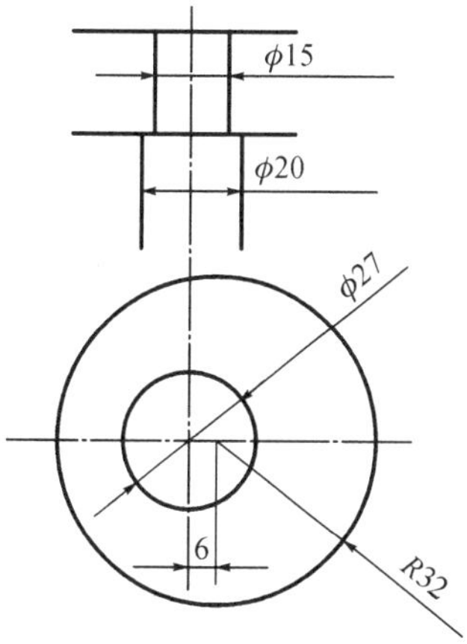

图 1-56　画已知线段(单位：mm)

(3) 画中间线段(图 1-57)。

(4) 画连接线段(图 1-58)。

(5) 校正全图并用 2B 铅笔描深轮廓。

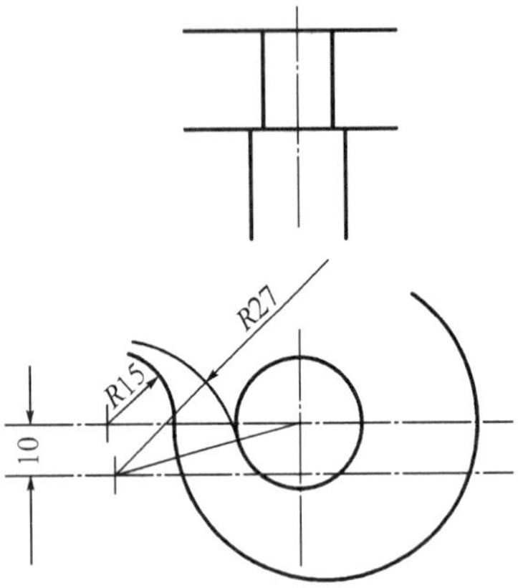

图 1-57　画中间线段(单位：mm)

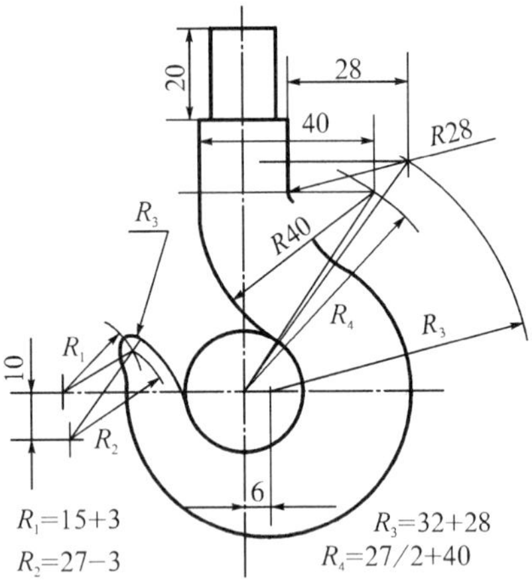

图 1-58　画连接线段(单位：mm)

第2章　投影理论基础

本章导读

投影的基本概念来源于人们对日常生活现象和自然现象的观察。当日光或光照射到物体上时，会在地面或墙面上出现物体的影子。人们将这些现象进行科学的总结和抽象，逐步形成了投影理论。图 2-1 反映了物体影子和投影的联系及区别。

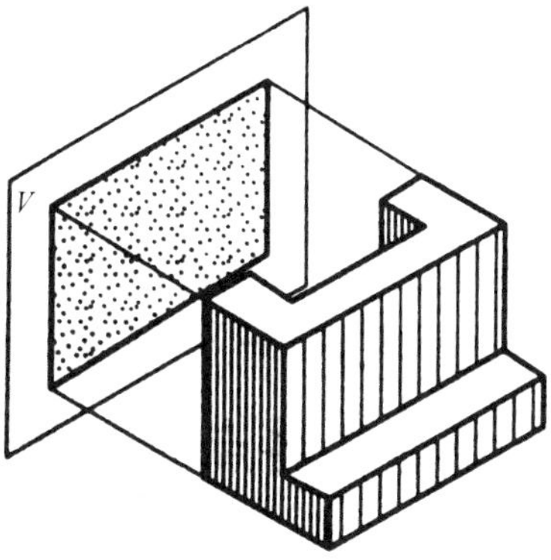

(a)影子

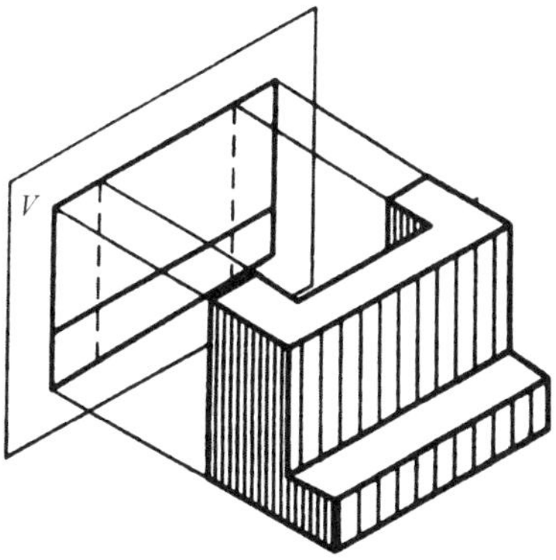

(b)投影

图 2-1　影子和投影

任何立体的表面都是由点、线、面组成的。掌握了点、线、面的投影及其规律，就能正确、快速地绘制出物体的视图。

素质目标

未来就像当下认真绘制的每一个简单体的投影，只有聚沙成塔、集腋成裘，才可能最终实现既定的重大人生目标。引导学生做好未来职业规划、人生目标蓝图。

知识目标

(1) 了解投影法的基本概念及相关知识，并掌握正投影的基本性质。

(2) 熟练掌握三视图的形成以及三视图的位置关系、尺寸关系和方位关系，初步学习简单物体三视图的画法。

(3) 掌握三面投影图中点的投影规律。

(4) 掌握各种位置的直线及平面的投影。

能力目标

(1) 能根据简单物体,绘出物体的三视图。

(2) 能根据投影特性判断直线、平面对投影面的相对位置,并作出相应的投影图。

物体的影子仅仅反映了物体的外形轮廓,不能完全清楚地反映物体的内外结构形状。想要把物体的内外轮廓都反映出来,可以假想所有物体都是透明的,光线穿透物体后将内部、外部轮廓全部进行投射,这就形成了视图。

2.1 正投影法的基础

2.1.1 投影法概述

投射线通过物体向选定的面投射确定空间几何元素和物体投影的方法称为投影法。

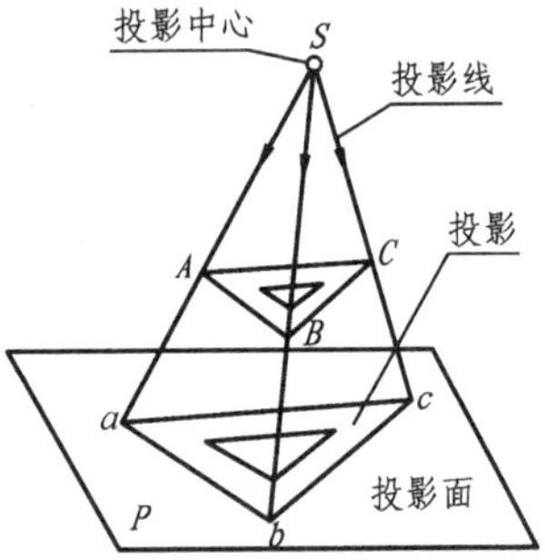

图 2-2 中心投影法

2.1.2 投影法的分类

投影法通常可分为中心投影法和平行投影法。

1. 中心投影法

如图 2-2 所示,所有投射线均相交于投射中心 S,这种投影法称为中心投影法。物体的中心投影不适用于绘制机械图样,通常用于绘画或建筑物的外观图。

2. 平行投影法

投射线互相平行的投影法称为平行投影法,所得的投影称为平行投影,如图 2-3 所示。当平行移动空间物体时,它的投影的形状和大小都不会改变。

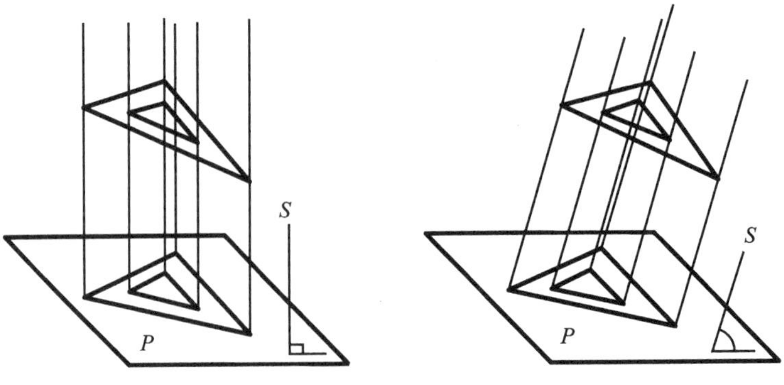

(a) 正投影法 (b) 斜投影法

图 2-3 平行投影法

平行投影法按投射线与投影面倾角的不同又分为正投影法和斜投影法。

《机械制图》国家标准规定，机械图样一般按正投影法绘制。用正投影法绘制的空间几何元素（点、线、面）和物体的投影称为正投影。本章主要讨论正投影法，简称投影。

2.1.3　正投影的特性

1. 点的投影

点的投影仍然是点，如图 2-4 所示。

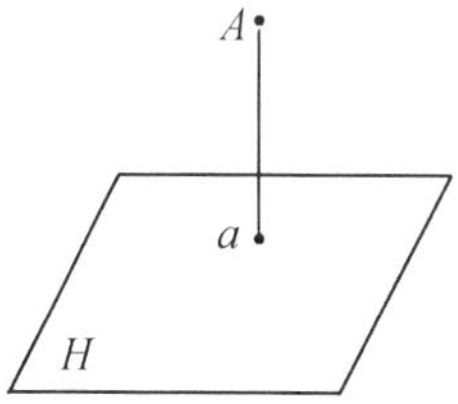

图 2-4　点的投影

2. 直线的投影

直线的投影一般情况下仍为直线，在特殊情况下聚为一点。如图 2-5 所示，当直线 AB 平形于投影面时，在该面上的投影 ab 反映空间直线 AB 的真实长度，称为真实性或实长性；当直线 CD 垂直于投影面时，在该面上的投影积聚为一点 $c(d)$，称为积聚性；当直线 EF 倾斜于投影面时，在该面上的投影长度变短，即 $ef = EF\cos\alpha$，称为类似性。

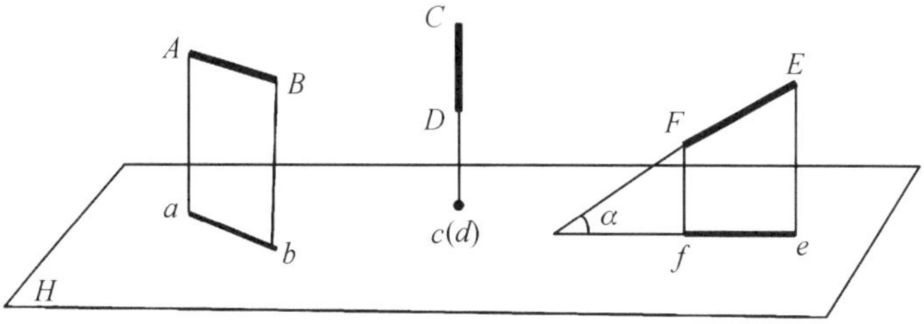

图 2-5　直线的投影

3. 平面的投影

平面的投影一般仍是相类似的平面图形，在特殊情况下积聚为直线。如图 2-6 所示，当 $\triangle ABC$ 平行于投影面时，投影 $\triangle abc$ 反映空间平面 $\triangle ABC$ 的真实形状，称为真实性；当 $\triangle DEF$ 垂直于投影面时，在投影面上的投影积聚为直线 def，称为积聚性；当 $\triangle MNP$ 倾斜于投影面时，投影 $\triangle mnp$ 既没有积聚，也没有反映出平面的真实大小，称为类似性。

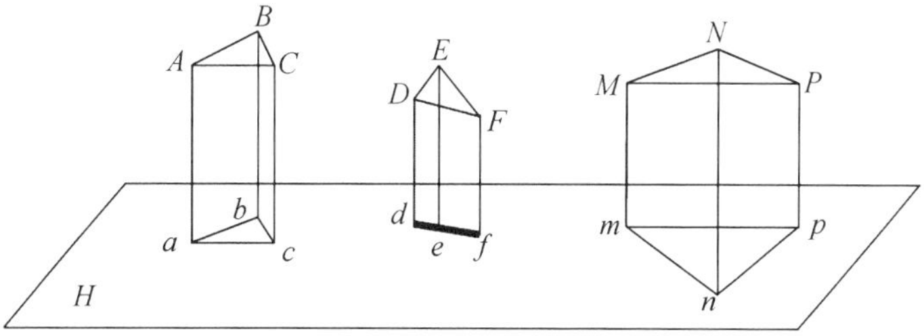

图 2-6　平面的投影

2.2 三 视 图

2.2.1 三投影面体系

三投影面体系由三个两两相互垂直的投影面组成，如图 2-7 所示。

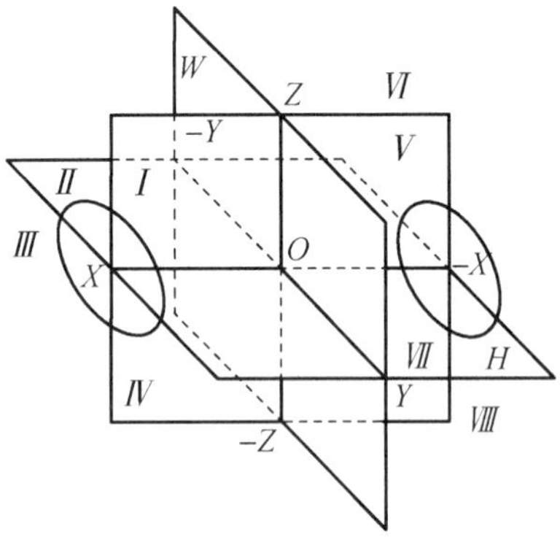

图 2-7 三投影面体系

(1) 三个投影面 V,H,W。

V 为正立投影面；H 为水平投影面；W 为侧立投影面。

(2) 三个投影轴 X,Y,Z。

X 为 V,H 的交线，表示长度方向；

Y 为 H,W 的交线，表示宽度方向；

Z 为 V,W 的交线，表示高度方向。

(3) 投影原点为 X,Y,Z 三个坐标轴的交点。

(4) 八个分角为Ⅰ,Ⅱ,…,Ⅷ。

2.2.2 三视图的形成

三投影面体系将空间分成了 8 个分角，国家标准《技术制图　图样画法　视图》(GB/T 17451—1998)规定，机械图样采用第一角画法，本书主要讨论第一角画法，第三角画法在后续内容中讨论。如图 2-8(a)所示，将物体放置于第一分角内，采用正投影法分别向三个投影面进行投射，在三个投影面上得到了三个视图。为了把物体的三面投影画在同一平面内，国家标准作了规定：V 面保持不动，H 面绕着 OX 轴向下旋转 90°，此时 V 面与 H 面重合，W 面绕着 OZ 轴向右旋转 90°，此时 W 面也与 V 面重合，如图 2-8(b)所示，这样 V-H-W 投影面上的三个视图展开后就如图 2-8(c)所示。

投影图大小与物体相对于投影面的距离无关，即改变物体与投影面的相对距离，并不会引起图形的变化。所以，在作图时一般不画出投影面的边界甚至投影轴。

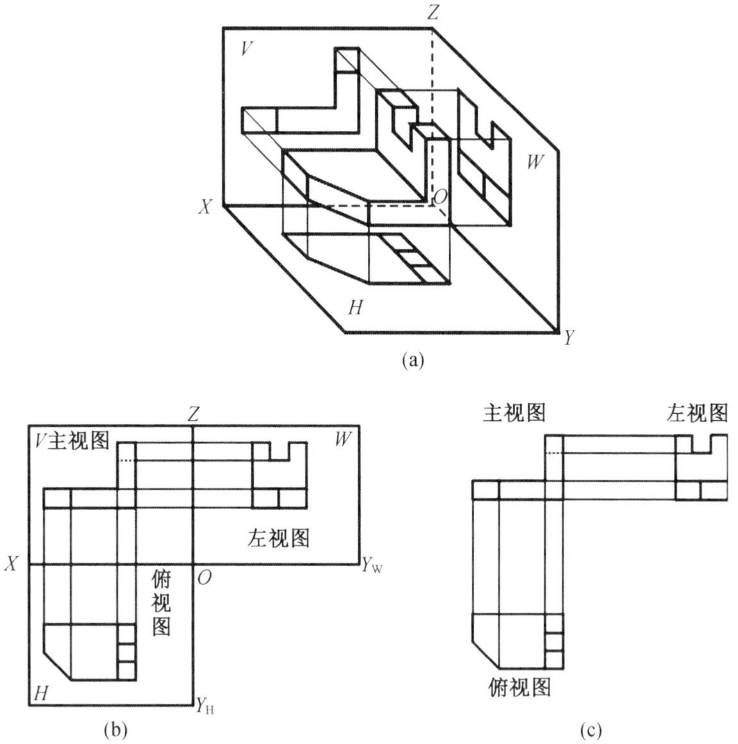

图 2-8　三视图的形成

2.2.3　三视图之间的对应关系

每个视图能反映该物体的两个尺寸。主视图反映长、高；俯视图反映长、宽；左视图反映宽、高。

由于物体放在投影面间是不动的，因此三视图间必存在一定的对应关系。即：

主、俯视图——长对正；主、左视图——高平齐；俯、左视图——宽相等。

上述关系称为三视图间的三等关系。三等关系是画物体三视图以及检查三视图是否出错的依据。

2.2.4　三视图与物体的方位关系

三视图与物体的方位关系是指上下、前后和左右，如图 2-9 所示。

主视图反映物体上下和左右方位；

俯视图反映物体左右和前后方位；

左视图反映物体上下和前后方位。

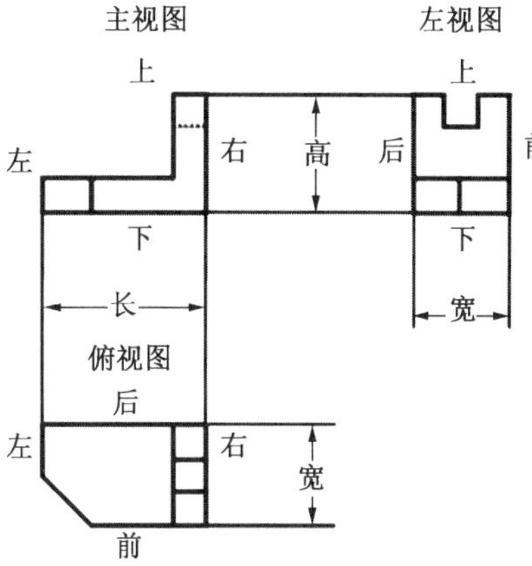

图 2-9　三视图与物体的方位关系

2.3 点的投影

任何物体都可以看作是点的集合。点是基本的几何要素，研究点的投影规律是掌握其他几何要素投影的基础。

2.3.1 空间点的位置和坐标的关系

空间点的位置可以由直角坐标值来确定，一般采用的书写形式为 $A(x,y,z)$，如图 2-10 所示，其中，x,y,z 均为该点至相应坐标面的距离值。也就是说，只要知道了点的 x，y,z 坐标，点的位置就唯一确定了，点在三个投影面上的投影也就确定了。反过来，知道了点在一个投影面上的投影，点的空间位置不能完全确定，如图 2-11 所示。但如果知道了点的两面投影，那么点在空间的位置也就确定了。

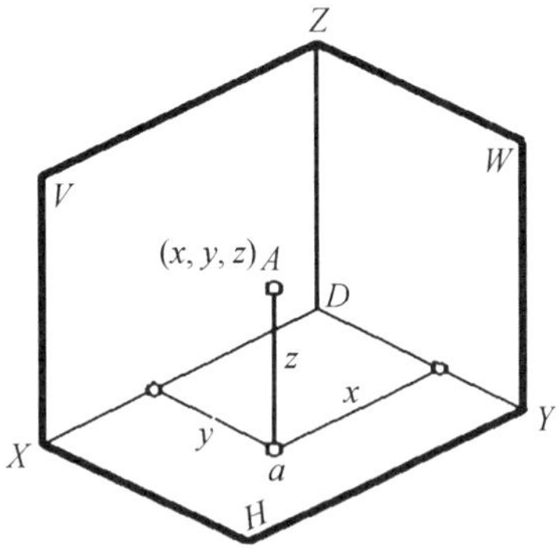

图 2-10　点的位置及坐标关系

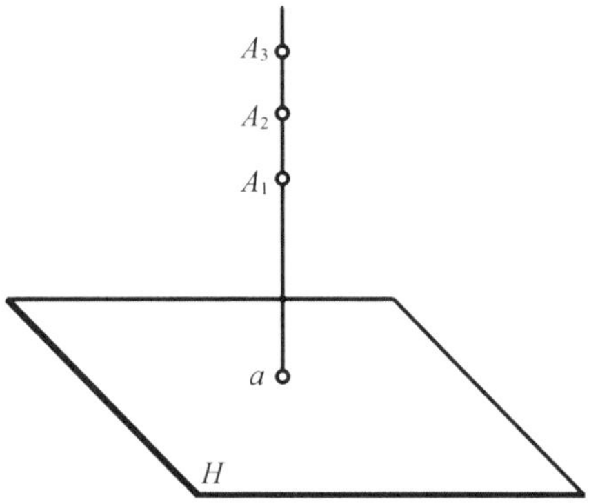

图 2-11　点的单面投影

2.3.2 点的三面投影

如图 2-12 所示，空间点 A 分别向 H,V,W 面进行投影得 a,a',a''（a'' 为点 A 的侧面投影，用相应小写字母加上两撇来表示）。V 面不动，沿 OY 轴分开 H 面和 W 面，H 面向下转 90°，W 面向右转 90°，使 H 面、W 面与 V 面共面，即得点的三面投影图。其中 OY 轴一分为二，在 H 面 Y 轴用 OY_H 表示；在 W 面 Y 轴用 OY_W 表示。且存在下述关系：$aa_{YH} \perp OY_H$，$a''a_{YW} \perp OY_W$，$Oa_{YH}=Oa_{YW}$。因平面边界可无限延伸，投影面的边界不画。另外，为了作图方便，可过 O 点作 45°辅助线，aa_{YH}，$a''a_{YW}$ 的延长线与辅助线交于一点。

综上所述，可归纳出点在三投影面体系中的投影规律：

(1) 点的正面投影与水平投影的连线垂直于 OX 轴，即 $a'a \perp OX$。

(2) 点的正面投影与侧面投影的连线垂直于 OZ 轴，即 $a'a'' \perp OZ$。

(3) 点的水平投影到 OX 轴的距离等于点的侧面投影到 OZ 轴的距离，即 $aa_X=a''a_Z$。

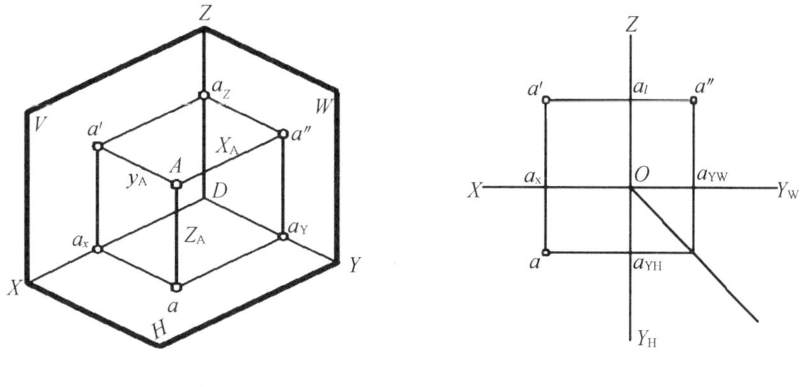

(a) (b)

图 2-12 点在三投影面体系中的投影

(a) 点在三投影面体系中的投影

(b) 点在三投影面体系中的投影

2.3.3 点的投影与直角坐标之间的关系

如图 2-12 所示，在三投影面体系中，三根投影轴可以构成一个空间直角坐标系，点 A 的位置可以用三个坐标值（x_A, y_A, z_A）表示，则点的投影与坐标之间的关系如下：

$x_A = a'a_Z = aa_{YH} = Aa''$（点 A 到 W 面的距离）；

$y_A = aa_X = a''a_Z = Aa'$（点 A 到 V 面的距离）；

$z_A = a'a_X = a''a_{YW} = Aa$（点 A 到 H 面的距离）。

【例 2-1】 如图 2-13(a)所示，已知点 A 的水平投影 a 和正面投影 a'，求作侧面投影 a''。

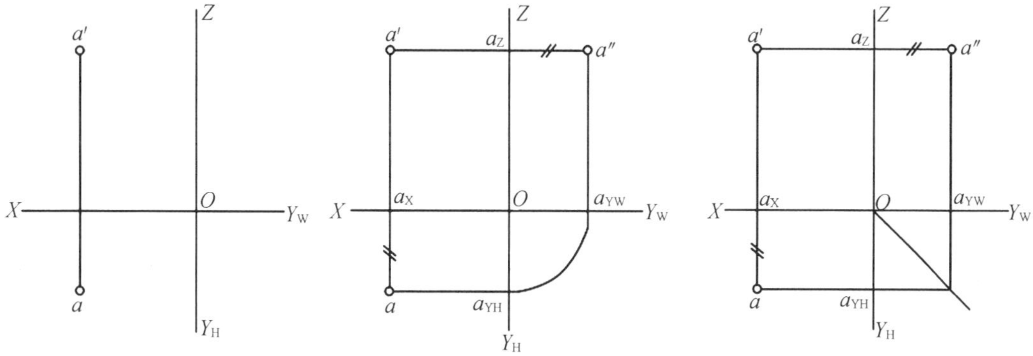

(a) (b) (c)

图 2-13 根据点的两个投影求第三投影

分析 由于点 A 的正面投影和水平投影已知，点 A 的空间位置可以确定，因此依据点的投影规律可画出侧面投影。

作图 过 a' 作 $a'a'' \perp OZ$ 交 OZ 轴于 a_z，过 a 作 $aa_{YH} // OX$，以 O 为圆心，Oa_{YH} 为半径作圆弧交 OY_W 于 a_{YW}，过 a_{YW} 作 OZ 轴的平行线，与 $a'a_z$ 延长线相交于 a''，如图 2-13(b)所示。或过 O 作一条 45°的斜线，延长 aa_{YH} 与该斜线相交，由交点作 OZ 轴的平行线，与

$a'a_z$ 延长线交于 a''，如图 2-13(c)所示。作图线为细实线。

【例 2-2】 已知点 A 的坐标(20,0,10)，点 B 的坐标(30,10,0)，点 C 的坐标(15,0,0)，求作各点的三面投影。

分析 由于 $y_A=0$，则点 A 在 V 面上；$z_B=0$，则点 B 在 H 面上；$y_C=0$，$z_C=0$，则点 C 在 OX 轴上。

作图 ⅰ. 点 A 在 V 面上，点 A 的水平投影和侧面投影分别在 X、Z 轴上。从 O 分别沿 X、Z 轴量取 $x_A=20$，$z_A=10$，得 a、a''，分别过 a、a'' 作所在轴的垂线，相交于 a'，点 A 与 a' 重合。

ⅱ. 点 B 在 H 面上，点 B 的正面投影和侧面投影分别在 X、Yw 轴上。从 O 分别沿 X、Yw 轴量取 $x_B=30$，$y_B=10$，得 b'、b''，过 b' 作 X 轴的垂线，过 b'' 作 Yw 轴的垂线，与斜线相交，再过交点作 X 轴的平行线，相交于 b，点 B 与 b 重合。

ⅲ. 点 C 在 OX 轴上，过点 O 在 X 轴上量取 $x_C=15$，点 C 与 c'、c 重合在 X 轴上，c'' 与原点 O 重合。

各点的投影如图 2-14 所示。

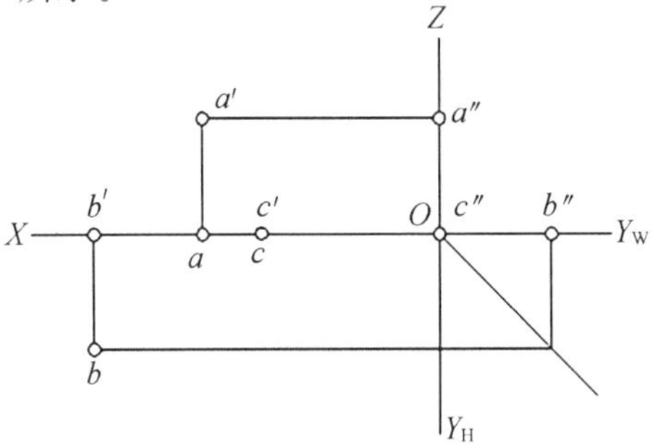

图 2-14 根据点的坐标作出投影

2.3.4 两点的相对位置与重影点

1. 两点的相对位置

根据两点的各个同面投影之间的坐标关系，可以判断空间两点的相对位置。两点的相对位置指空间两点上下、前后、左右的位置关系。这种位置关系可通过两点同面投影的相对位置或坐标大小来判断，即：

x 坐标大的在左，可判别空间点的左右方向；

y 坐标大的在前，可判别空间点的前后方向；

z 坐标大的在上，可判别空间点的上下方向。

V 面投影反映两点的上下、左右关系；H 面投影反映两点的左右、前后关系；W 面投影反映两点的上下、前后关系。

已知空间点 A、B，依据投影图判断它们的相对位置，如图 2-15(a)所示。

如图 2-15(b)所示，由于 $Z_B > Z_A$，所以点 B 在点 A 的上方，两点的上下距离由 z 坐标差确定。

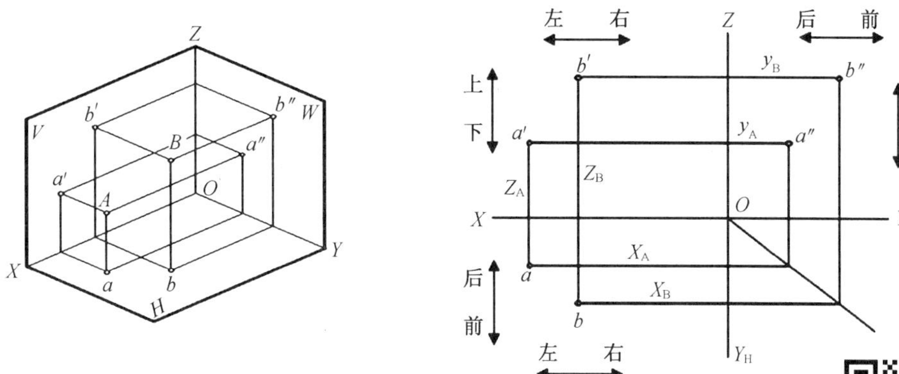

（a）　　　　　　　　（b）

图 2-15　两点的相对位置

两点的相对位置

同理，可判断点 B 在点 A 的前方、右方。

【例 2-3】　如图 2-16(a)所示，已知点 B 在点 A 的右方 10 mm，后方 8 mn，上方 15 mm，作点 B 的三面投影。

分析　由于点 A 的投影已知，点 B 相对点 A 的位置确定，因此依据点的投影规律可画出点 B 的投影。

作图　ⅰ. 在 XO 轴上，从 ax 向右量取 10 mm，得 bx；在 OY_H 轴上，从 aY_H 向上量取 8 mm，得 bY_H；在 OZ 轴上，从 az 向上量取 15 mm，得 bZ。

ⅱ. 分别过 bx，bY_H，bZ 作 OX，OY_H，OZ 轴的垂线，得 b，b'。

ⅲ. 根据 b，b'，求得 b''。

点 B 的三面投影如图 2-16(b)所示。

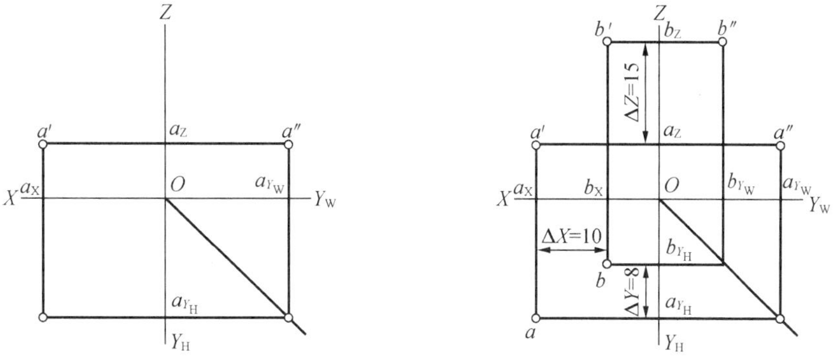

（a）已知点A投影　　　　（b）求点B投影

图 2-16　根据两点的相对位置求点的投影(单位：mm)

2. 重影点

若空间两点在某个投影面上的投影重合，则此两点称为对该投影面的重影点。重影点的两对同面坐标相等。如图 2-17(a)所示，点 C，D 是对水平投影面的重影点，$x_C = x_D$，

$y_C = y_D$，它们的水平投影 c，d 重影。由于 $z_C > z_D$，点 C 可见，点 D 不可见，不可见点的投影加括号，其投影写成 $c(d)$。同理，如图 2-17(b) 所示，点 E，F 的侧面投影重影，其投影写成 $e''(f'')$。

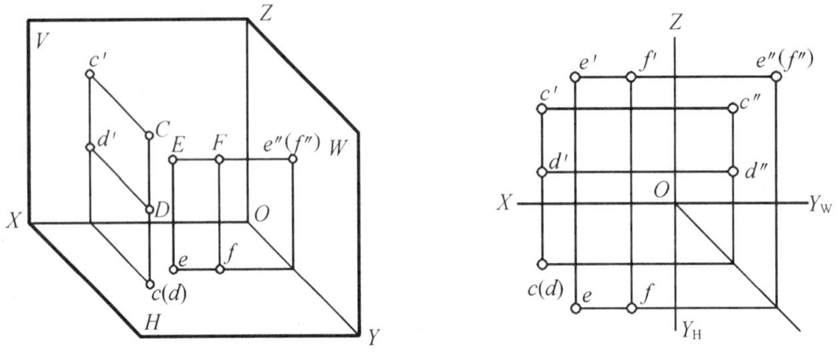

(a)　　　　(b)

图 2-17　重影点

2.4　直线的投影

直线的投影可由直线上两点的同面投影来确定，先作出直线上两点的投影，用粗实线连接两点的同面投影就得直线的投影，如图 2-18(a)所示。

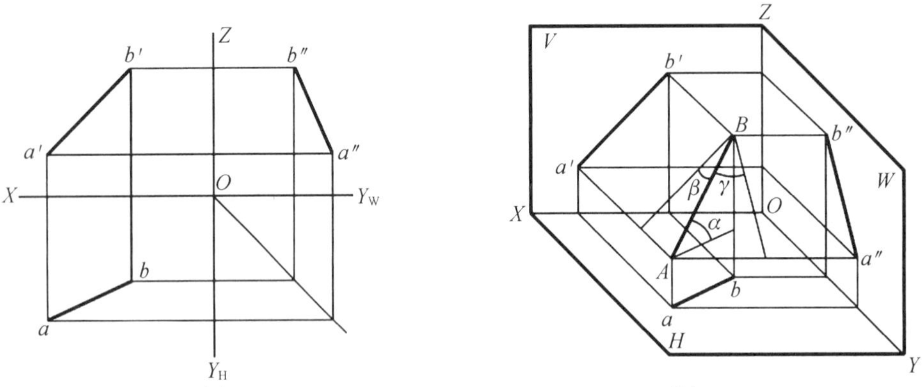

(a)　　　　(b)

图 2-18　直线的投影

直线的投影

2.4.1　直线在三投影面体系中的投影特性

在三投影面体系中，依据直线对投影面的相对位置，可将直线分为三类：一般位置直线、投影面垂直线、投影面平行线。投影面垂直线和投影面平行线又称特殊位置直线。

1. 一般位置直线

与三个投影面都倾斜的直线称为一般位置直线。它与水平投影面、正投影面、侧投影面的夹角，称为该直线对该投影面的倾角，分别用 α，β，γ 表示，如图 2-18(b)所示。

一般位置直线的投影特性：

(1) 三面投影都与投影轴倾斜，长度都小于实长；

(2) 与投影轴的夹角都不反映直线对投影面的倾角。

2. 投影面垂直线

垂直于某一投影面，平行于另两投影面的直线称为投影面垂直线。

垂直于 V 面的直线称为正垂线，垂直于 H 面的直线称为铅垂线，垂直于 W 面的直线称为侧垂线。投影面垂直线的投影特性，见表 2-1。

表 2-1　投影面垂直线的投影特性

<table>
<tr><th>名称</th><th>正垂线($AB\perp V$ 面)</th><th>铅垂线($AB\perp H$ 面)</th><th>侧垂线($AB\perp W$ 面)</th></tr>
<tr><td>立体图</td><td>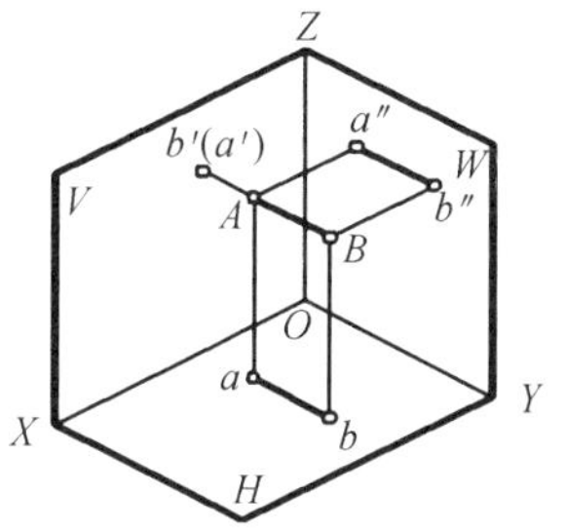
</td><td>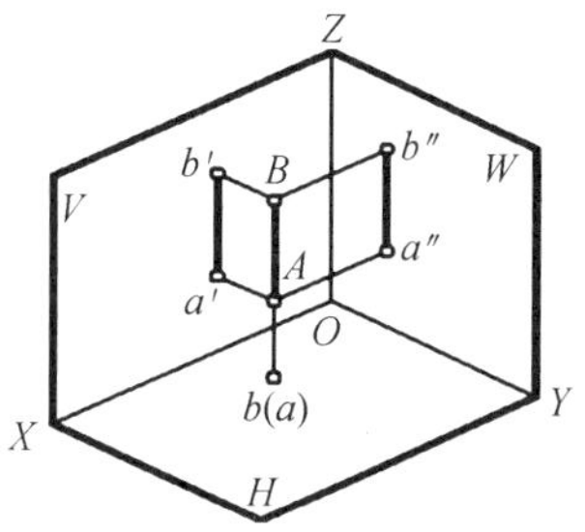
</td><td>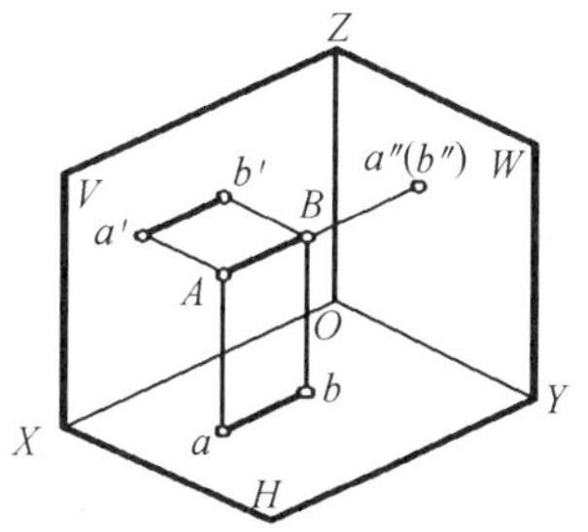
</td></tr>
<tr><td>投影图</td><td>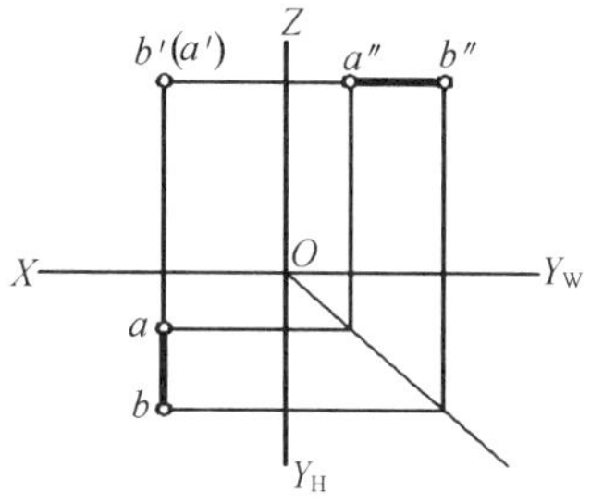
</td><td>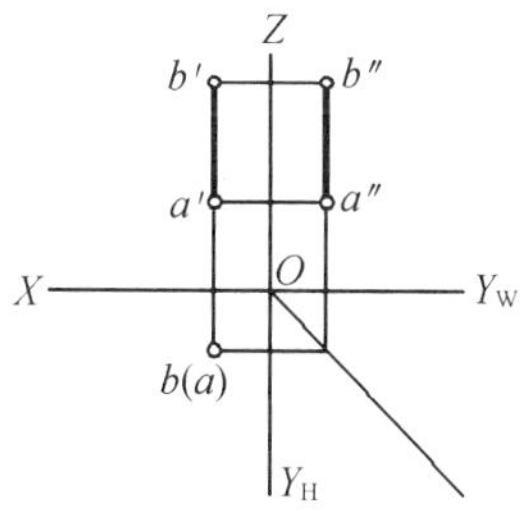
</td><td>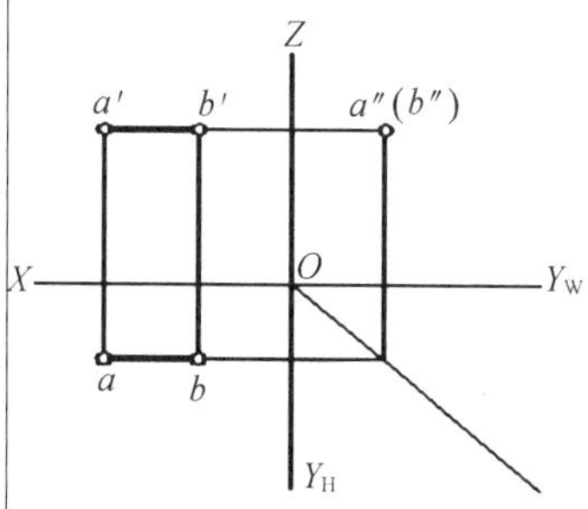
</td></tr>
<tr><td>投影特性</td><td>(1) $a'b'$ 积聚为一点；
(2) $ab\perp OX$，$a''b''\perp OZ$，ab、$a''b''$ 均反映实长</td><td>(1) ab 积聚为一点；
(2) $a'b'\perp OX$，$a''b''\perp OY_W$，$a'b'$、$a''b''$ 均反映实长</td><td>(1) $a''b''$ 积聚为一点；
(2) $a'b'\perp OZ$，$ab\perp OY_H$，ab、$a'b'$ 均反映实长</td></tr>
</table>

综上所述，投影面垂直线的投影特性：

(1) 在其垂直的投影面上的投影，积聚成一点。

(2) 另外两个投影面上的投影，分别垂直于不同的投影轴，且反映实长。

3. 投影面平行线

平行于某一投影面，与另外两个投影面倾斜的直线称为投影面平行线。

平行于 V 面的直线称为正平线，平行于 H 面的直线称为水平线，平行于 W 面的直线称为侧平线。投影面平行线的投影特性,见表 2-2。

表 2-2　投影面平行线的投影特性

名称	正平线(AB // V 面)	水平线(AB // H 面)	侧平线(AB // W 面)
立体图	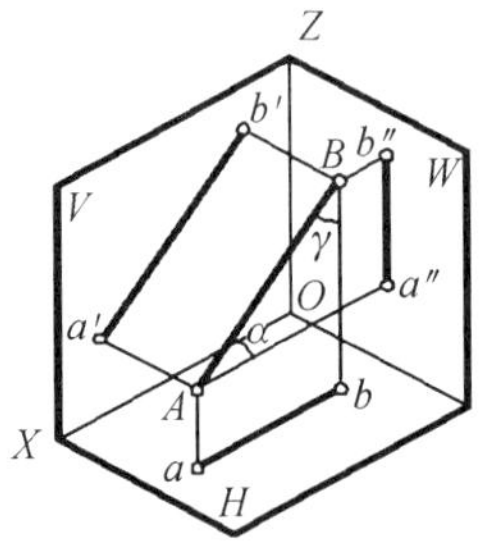	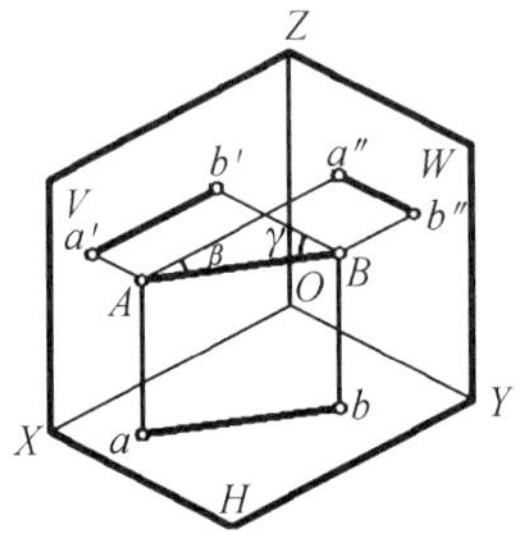	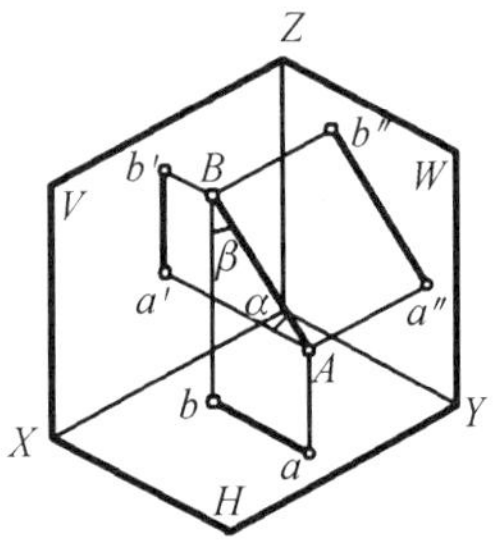
投影图	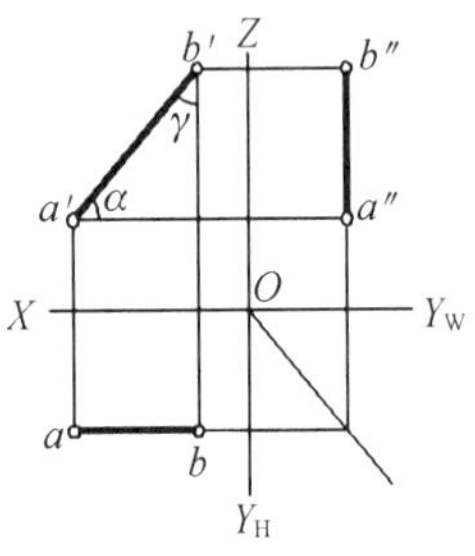	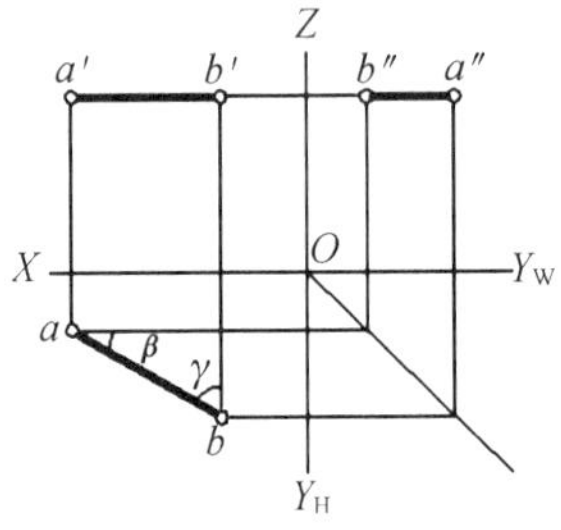	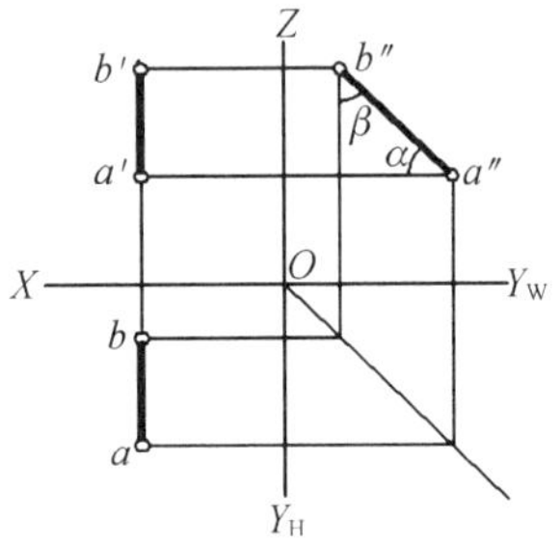
投影特性	(1) $a'b'$ 反映实长,$a'b'$ 与 OX、OZ 轴的夹角分别反映倾角 α,γ; (2) ab // OX,$a''b''$ // OZ,ab、$a''b''$ 均小于实长	(1) ab 反映实长,ab 与 OX、OYH 轴的夹角分别反映倾角 β,γ; (2) $a'b'$ // OX,$a''b''$ // OY_W,$a'b'$、$a''b''$ 均小于实长	(1) $a''b''$ 反映实长,$a''b''$ 与 OY_W、OZ 轴的夹角分别反映倾角 α,β; (2) $a'b'$ // OZ,ab // OY_H,ab、$a'b'$ 均小于实长

归纳表 2-2 的内容,可概括出投影面平行线的投影特性:

(1) 在其平行的投影面上的投影反映实长;它与投影轴的夹角,分别反映直线对另两投影面的真实倾角。

(2) 另外两个投影面上的投影,分别平行于不同的投影轴,长度缩短。

2.4.2　直线上点的投影

1. 直线上点的投影性质

(1) 从属性。点在直线上,则点的各个投影在该直线的同面投影上;反之,点的各个投影在直线的同面投影上,则该点一定在直线上。

(2) 定比性。如图 2-19 所示,点 C 在直线 AB 上,则点 C 的三面投影 c,c',c'' 分别在直

线 AB 的同面投影 ab，$a'b'$，$a''b''$ 上，且有 $AC : CB = ac : cb = a'c' : c'b' = a''c'' : c''b''$。

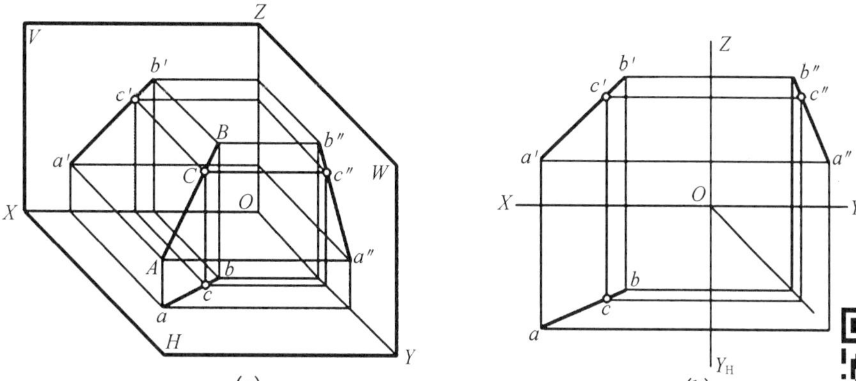

(a)　　　　　　(b)

图 2-19　直线上点的投影

直线上点的投影

【例 2-4】 如图 2-20(a)所示，已知点 K 在直线 AB 上，求作点 K 的正面投影 k'。

分析　点 K 的正面投影 k' 一定在 $a'b'$ 上，这里采用定比性来作图。

作图　如图 2-20(b)所示，过 b' 作线段 ab，在 ab 上定出 k，连接 aa'，过 k 作 aa' 的平行线，求得 k'。

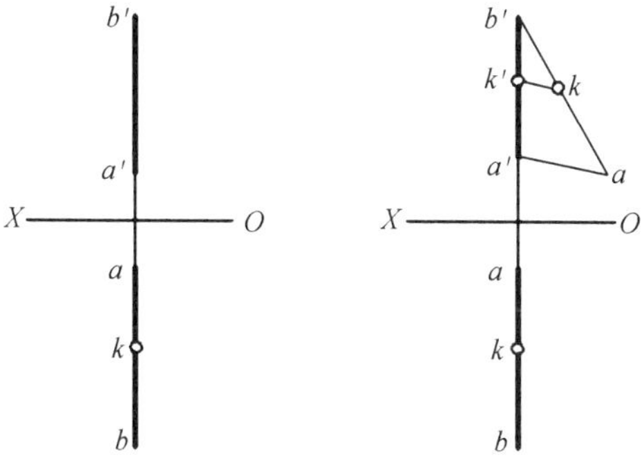

(a)　　　　　　(b)

图 2-20　求直线上点的投影

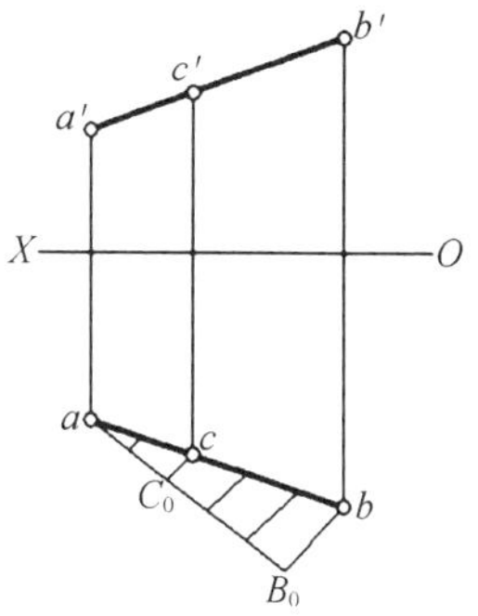

图 2-21　求直线 **AB** 上的分点 **C**

【例 2-5】 如图 2-21 所示，已知线段 AB 的投影，试将 AB 分成 2 : 3 两段，求作分点 C 的投影。

分析　根据直线上点的投影特性，可先将线段 AB 的任一投影分为 2 : 3，从而得到分点 C 的一个投影，然后作点 C 的另一个投影。

作图　过点 a 作辅助线，量取 5 个单位长度，得 B_0。在 aB_0 上取 C_0，使 $aC_0 : C_0B_0 = 2 : 3$。连接 B_0b，作 $C_0c \parallel B_0b$ 与 ab 交于 c。过 c 作 OX 轴垂线与 $a'b'$ 交于 c'。

2. 判断点是否在直线上

若直线为一般位置直线，判别点是否在直线上，只需判断两个投影面上的投影即可；若直线为投影面平行线，一般需观察第三个投影才能确定。如图 2-22(a)所示，AB 是侧平线，点 M 的水平投影 m 和正面投影 m' 都在 AB 的同面投影上。要判定点 M 是否在直线 AB 上，作出它们的侧面投影 m''，因不在 $a''b''$ 上，所以，点 M 不是直线 AB 上的点，如图 2-22(b) 所示。

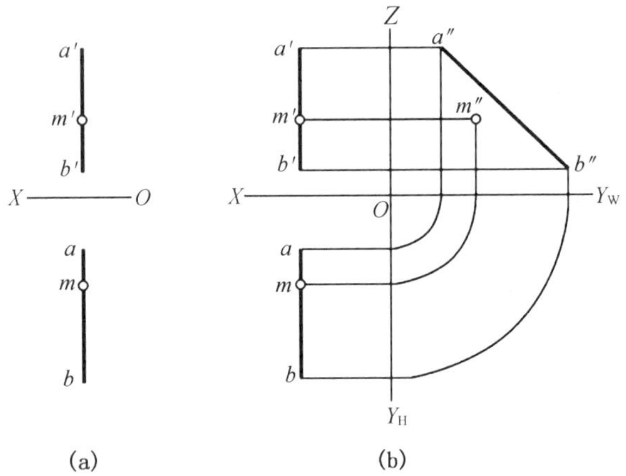

图 2-22　判断点是否在直线上

2.4.3　两直线的相对位置

空间两直线的相对位置有平行、相交、交叉三种情况。

1. 两直线平行

若空间两直线平行，则它们的同面投影互相平行，如图 2-23 所示。由于 $AB//CD$，则 $ab//cd$，$a'b'//c'd'$，$a''b''//c''d''$。反之，如果两直线三个投影面的同面投影都互相平行，则两直线在空间互相平行。

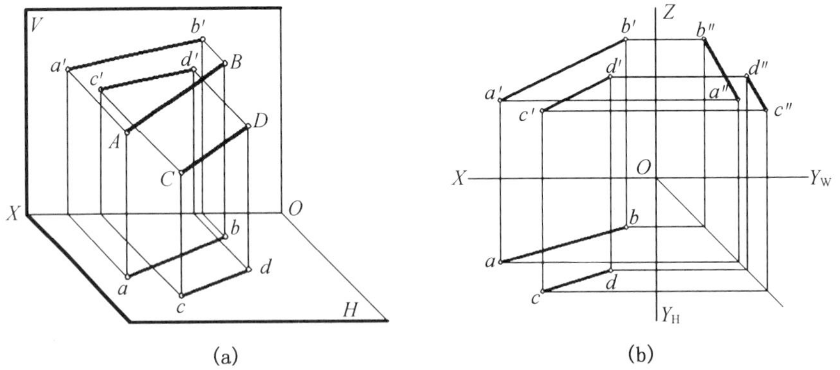

图 2-23　两直线平行

如果两平行直线都是一般位置直线，只要任意两组同面投影相互平行，就能判定这两条直线在空间相互平行。

若已知两条直线两个同面投影相互平行，且两直线是投影面的平行线时，则不能判定这两条直线在空间一定平行，通常应求出第三投影，才能确定这两条直线是否平行。如

图 2-24(a) 所示，线段 EF，GH 是侧平线，尽管 $e'f' /\!/ g'h'$，$ef /\!/ gh$，不能判定线段 EF，GH 相互平行。求出两线段的侧面投影，$e''f''$ 不平行于 $g''h''$，故 EF 与 GH 在空间不平行。

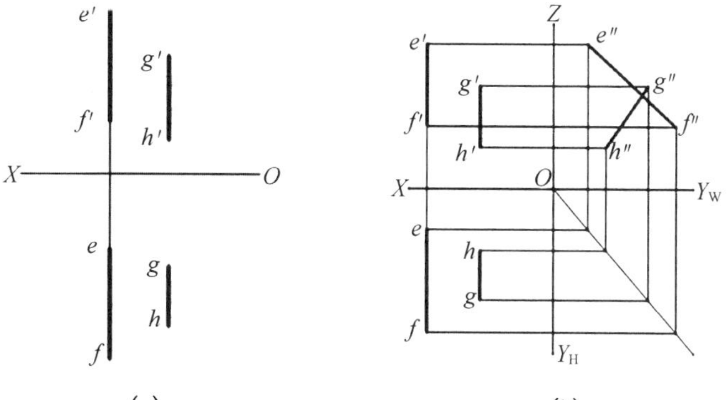

(a)　　(b)

图 2-24　判断 *EF* 与 *GH* 是否平行

2. 两直线相交

若空间两直线相交，则它们的同面投影相交，且交点的投影符合点的投影规律。

如图 2-25(a)所示，AB 与 CD 相交，交点为 K，则 ab 与 cd，$a'b'$ 与 $c'd'$，$a''b''$ 与 $c''d''$ 分别交于 k，k'，k''，交点 K 符合点的投影规律。反之，两直线在投影图上的各组同面投影均相交，且交点符合点的投影规律，则两直线在空间相交。

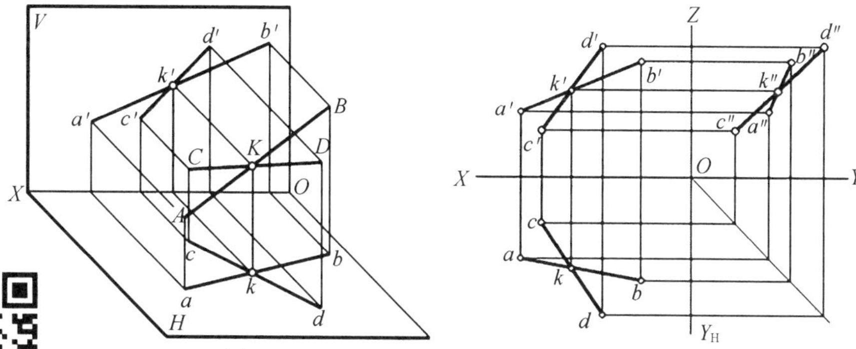

(a)　　(b)

两直线相交

图 2-25　两直线相交

若两直线都是一般位置直线，只要根据任意两组同面投影，就能判定两直线在空间是否相交，如图 2-25(b)所示。

当两条直线中有一条是投影面平行线时，通常检查两直线在三个投影面上交点的投影是否符合点的投影规律，才能确定这两条直线在空间是否相交。

如图 2-26(a)所示，线段 CD 为一般位置直线，线段 AB 为侧平线。尽管 $a'b'$ 与 $c'd'$，ab 与 cd 相交，交点投影 k' 和 k 的连线垂直于 OX 轴，但作出侧面投影后，交点的投影不符合点的投影规律，则两直线在空间不相交，如图 2-26(b)所示。

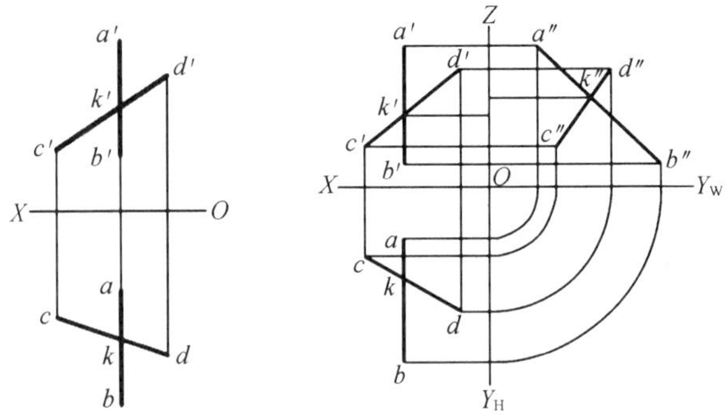

图 2-26 判断线段 **AB** 与 **CD** 是否相交

3. 两直线交叉

既不平行又不相交的两直线称为交叉直线。交叉两直线的投影可能相交，但交点一定不符合点的投影规律，如图 2-27 所示。

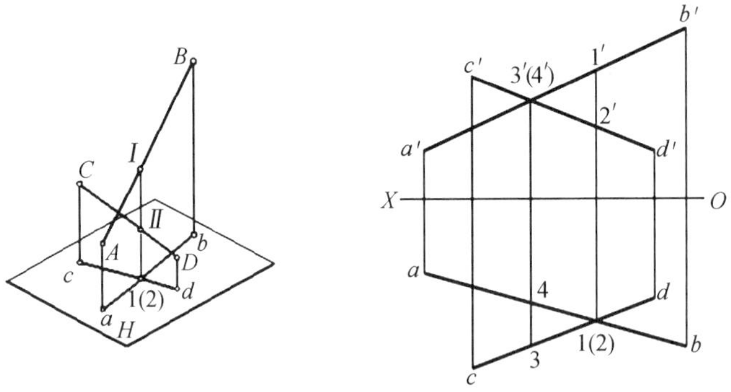

图 2-27 两直线交叉及重影点分析

两直线交叉及重影点分析

(1) 两一般位置直线交叉的投影及重影点分析

如图 2-27(a)所示，线段 AB，CD 水平投影的交点 1(2)，实际上是线段 AB 上的点 Ⅰ 和线段 CD 上的点 Ⅱ 的重影。

判别可见性：由正面投影 $1'$，$2'$ 可知，点 Ⅰ 在上，点 Ⅱ 在下，点 Ⅰ 可见，点 Ⅱ 不可见，其投影写成 1(2)。同理，如图 2-27(b)所示，$3'(4')$ 是线段 AB 上的点 Ⅲ 和 CD 上的点 Ⅳ 的重影点。由水平投影 3，4 可知，点 Ⅲ 在前，点 Ⅳ 在后，正面投影写成 $3'(4')$。

(2) 含投影面平行线的两交叉直线投影及重影点分析

如图 2-28(a)所示，线段 AB，CD 的正面投影和水平投影相交，交点连线垂直于 OX 轴，线段 AB 是侧平线，侧面投影也相交，交点不符合点的投影规律，故 AB，CD 为交叉的两直线。

判别可见性：$e''(f'')$ 分别是线段 CD，AB 上点 E，F 在侧面上的重影，点 E 在左，点 F 在右，点 E 可见，点 F 不可见，写成 $e''(f'')$。

如图 2-28(b)所示，AB,CD 为侧平线，$ab /\!/ cd$，$a'b' /\!/ c'd'$，$a''b''$ 与 $c''d''$ 相交，AB,CD 为交叉直线。

判别可见性：$m''(n'')$ 分别是线段 AB,CD 上点 M,N 在侧面上的重影，点 M 在左，点 N 在右，M 点可见，N 点不可见，写成 $m''(n'')$。

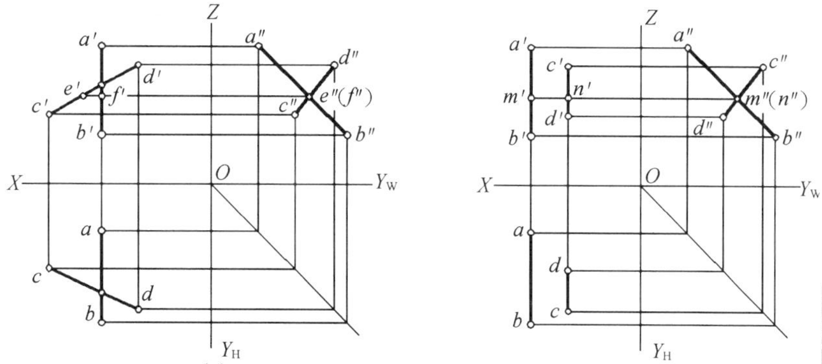

(a)　　(b)

图 2-28　含投影面平行线的两交叉直线的投影及重影点分析

含投影面平行线的两交叉直线的投影及重影点分析

【例 2-6】 如图 2-29(a)所示，判断线段 AB,CD 的相对位置。

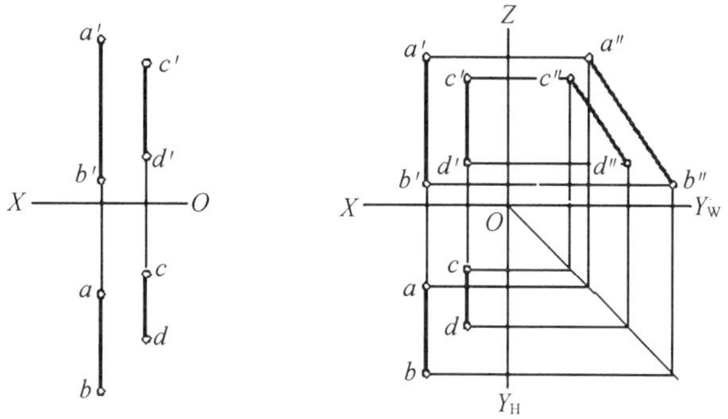

(a)　　(b)

图 2-29　判断两直线的相对位置

分析　作出侧面投影 $a''b''$ 和 $c''d''$，若 $a''b'' /\!/ c''d''$，则 $AB /\!/ CD$；反之，则线段 AB,CD 交叉。

作图　因 $a''b'' /\!/ c''d''$，可判断 $AB /\!/ CD$，如图 2-29(b)所示。

2.5　面的投影

2.5.1　平面的表示法

在投影图上，平面的投影可以用下列任何一组几何元素的投影来表示，如图 2-30 所示。

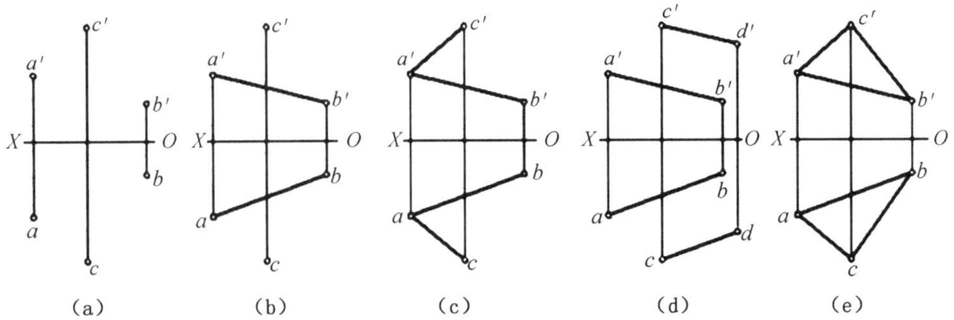

图 2-30　几何元素表示的平面

(1) 不在同一直线上的三点；

(2) 一直线和该直线外一点；

(3) 相交两直线；

(4) 平行两直线；

(5) 任意平面图形(如三角形)。

这五组几何元素都表示同一平面，它们之间是可以相互转换的。

2.5.2　各种位置平面的投影特性

根据平面在三投影面体系中的位置不同可将平面分为三类：一般位置平面、投影面垂直面、投影面平行面。投影面平行面和投影面垂直面又称特殊位置平面。

1. 一般位置平面

与三个投影面均倾斜的平面，称为一般位置平面，如图 2-31 所示。

一般位置平面的投影特性：三个投影均为类似形，面积比实形小。

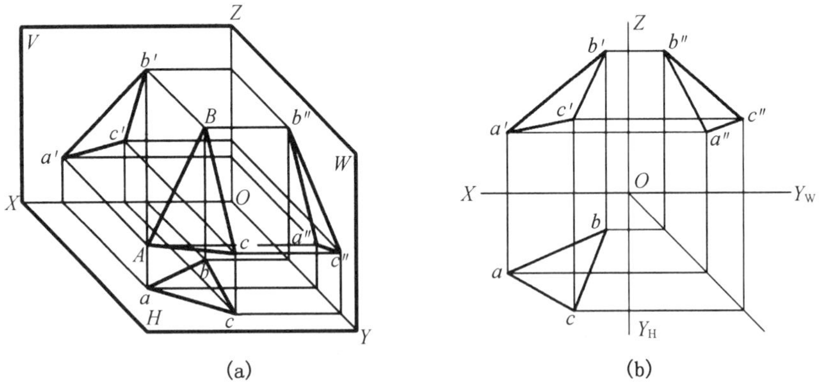

图 2-31　一般位置平面

2. 投影面垂直面

垂直于某一投影面，与另两个投影面倾斜的平面称为投影面垂直面，它们与水平投影面、正投影面、侧投影面的夹角分别称为平面对该投影面的倾角，分别用 α，β，γ 表示，见表

2-3。垂直于 V 面的面称为正垂面；垂直于 H 面的面称为铅垂面；垂直于 W 面的面称为侧垂面。投影面垂直面的投影特性见表 2-3。

表 2-3　投影面垂直面的投影特性

名称	铅垂面	正垂面	侧垂面
立体图	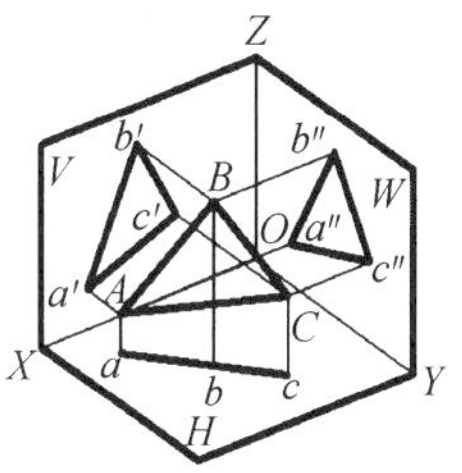	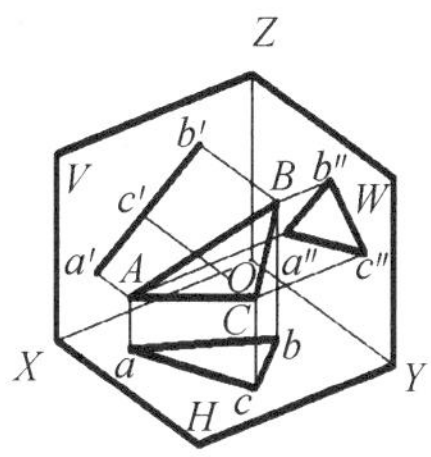	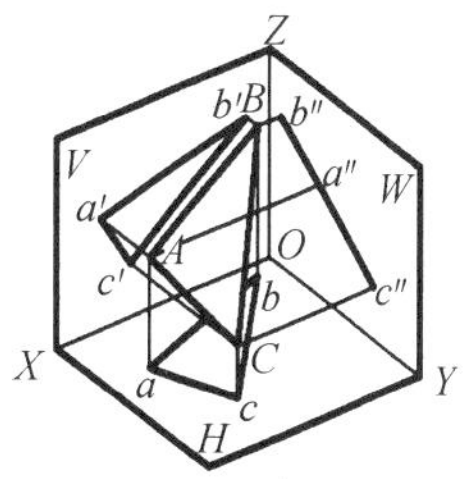
投影图	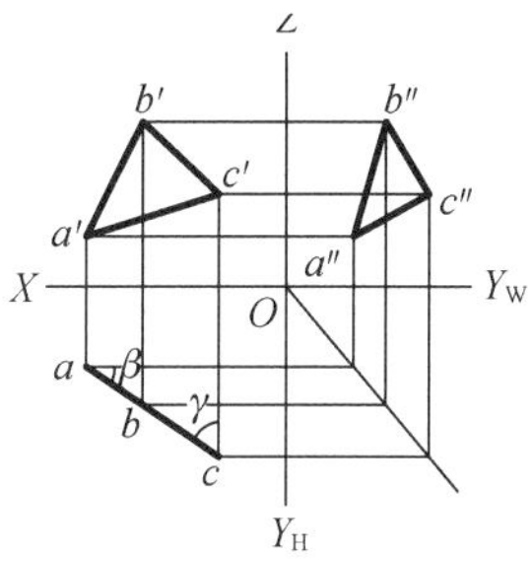	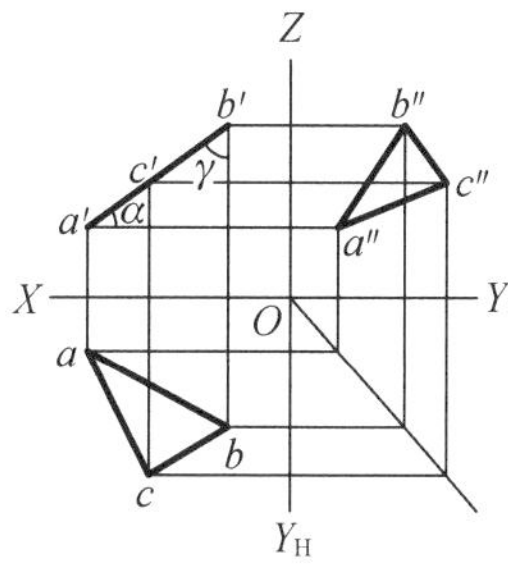	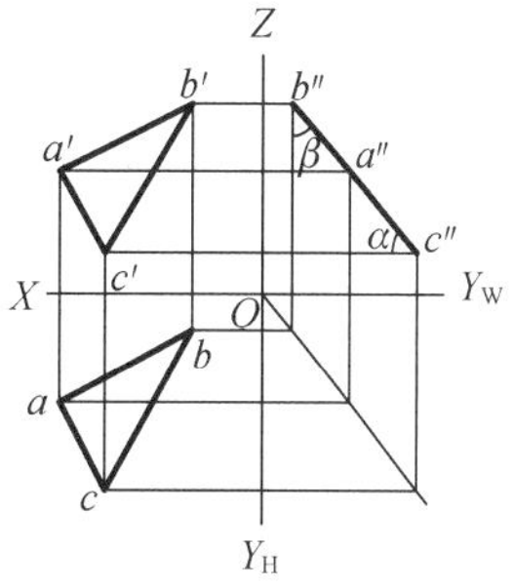
迹线投影图	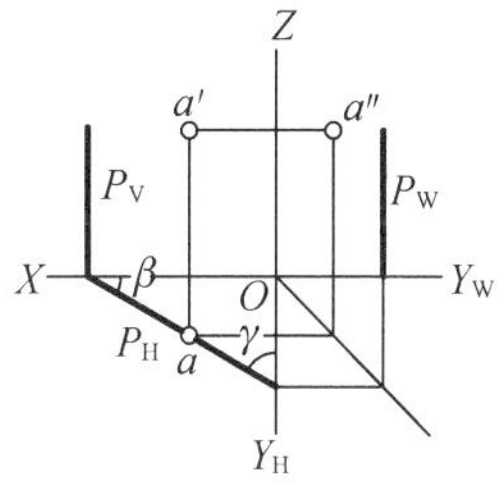	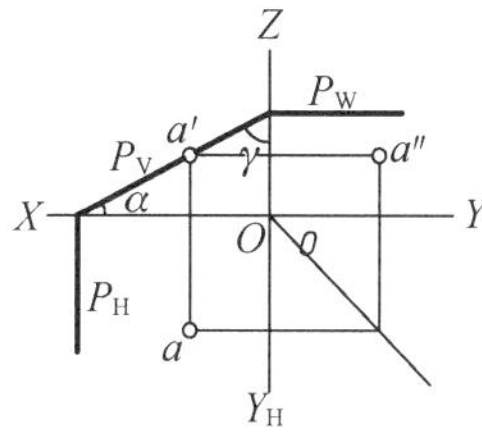	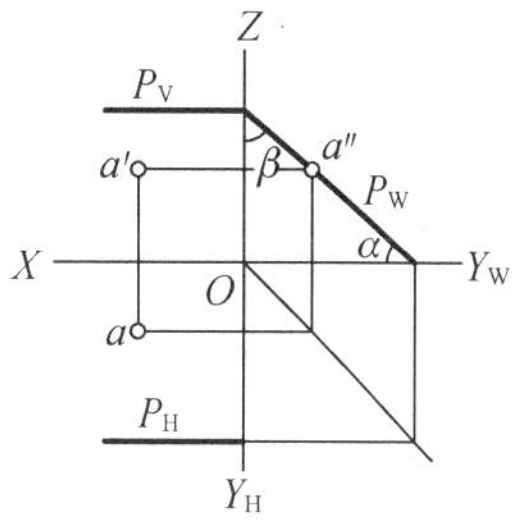
投影特性	(1) abc 积聚为一直线。它与 OX，OY_H 的夹角分别反映 β，γ 角；(2) $\triangle a'b'c'$，$\triangle a''b''c''$ 为类似形	(1) $a'b'c'$ 积聚为一直线。它与 OX，OZ 的夹角分别反映 α，γ 角；(2) $\triangle abc$，$\triangle a''b''c''$ 为类似形	(1) $a''b''c''$ 积聚为一直线。它与 OY_W，OZ 的夹角分别反映 α，β 角；(2) $\triangle a'b'c$，$\triangle abc$ 为类似形

综上所述，投影面垂直面的投影特性：

(1) 在其垂直的投影面上的投影积聚成一直线；该直线与两投影轴的夹角反映了平面对另两投影面的夹角。

(2) 在另两投影面上，其投影为类似形。

3. 投影面平行面

平行于某一投影面，垂直于另两投影面的平面称为投影面平行面。平行于 V 面的面称为正平面；平行于 H 面的面称为水平面；平行于 W 面的面称为侧平面。投影面平行面的投影特性见表 2-4。

表 2-4　投影面平行面的投影特性

名称	水平面	正平面	侧平面
立体图	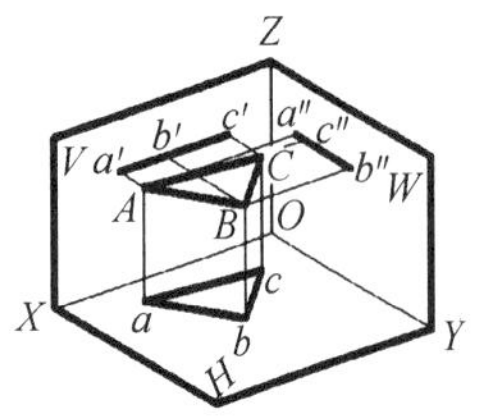	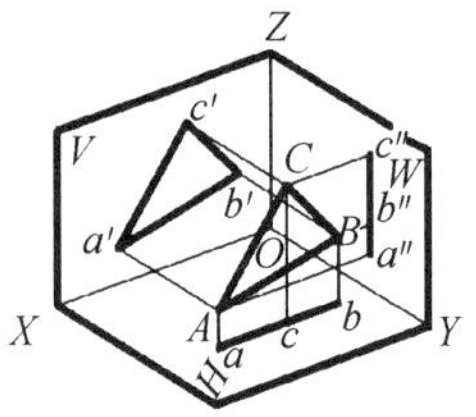	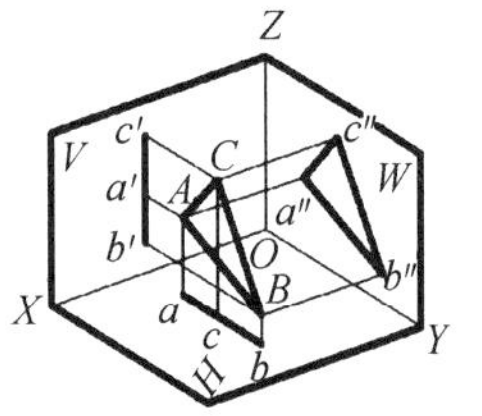
投影图	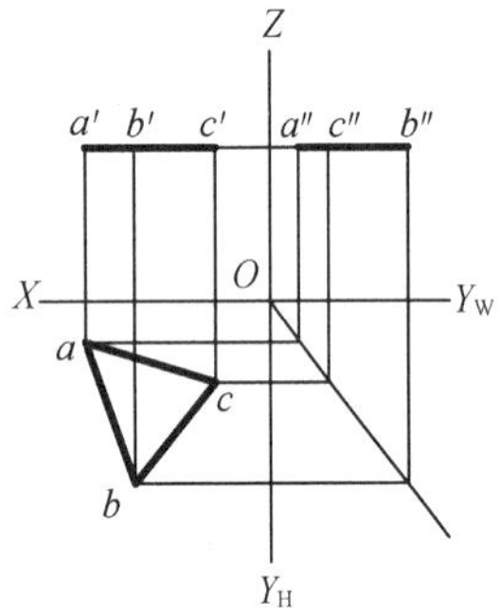	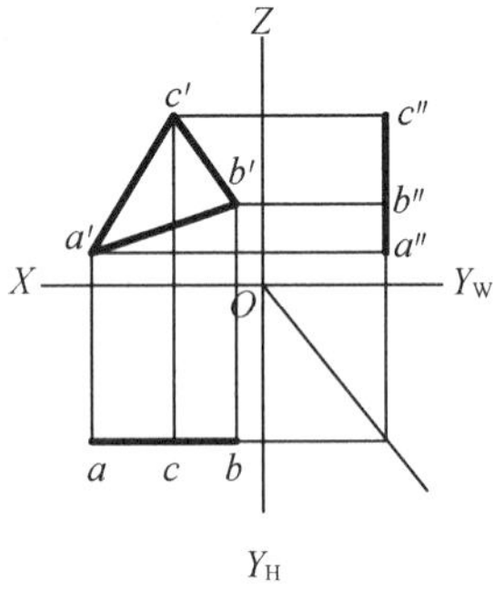	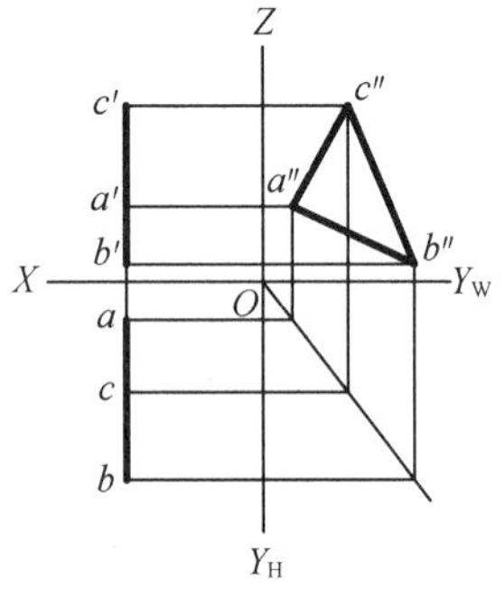
迹线投影图	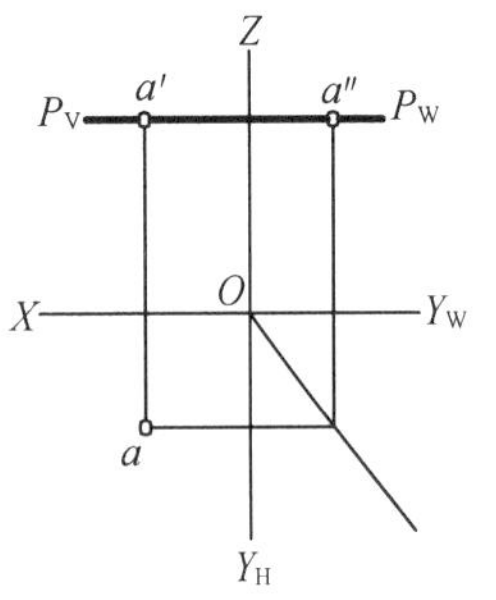	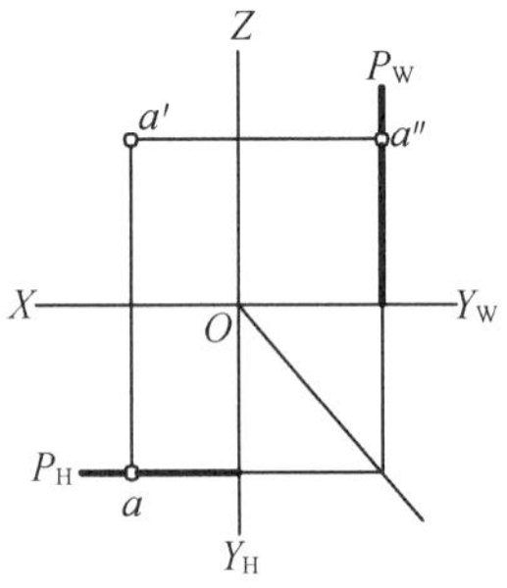	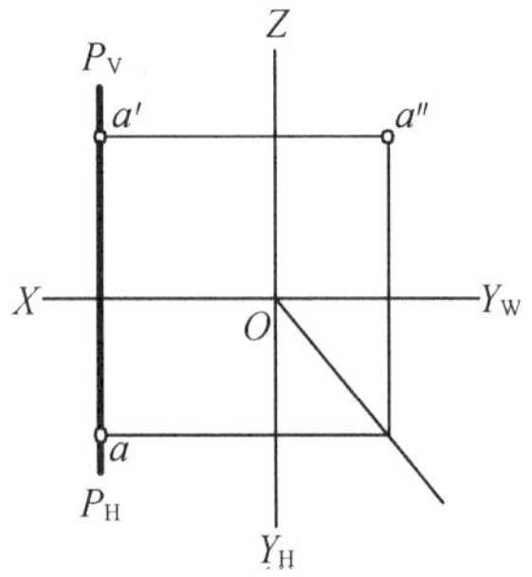
投影特性	(1) $\triangle abc$ 反映实形； (2) $a'b'c'$ // OX，$a''b''c''$ // OY_W，且具有积聚性	(1) $\triangle a'b'c'$ 反映实形； (2) abc // OX，$a''b''c''$ // OZ，且具有积聚性	(1) $\triangle a''b''c''$ 反映实形； (2) abc // OY_H，$a'b'c'$ // OZ，且具有积聚性

综上所述，投影面平行面的投影特性：

(1) 在其平行的投影面上的投影反映实形。

(2) 在另两投影面上的投影均积聚成直线，且平行于不同的投影轴。

2.5.3　平面内的点和直线

(1) 平面内点的几何条件：若点在平面内一直线上，则点在该平面上。

(2) 平面内直线的几何条件：直线过平面内的两个点，则直线在该平面内；直线通过平面上一点且平行于平面内的另一直线，则直线在该平面内，如图 2-32 所示。

(3) 面上求取点和直线的方法：取点，先作过该点属于面内的直线；取线，先作属于面上的两点。

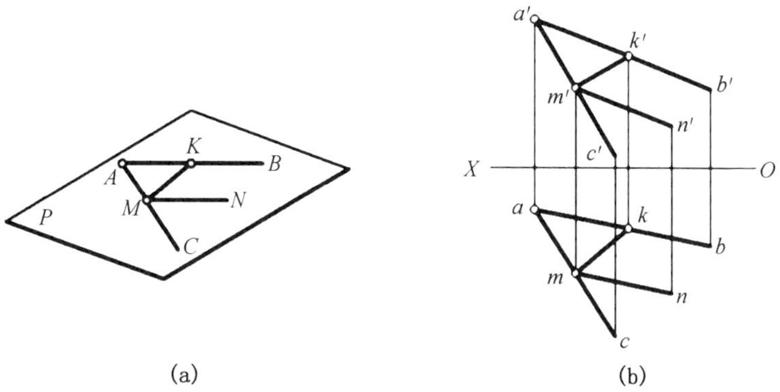

图 2-32　平面内的直线

【例 2-7】 如图 2-33(a)所示，已知 △*ABC* 的两面投影，作出 △*ABC* 上水平线 *AD* 和正平线 *CE* 的两面投影。

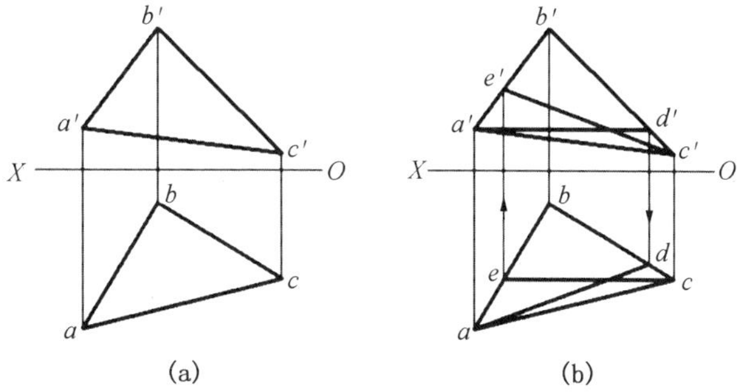

图 2-33　求平面内的水平线和正平线的投影

分析　由于水平线的正面投影平行于 *OX* 轴，可先求 *AD* 的正面投影，正平线的水平投影平行于 *OX* 轴，可先求 *CE* 的水平投影。

作图　如图 2-33(b)所示，过 a' 作 $a'd' \parallel OX$ 轴，交 $b'c'$ 于 d'，在 bc 上求出 d，连接 ad 即为所求。过 c 作 $ce \parallel OX$ 轴，交 ab 于 e，在 $a'b'$ 上求出 e'，连接 $c'e'$ 即为所求。

【例 2-8】 如图 2-34(a)所示，已知铅垂面上一点 *K* 的正面投影 k'，求水平投影 k。

分析　由于已知平面是铅垂面，其水平投影有积聚性，所以平面上点 *K* 的水平投影一定积聚在 abc 线段上。

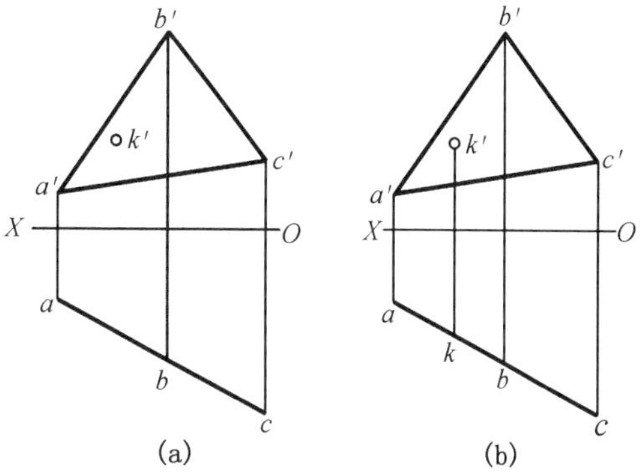

图 2-34　铅垂面上点的投影

作图　根据投影关系由 k' 作 *OX* 轴的垂

线与 abc 线段交于 k，则 k 即为所求，如图 2-34(b)所示。

【例 2-9】 如图 2-35(a)所示，判别点 e 是否在平面 $\triangle abc$ 内，并作出 $\triangle abc$ 平面内点 f 的正投影。

分析 判别点是否在平面上和求平面上点的投影，可利用取点先找属于平面内一条直线的方法来解题。

作图 连接 $a'e'$ 并延长交 $b'c'$ 于 $1'$，作出点 1 的水平投影 $1'$，$a1$ 为 $\triangle abc$ 平面内的直线，e 不在 $a1$ 上，所以，点 e 不在 $\triangle abc$ 平面上。点 f 在 $\triangle abc$ 平面上，连接 af 交 bc 于 2，作出点 2 的正面投影 $2'$，连接 $a'2'$ 延长与过 f 作 x 轴垂线交于 f'，如图 2-35(b)所示。

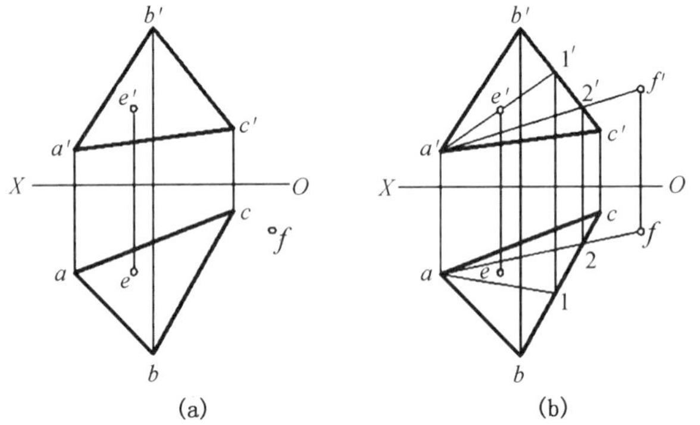

图 2-35 平面上的点

注意 判断点是否在平面内，不能仅看点的投影是否在平面的投影轮廓线内，一定要用几何条件和投影特性来判断。

【例 2-10】 如图 2-36(a)所示，完成平面图形 $abcde$ 的正面投影。

分析 已知三点 a,b,c 的正面投影和水平投影，两点 e,d 在 $\triangle abc$ 平面上，故利用面上取点先作直线的方法求出 e',d' 即可。

作图 连接 $a'c'$，ac，be，be 交 ac 于点 1，求出点 1 的正面投影 $1'$，连接 $b'1'$ 并延长与过点 e 作的 x 轴垂线交于 e'。同理，求 $\triangle abc$ 上一点 f 的正面投影 f'。依次用粗实线连接 c'，d'，e'，a'，得平面图形 $abcde$ 的正面投影，如图 2-36(b)所示。

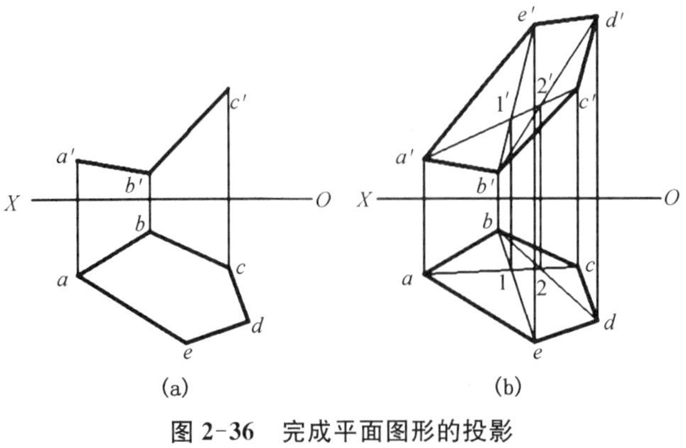

图 2-36 完成平面图形的投影

第 3 章　基本体的投影

本章导读

实际生产中的零件种类繁多、形状各异，从几何形体的角度看，都是由一些柱、锥、球、环等几何体经过切割、相交等方式组合而成的，这些简单的形体称为基本几何体，简称基本体。基本体分为平面立体和曲面立体两大类，曲面立体的最基本形体为回转体。图 3-1 是由基本体组成的简单零件。

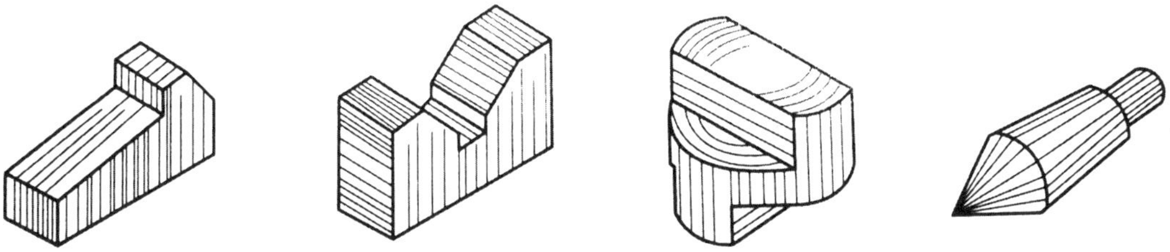

（a）钩头楔键　（b） V形铁　（c）接头　（d）顶尖

图 3-1　零件

素质目标

引导学生热爱自己的专业，并努力学好扎实的专业知识，成为未来的工程师！通过“大国工匠，民族脊梁”，收集中央电视台报道的与课程相关的大国工匠视频，增强专业自信、未来自信、民族自信、国家自信。

知识目标

（1）了解基本体的形体特征及投影特征。

（2）熟练掌握基本体三视图的画法和识读方法。

（3）熟练掌握基本体的尺寸注法。

能力目标

（1）能根据实物零件或三视图正确判断基本体的种类。

（2）能绘制基本体的三视图。

3.1　立体的投影

平面立体是指表面由平面构成的形体。

棱线是指平面上相邻表面的交线。

画平面立体视图的实质是画出所有棱线(或表面)的投影,并根据它们的可见与否,分别采用粗实线或虚线表示。

3.1.1　棱柱

棱柱有直棱柱和斜棱柱。顶面和底面为正多边形的直棱柱称为正棱柱。

1. 棱柱的三面视图

按图 3-2(a)所示位置放置六棱柱时,其顶面、底面均为水平面,它们的 H 面投影反映实形,V 面及 W 面投影积聚为一直线。棱柱有六个侧棱面,前后棱面为正平面,它们的 V 面投影反映实形,H 面投影及 W 面投影积聚为一直线。棱柱的其他四个侧棱面均为铅垂面,H 面投影积聚为直线,V 面投影和 W 面投影为类似形。

棱线 AB 为铅垂线,H 面投影积聚为一点 $a(b)$,V 面投影和 W 面投影均反映实长,即:$a'b'=a''b''=AB$,顶面的边 DE 为侧垂线,W 面投影积聚为一点 $d''(e'')$,H 面投影和 V 面投影均反映实长,即 $de=d'e'=DE$;底面的边 BC 为水平线,H 面投影反映实长,即 $bc=BC$,V 面投影 $b'c'$ 和 W 面投影 $b''c''$ 均小于实长。其余棱线可进行类似分析。作图时可先画出正六棱柱的 H 面投影正六边形,再根据投影规律作出其他两个投影,如图 3-2(a)所示。

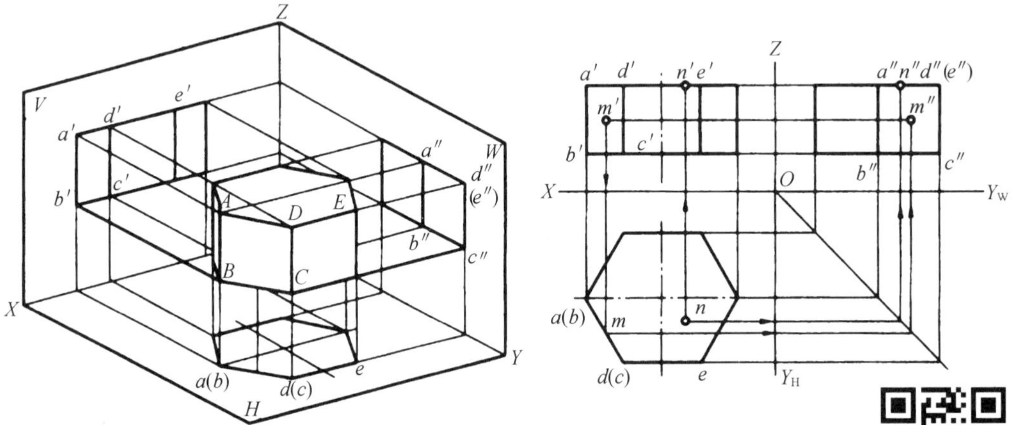

(a)　　　　　　(b)

图 3-2　六棱柱面的三面视图及面上取点

六棱柱面的三面视图及面上取点

棱柱的三面视图画图步骤,如图 3-2 所示。

(1) 先画反映实形的上下底面的水平投影,再根据投影联系画其正面投影和侧面投影;

(2) 画六条棱线的正面投影和侧面投影,并区分线、面的可见性。

2. **棱柱表面取点**

如图 3-2(b)所示，已知棱柱表面上点 M 的 V 面投影 m'，求 H 面、W 面投影 m 和 m''。由于点 m' 是可见的，因此，点 M 必定在 $ABCD$ 棱面上，而 $ABCD$ 棱面为铅垂面，H 面投影 $abcd$ 具有积聚性，因此，m 必定在 $abcd$ 上。根据 m' 和 m 可以求出 m''。又已知点 N 的 H 面投影 n，求 V 面、W 面投影 n'，n''。由于 n 是可见的，因此，点 N 在顶面上，而顶面的 V 面投影和 W 面投影都具有积聚性，因此 n'，n'' 在顶面的各同面投影上。

【例 3-1】 如图 3-3(a)所示，设五棱柱的表面上有点 A，B 和线段 CD，DE，且 a'，b'，$c''d''$，$d''e''$ 为已知，试完成它们的其余两个投影。

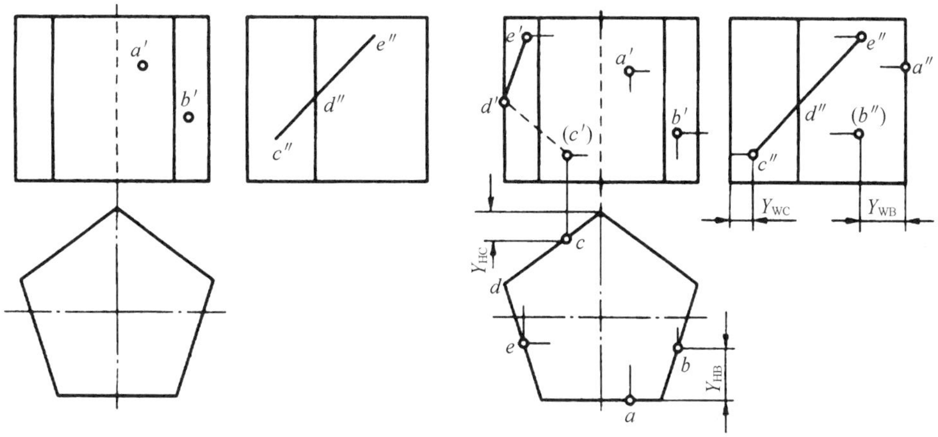

(a)　　　　(b)

图 3-3　五棱柱面上取点取线

分析　点 A 在五棱柱的前棱面上，由于该面的水平投影和侧面投影均有积聚性，可直接求得 a，a''；点 B 在右棱柱面上，而右棱面的水平投影有积聚性，故作图时利用积聚性先求 b，再根据 Y_{HB}，Y_{WB} 和 b' 求得 b''。由于右棱面在侧面投影上为不可见面，故 b'' 为不可见(加括号表示)。求作线段 CD，DE 的其余投影，须求出线段两端点的各投影，然后把同面投影相连。处在棱线上的点 D 可根据 d'' 直接求得 d' 和 d；点 C 的两投影可由 $Y_{WC}=Y_{HC}$ 确定 c 后再求 c'，用同样的方法可求得 e 和 e'。连线时，由于 CD 所在棱面的正面投影不可见，故 $c'd'$ 为不可见，用虚线表示。

3.1.2　棱锥

棱锥由一个底面和几个侧棱面组成。侧棱线交于有限远的一点——锥顶。

1. **棱锥的三面视图**

画棱锥的三面视图，其方法和步骤与棱柱相同。如图 3-4(a)所示为一正三棱锥，锥顶 S，其底面为 $\triangle ABC$，呈水平位置，H 面投影 $\triangle abc$ 反映实形。棱面 $\triangle SAB$，$\triangle SBC$ 是倾斜面，它们的各个投影均为类似形，棱面 $\triangle SAC$ 为侧垂面，其 W 面投影 $s''a''(c'')$ 积聚为一直线。底边 AB，BC 为水平线，AC 为侧垂线，棱线 SB 为侧平线，SA，SC 为倾斜线，它们的投影可根据不同位置直线的投影特性进行分析。

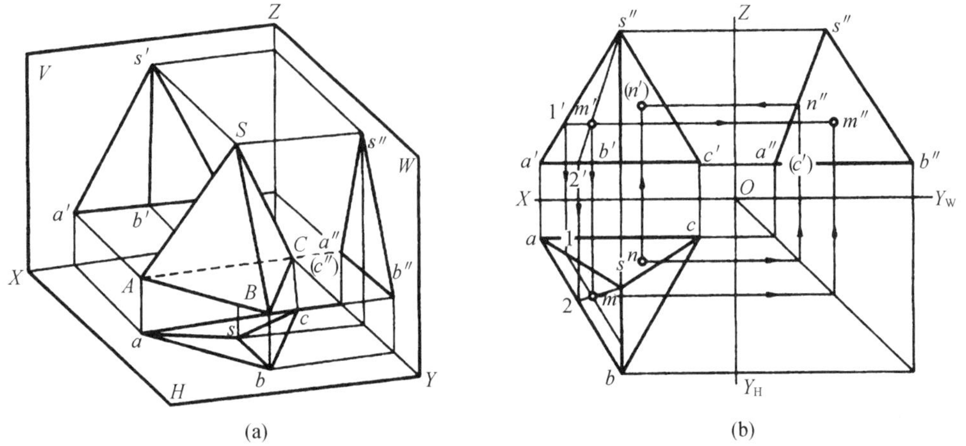

图 3-4　棱锥的三面视图及面上取点

正三棱锥的三面视图绘图步骤如下：

(1) 画反映实形的底面的水平投影；

(2) 画底面的正面投影和侧面投影；

(3) 画锥顶的三面投影；

(4) 画棱线的三面投影。

为了对视图进行线面分析，可标出各顶点的投影名称。

2. 在棱锥表面取点

如图 3-4(b)所示，已知点 M 的 V 面投影 m'(可见)，点 M 在棱面 SAB 上，过点 M 在 $\triangle SAB$ 上作 AB 的平行线 $\mathit{I}M$，即作 $1'm' \parallel a'b'$，$1m \parallel ab$，求出 m，再根据 m，m' 求出 m''。也可过锥顶 S 和点 M 作辅助线 $S\ \mathit{II}$，然后求出点 M 的 H 面投影 m。又已知点 N 的 H 面投影 n(可见)，点 N 在侧垂面 $\triangle SCA$ 上，因此，n'' 必定在 $s''a''(c'')$ 上，由 n，n'' 可求出 V 面投影 n'，由于在 $\triangle SCA$ 面上的点在 V 面上被平面 $\triangle SAB$ 和 $\triangle SBC$ 遮挡看不见，因此将 n' 记为(n')。

3.1.3　圆柱

曲面立体表面的曲面若为回转面，则该曲面立体称为回转体。

回转面是指一条线绕另一条线旋转后形成的轨迹。

母线是运动的线，可以是直线或曲线。

轴线是不动的线。

素线是母线位于曲面任一位置时的线。

圆柱的形成

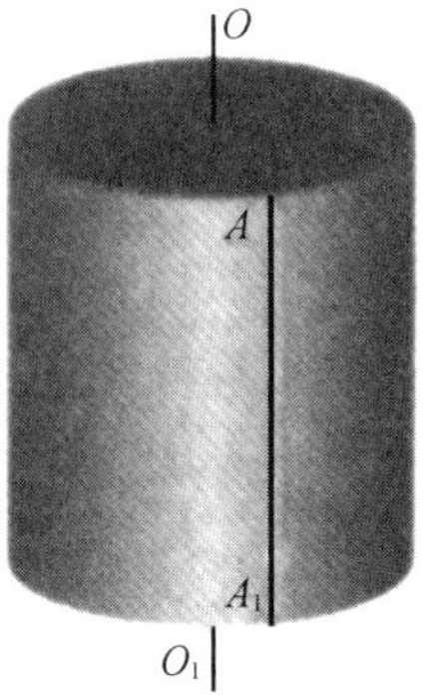

图 3-5　圆柱

1. 圆柱的三面视图

圆柱是由顶圆、底圆和圆柱面围成的。如图 3-5 所示，圆柱面是由直线 AA_1 绕与它平行的轴线 OO_1 旋转而成的。直线 AA_1 称为母线。

圆柱的三面视图如图 3-6 所示。

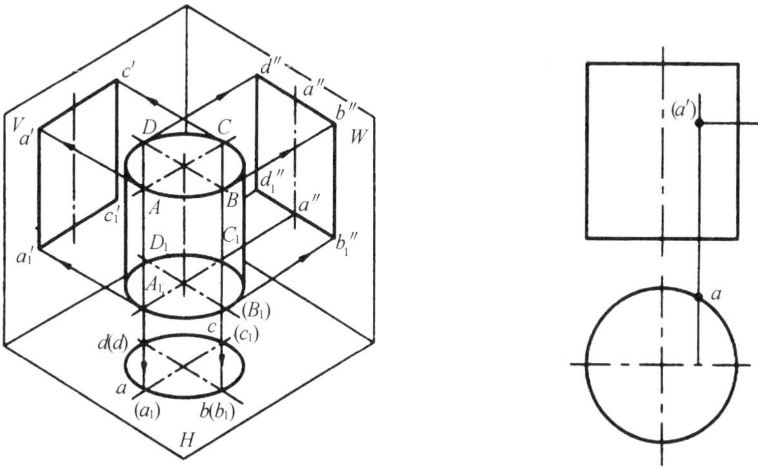

图 3-6　圆柱的三面视图

圆柱的三面视图

圆柱的三面视图绘图步骤如下：

(1) 画俯视图的中心线及轴线的正面和侧面投影；

(2) 画投影为圆的俯视图；

(3) 根据圆柱体的高画出另外两个视图。

2. 圆柱表面上取点

已知圆柱表面的点的投影 $1'$,$2'$,$3'$,$4'$,求其他两面投影。可以利用投影的集聚性求点(图 3-7),也可以利用 45°线作图(图 3-8)。

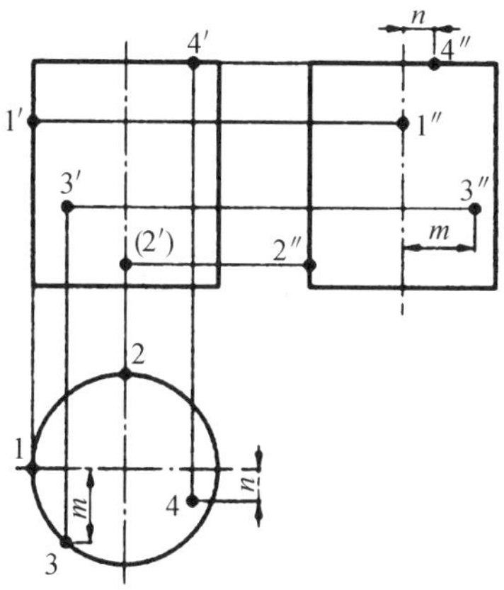

图 3-7　利用投影的集聚性求点

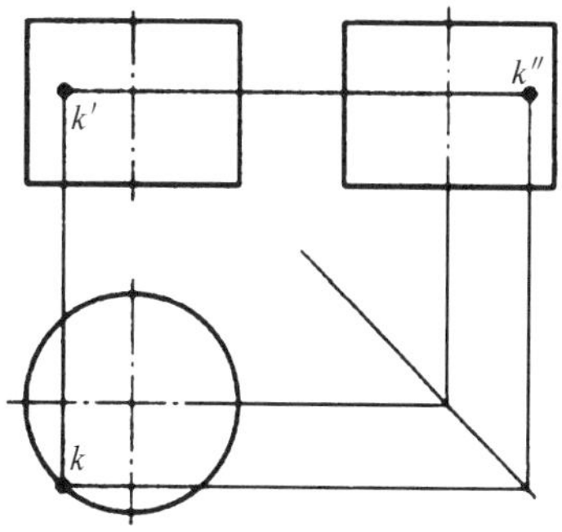

图 3-8　利用 45°线作图

3.1.4　圆锥

1. 圆锥的三面视图

圆锥是由圆锥面和底面组成的。如图 3-9 所示,圆锥面是由直线 SA (母线)绕与它相

交的轴线 OO_1 旋转而成的。S 称为锥顶，圆锥面上过锥顶的任一直线称为圆锥面的素线。圆锥的三面视图如图 3-10 所示。

圆锥的三面视图绘图步骤如下：

（1）画俯视图的中心线及轴线的正面和侧面投影；

（2）画投影为圆的俯视图；

（3）根据圆锥体的高画出另外两个视图。

圆锥的形成

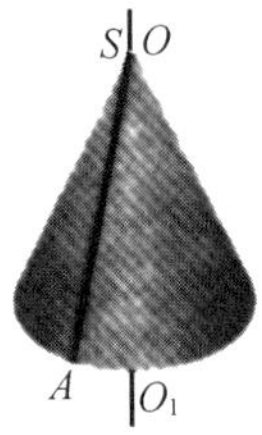

图 3-9 圆锥

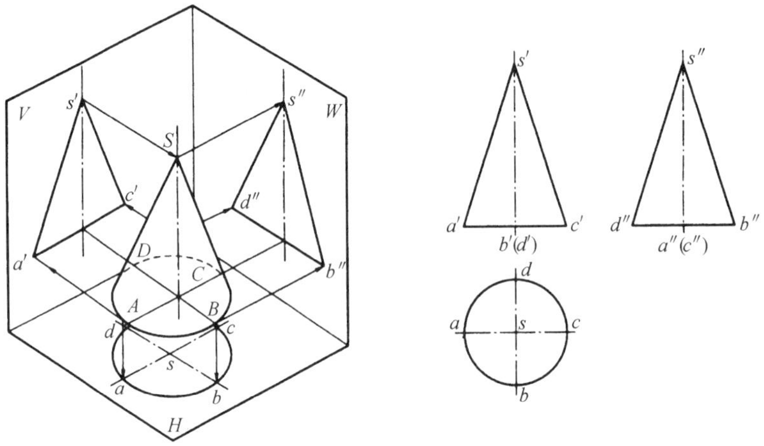

图 3-10 圆锥的三面视图

圆锥的三视图

2. 圆锥表面上的点

（1）特殊位置点

已知圆锥表面上点的投影 1′,2′,3′,求其他两面投影,如图 3-11 所示。

（2）一般位置点

已知圆锥表面上点的投影 1′,2′,求其他两面投影要用辅助素线法和纬圆法求解,如图 3-12 所示。

辅助素线法和纬圆法（辅助圆法）

辅助素线法和纬圆法（辅助素线法）

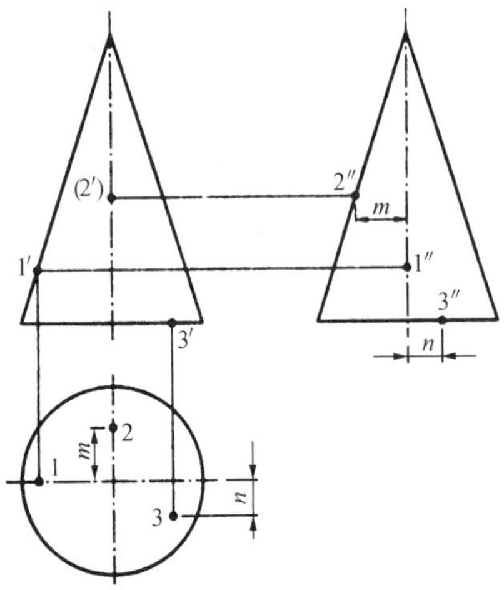

图 3-11 根据圆锥表面特殊点作出其他两面投影

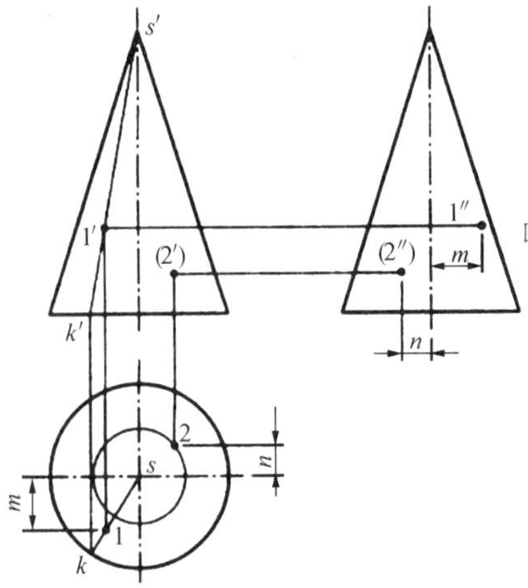

图 3-12 辅助素线法和纬圆法

3.1.5　圆球

1. 圆球的三面视图

球是由球面构成的实体。球面可看作是一圆以其直径为轴旋转而成的。

圆球的三面视图分别为三个和圆球的直径相等的圆，它们分别是圆球三个方向轮廓线的投影，如图 3-13 所示。

圆球的三面视图绘图步骤如下：

（1）画三个视图的中心线；

（2）画 3 个直径等于圆球直径的圆。

圆球的三视图(a)　　圆球的三视图(b)

2. 圆球表面上的点

采用纬圆法求解，如图 3-13 所示。

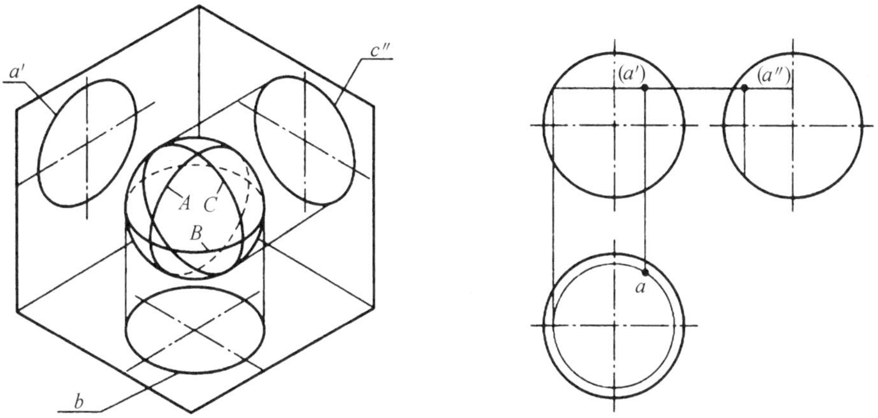

(a)　　(b)

图 3-13　圆球的三视图

3.2　基本体的尺寸标注

物体的大小是根据所注尺寸来确定的，掌握基本体的尺寸注法是学习各种物体尺寸标注的基础。

3.2.1　平面立体的尺寸注法

对于平面立体，一般标注长、宽、高三个方向的尺寸，有时尺寸重合为两个或者一个，面则标注尺寸后视图有时也可以减少，如图 3-14 所示。

棱柱、棱锥及棱台，除了标注确定其顶面和底面形状大小的尺寸外，还要标注高度尺寸。为了便于看图，确定顶面和底面形状大小的尺寸宜标注在反映其实形的视图上，如图

3-14(a)—(f)所示。

标注正方形尺寸时,采用在正方形边长尺寸数字前加注符号“□”,如图 3-14(b),(f)所示。

底面为正多边形的棱柱和棱锥,其底面尺寸一般标注外接圆直径[图 3-14(g),(h)],但也可根据需要注成其他形式[图 3-14(i),(j)]。

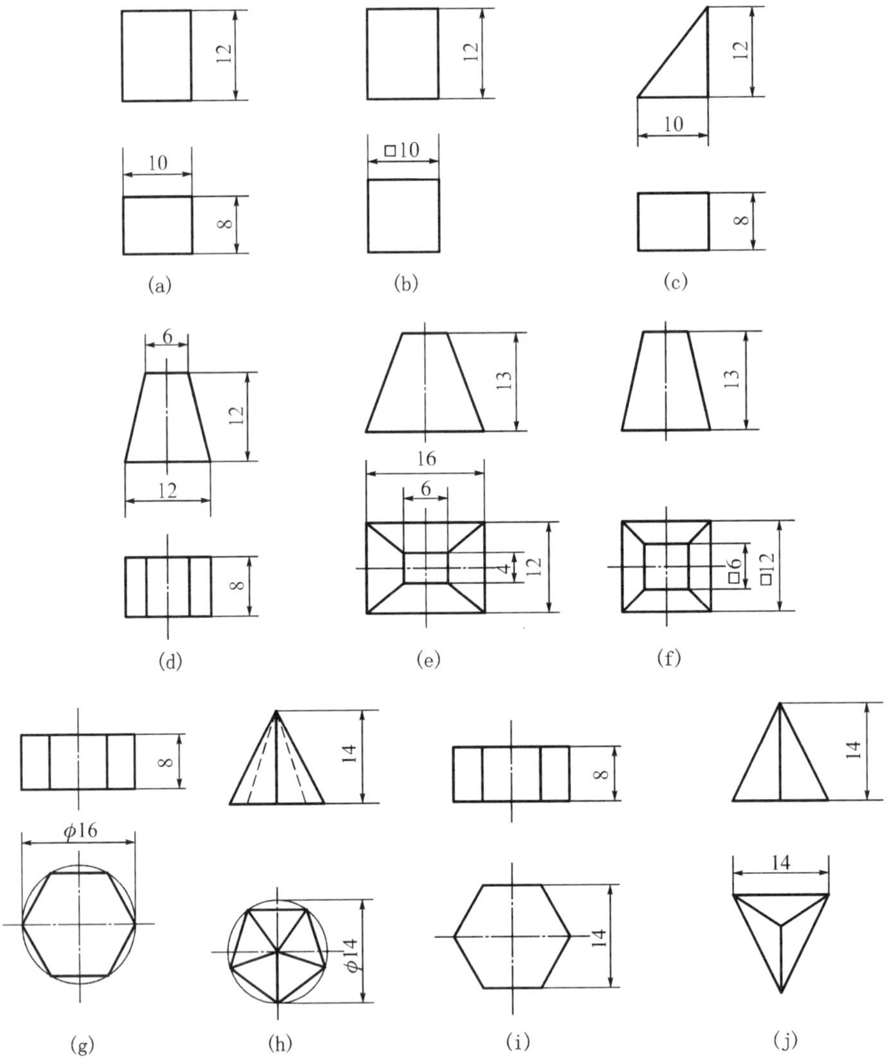

图 3-14　平面立体的尺寸注法

3.2.2　回转体的尺寸注法

圆柱、圆锥和圆锥台,应标注底圆直径和高度尺寸。直径尺寸一般标注在非圆视图上,并在数字前加注符号“ϕ”,如图 3-15(a),(b),(c)所示。当把尺寸集中标注在一个非圆视图上时,这个视图即可表示清楚它们的形状和大小。

标注圆球的尺寸时，采用在直径数字前加注符号“Sϕ”，如图 3-15(d)所示。

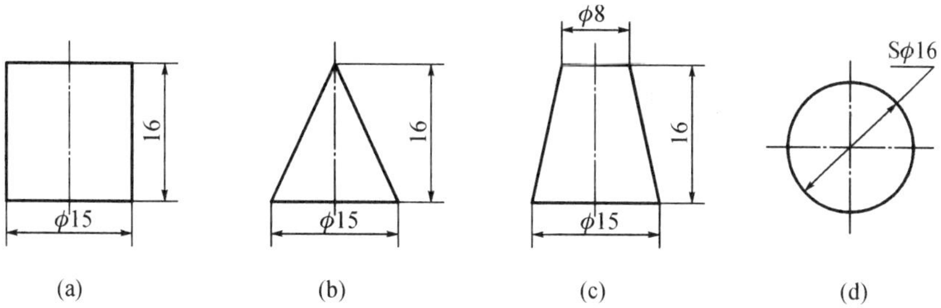

图 3-15　回转体的尺寸注法

第 4 章　轴测图绘制

本章导读

物体的正投影图能够完整、准确地表达物体的形状和大小，具有作图简便、度量性好等优点，因此工程图样常用正投影图来表达，如图 4-1(a)所示。但正投影图立体感差，不易想象出物体的形状，而轴测图立体感强，因此工程上常采用其作为辅助图样，用于方案讨论及广告等，如图 4-1(b)所示。

现行的轴测图国家标准仍是《机械制图　轴测图》(GB/T 4458.3—2013)。但正在修订，本章即按照新概念(如“轴向伸缩系数”)进行介绍。

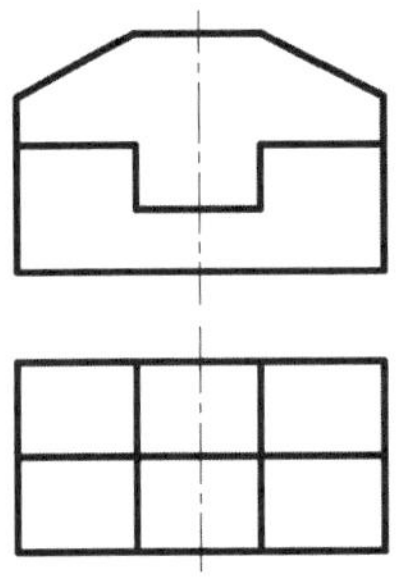
(a)

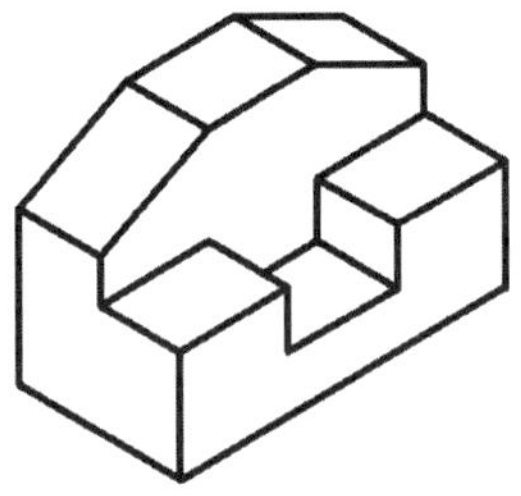
(b)

图 4-1　正投影图与轴测投影图的比较

素质目标

培养学生的工程思维与创新意识。在平面上，利用三维坐标轴，可将平面图形画出立体化状态。

通过“超级工程与技术”，使学生了解和震惊于我国现代化众多伟大超级工程壮举，在世界级工程的设计、施工与管理等很多方面领先于世界，学习工程师和建设者们的创新智慧及求真专注、不畏艰险的职业与专业精神。

知识目标

(1) 熟悉轴测图的基本概念。

(2) 熟练掌握绘制正等轴测图的基本方法和步骤。

(3) 熟练掌握绘制斜二等测图的基本方法和步骤。

(4) 了解轴测图的剖视画法。

能力目标

(1) 能绘制组合体的正等轴测图。

(2) 能绘制组合体的斜二等轴测图。

4.1　轴测图的基本知识

常用的工程图样是多面正投影图，多面正投影具有作图简便、度量性好等优点，如图 4-2(a)所示。但这种图样缺乏立体感，必须具有一定的图学知识才能看懂。为此，工程上还常用一种富有立体感的投影图来表达物体，以弥补多面投影图的不足。这种单面投影图称为轴测图，如图 4-2(b)所示。

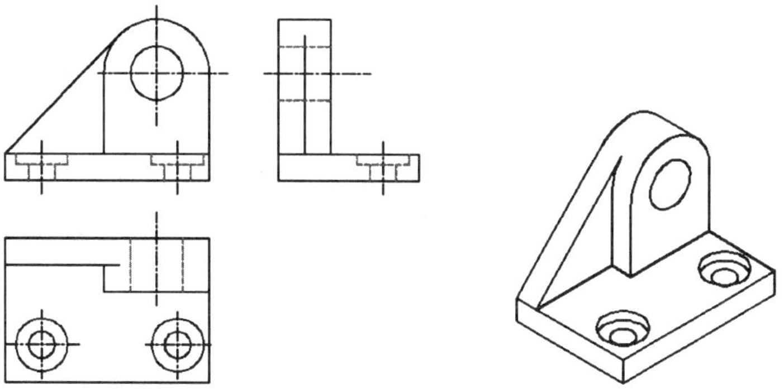

(a)　(b)

图 4-2　多面正投影图与轴测图

轴测图是将零件连同其参考直角坐标系，沿不平行于任一坐标面的方向，用平行投影法将其投射在单一投影面上所得到的图形。它能同时反映零件长、宽、高三个方向的尺度，富有立体感，但不能反映零件的真实形状和大小，度量性差。

4.1.1　轴测图的形成与投影特性

如图 4-3 所示，轴测图是将物体连同其参考直角坐标系沿不平行于任一坐标平面的方向，用平行投影法将其投射在单一投影面 P 上所得的图形。

在轴测投影中，投影面 P 称为轴测投影面，投射方向 S 称为轴测投射方向。

由于轴测图是用平行投影法得到的，因此具有下列投影特性：

(1) 平行性。物体上互相平行的线段，在轴测图上仍然互相平行。

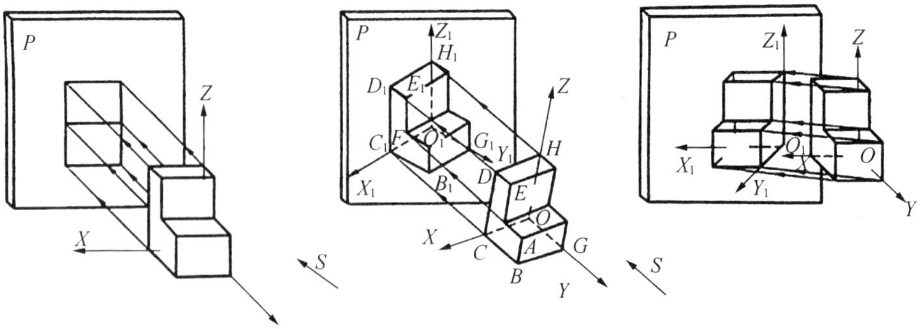

图 4-3 轴测图的形成

(2) 定比性。物体上两平行线段或同一直线上的两线段长度之比,在轴测图上保持不变。

4.1.2 轴测轴、轴间角及轴向伸缩系数

(1) 轴测轴。立体原有坐标系 OX,OY,OZ 的轴测投影 O_1X_1,O_1Y_1,O_1Z_1 称为轴测轴。

(2) 轴间角。任意两个轴测轴之间的夹角称为轴间角,如 $\angle X_1O_1Y_1$,$\angle Y_1O_1Z_1$,$\angle X_1O_1Z_1$。

(3) 轴向伸缩系数。轴测轴上的线段与立体原有坐标轴上对应线段的长度比,称为轴向伸缩系数。O_1X_1,O_1Y_1,O_1Z_1 轴上的轴向伸缩系数分别用 p,q,r 表示,如图 4-3 所示。即

$$X\text{ 轴向伸缩系数:}\frac{O_1A_1}{OA}=p;$$

$$Y\text{ 轴向伸缩系数:}\frac{O_1B_1}{OB}=q;$$

$$Z\text{ 轴向伸缩系数:}\frac{O_1C_1}{OC}=r。$$

4.1.3 轴测图的分类

由于投影方向 S 对轴测投影面 P 所成的角度不同,轴测图可以分为两类。

(1) 正轴测图。投影方向 S 与轴测投影面 P 垂直,如图 4-3(b)所示。

(2) 斜轴测图。投影方向 S 与轴测投影面 P 不垂直,如图 4-3(c)所示。

根据轴向变形系数的不同,这两类轴测图又可以分为三种。

① 正(或斜)等轴测图,$p=q=r$。

② 正(或斜)二等轴测图,$p=r\neq q$。

③ 正(或斜)三轴测图,$p\neq q\neq r$。

轴测图根据物体相对轴测投影面的位置和投射方向的不同有很多种，这里介绍工程图中常用的两种，即正等轴测图和斜二等轴测图。

4.2　正等轴测图的画法

4.2.1　轴间角和轴向伸缩系数

如图 4-4 所示，在正等轴测图中，由于直角坐标系的三根轴对轴测投影面的倾角都相等，因此，轴间角都是 120°，各轴向伸缩系数相等，都是 0.82。根据这些系数，就可以度量平行于各轴向的尺寸。所谓“等测”就是表示这种图各轴向伸缩系数相等。

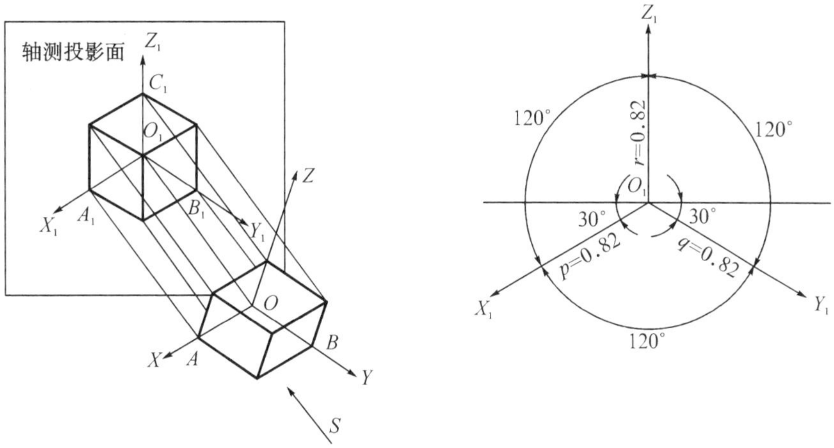

图 4-4　正等轴测图的轴间角和轴向伸缩系数

4.2.2　平面立体的正等轴测图的画法

画轴测图的基本方法是坐标法。所谓坐标法就是根据立体表面上每个顶点的坐标，画出它们的轴测投影，然后连成立体表面的轮廓线，从而获得立体轴测投影的方法。

下面举例说明坐标法画正等轴测图的方法。

【例 4-1】　如图 4-5(a)所示，已知正六棱柱的主俯视图，求作其正等轴测图。

ⅰ. 在两视图上确定直角坐标系，坐标原点取为顶面的中心，如图 4-5(a)所示。

ⅱ. 画轴测轴，分别在 X,Y 轴上截取顶点 a,b 及前后两对边中点 c,d，如图 4-5(b)所示。

ⅲ. 过 c,d 分别作 X 轴的平行线，截取六边形的边长，得到 1,2,3,4 四个顶点，依次连接 6 个顶点得正六棱柱底面正六边形的正等轴测投影，如图 4-5(c)所示。

ⅳ. 过顶点 a,1,2,b,3,4 作 Z 轴的平行线，在其上截取六棱柱的高，作出底面各点轴测投影，如图 4-5(d)所示。

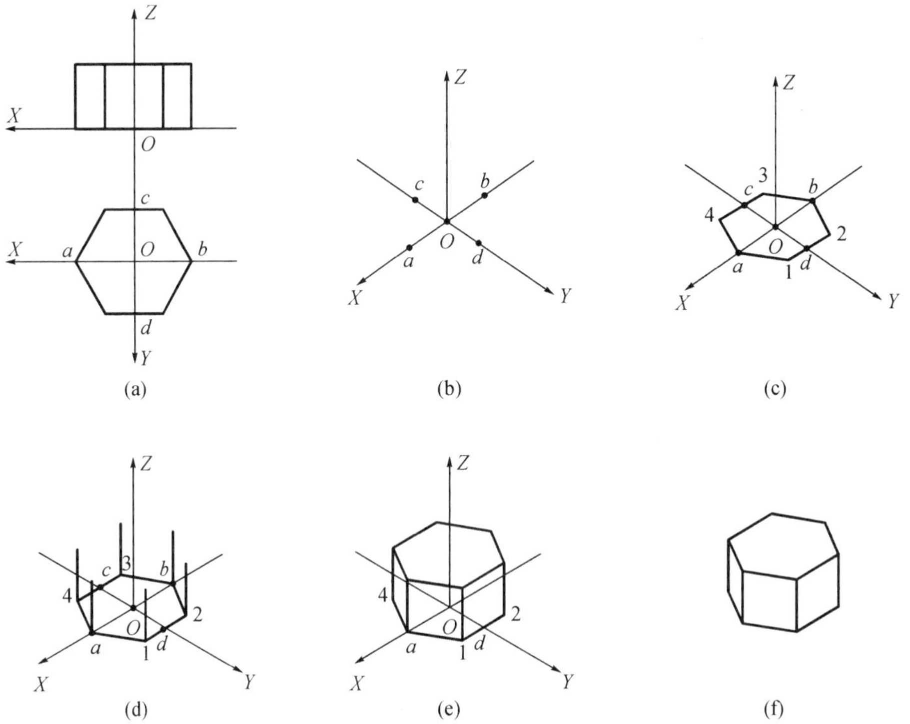

图 4-5　作正六棱柱的正等轴测图

ⅴ. 连接各顶点,得上底面及各棱线,如图 4-5(e)所示。

ⅵ. 擦去作图线,描深加粗即完成正六棱柱的正等轴测图,如图 4-5(f)所示。

轴测图的主要画法有切割法和叠加法。切割法是对于某些以切割为主的立体,可先绘出其切割前的完整形体,再按形体形成的过程逐一切割而得到立体轴测图的方法。叠加法是对于某些以叠加为主的立体,可按形体形成的过程逐一叠加从而得到立体轴测图的方法。实际上,大多数立体既有切割又有叠加,在具体作图时切割法和叠加法总是交叉使用。

【例 4-2】 根据图 4-6(a),作出立体的正等轴测图。

ⅰ. 切割法: 先画长方体,然后逐步切割形体作图,如图 4-6(b)—(e)所示。

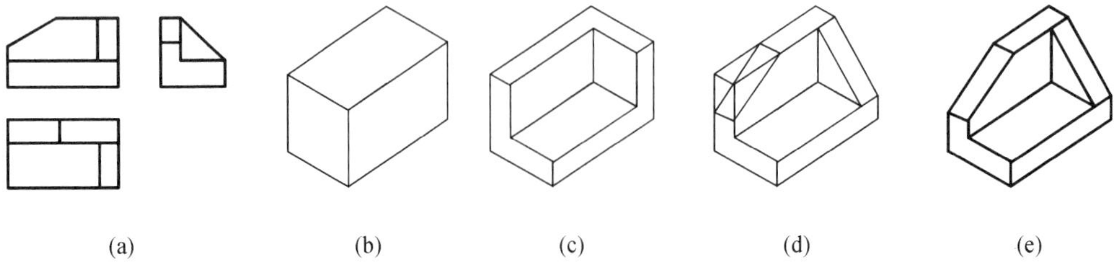

图 4-6　切割法作正等轴测图

ⅱ. 叠加法: 先画长方体底板,再加立板,然后加上三角形斜块,如图 4-7 所示。

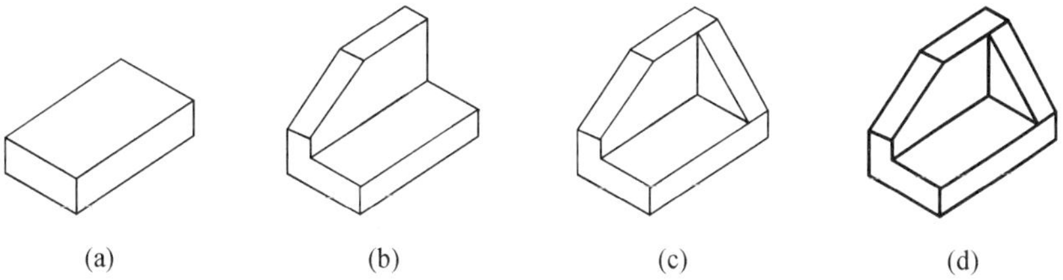

图 4-7　叠加法作正等轴测图

4.2.3　回转体的正等轴测图的画法

作回转体的正等轴测图，关键在于画出立体表面上圆的轴测投影。

1. 平行于坐标面圆的正等轴测投影

圆的正等轴测投影为椭圆，该椭圆常采用四心近似法，用四段圆弧近似代替椭圆弧，不论圆平行于哪个投影面，其轴测投影的画法均相同，图 4-8 表示直径为 d 的水平圆正等轴测投影的画法。作图步骤如下：

(1) 先确定原点与坐标轴，并作圆的外切正方形，切点为 1,2,3,4，如图 4-8(a)所示。

(2) 作轴测轴 X,Y 和切点 1,2,3,4，过这 4 个点作轴测轴的平行线，即得菱形。菱形的对角线即为椭圆长、短轴的位置，如图 4-8(b)所示。

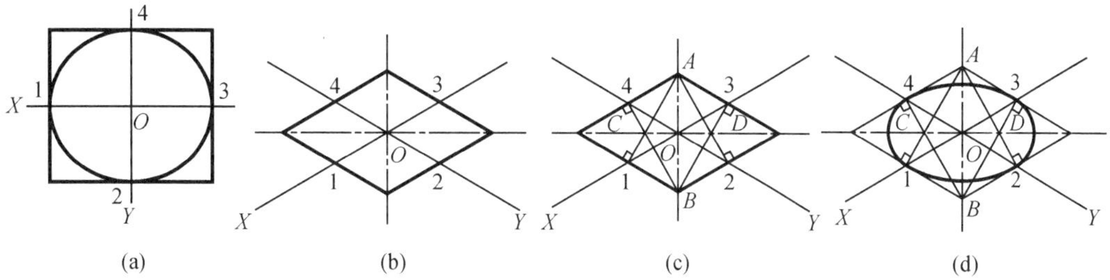

图 4-8　用菱形法画近似椭圆

(3) 分别过 1,2,3,4 作各边垂直线，交于点 A,B,C,D，则这 4 个点就是 4 个圆心，如图 4-8(c)所示。

(4) 分别以点 A,B 为圆心，以 $A1$(或 $A2$,$B3$,$B4$) 为半径，作两段大圆弧 12,34；以点 C,D 为圆心，以 $C1$(或 $C4$,$D2$,$D3$) 为半径，作两段小圆弧 14,23，连成近似椭圆，如图 4-8(d)所示。图 4-9 画出了平行于三个坐标面的圆的正等轴测图，它们都可用菱形法画出。

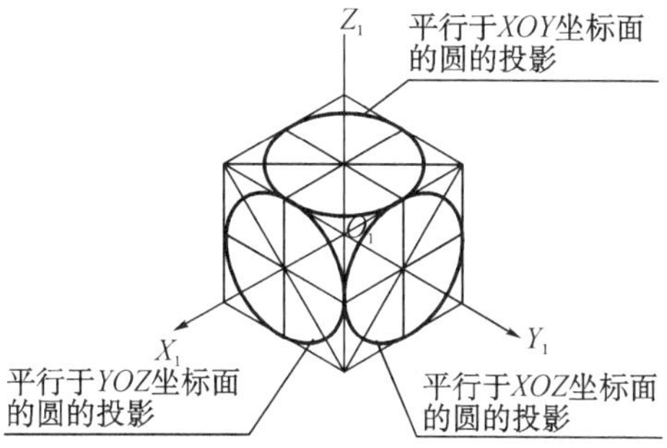

图 4-9　平行于三个坐标面的圆的正等轴测图

2. 回转体的正等轴测图的画法

画回转体的正等轴测图，只要先画出底面和顶面圆的正等轴测图——椭圆，然后作出两椭圆的公切线即可。

【例 4-3】 如图 4-10(a)所示，已知圆台的主、俯视图，作出其正等轴测图。

ⅰ. 画轴测轴，采用简化伸缩系数作图，定出上、下底的中心，如图 4-10(b)所示。

ⅱ. 确定共轭轴，画出上、下底两个椭圆，并作两椭圆的公切线，如图 4-10(c)所示。

ⅲ. 擦去作图线及不可见线，加深可见轮廓线，即得圆台的正等轴测图，如图 4-10(d)所示。

圆台的正等轴测图的画法

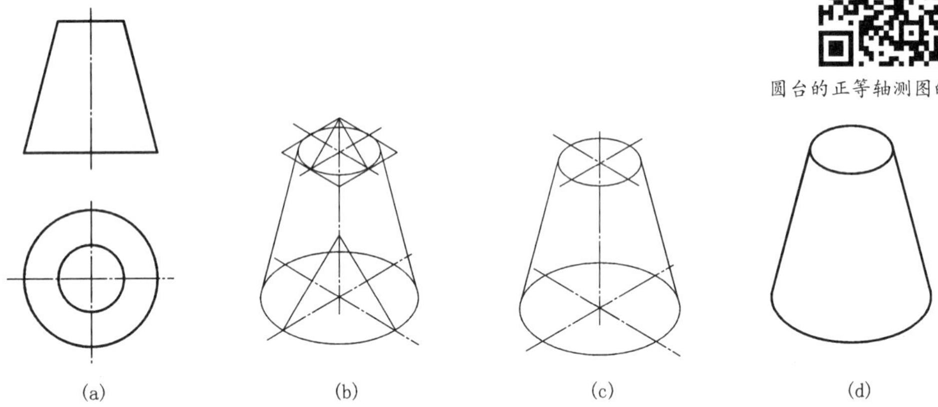

图 4-10 圆台正等轴测图的画法

3. 圆角的正等轴测图的画法

立体上 1/4 圆角在正等轴测图上是 1/4 椭圆弧，可用近似画法作出，如图 4-11 所示。作图时根据已知圆角半径 R，找出切点，过切点分别作圆角邻边的垂线，两垂线的交点即为圆心，以此圆心到切点的距离为半径画圆弧即得圆角的正等轴测图。底面圆角可将顶面圆弧下移 H 即得，如图 4-11(b)，(c)所示。

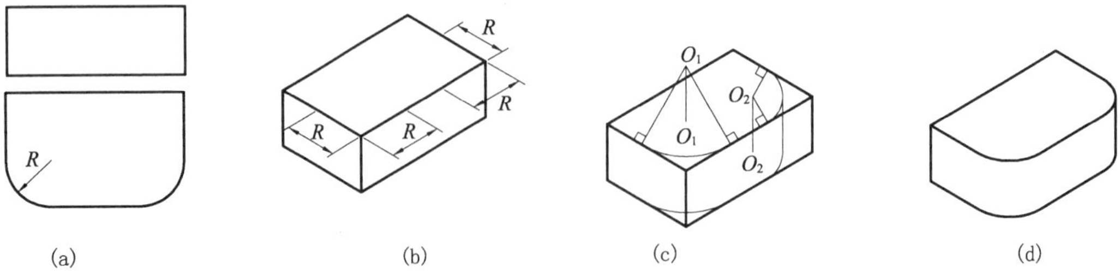

图 4-11 1/4 圆角的正等轴测图

4.2.4 组合体的正等轴测图的画法

【例 4-4】 画出如图 4-12 所示组合体的正等轴测图。

ⅰ. 作形体分析：该组合体由底板和立板叠加而成，左右对称。轴测图上有两个方向上的椭圆，且有半椭圆和 1/4 圆弧的轴测椭圆弧。

ⅱ. 选坐标轴，如图 4-12 所示。

ⅲ. 画底板和立板的外切长立方体图，注意保持其相对位置，如图 4-13(a)所示。

ⅳ. 画底板上两个圆柱孔，作出上表面两椭圆中心，画出椭圆，如图 4-13(b)所示。

ⅴ. 画底板圆角，如图 4-13(c)所示。

ⅵ. 画立板圆孔和立板上部的半圆柱，如图 4-13(d)所示。

ⅶ. 完成轴测图，如图 4-13(e)所示。

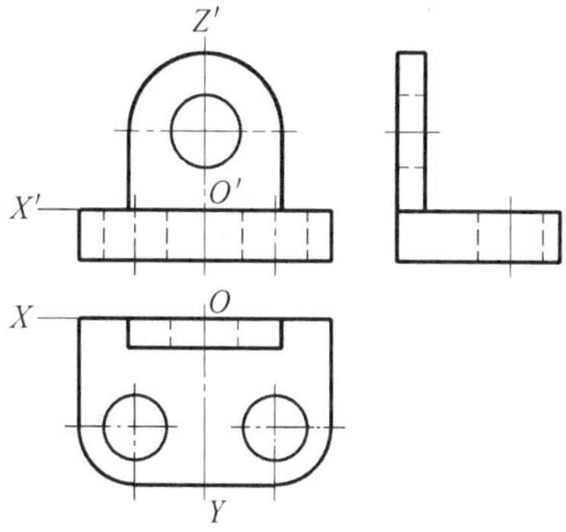

图 4-12　组合体三视图

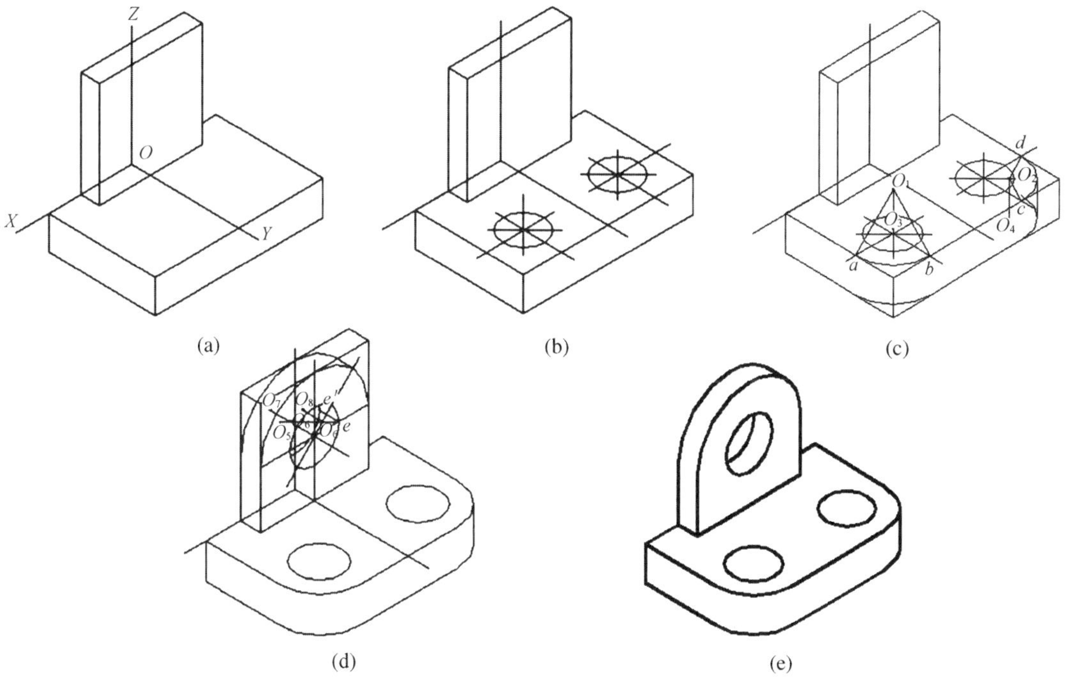

图 4-13　组合体的正等轴测图的画法

4.3　斜二等轴测图的画法

投射线对轴测投影面倾斜，就得到实物的斜轴测图，当坐标面 XOZ 平行于轴测图时，它在轴测投影面上的投影反映实形。如图 4-14 所示，X_1 和 Z_1 间的轴间角为 90°，X 和 Z

的轴向伸缩系数都等于 1,因而称为斜二等轴测图。

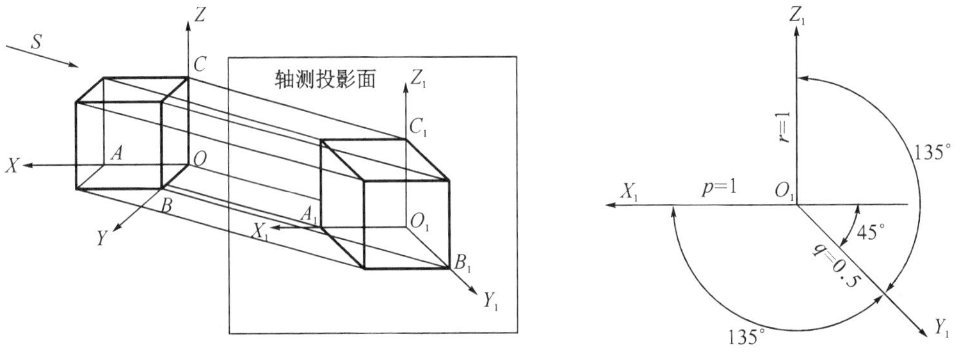

图 4-14　斜二测轴间角及轴向伸缩系数

斜二等轴测图能反映物体 XOZ 面及其平行面的实形,特别适合绘制只有一个方向有圆或曲线的物体。

【例 4-5】　画出如图 4-15(a)所示圆台的斜二等轴测图。

由投影可知,圆台的形状特点是在一个方向有相互平行的圆。宜选择圆的平面平行于坐标面 XOZ,作图过程如图 4-15(b)所示。

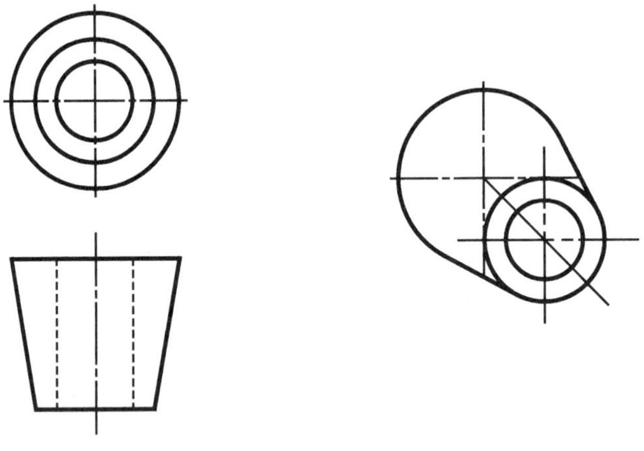

(a)　　　　(b)

图 4-15　圆台的斜二等轴测图

4.4　轴测图的剖视画法

在轴测图中,为了表达物体内部的结构形状,可假想用剖切平面沿坐标面方向将物体剖开,绘制剖视轴测图。

4.4.1　绘制剖视轴测图的规定

1. 剖切平面的选择

为了清楚地表达物体的内外形状，通常采用两个平行于坐标面的垂直相交平面剖切物体的 1/4，如图 4-16 所示。

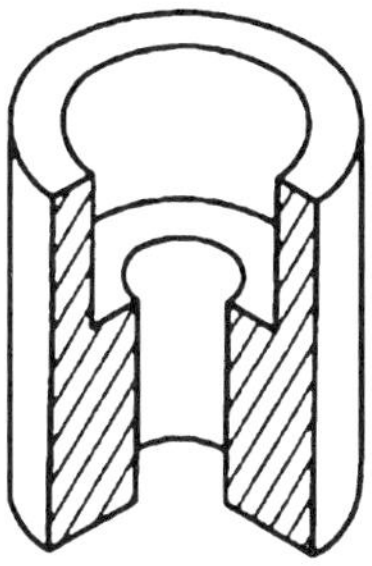

图 4-16　剖视轴测图的剖切方法

2. 剖面线的画法

当剖切平面剖切物体时，断面上应画上剖面线，剖面线画成等距、平行的细实线，其方向如图 4-17 所示。

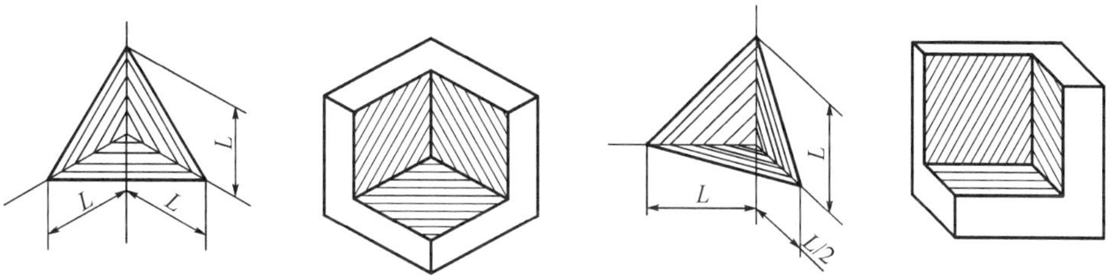

（a）正等轴测图　　（b）斜二等轴测图

图 4-17　剖视轴测图中剖面线的画法

剖切平面通过机件的肋板或薄壁等结构的纵向对称平面时，规定这些结构不画剖面线，而用粗实线将它与相邻部分分开，如图 4-18 所示。

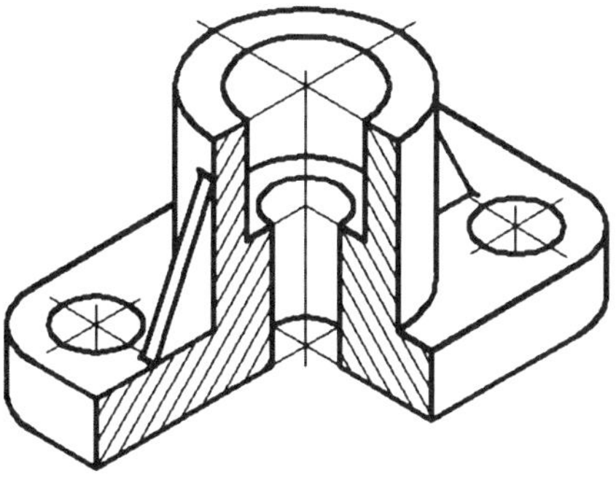

图 4-18　剖视轴测图中肋板和薄壁的剖切平面画法

4.4.2 剖视轴测图的画法

画剖视轴测图的方法有两种。

(1) 先画外形,后画剖面和内形,作图过程如图 4-19(a)所示。

(2) 先画剖面,再画内、外形状,作图过程如图 4-19(b)所示。

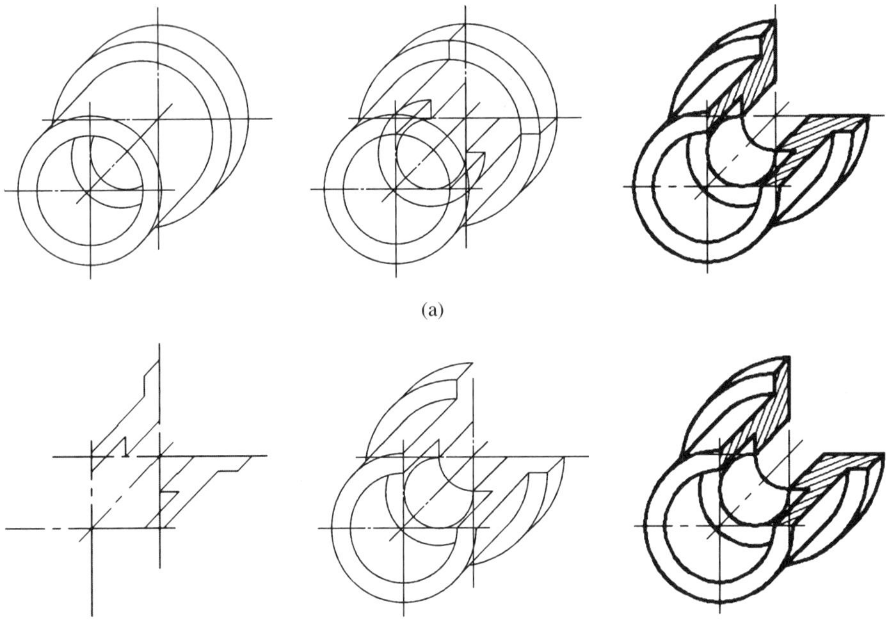

(a)

(b)

图 4-19 剖视轴测图的画法

第 5 章　截交线和相贯线

本章导读

工程上常遇到表面有交线的零件。为了完整、清晰地表达出零件的形状以便正确地制造零件，应正确画出交线。交线通常分为两种，一种是平面与立体表面相交形成的交线称为截交线，如图 5-1(a)，(b)中箭头所示；另一种是两立体表面相交形成的交线称为相贯线，如图 5-1(c)，(d)中箭头所示。了解交线的性质并掌握交线的画法，将有助于我们正确地分析和表达机件的结构形状。

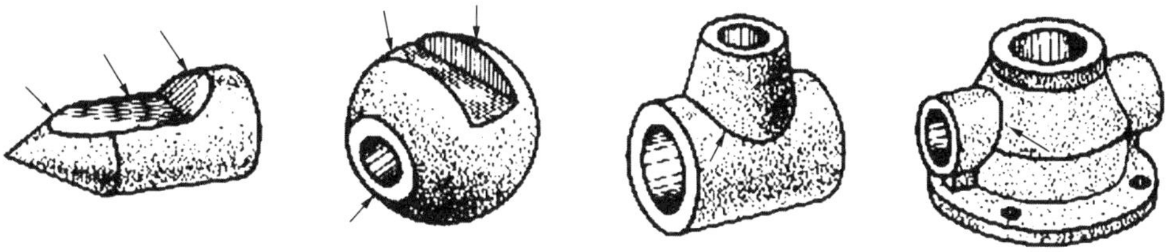

(a) 顶尖　(b) 球阀芯　(c) 三通管　(d) 盖

图 5-1　交线种类

素质目标

(1) 提升一丝不苟、精益求精的职业素养。

(2) 使用本章的相关专业术语进行语言表达，培养良好的沟通、交流能力。

(3) 培养互帮互助、团结友善的良好品质。

知识目标

(1) 熟悉截交线和相贯线的投影特性。

(2) 熟练掌握作截交线和相贯线的基本方法。

(3) 掌握截断体和相贯体的尺寸标注方法。

能力目标

(1) 能根据平面与立体表面相交的情况判断交线的种类。

(2) 能绘制平面立体、曲面立体的截交线。

(3) 会圆柱与圆柱相贯表面交线的绘制。

5.1 截 交 线

交线是零件上平面与立体表面或两立体表面的共有线，也是它们表面间的分界线。由于立体由不同表面所包围，并占有一定空间范围，因此，立体表面交线通常是封闭的，如果组成该立体的所有表面所确定立体的形状、大小和相对位置已定，则交线也就被确定。

一般情况下，立体的表面交线是不能直接画出来的(交线为圆或直线时除外)，因此，必须先求出属于交线上的若干点，然后把这些点连接起来。

5.1.1 截交线的基本知识

截平面与立体表面相交，即平面截切立体所产生的表面交线称为截交线。截交线围成的平面图形称为截平面。立体被截平面 P 所截，截交线围成的平面图形是截平面，如图 5-2 所示。

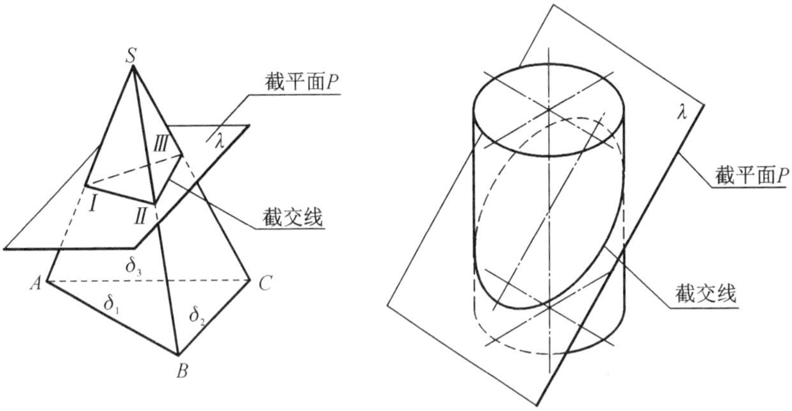

图 5-2 截交线与截平面

1. 截交线的性质

由于立体表面的形状不同以及截平面所截切的位置不同，截交线表面也为不同的形状，但任何截交线都具有下列基本性质。

(1) 共有性

截交线既属于截平面，又属于立体表面，故截交线是截平面与立体表面的共有线，截交线上的每一点均为截平面与立体表面的共有点。

(2) 封闭性

由于任何立体都占有一定的封闭空间，而截交线又为平面截切立体所得，故截交线所围成的图形一般是封闭的平面图形。

(3) 截交线的形状

截交线的形状取决于立体的几何性质及其与截平面的相对位置，通常由平面折线、平面曲线或平面直线组成。

2. 求截交线的方法与步骤

线是一系列点的集合，求截交线可归结为找共有点。当截平面处于特殊位置时，截平面的投影有积聚性，截交线的一个投影已知，然后用面上取点线的方法求交线其他投影。

求截交线的方法与步骤如下：

(1) 空间及投影分析：首先分析截交线的形状(是平面多边形还是平面曲线)，然后分析截交线的投影(即分析截交线的投影在哪个面有积聚性，在哪个面反映实形，在哪个面是类似形)。

(2) 求出一系列共有点，依次连线，并判别可见性，最后整理轮廓线。

5.1.2　平面与平面立体相交

平面与平面立体相交的截交线是一封闭的平面多边形。求取方法有棱线法和棱面法。

棱线法是利用截面多边形的顶点是截平面与立体相应棱线的交点这一特性，求出这些共有点的投影，可得到截交线的投影。

棱面法是利用截面多边形的边是截平面与立体相应棱面的交线，求出各棱线的投影，也得到截交线的投影。

1. 平面与棱锥相交

【例 5-1】　如图 5-3(a)所示，已知正垂面截切三棱锥，作截交线的投影，并完成截切后三棱锥的三视图。

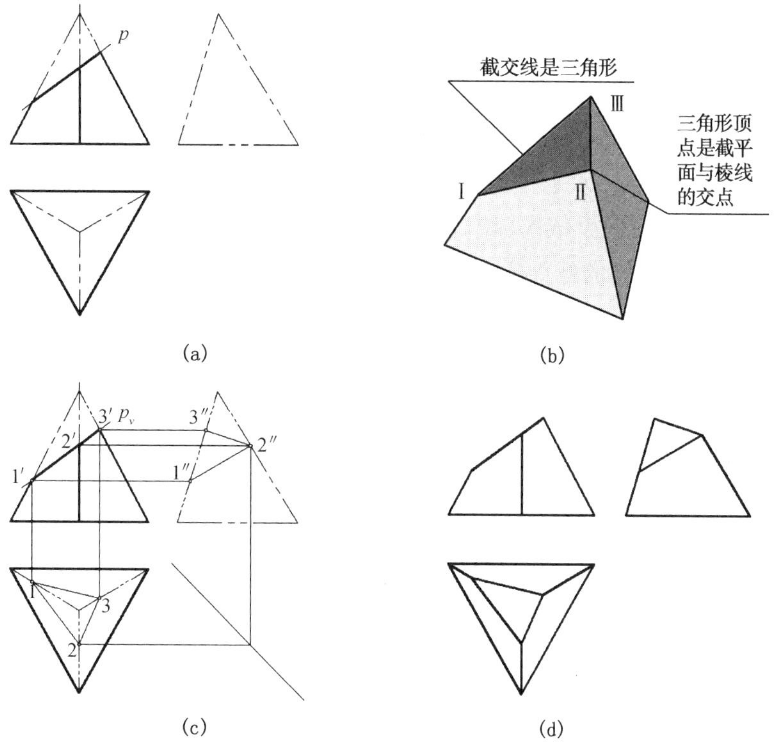

图 5-3　正三棱锥被正垂面截切

空间及投影分析 由图 5-3(b)可知,立体为正三棱锥,被正垂面所截,截面是三角形。由于截平面是正垂面,故截交线的正面投影积聚为直线,截交线的另两个投影均为类似三角形。

作图 由截交线的积聚性,可在主视图中定出三角形截面三个顶点的投影 $1'$,$2'$,$3'$,利用棱线法求出该三角形截面顶点的侧面投影 $1''$,$2''$,$3''$和水平投影 1,2,3,如图 5-3(c)所示。连线并判别可见性,整理轮廓线,将水平投影和侧面投影依次连线,将被截去的侧棱线投影擦除,加深棱线和截交线的投影,如图 5-3(d)所示。

【例 5-2】 如图 5-4(a)所示,已知四棱柱被正垂面 P 截切,作截切后四棱柱的左视图。

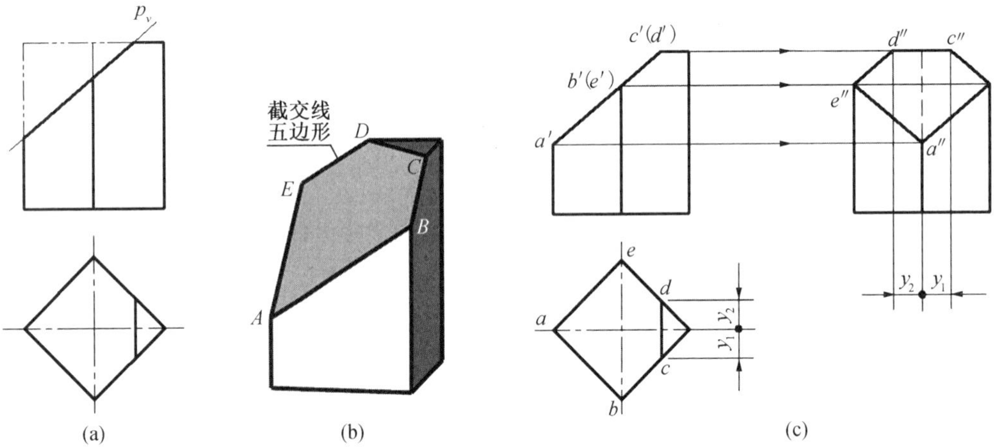

图 5-4 四棱柱被正垂面截切

空间及投影分析 四棱柱被一个正垂面截切,截交线为五边形,如图 5-4(b)所示。由于截交线所在的平面 P 是正垂面,故它的正面投影有积聚性,水平投影和侧面投影是类似五边形。截交线正面投影和水平投影已知,求截交线的侧面投影。

作图 ⅰ. 在正面投影上依次标出五边形顶点的投影 a',$b'(e')$,$c'(d')$;在水平投影上标出 a,b,c,d,e,作四棱柱的侧面投影,求出截交线的侧面投影 a'',b'',c'',d'',e''。然后依次连线。

ⅱ. 判别可见性,整理轮廓线:从点 A,B,E 向上的棱线均被切,四棱柱右边的棱线在左视图上不可见,因此从 a'' 向上的棱线投影画细虚线。最后检查加深左视图,如图 5-4(c)所示。

2. 平面与回转体相交

平面与回转体相交时,一般情况下交线为平面曲线,特殊情况时为直线。求取的方法与步骤同平面立体截切。当截交线为非圆曲线时,作图时先找特殊点,即回转体的转向轮廓线上的点,如最高、最低、最前、最后、最左、最右点等,再定中间点。然后,用光滑的曲线将各点连接起来,判断可见性,整理轮廓线。

(1) 平面与圆柱相交

截平面与圆柱面交线的形状取决于截平面与圆柱轴线的相对位置。位置不同,截交线分别得到三种不同形状:矩形、圆和椭圆,见表 5-1。

表 5-1　平面与圆柱相交时截交线的不同形状

截平面位置	与轴线垂直	与轴线倾斜	与轴线平行
截交线形状	圆	椭圆	矩形
立体图	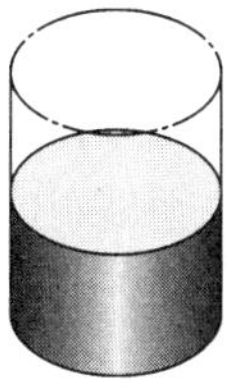	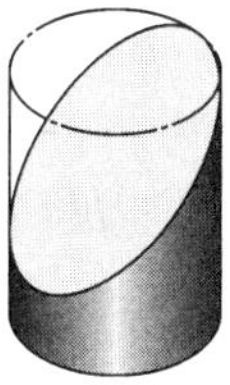	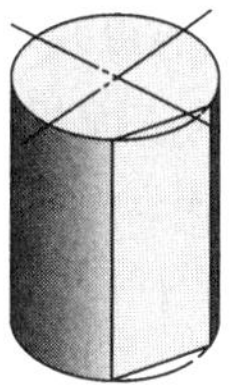
投影图	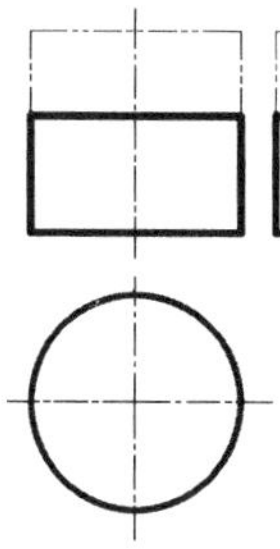	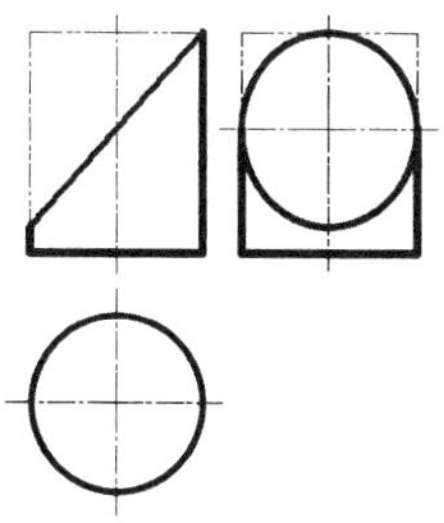	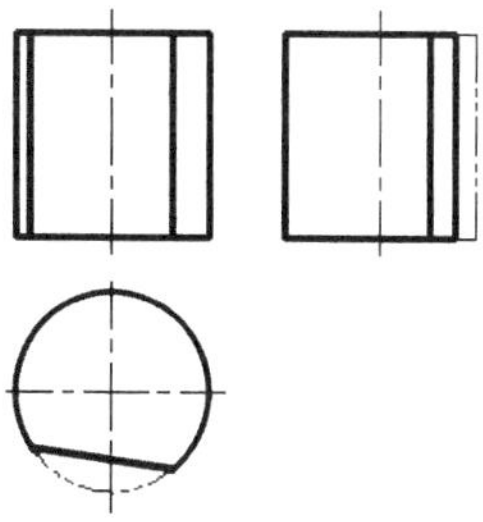

【例 5-3】　如图 5-5(a)所示，已知圆柱被截切后的主、左视图，作截切后圆柱的俯视图。

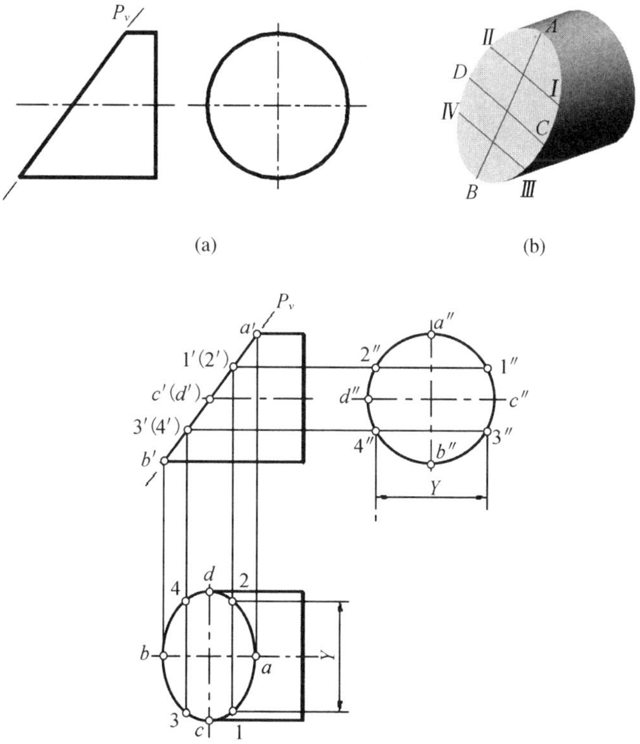

图 5-5　圆柱被正垂面截切截交线的画法

空间及投影分析 平面倾斜于圆柱轴线，截交线的空间形状为椭圆，如图 5-5(b)所示。截交线的正面投影积聚为直线，其侧面投影积聚在圆周上，交线的水平投影为椭圆。

作图 ⅰ. 作特殊点：首先找出椭圆长、短轴的点 A(最上或最右点)，B(最左或最下点)，C(最前点)，D(最后点)。这4个点在圆柱的转向轮廓线上，利用"三等"关系求出点 A，B，C，D 的三面投影。

ⅱ. 作一般点：找出一般点 Ⅰ，Ⅱ，Ⅲ，Ⅳ，利用"三等"关系求出 Ⅰ，Ⅱ，Ⅲ，Ⅳ 的三面投影。

ⅲ. 连线、判别可见性、整理轮廓线：把上面所求点的水平投影 a，1，c，3，b，4，d，2 依次用光滑曲线连接，得交线的水平投影椭圆。从点 C，D 向左，圆柱的水平投影转向轮廓线被切，擦去轮廓线，如图 5-5(c)所示。

【例 5-4】 如图 5-6(a)所示，已知圆柱被截切后的主、左视图，求截切后圆柱的俯视图。

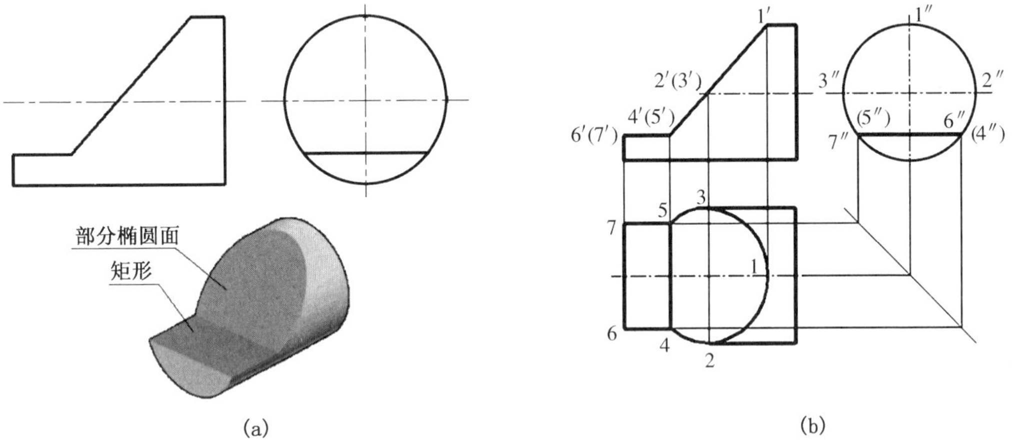

图 5-6 圆柱被正垂面和水平面截切截交线的画法

空间及投影分析 圆柱被正垂面和水平面所截切，水平面切得的截交线形状为矩形；正垂面切得的截交线为部分椭圆面。两段截交线在正面和侧面投影均有积聚性，投影已知，求水平投影即可。

作图 画出圆柱被截切之前的水平投影。分别通过特殊点求出椭圆弧和矩形的投影，俯视图中两段交线均可见，圆柱水平投影转向轮廓线从点 Ⅱ，Ⅲ 向左的部分被切除，其投影应擦去，如图 5-6(b)所示。

【例 5-5】 如图 5-7(a)，(b)所示，已知圆柱被切槽和切角后的主、俯视图，补画左视图。

空间及投影分析 圆柱上部被两个侧平面和两个水平面所截切，侧平面切得的截交线形状为矩形，水平面切得的截交线为圆弧和两截面交线组成的封闭平面图形。两截交线在水平投影分别有积聚性和实形性，投影已知；圆柱下部被两个侧平面和一个水平面所截切，侧平面切得的截交线形状为矩形；水平面切得的截交线为圆弧和两截面交线组成的封闭平面图形。两截交线在水平投影分别有积聚性和实形性，投影已知，且与圆柱上部截交线的投影重合；求侧面投影即可。

作图　ⅰ. 先画圆柱上部截交线的侧面投影。侧平面切得的截交线矩形反映实形；水平面切得的截交线积聚为直线段，交线投影均可见，圆柱的侧面投影转向轮廓线未切到，其投影应保留，如图 5-7(c)所示。

ⅱ. 再画圆柱下部截交线的侧面投影。侧平面切得的截交线矩形反映实形；水平面切得的截交线积聚为直线段，交线 *II* 和圆弧段的侧面投影均可见，侧平面和水平面交线的侧面投影不可见，画细虚线，圆柱下部的侧面投影视转向轮廓线被切除，其投影应擦去，如图 5-7(d) 所示。

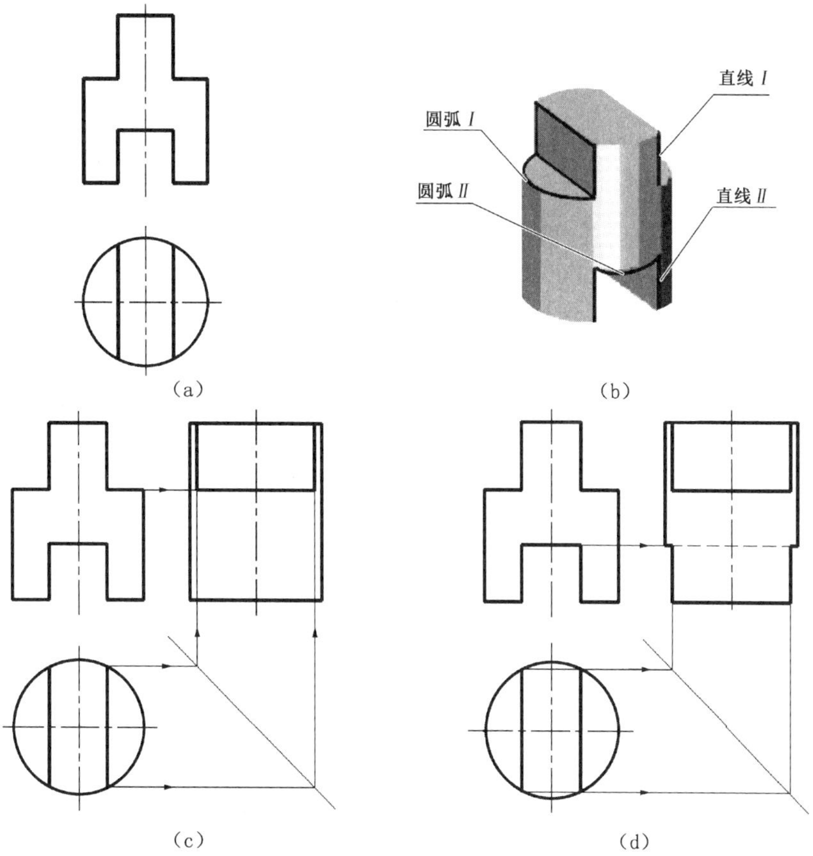

图 5-7　圆柱切槽和切角后截交线的画法

(2) 平面与圆锥相交

因平面与圆锥轴线的相对位置不同，平面截切圆锥的截交线有五种形状，见表 5-2。

表 5-2　平面与圆锥相交截交线的不同形状

截平面位置	过锥顶	与轴线垂直 $\theta=90^\circ$	与轴线倾斜 $\theta>\alpha$	平行于一条素线 $\theta=\alpha$	与轴线平行或倾斜 $0\leqslant\theta<\alpha$
截交线形状	等腰三角形	圆	椭圆	抛物线+直线段	双曲线+直线段
立体图	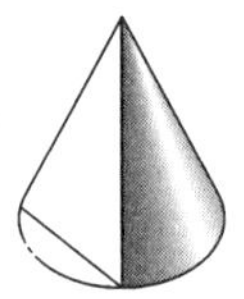	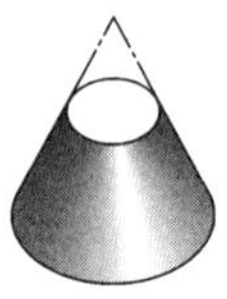	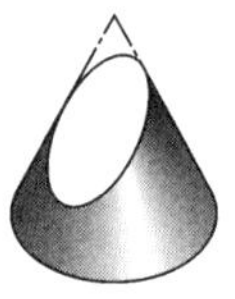	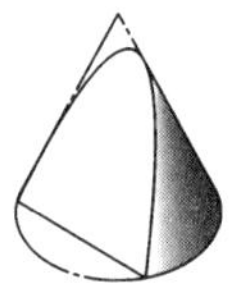	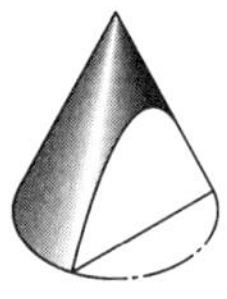
投影图	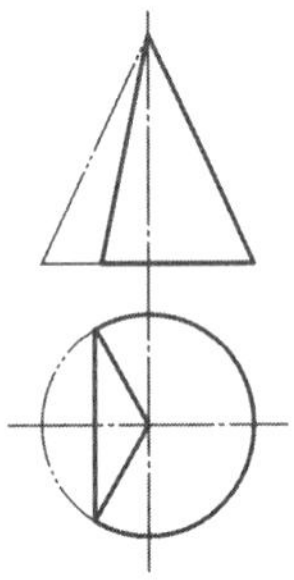	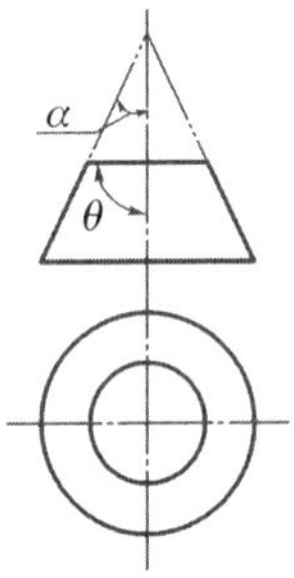	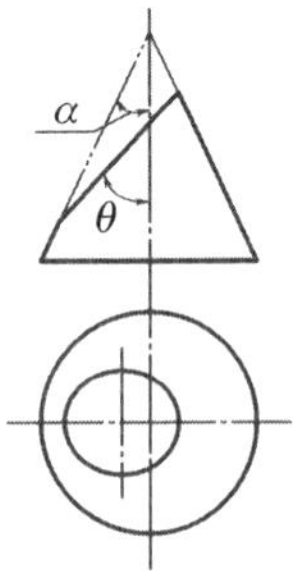	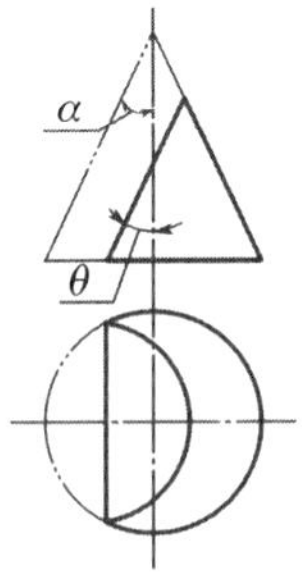	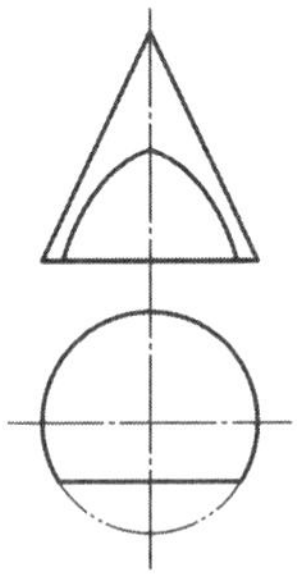

【例 5-6】 如图 5-8(a)所示，已知圆锥被正垂面截切后的主视图，补全截切后圆锥的俯、左视图。

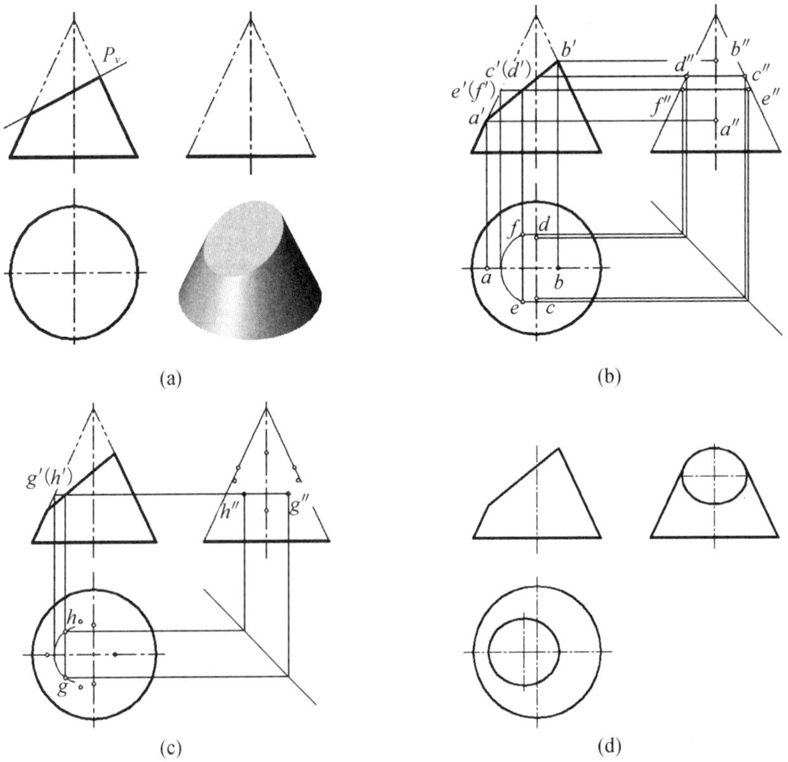

图 5-8　圆锥被正垂面截切截交线的画法

空间及投影分析　圆锥被正垂面截切，截交线的空间形状为椭圆。截交线在主视图投影积聚为一直线段，在另两视图均为椭圆的类似形，如图 5-8(a)所示。

作图　ⅰ. 求特殊点：截交线椭圆长轴 AB 与短轴 EF 互相垂直平分，它们各处于正平线和正垂线的位置，在正面投影上为 a'，b'，$e'(f')$。$e'(f')$ 是 $a'b'$ 的中点，这些点分别为截交线的最高、最低、最前、最后点，点 C，D 也是特殊点，是圆锥侧面投影转向轮廓线上的点；由于 a'，b'，c'，d' 是圆锥转向轮廓线上点的投影，利用“三等”关系，作 a，b，c，d 和 a''，b''，c''，d''。利用纬圆法作 e，f 和 e''，f''，如图 5-8(b)所示。

ⅱ. 求一般点：点 G，H 为截交线上的一般位置点，通过纬圆法求得 g，h 和 g''，h''，如图 5-8(c)所示。将所求点顺次光滑连接，圆锥从点 C，D 向上的侧面投影转向轮廓线被切，其投影被擦除。两俯、左视图中的椭圆投影均可见，如图 5-8(d)所示。

【例 5-7】　如图 5-9(a)所示，已知圆锥被正平面截切，补全截切后圆锥的主视图。

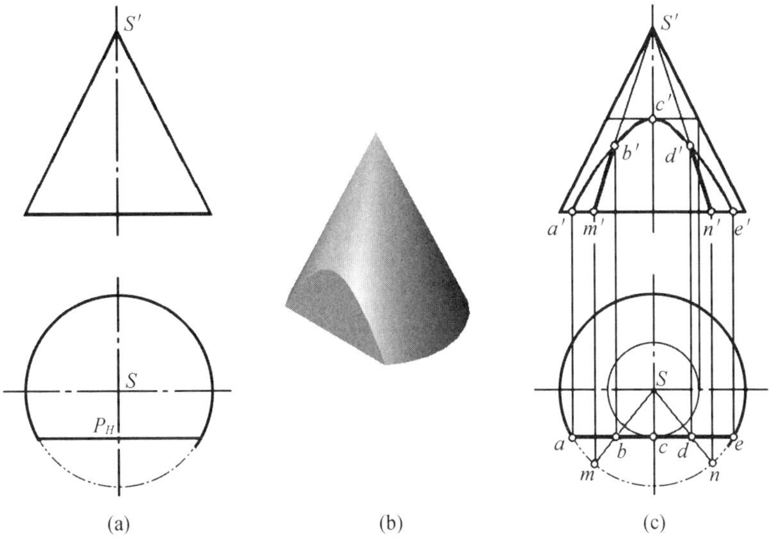

图 5-9　圆锥被正平面截切截交线的画法

空间及投影分析　圆锥被正平面所切，截交线的空间形状为双曲线和直线段。截交线在俯视图积聚为一直线段，主视图反映双曲线实形，如图 5-9(a)，(b)所示。

作图　ⅰ. 求特殊点：截交线的最高点 C，最低点 A，E 的水平投影已知，最高点 C 是圆锥侧面投影转向轮廓线上的点，最低点 A，E 是圆锥底面上的点。用纬圆法求出 c'，用“三等”关系求出 a'，e'。

ⅱ. 求一般点：点 B，D 为截交线上的一般位置点，用素线法求其正面投影 b'，d'。将所求点顺次光滑连接，整理轮廓线，如图 5-9(c)所示。

(3) 平面与圆球相交

平面与圆球相交，截交线的形状都是圆，根据截面与投影面的相对位置不同，平面截切圆球的交线投影可分为四种情况，见表 5-3。

表 5-3　平面与圆球相交截交线的不同形状

截面位置	与 V 面平行	与 H 面平行	与 W 面平行	与 V 面垂直
立体图		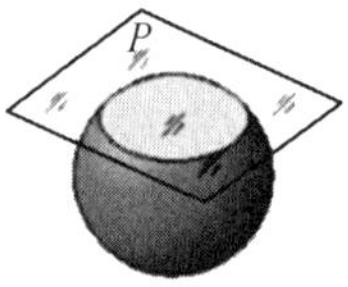	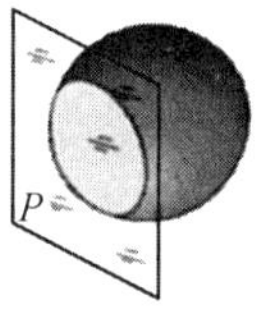	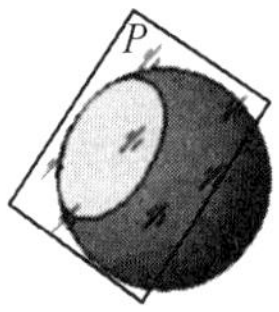
投影图	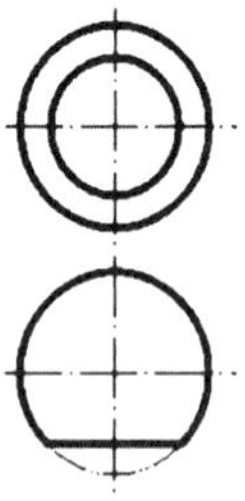	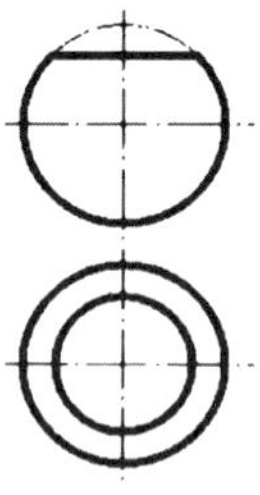	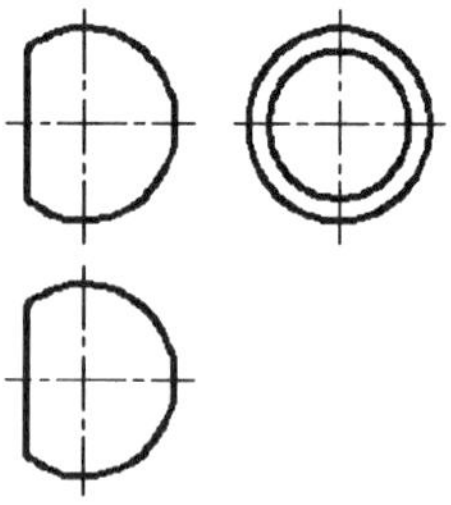	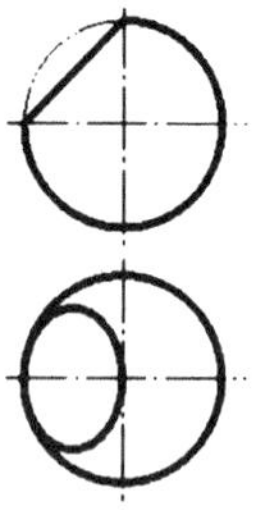

【例 5-8】 如图 5-10(a)所示，半球被三个平面截切，补全截切后半球的俯、左视图。

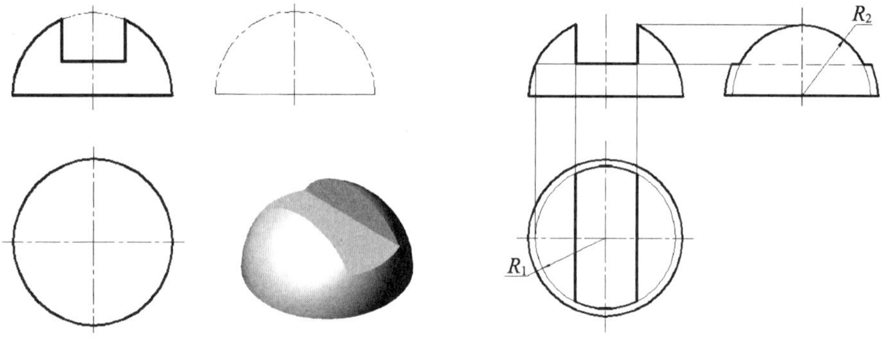

（a）　　　　（b）

图 5-10　圆球被三个面截切截交线的画法

空间及投影分析　半球被侧平面截切，与球面交线为圆弧，它的水平投影积聚为两线段，侧面投影反映实形。半球被水平面截切，与球面交线为两段圆弧，它的正面投影积聚为两线段，它的水平投影反映实形，侧面投影积聚为线段，如图 5-10(a)所示。

作图　作半径为 R_1 的水平纬圆，利用"三等"关系，求出交线的水平投影，作半径为 R_2 的侧面纬圆，利用"三等"关系，求出交线的侧面投影。圆球侧面投影转向轮廓线从水平面向上被切去，其投影应擦除。侧平面与水平面交线的侧面投影不可见，画细虚线，其余线段可见，画粗实线，如图 5-10(b)所示。

(4) 复合回转体截交线

首先分析复合回转体是由哪些基本回转体组成的以及它们的连接关系，然后分别求出这些基本回转体的截交线，并依次将其连接，然后判别可见性、整理轮廓线。

【例 5-9】 如图 5-11(a)所示，求同轴叠加圆锥、圆柱、圆球被水平面截切后的俯视图。

空间及投影分析　该复合形体由基本体圆锥、圆柱、圆球同轴叠加而成，被一个水平面截切。水平面与圆锥面的交线是双曲线，与圆柱面的交线是两条素线，与圆球面的交线是圆弧，如图 5-11(b)所示。

作图　求圆锥段截交线双曲线上点的水平投影 1,2,3,4,5，求圆柱段截交线两条素线上点的水平投影 2,6,3,7，求圆球段的交线圆弧上点的水平投影 6,7,8，如图 5-11(c)所示。

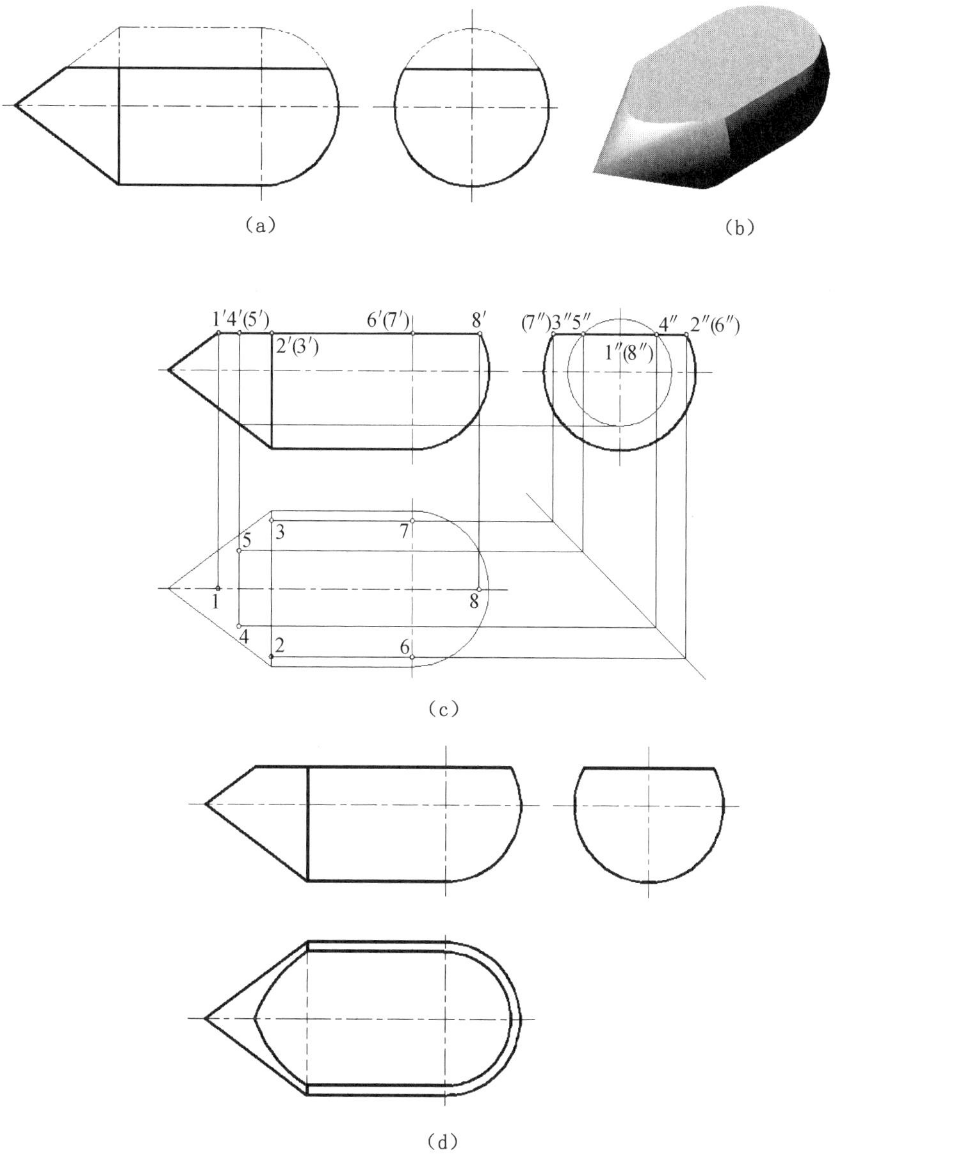

图 5-11　复合回转体截交线的画法

将这些点的水平投影按顺序连成光滑曲线，截交线的水平投影可见，绘粗实线。圆柱和圆锥相邻处的交线底下不可见，画细虚线，圆柱和圆球相邻表面相切光滑过渡无线，如图5-11(d)所示。

5.2 相 贯 线

5.2.1 相贯线的基本知识

1. 概述

(1) 相贯线的定义

日常生活中我们经常见到两立体相交，它们表面产生的交线，称为相贯线。

(2) 相贯线的分类

相贯线可分为平面立体与平面立体相贯、平面立体与曲面立体相贯、两曲面立体相贯三类，如图5-12所示。

图5-12 相贯线的分类

(3) 相贯线的性质

① 封闭性。一般情况下，相贯线为封闭的空间图形。

平面立体与回转体相贯：相贯线为多段直线或曲线组成的封闭空间图形。

两回转体相贯：相贯线为封闭的空间曲线(特殊情况下为平面曲线)。

② 共有性。相贯线是同属于两立体表面的共有线，是一系列共有点的集合。

③ 表面性。相贯线位于两立体的表面，它的形状取决于立体的形状、大小和两立体轴线的相对位置。

2. 平面立体与回转体相贯

平面立体与回转体相贯，相贯线为多段直线或曲线组成的封闭空间图形。因此，求相贯线的实质就是求平面立体的棱面与回转体表面的交线。

【例5-10】 如图5-13(a)所示，已知四棱柱与圆柱相交的俯、左视图，补画主视图。

空间及投影分析 四棱柱前后两面与圆柱面的交线为素线；左右两面与圆柱面的交线为圆弧。相贯线为两段素线和两段圆弧组成的空间图形，且前后左右对称。左、俯视图有积聚性，投影已知，求相贯线的正面投影，如图5-13(a)所示。

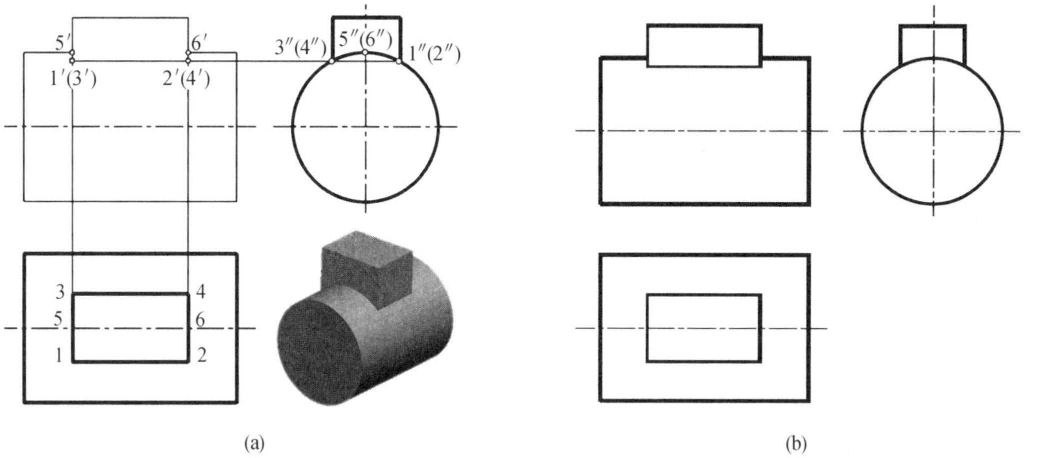

图 5-13　四棱柱与圆柱正交相贯线的画法

作图　利用"三等"关系，作素线的正面投影 1′(3′)，2′(4′)，圆弧的正面投影 1′(3′)5′，2′(4′)6′。依次连线，整理 5′6′之间的轮廓线，如图 5-13(a)，(b)所示。

【例 5-11】　如图 5-14(a)所示，已知半圆柱上挖三棱柱孔的俯、左视图，补画主视图。

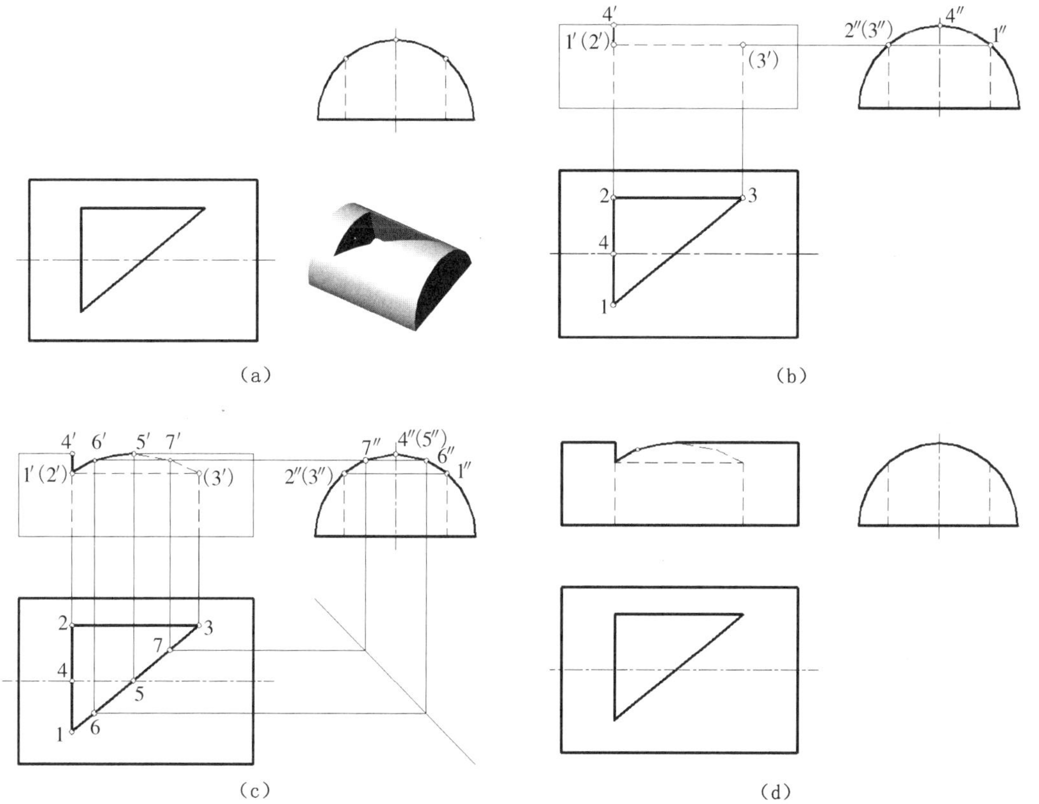

图 5-14　半圆柱上挖三棱柱孔相贯线的画法

空间及投影分析 三棱柱正平面与圆柱面的交线为素线，侧平面与圆柱面的交线为圆弧，铅垂面与圆柱面的交线为一段椭圆弧，圆柱面的相贯线是由素线、圆弧和椭圆弧组成的空间图形，前后左右均不对称，相贯线的侧面、水平投影均有积聚性，投影已知，求相贯线的正面投影。三棱柱孔与底面的交线为直角三角形，其水平投影与三棱柱孔的水平投影重合，另两面投影均有积聚性，如图 5-14(a)所示。

作图 ⅰ. 利用“三等”关系，作素线的正面投影 2′3′，不可见，画细虚线。作圆弧的正面投影 1′(2′)4′，1′4′可见，画粗实线。三棱柱孔的三条棱线的正面投影均不可见，画细虚线，如图 5-14(b)所示。作椭圆弧的投影，先作特殊点的正面投影 1′，3′，5′，再作一般点的正面投影 6′，7′，椭圆弧正面投影 1′6′5′可见，画粗实线，5′7′3′不可见，画细虚线，如图 5-14(c)所示。

ⅱ. 整理轮廓线：正面投影转向轮廓线上点Ⅳ，Ⅴ之间的轮廓线被切，其投影应擦除，检查加深图形，如图 5-14(d)所示。

3. 回转体与回转体相贯

两回转体相贯的相贯线一般为闭合的空间曲线，特殊情况下为平面曲线或直线。

组成相贯线上的点是两回转体表面的共有点。

求相贯线的步骤如下：

(1) 空间及投影分析：分析回转体表面的相对位置，看是否对称，从而确定相贯线的形状，分析投影情况，看是否有积聚性。

(2) 作图：求出共有点(特殊点和一般点)，用光滑曲线依次连接各点。

(3) 判别可见性并整理轮廓线。

求回转体相贯线的方法有利用积聚性表面取点法和辅助平面法。

利用积聚性表面取点法是利用投影具有积聚性的特点，确定两回转体表面上若干个共有点的已知投影，用立体表面取点法求出未知投影。

【例 5-12】 如图 5-15 所示，补全两轴线垂直相交(正交)圆柱的主视图。

空间及投影分析 两圆柱正交，即轴线垂直相交，相贯线为封闭的空间曲线，且前后、左右对称。大圆柱轴线为侧垂线，其左视图投影积聚为大圆，相贯线的侧面投影为两圆柱共有部分的一段圆弧。小圆柱轴线为铅垂线，其俯视图投影积聚为小圆，相贯线的水平投影也积聚在该圆上。

作图 ⅰ. 求特殊点：相贯线的最左点Ⅰ、最右点Ⅱ分别为两圆柱正面投影转向轮廓线的交点，最前点Ⅲ和最后点Ⅳ是两圆柱侧面投影转向轮廓线的交点。利用“三等”关系求出 1′，2′，3′(4′)，如图 5-15(b)所示。

ⅱ. 求一般点：为了精确求出相贯线的投影并用曲线光滑连接，应在适当位置求出相贯线上的一般位置点Ⅴ，Ⅵ，Ⅶ，Ⅷ。利用“三等”关系求出 5′(8′)，6′(7′)，如图 5-15(c)所示。

依次用曲线光滑连接 1′—5′—3′—6′—2′，可得相贯线的正面投影，如图 5-15(d)所示。由于相贯线前后对称，所以后半部分相贯线的正面投影与前半部分相贯线的正面投

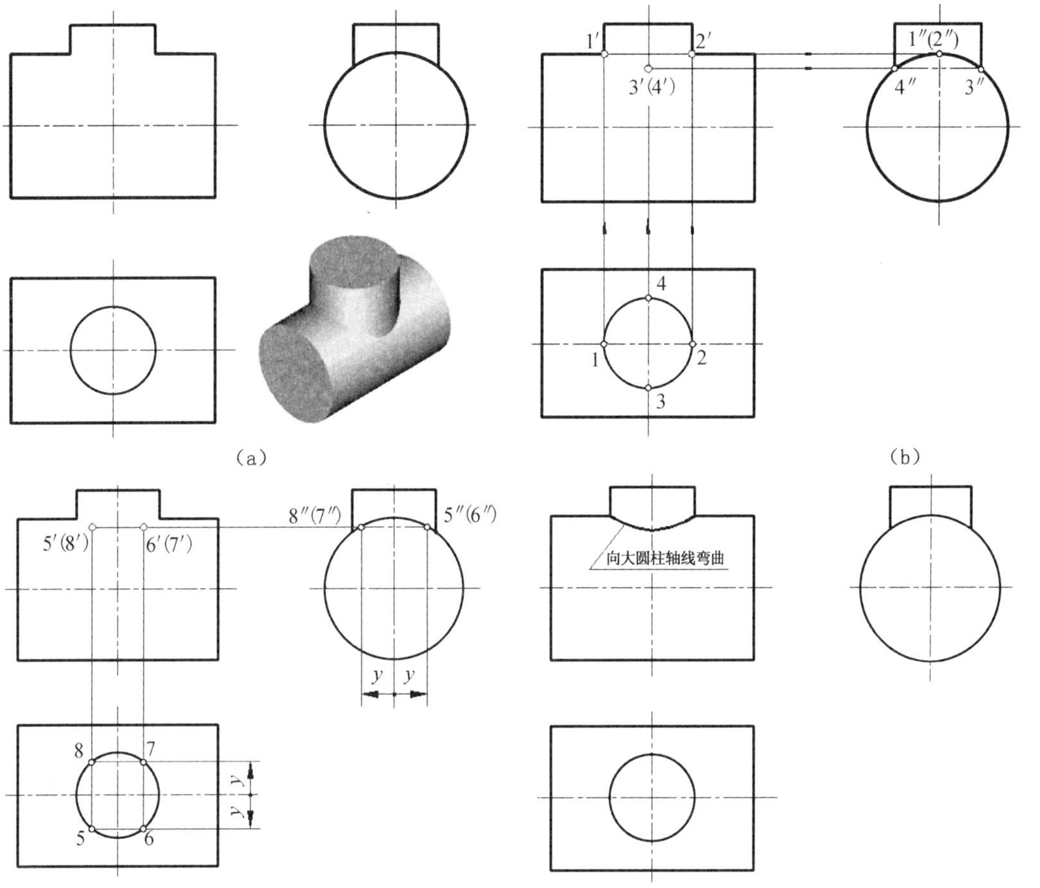

图 5-15　两正交圆柱相贯线的画法

影重合。

4. 相贯线的变化趋势和可见性判别讨论

(1) 相贯线变化趋势

当两圆柱直径不相等时，相贯线非积聚性投影(曲线)向大直径圆柱轴线弯曲，如图 5-16(a)，(b)所示。

当两圆柱直径相等时(公切于一个球)，相贯线变为两条平面曲线(椭圆)，其投影为垂直相交的线段，如图 5-16(c)所示。

(2) 相贯线可见性判别

如图 5-17 所示，两外表面相贯、一个内表面与一个外表面相贯，相贯线均可见，相贯线的正面投影画粗实线。两内表面相贯，相贯线不可见，相贯线正面投影画虚线，如图 5-17 (a)所示。

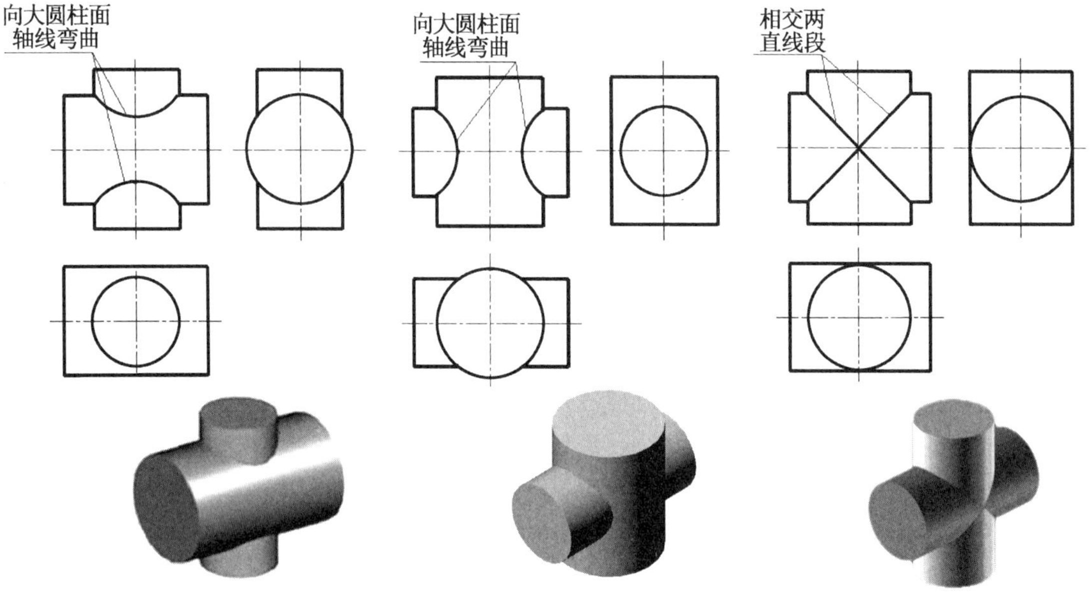

(a)　(b)　(c)

图 5-16　相贯线的变化趋势

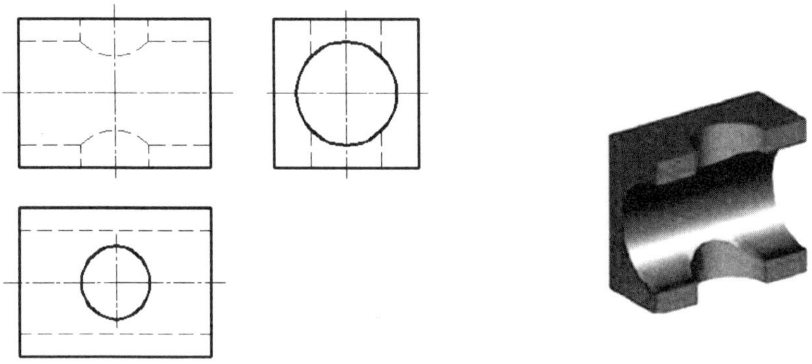

(a)　(b)

图 5-17　两内表面相贯的相贯线的可见性判别

5.2.2　截断体和相贯体的尺寸注法

由于截交线和相贯线的形状和大小取决于形成交线的平面与立体，或立体与立体的形状、大小及其相对位置。即交线是在加工时自然产生的，画图时是按一定的作图方法求得的，故标注截断体的尺寸时，一般先注未截切之前形体的定形尺寸，然后标注截平面的定位尺寸，而不标注截交线的定形尺寸。同理，标注相贯体的尺寸时，只需要标注参与相贯各立体的定形尺寸及其相互间的定位尺寸。所以，截交线和相贯线上不应直接标注尺寸，如图

5-18所示。图中打“×”的为多余尺寸，应删除。

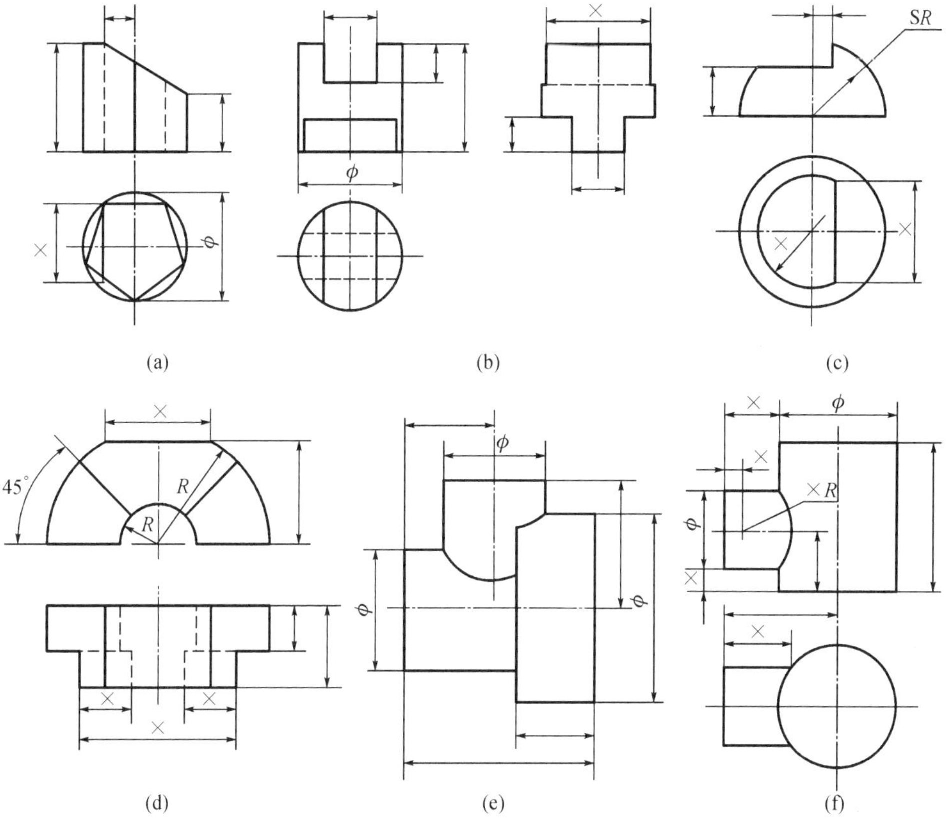

图 5-18　截断体和相贯体的尺寸注法

第6章　组　合　体

本章导读

生产实际中的机械零件，尽管其形状千差万别，但从几何形体的角度都可以看成是由若干基本几何体组合而成的。如图6-1(a)所示支座零件，可看成是由图6-1(b)所示的基本形体组成的。学习识读组合体的三视图及绘制尺寸标注是读、画零件图的基础。

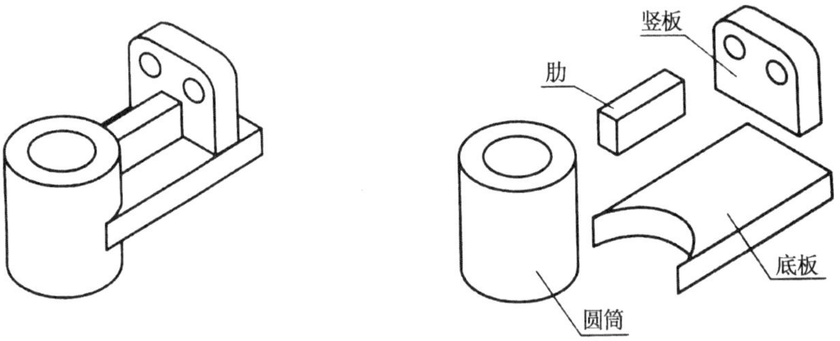

(a)　　(b)

图6-1　零件组合体示意图

素质目标

培养学生奋斗、乐观向上的精神，提升其自我管理能力、养成职业生涯规划的意识，引导学生具有较强的集体意识和团队合作精神。(机械制图的大国工匠故事)

知识目标

(1) 学习组合体的形状分析方法。

(2) 熟练掌握组合体三视图的识读与绘制方法。

(3) 熟练掌握组合体的尺寸标注方法。

能力目标

(1) 能运用形体分析法对组合体进行分析。

(2) 能正确绘制和识读组合体的三视图及尺寸。

6.1 组合体的组合形式

任何物体，从构成角度分析，都可以看成是由若干基本体组合而成。这种由若干基本体组合成的物体，称为组合体。组合体的形成主要取决于构成它的基本体形状、基本体间的组合方式及组合体组合时邻接表面之间的相互位置关系。

组合体的组合形式分为叠加、切割两种，常见的组合体是这两种的综合。

6.1.1 形体分析法

组合体是由若干个基本体组成的。对于一般的机械零件，从结构的形成过程考虑，都可以把它分解成若干个基本体，以便设计、研究和加工。在制图中，人们常常把物体分解成若干基本体或组成部分，通过分析各基本体或各组成部分的形状、相对位置及组成方式，逐步达到了解总体的目的，这种分析和思考的方法称为形体分析法。

如图 6-2 所示支座，可将其分解为底板、肋板、耳板、凸台和圆筒五个主要组成部分。

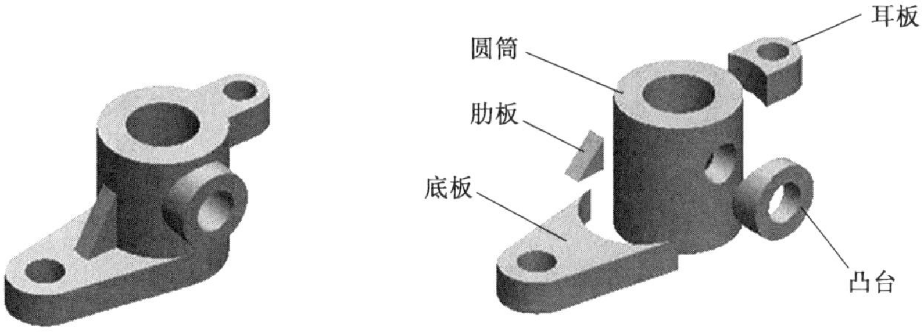

(a)　　(b)

图 6-2　组合体的形体分析

6.1.2 组合体组合形式的具体表现

1. 叠加式

叠加是指把各组成部分相互堆积起来。当各组成部分叠加时，其贴合处的两表面之间有以下四种情况。

(1) 两表面平齐。如图 6-3(a)，(b)所示，两部分形体表面叠加后完全重叠，在视图上可见部分之间无图线隔开。

(2) 两表面不平齐。如图 6-3(c)，(d)所示，两部分形体表面叠加后不完全重叠，在视图上可见部分之间有图线隔开。

(3) 两表面相交。当两表面相交时，它们之间产生明显的转折，因此，在相交处必须画出交线。如图 6-4 所示，在作图时应画出交线的投影。

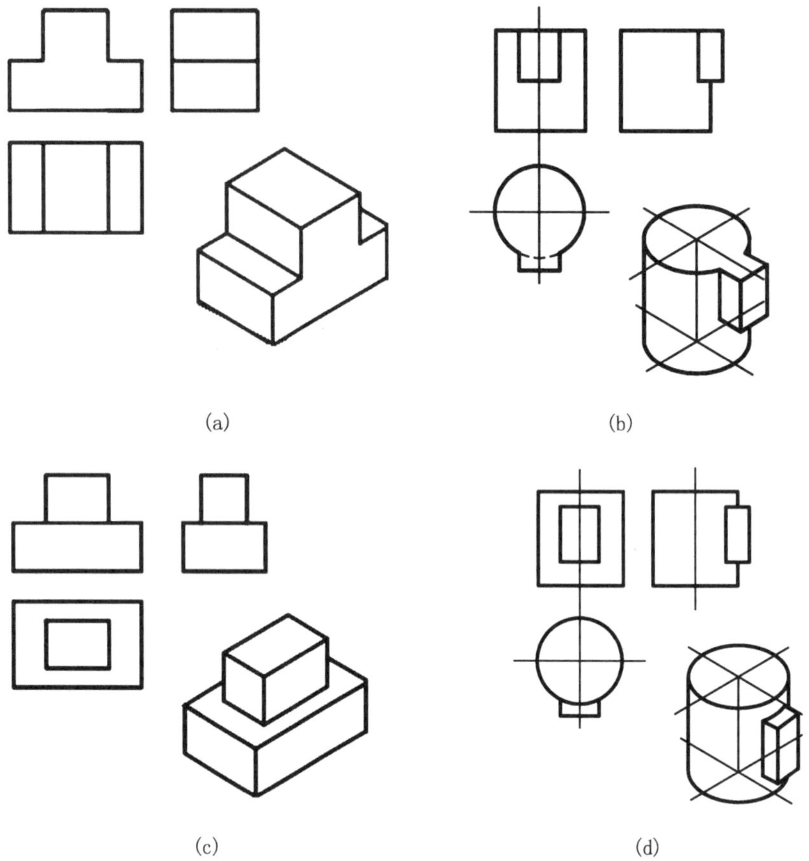

图 6-3 表面平齐与不平齐

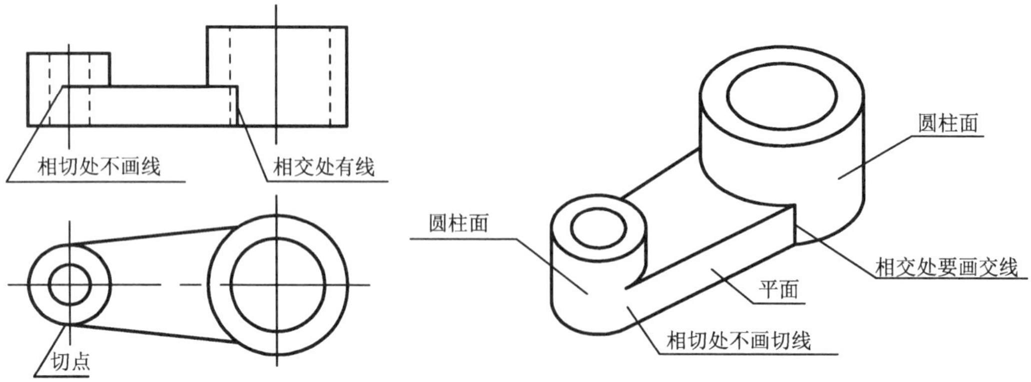

图 6-4 两表面相交处与相切处的画法

(4) 两表面相切。当平面与曲面或曲面与曲面相切时,两表面光滑过渡,如图 6-4 所示,底板的侧面与圆柱面相切,相切处不应画线,底板上、下面的正面投影和侧面投影画到切点止。

2. 切割式

切割是指把物体用平面或曲面切割去若干部分。如图 6-5 所示组合体就属于切割式。

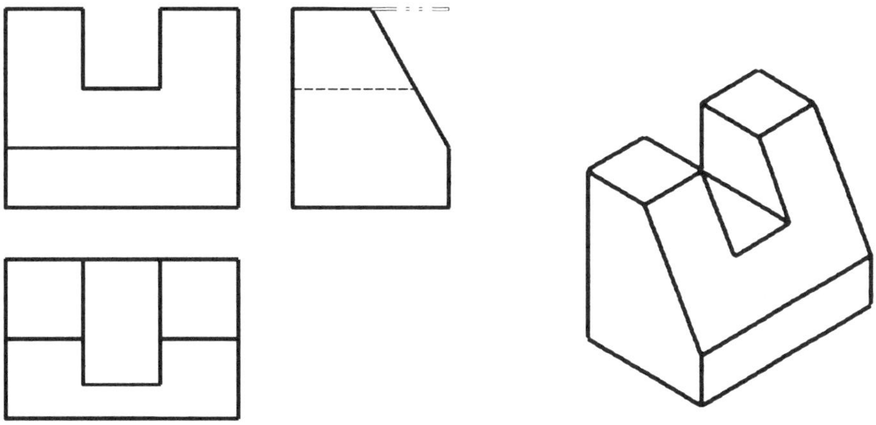

图 6-5 切割式组合体

3. 综合式

单一的叠加或切割的组合体很少见,常见的是既有叠加又有切割的综合式,如图 6-6 所示支座。

组合体是一个整体。所谓“叠加”“切割”只是形体分析的具体体现,不能因此而增加组合体本身不存在的轮廓线。在许多情况下,同一组合体,既可以按“叠加”进行分析,也可以按“切割”进行分析,还可以按综合式进行分析。在具体分析时,应以便于画图、看图和易于理解为原则。

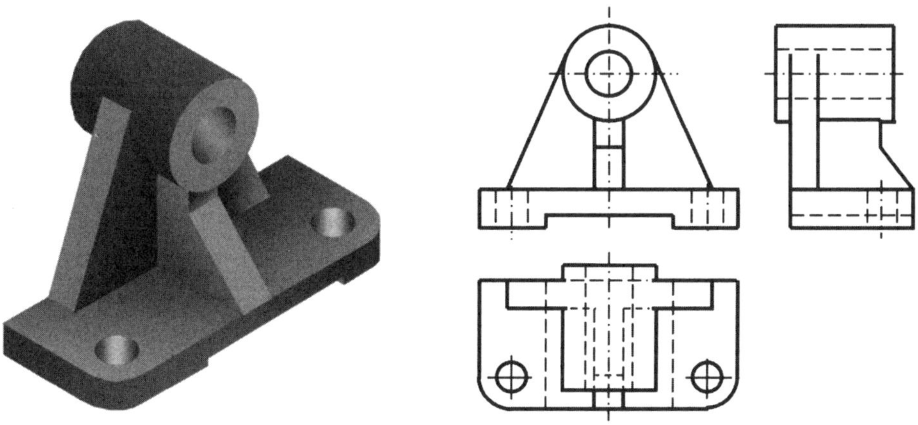

图 6-6 支座

6.2 画组合体三视图

6.2.1 叠加式组合体视图的画法

现以图 6-7 所示轴承座为例，说明绘制叠加式组合体三视图的方法与步骤。

1. **形体分析**

画图前，要对组合体进行形体分析，弄清各部分的形状、相对位置、组合形式及表面连接关系等。该轴承座主要由底板、支承板、肋板和圆筒四部分叠加构成，但又挖切了一个大孔、两个小孔。支承板和肋板叠在底板上方，肋板与支承板前面接触；圆筒由支承板和肋板支撑；底板、支承板和圆筒三者后面平齐，整体左右对称。

2. **选择主视图**

主视图是最主要的视图，一般应选择能较明显地反映组合体各组成部分形状和相对位置的方向作为主视图的投射方向，并力求使主要平面平行于投影面，以便投影反映实形，同时考虑物体应按正常位置安放，自然平稳，并兼顾其他视图表达的清晰性(使视图中尽量少出现虚线)。图 6-7(a)中轴承座主视图可沿 A，B，C，D 四个方向投射，沿 B 箭头方向投射所得视图作为主视图较能满足上述要求，如图 6-7(b)所示。

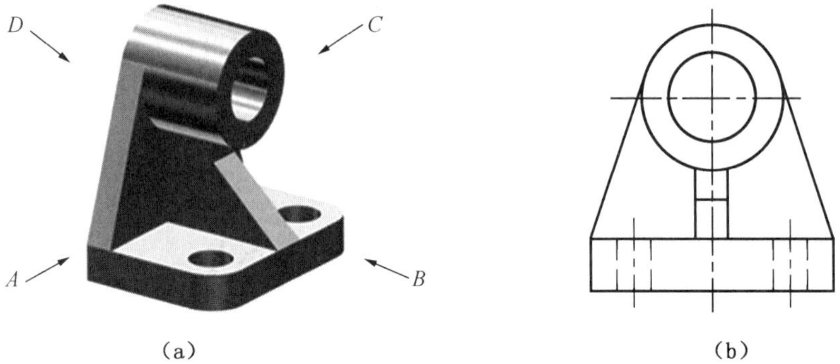

(a) (b)

图 6-7 轴承座主视图的选择

3. **绘图步骤**

(1) 选比例、定图幅

根据实物大小和复杂程度，选择作图比例和图幅。一般情况下，尽可能选用 1∶1。当确定图幅大小时，除考虑绘图所需面积外，还要留够标注尺寸和标题栏的位置。

(2) 布置视图

根据各视图的大小，视图间有足够的标注尺寸的空档以及画标题栏的位置等，画出各视图作图基准线。一般以对称平面、较大的平面(底面、端面)和轴线的投影作为基准线，如图 6-8(a)所示。

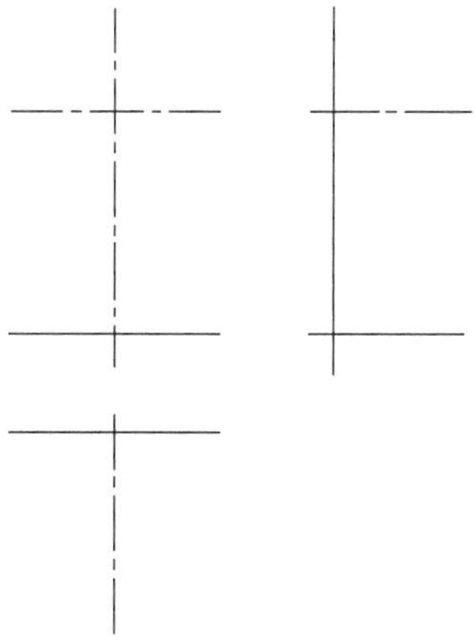

（a）画作图基准线

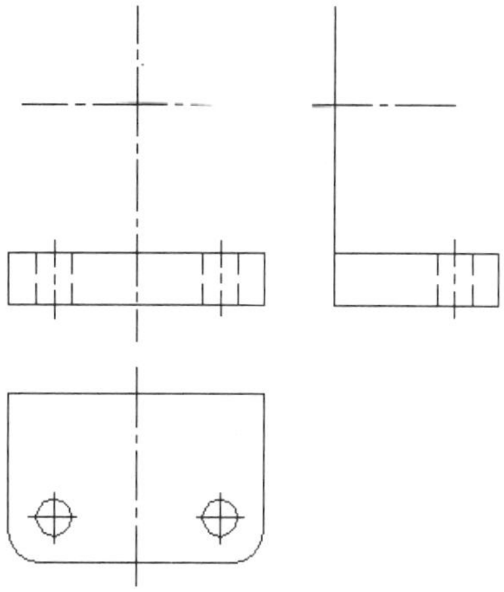

（b）画底板

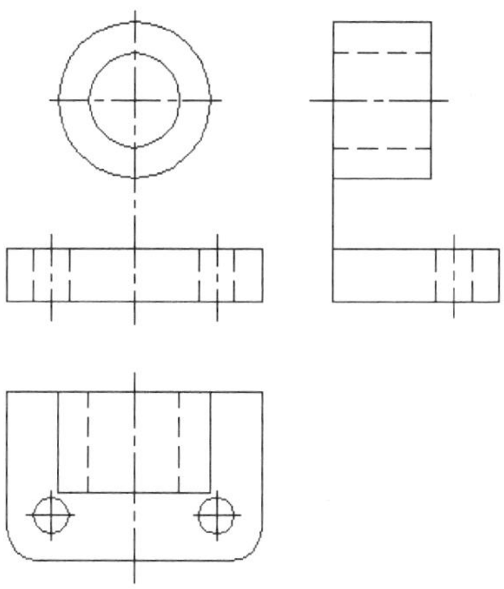

（c）画圆筒

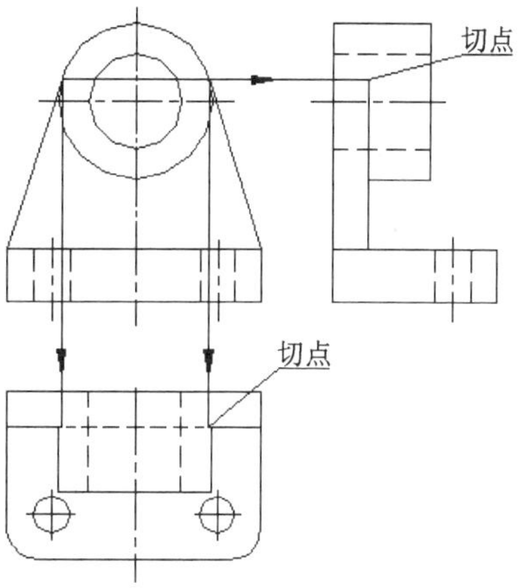

（d）画支承板

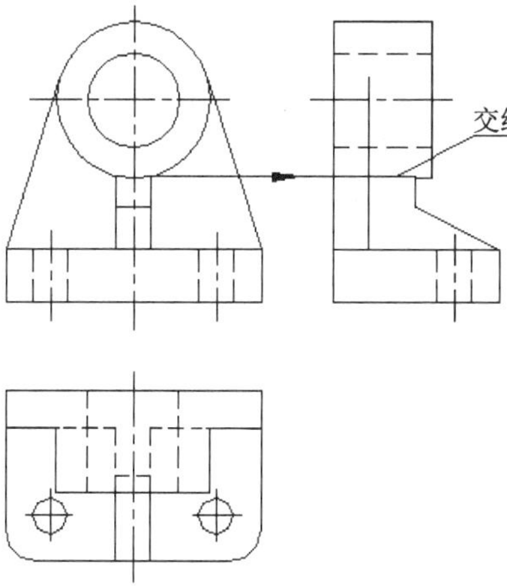

（e）画肋板

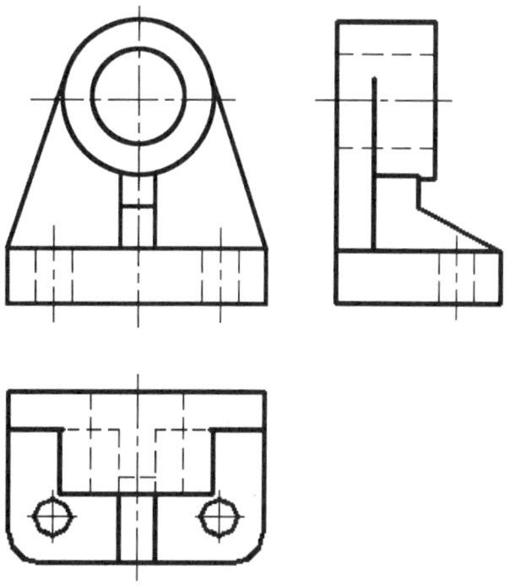

（f）检查，加深

图 6-8　轴承座的绘图步骤

(3) 画底稿

应用形体分析法，逐个绘制形体，按照先主后次、先叠加后切割、先大后小的顺序绘图。画每一形体时，先画特征视图后画另两视图，先画可见部分后画不可见部分，先画圆弧后画直线，三个视图同时画。画底稿图线要细、轻、准，如图 6-8(b)，(c)，(d)，(e)所示。

(4) 检查加深

画完底稿后，要仔细校核，改正错误，补全缺漏图线，擦去多余作图线，然后按规定线型加深，如图 6-8(f)所示。

6.2.2 切割式组合体视图的画法

现以图 6-9 为例，说明绘切割式组合体三视图的方法与步骤。

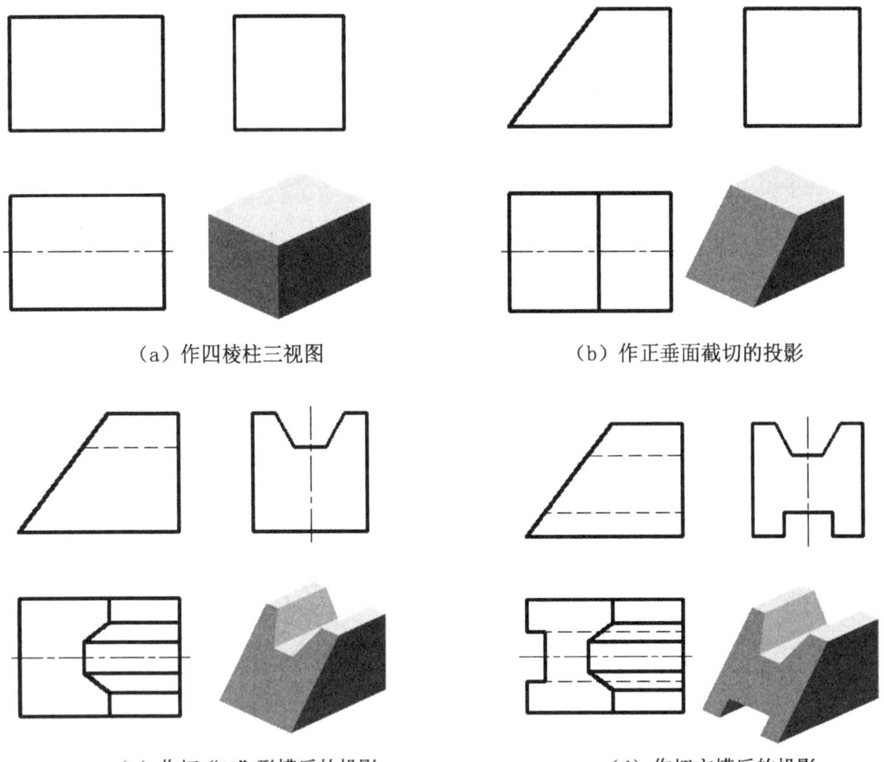

(a) 作四棱柱三视图　(b) 作正垂面截切的投影

(c) 作切“V”形槽后的投影　(d) 作切方槽后的投影

图 6-9　挖切类组合体三视图的画法

分析　该组合体是四棱柱被 1 个正垂面、2 个侧垂面、2 个水平面、2 个正平面切割后形成。该类形体主要用线面分析法作图。

作图　ⅰ. 布置视图，画出各视图作图基准线，先画四棱柱的三视图，如图 6-9(a)所示。

ⅱ. 作正垂面切后的投影，主视图积聚为线段，俯、左视图为类似形(矩形)，如图 6-9(b)所示。

ⅲ. 作切“V”形槽后的投影，左视图 2 个侧垂面、1 个水平面投影积聚为线段，主视图两侧垂面投影为类似形（直角梯形），水平面投影积聚为线段（细虚线），俯视图两侧垂面投影为类似形（直角梯形），水平面投影反映实形（矩形），如图 6-9(c)所示。

ⅳ. 作切方槽后的投影，左视图 2 个正平面、1 个水平面投影积聚为线段，主视图 2 个正平面投影反映实形（直角梯形），水平面投影积聚为线段（细虚线），俯视图 2 个正平面投影积聚为线段（细虚线），水平面投影反映实形（矩形），如图 6-9(d)所示。

6.3 读组合体三视图

读图是根据视图想象出空间物体的结构形状，是画图的逆过程。

6.3.1 视图中的线面分析

视图中粗实线（虚线）可以表示平面（或曲面）具有积聚性的投影、曲面的转向轮廓线的投影、交线的投影。

视图中的每一个封闭线框可以是物体上不同位置平面、曲面或孔洞的投影，如图 6-10(b)所示。

6.3.2 视图中面的相对位置分析

视图中任何相邻的线框一定是两个相交面或前、后两面的投影，如图 6-10(b)所示。

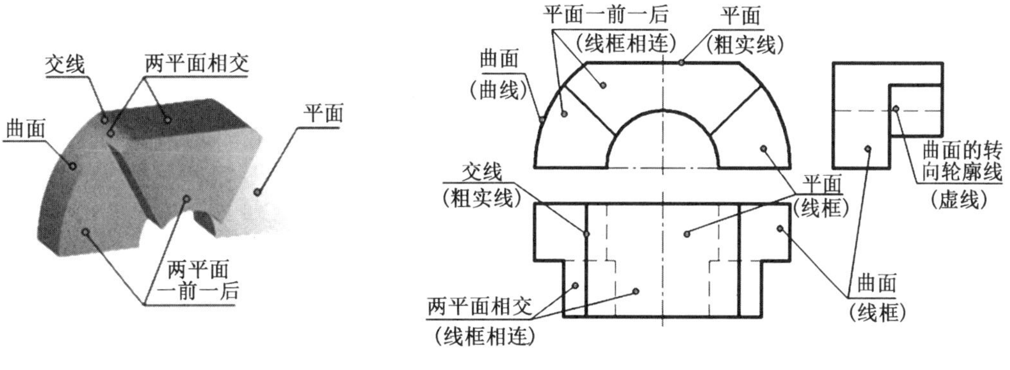

(a) 组合体视图　　(b) 投影表达的几何元素

图 6-10　组合体视图中线面及两面相对位置分析

6.3.3 从反映形体特征的视图入手，几个视图联系起来看

1. 几个视图联系起来看

一个或两个视图具有不确定性，必须几个视图一起看，互相对照，同时分析，才能正确地想象物体的形状。如图 6-11 所示，已知物体的主、俯视图，可构思出多种不同的形体。

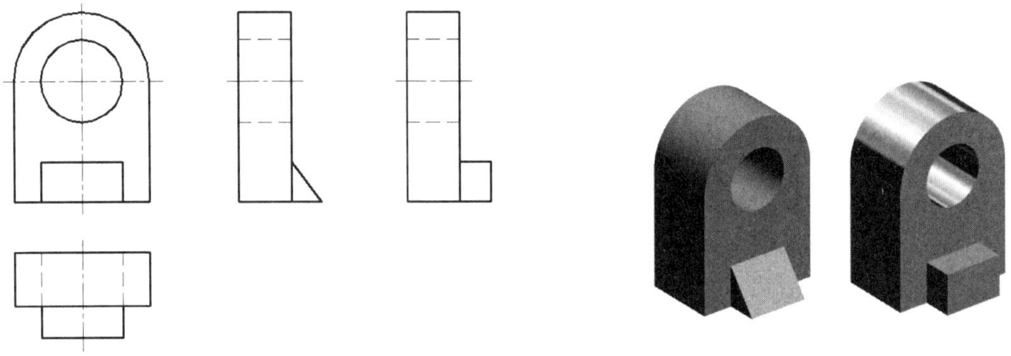

（a）三视图　　（b）立体图

图 6-11　两个视图可构思出多种不同的形体

2. **找有积聚性的特征视图,用拉伸法构思物体的形状**

由于组合体组成部分的特征视图并不都集中在主视图上,因此要善于找出反映形状特征和位置特征的视图,然后用拉伸法构思物体的形状。拉伸法分为分向拉伸法和分层拉伸法。

(1) 分向拉伸法

分向拉伸法是指当各形体的特征视图线框分散在不同的视图上时,可将各个形体按各自相应的方向拉伸,然后按组合体表面连接关系组合想象形体的方法。

如图 6-12(a)所示组合体,形体Ⅰ的特征视图在左视图上,用特征视图向长度方向拉伸一段距离得形体Ⅰ的立体图。形体Ⅱ的特征视图在俯视图上,用特征视图向高度方向拉伸一段距离得形体Ⅱ的立体图。两形体按组合体表面连接关系组合后,如图 6-12(b)所示。

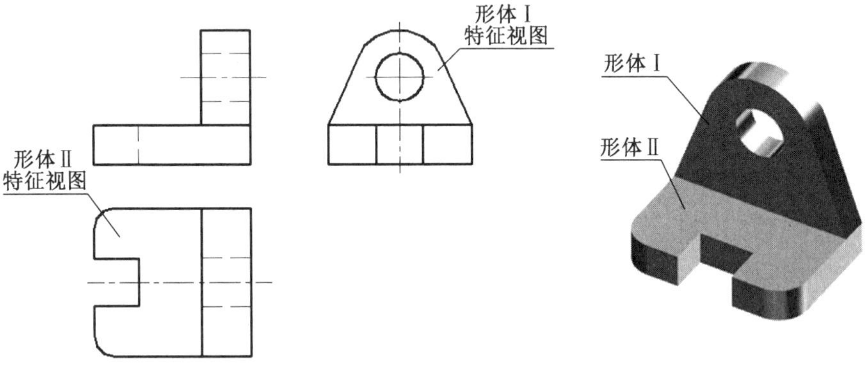

(a)　　(b)

图 6-12　分向拉伸法构思形体

(2) 分层拉伸法

分层拉伸法是指当各形体的特征视图线框都集中在某一个视图上时,将各形体按层次沿同一方向拉伸,然后按组合体表面连接关系组合想象形体的方法。

如图 6-13(a)所示组合体,形体Ⅰ,Ⅱ,Ⅲ,Ⅳ的特征视图均在主视图上,用特征视图沿宽度方向拉伸一段距离(在俯视图中找距离)得形体Ⅰ,Ⅱ,Ⅲ,Ⅳ的立体图。形体Ⅰ,Ⅱ是后表面平齐叠加;形体Ⅲ,Ⅳ是挖切,如图 6-13(b)所示。

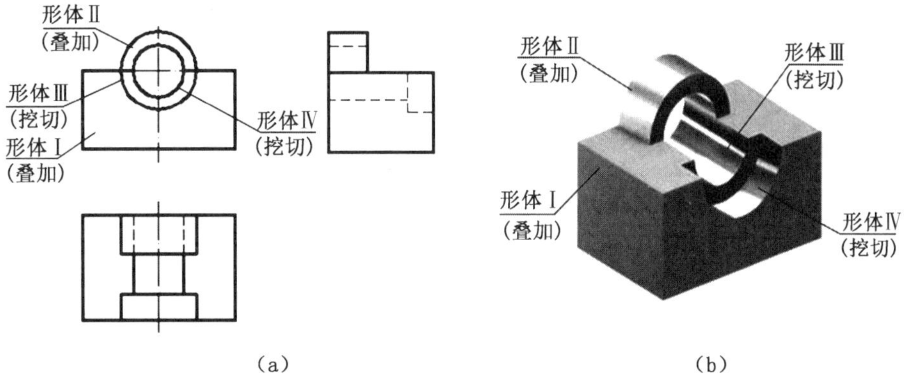

图 6-13 分层拉伸法构思形体

6.3.4 由实线变化为虚线想象物体形状的变化

如图 6-14(a)所示组合体是圆筒在前方开了一个"U"形槽,在后方开了一个方槽,主视图中两槽的轮廓线均可见。若把主视图中"U"形槽下面半圆弧变为虚线,如图 6-14(b)所示,则组合体形状就变成圆筒在前方开了一个方槽,在后方开了一个"U"形槽。

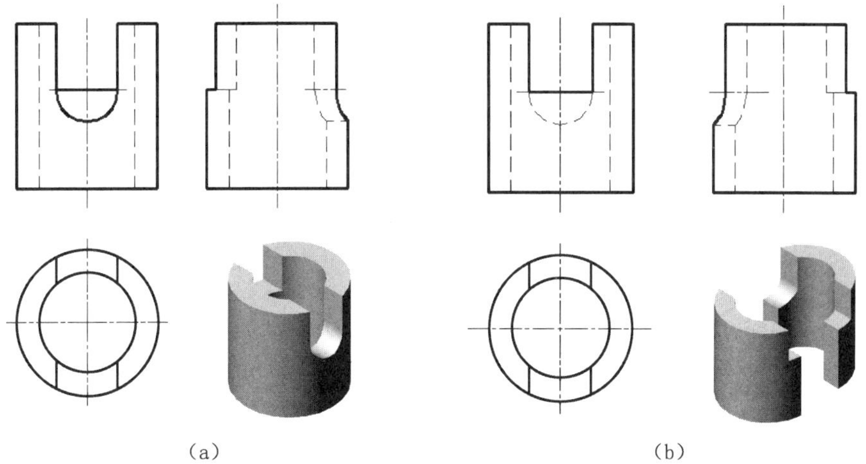

图 6-14 实线变虚线时物体形状的变化

6.3.5 善于构思物体的形状

为了提高读图的能力,应不断培养构思物体形状的能力,从而进一步丰富空间想象能力,达到能正确、迅速地读懂视图。

【例 6-1】 如图 6-15(a)所示，已知物体的主、俯视图，试构思出不同形体，画出不同的左视图。

如图 6-15(a)所示，物体的主、俯视图是线框相套的情况，线框相套表示空间的两个平面不平、倾斜或在面上打孔等。如图 6-15(b)所示是大三棱柱上叠加一个小三棱柱；如图 6-15(c)所示是大三棱柱斜面上挖一个小三棱柱槽；如图 6-15(d)所示是大三棱柱上叠加一个小圆柱面。

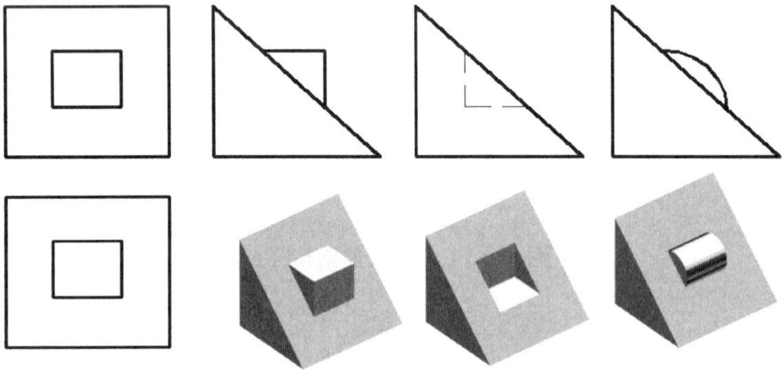
(a)　(b)　(c)　(d)

图 6-15　构形设计

【例 6-2】 读懂图 6-16(a)所示三视图，并想象出组合体的立体形状。

读图步骤：

(1) 从正面投影图入手，根据图 6-16(a)的正面投影图，整个组合体大致可分解成三个组成部分。

(2) 如图 6-16(b)，(c)，(d)所示，粗实线分别表示了组合体各组成部分的投影，并附有各部分的轴测图。

(3) 最后综合想象出该视图所表示的支座的完整形状，如图 6-16(e)所示。

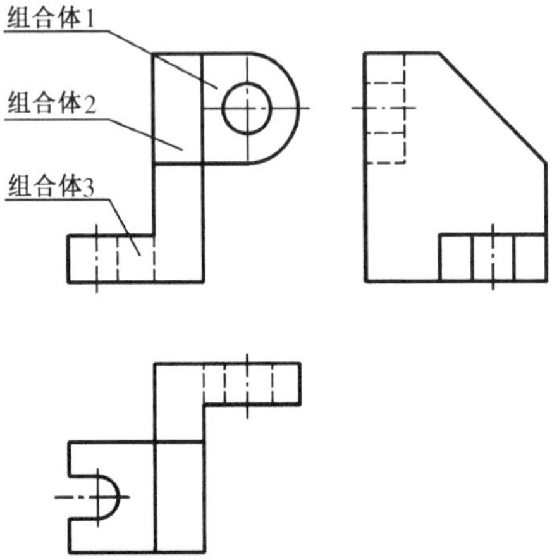

(a)

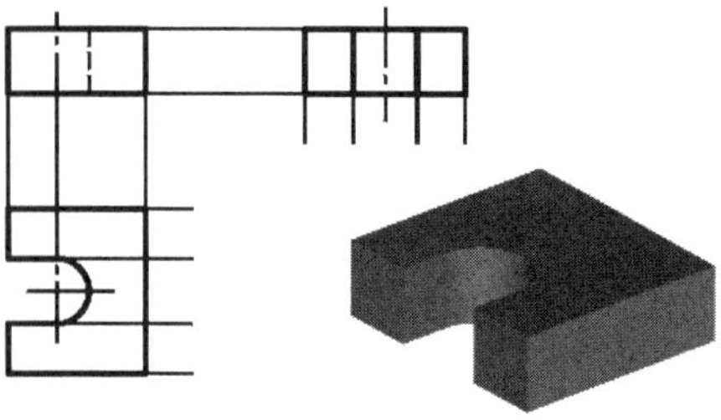
(b)

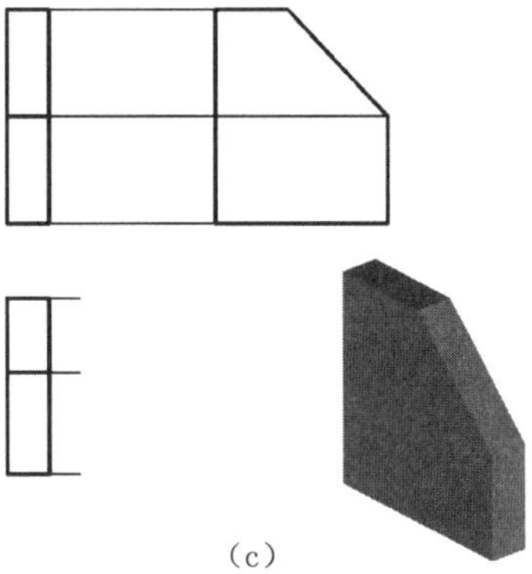

(c)

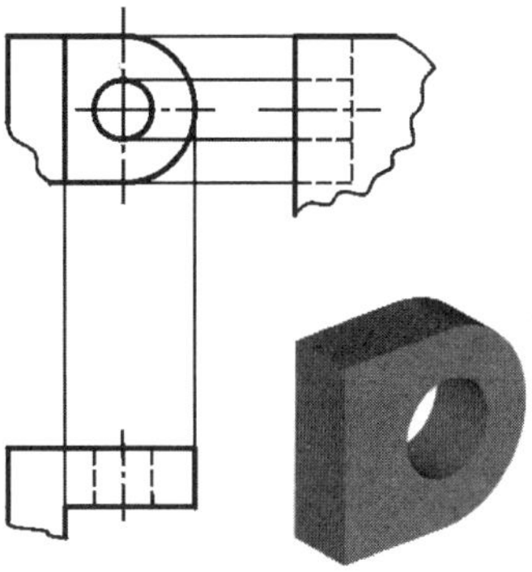

(d)

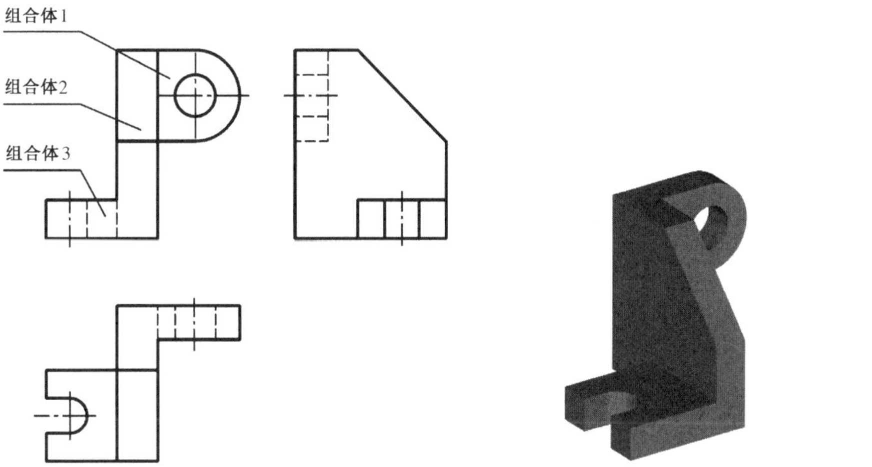

(e)

图 6-16 组合体读图

【例 6-3】 读懂图 6-17(a)所示三视图,并想象出组合体的立体形状。

分析 由已知三视图可知,该物体可以看成由一个长方体切割而成。

(1) 切割体的三视图,由三视图外框补齐后可认为原始形体为长方体;

(2) 分析图线的 a,找到对应的投影,判断正垂面,如图 6-17(b)所示;

(3) 分析图线的 b,找到对应的投影,判断 b 为铅垂面,如图 6-17(c)所示;

(4) 找到对应的投影,判断为长方体切割后留下的部分表面,如图 6-17(d)所示。

看组合体的投影图常常是形体分析法和线面分析法并用,而且是以形体分析法为主,再辅以线面分析法。但工程上物体的形状是千变万化的,所以在读图时不能局限于某一种方法。

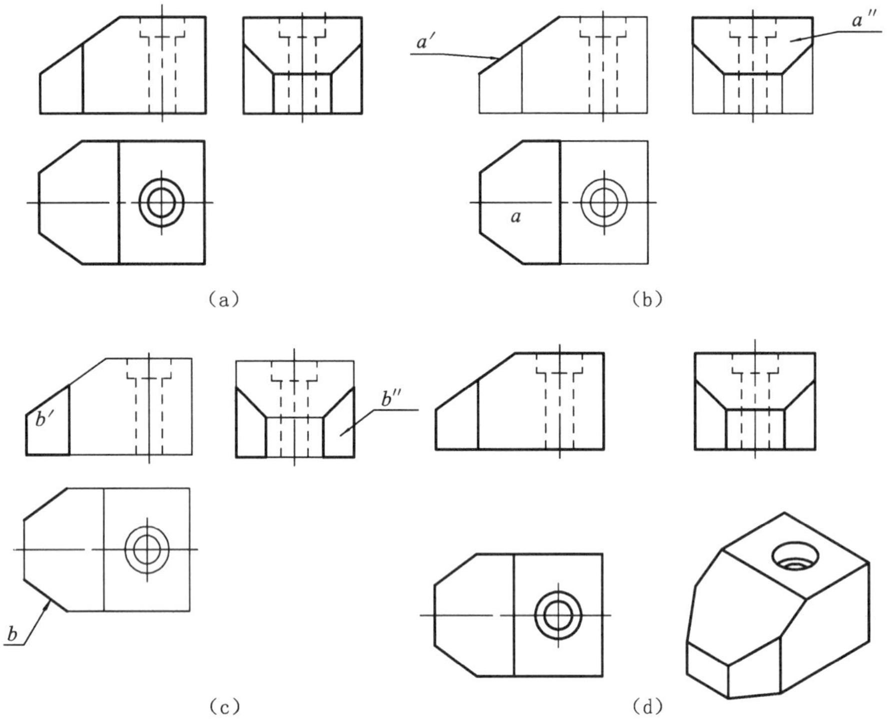

（a）　（b）　（c）　（d）

图 6-17　切割体线面分析法读图

6.3.6　根据已知的两个投影补画第三投影

有的物体只用两个投影就能完整地表达它的形状。在看懂两个投影、想象物体形状的基础上，补画第三投影是加深理解投影概念和培养画图、看图能力的一种有效方法，现举例如下。

【例 6-4】　补画组合体的左视图[图 6-18(a)]。

由已知两个视图可知，该物体可以看成由底板Ⅰ、矩形凸台Ⅱ和半圆钻孔凸台Ⅲ 3 个部分组成，可采用形体分析法来完成左视图的投影。

(1) 根据主、俯视图，画出底板和矩形凸台投影，如图 6-18(b)所示；

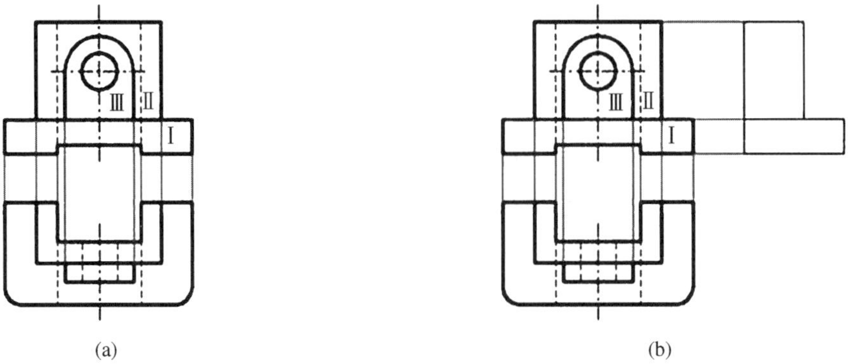

(a)　(b)

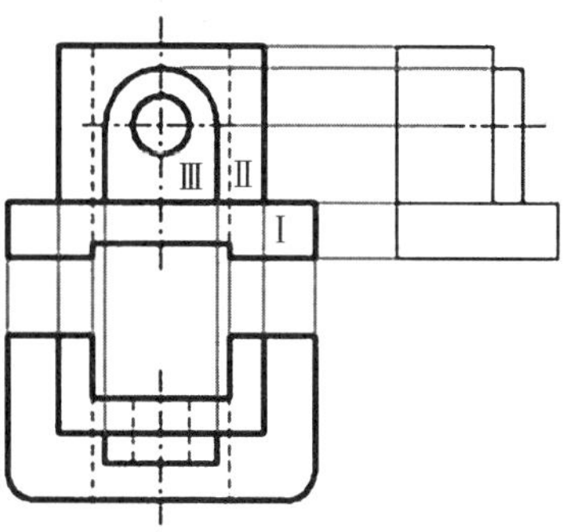

(c)

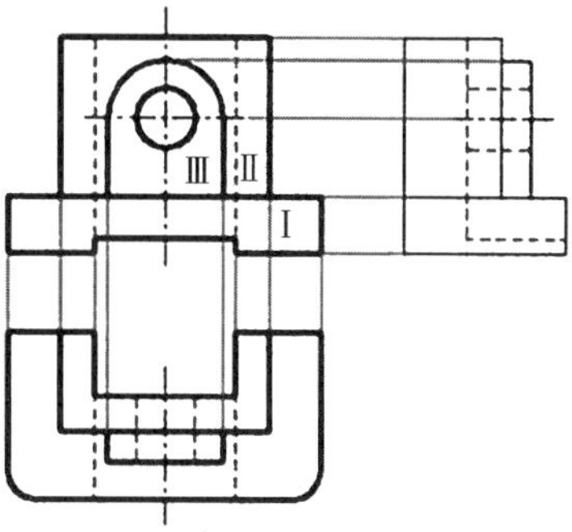

(d)

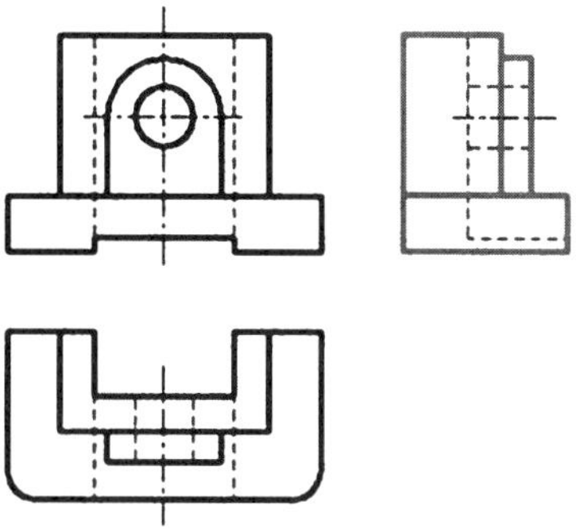

(e)

(f)

图 6-18 补画组合体三视图

(2) 根据主、俯视图，画出半圆钻孔凸台投影，如图 6-18(c)所示；

(3) 画出槽和孔结构的投影，如图 6-18(d)所示；

(4) 完成作图，并加深，如图 6-18(e)所示，立体图如图 6-18(f)所示。

6.4 组合体三视图的尺寸标注

组合体的视图只能反映它的形状与结构，而它的真实大小及各结构之间的相对位置必须由图上标注的尺寸确定。

6.4.1 标注尺寸的基本要求

(1) 正确。尺寸数值必须正确没有错误。尺寸注法符合机械制图国标规定。

(2) 完全。尺寸必须注全，不能遗漏或重复。

(3) 清晰。尺寸布置整齐清晰，便于读图。

(4) 合理。所注尺寸既能保证设计要求，又能满足加工、装配、测量等生产工艺的要求(这一要求，将在零件图、装配图绘制两章讲述)。

6.4.2 尺寸基准

标注尺寸的起点称为尺寸基准。

组合体是一个空间形体，具有长、宽、高三个方向的尺寸，每个方向至少有一个尺寸基准，如果同一方向有几个尺寸基准，则其中有一个为主要基准，其余为辅助基准。辅助基准与主要基准之间必须有尺寸联系。

组合体的基准，常取底面、端面、对称平面、回转体的轴线以及圆的中心线等作为尺寸基准。

6.4.3 尺寸分类

组合体的尺寸较多，按它们的作用可分为三类。

(1) 定形尺寸。是指确定组合体组成部分形状和大小的尺寸。如图 6-19 所示，其尺寸为定形尺寸。

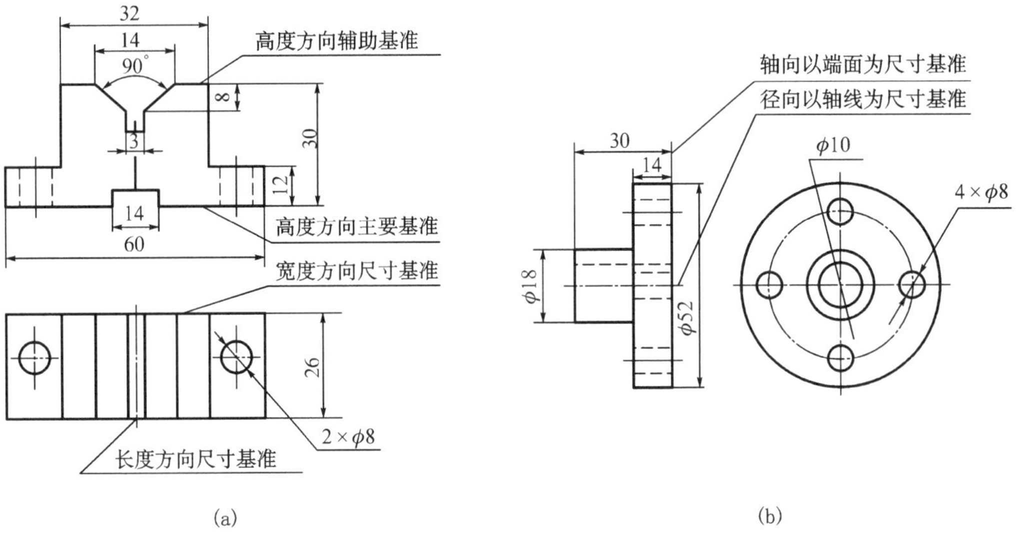

图 6-19 定形尺寸的标注(单位：mm)

(2) 定位尺寸。是指确定组合体各组成部分之间相对位置的尺寸。如图 6-20 所示，其尺寸为定位尺寸。

(3) 总体尺寸。是指确定组合体总长、总宽、总高的外形尺寸。若组合体的端部为回转体，则该处总体尺寸一般不直接注出，通常只注回转体中心线位置尺寸。

以上三类尺寸必须注全，不要遗漏，也不必重复，以免影响图面清晰或造成矛盾。

6.4.4 组合体尺寸标注的步骤

标注组合体的尺寸时，应先对组合体进行形体分析，选定尺寸基准，标注定形尺寸、定位尺寸和总体尺寸，最后检查、核对。

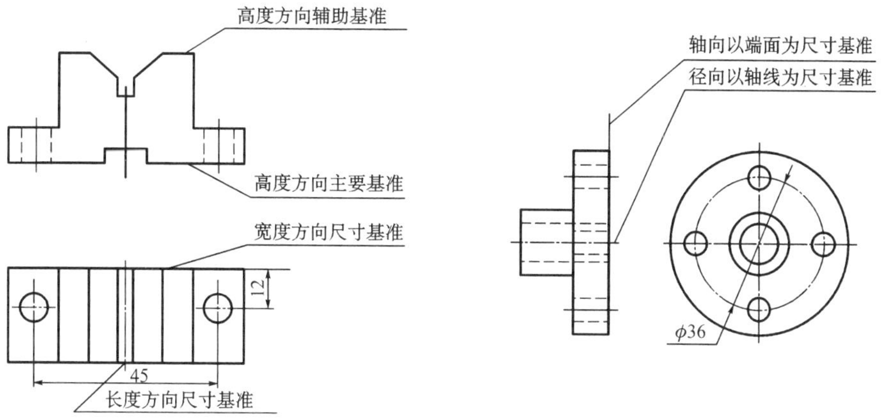

(a)　　(b)

图 6-20　定位尺寸的标注(单位：mm)

(1) 形体分析。如图 6-21 所示,该支座由底板、圆筒、支撑板、肋板四个部分组成,它们之间的组合形式为叠加。

(2) 选择尺寸基准,如图 6-21(a)所示。

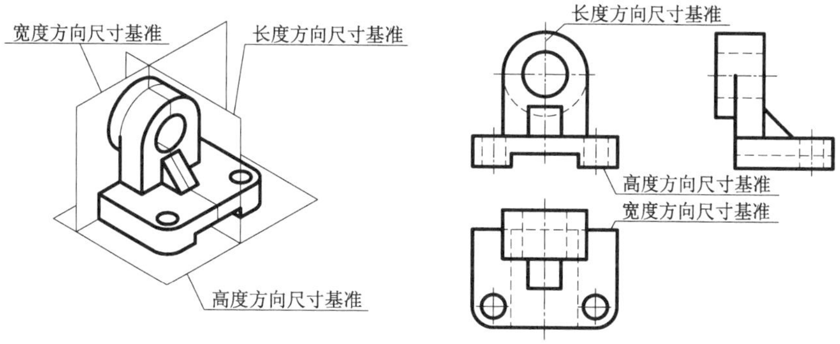

(a) 选定尺寸基准

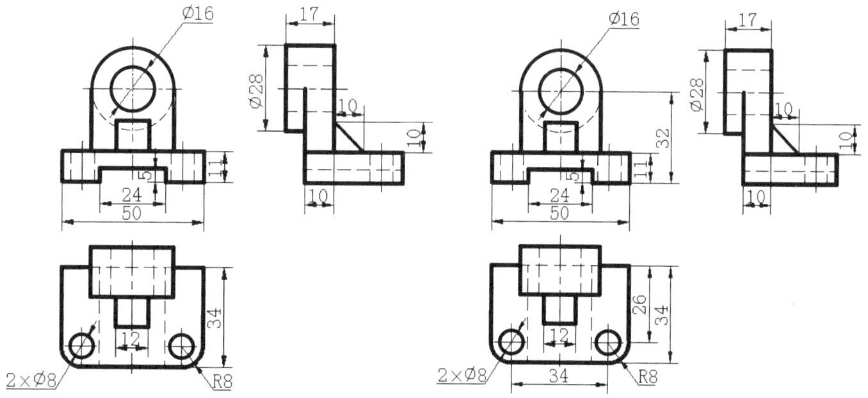

(b) 标注定形尺寸　　(c) 标注定位尺寸和总体尺寸

图 6-21　组合体尺寸标注的步骤(单位：mm)

(3) 根据形体分析，逐个标注底板、圆筒、支撑板、肋板的定形尺寸，如图 6-21(b)所示。

(4) 根据选定的尺寸基准，标注各部分相对位置的定位尺寸，如图 6-21(c)所示。

(5) 标注总体尺寸，并检查、核对。

6.4.5 标注尺寸的注意事项

(1) 定形尺寸应尽量标注在反映形体特征明显的视图上。

(2) 定位尺寸应尽量标注在反映形体间位置特征明显的视图上，并尽量与定形尺寸集中标注在一起。

(3) 尺寸应尽量标注在视图之外，但当视图内有足够空间能清晰地标注尺寸数字时，也允许标注在视图内。

(4) 同轴的圆柱、圆锥的径向尺寸，一般标注在非圆视图上，圆弧半径应标注在投影为圆弧的视图上。

(5) 在尺寸排列上，为了避免尺寸线和尺寸界线相交，同方向的并联尺寸，小尺寸在内，靠近图形，大尺寸在外，依次远离图形。同一方向串联的尺寸，箭头应互相对齐，排在一直线上。

第7章　零　件　图

本章导读

表示零件形状、大小和技术要求的图样，称为零件图。制造机器或部件必须先制造零件，而要制造出合格的零件，则必须先读懂零件图，准确地理解设计者的设计意图，想象出零件的结构形状，了解零件加工和检验时的尺寸和技术要求，以便采取相应的加工和检验方法，制造出合格的零件。

素质目标

（1）培养学生爱岗敬业的工匠精神。爱护教具产品，按规矩拆卸、组装；按次序摆放各类零件；按固定位置摆放各类工具、量具；及时清理工作场地。

（2）培养学生对工作现场环境安全管理的职业素养。离开工作现场时，必须做到关闭电源、关好门窗，杜绝安全事故的发生。

知识目标

（1）了解零件图的作用，明确零件图的内容和技术要求。

（2）掌握零件图视图选择的原则。

（3）掌握零件图尺寸及常见技术要求的标注方法。

（4）掌握识读零件图的方法和步骤。

（5）掌握测量零件并绘制零件图的方法和步骤。

能力目标

（1）能针对零件的结构特点，正确制定表达方案。

（2）能正确、完整、清晰地标注零件图的尺寸，并尽可能考虑设计和加工工艺的合理性。

（3）能正确标注零件图中常见的技术要求。

（4）具备查阅有关标准和技术资料的初步能力。

7.1　零件图的作用和内容

任何机器或部件都是由若干零件按一定要求装配而成的。如图7-1所示一级直齿圆柱齿轮减速器，是由直齿轮、轴、箱盖、箱体、轴承、套筒、普通平键、螺栓、螺母等若干零件装配而成，在表达零件结构时，立体图不易绘制，同时难以将零件的内部结构和每个细节都表达清楚，更不便于尺寸标注。如图 7-2 所示为减速器中输出轴的零件图，这种图样绘制方便，标注的尺寸清晰，每个细节都能清楚地表达，最大的不足就是没有立体感。要看懂零件图，并进行制造、加工、检验、装配等工作，是要经过专业训练的。

图 7-1　一级直齿圆柱齿轮减速器装配图

7.1.1　零件图的作用

零件图是生产中指导制造和检验该零件的主要图样，它不仅仅是把零件的内、外结构形状和大小表达清楚，还需要对零件的材料、加工、检验、测量提出必要的技术要求。零件图必须包含制造和检验零件的全部技术资料。

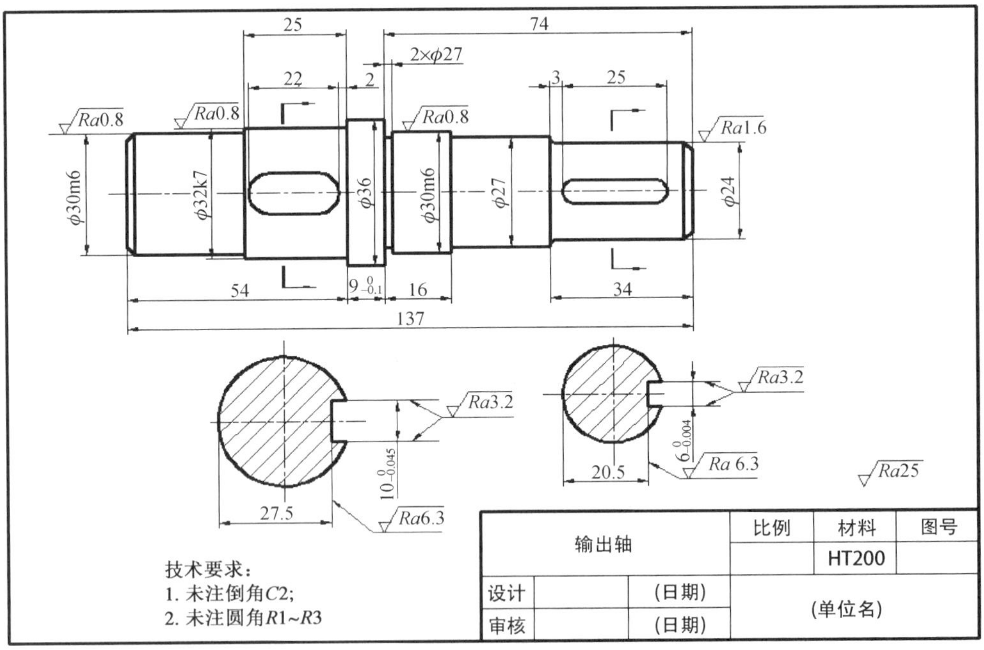

图 7-2　输出轴零件图(单位：mm)

7.1.2　零件图的内容

1. 一组图形

零件图中的图形能正确、完整、清晰、简便地表达出零件内外形状，包括机件的各种表达方法，如视图、剖视图、断面图、局部放大图和简化画法等。

2. **完整的尺寸**

零件图中应正确、完整、清晰、合理地标出制造零件所需的全部尺寸。

3. **技术要求**

零件图中必须用规定的代号、数字、字母和文字注解说明制造和检验零件时在技术指标上应达到的要求。如表面粗糙度、尺寸公差、形状和位置公差、材料和热处理、检验方法以及其他特殊要求等。技术要求的文字一般标注在标题栏上方图纸空白处。

4. **标题栏**

标题栏应配置在图框的右下角。它一般由更改区、签字区、其他区、名称以及代号区组成。填写的内容主要有零件的名称、材料、数量、比例、图样代号以及设计、审核、批准者的姓名、日期等。标题栏的尺寸和格式已经标准化，可参见有关标准。

7.2 零件图的技术要求

零件图上除了表达零件形状尺寸外，还必须标注和说明制造零件时应达到的一些技术要求，主要包括：表面粗糙度、尺寸公差、形状和位置公差、材料的热处理及表面处理以及其他有关制造零件的要求等。

7.2.1 公差与配合(GB/T 1800—2009，GB/T 1801—2009)

1. **互换性的概念**

一批相同规格的零件在装配前不经过挑选，在装配过程中不经过修配，在装配后即可满足设计和使用性能要求，零件的这种在尺寸与功能上可以互相代替的性质称为互换性。极限与配合是保证零件具有互换性的重要标准。

(1) 公差与配合的基本概念

基本尺寸是指设计时确定的尺寸，如图 7-3 中的 $\phi 30$。

最大极限尺寸是指零件实际尺寸所允许的最大值，如图 7-3 中的 $\phi 30.01$。

最小极限尺寸是指零件实际尺寸所允许的最小值，如图 7-3 中的 $\phi 29.99$。

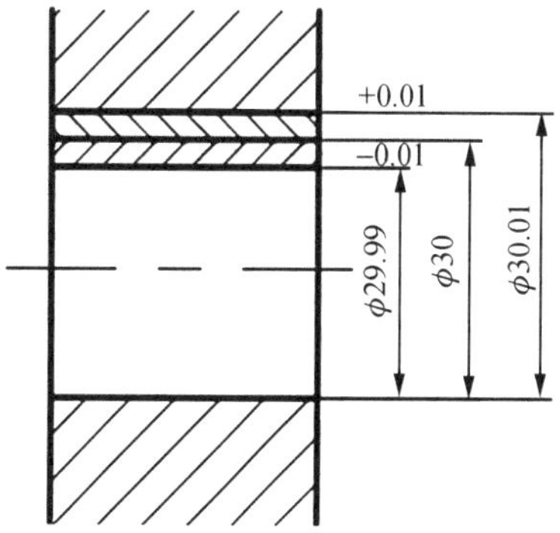

图 7-3 公差与配合的基本概念（单位：mm）

上偏差是指最大极限尺寸与基本尺寸的差。孔的上偏差代号为 ES，轴的上偏差代号为 es。图 7-3 中的上偏差 $ES = \phi 30.01 - \phi 30 = 0.01$。

下偏差是指最小极限尺寸与基本尺寸的差。孔的下偏差代号为 EI，轴的上偏差代号为 ei。图 7-3 中的下偏差 $EI = \phi 29.99 - \phi 30 = -0.01$。

公差是指允许尺寸的变动量，即最大极限尺寸和最小极限尺寸的差。图 7-3 中的公差：$\phi30.01-\phi29.99=0.01-(-0.01)=0.02$。

(2) 公差带图

用零线表示基本尺寸，上方为正，下方为负，用矩形的高表示尺寸的变化范围（尺寸公差），矩形的上边代表上偏差，矩形的下边代表下偏差，距零线近的偏差为基本偏差，矩形的长度无实际意义，这样的图形称为公差带图，如图 7-4 所示。

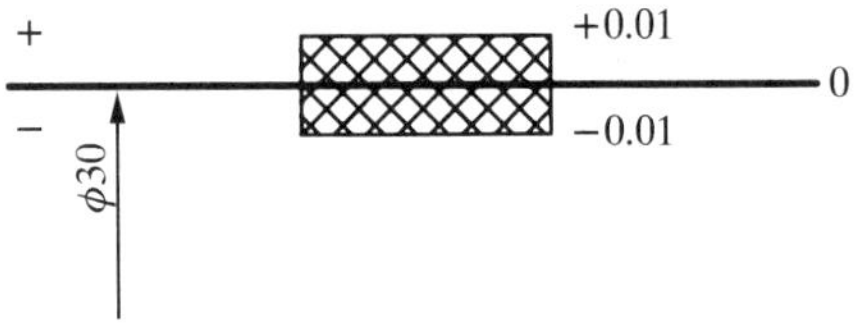

图 7-4　公差带图(单位：mm)

(3) 标准公差和基本偏差系列

标准公差是由国家标准规定的公差值，其大小由公差等级和基本尺寸决定。国家标准《产品几何技术规范(GPS)线性尺寸公差 ISO 代号体系　第 1 部分：公差、偏差和配合的基础》(GB/T 1800.1—2020)将公差划分为 20 个等级，分别为 IT01，IT0，IT1，IT2，IT3，…，IT17，IT18。其中 IT01 精度最高，IT18 精度最低。

轴和孔的基本偏差系列代号各有 28 个，用字母或字母组合表示，孔的基本偏差代号用大写字母表示，轴的基本偏差代号用小写字母表示，如图 7-5 所示。基本偏差决定公差带的位置，标准公差决定公差带的高度。

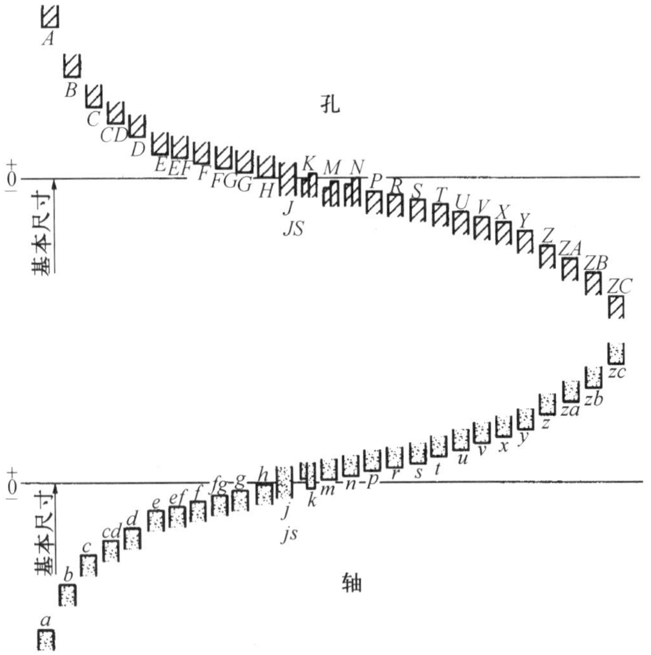

图 7-5　基本偏差系列

(4) 配合类别

基本尺寸相同、相互结合的轴和孔公差带之间的关系称为配合。按配合性质不同分为间隙配合、过盈配合和过渡配合，如图 7-6 所示。

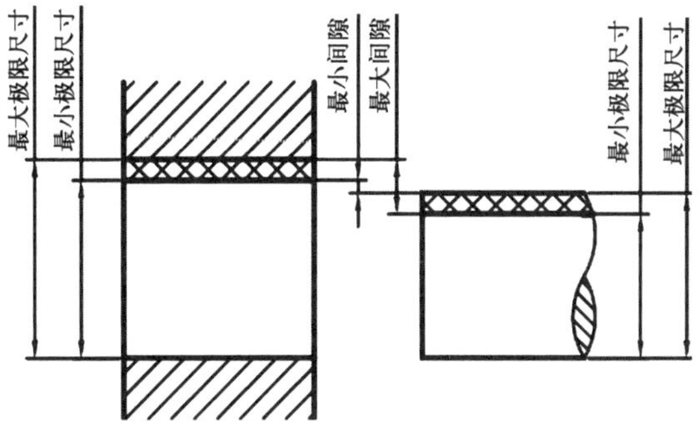

（a）间隙配合

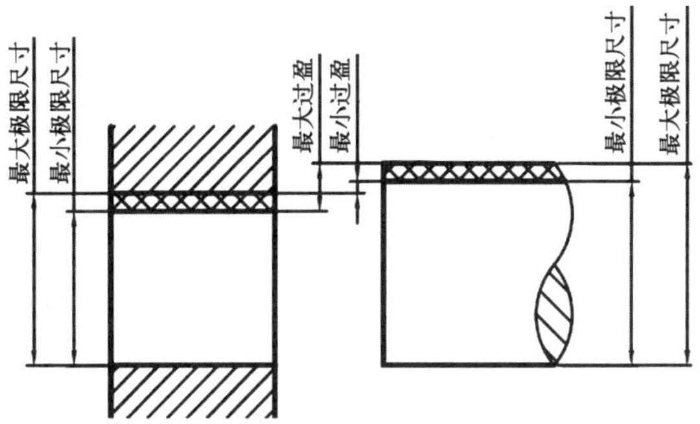

（b）过盈配合

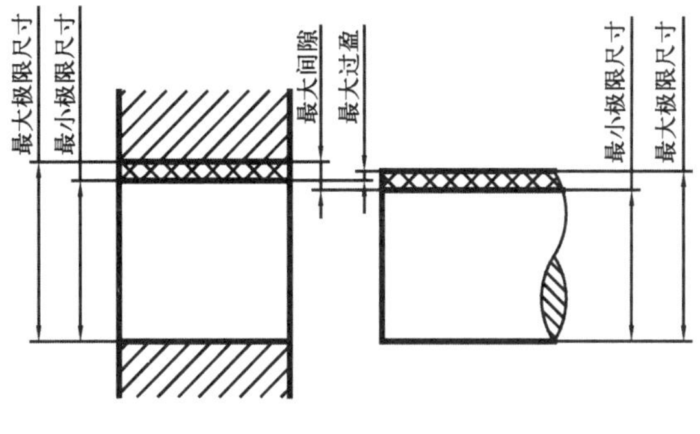

（c）过渡配合

图 7-6　配合类别

间隙配合是指具有间隙(包括最小间隙等于零)的配合。此时,孔的公差带在轴的公差带上方。

过盈配合是指具有过盈(包括最小过盈等于零)的配合。此时,孔的公差带在轴的公差带下方。

过渡配合是指可能具有间隙或过盈的配合。此时,轴和孔的公差带相互交叠。

(5) 基准制

采用基准制是为了统一基准件的极限偏差,从而达到减少零件加工定制刀具和量具的规格数量的目的。国家标准规定了两种配合制度:基孔制和基轴制,如图 7-7 所示。

基孔制是基本偏差为 H 的孔的公差带与不同基本偏差的轴的公差带形成各种配合的制度。

基轴制是基本偏差为 h 的轴的公差带与不同基本偏差的孔的公差带形成各种配合的制度。

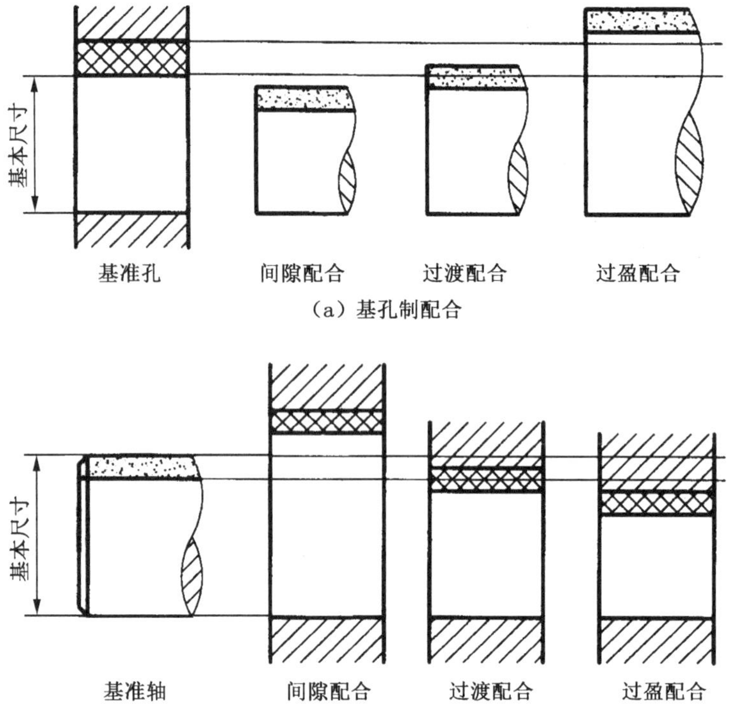

图 7-7 基准制

(6) 常用配合和优先配合

国家标准规定的基孔制常用配合共 59 种,其中优先配合 13 种,见表 7-1。基轴制常用配合共 47 种,其中优先配合 13 种,见表 7-2。

表 7-1 基孔制常用配合

基准孔	轴																				
	a	b	c	d	e	f	g	b	js	k	m	n	p	r	s	t	u	v	x	y	z
	间隙配合								过渡配合			过盈配合									
H6						$\frac{H6}{f5}$	$\frac{H6}{g5}$	$\frac{H6}{h5}$	$\frac{H6}{js5}$	$\frac{H6}{k5}$	$\frac{H6}{m5}$	$\frac{H6}{n5}$	$\frac{H6}{p5}$	$\frac{H6}{r5}$	$\frac{H6}{s5}$	$\frac{H6}{t5}$					
H7						$\frac{H7}{f6}$	◤ $\frac{H7}{g6}$	◤ $\frac{H7}{h6}$	$\frac{H7}{js6}$	◤ $\frac{H7}{k6}$	$\frac{H7}{m6}$	◤ $\frac{H7}{n6}$	◤ $\frac{H7}{p6}$	$\frac{H7}{r6}$	◤ $\frac{H7}{s6}$	$\frac{H7}{t6}$	◤ $\frac{H7}{u6}$	$\frac{H7}{v6}$	$\frac{H7}{x6}$	$\frac{H7}{y6}$	$\frac{H7}{z6}$
H8					$\frac{H8}{e7}$	◤ $\frac{H8}{f7}$	$\frac{H8}{g7}$	◤ $\frac{H8}{h7}$	$\frac{H8}{js7}$	$\frac{H8}{k7}$	$\frac{H8}{m7}$	$\frac{H8}{n7}$	$\frac{H8}{p7}$	$\frac{H8}{r7}$	$\frac{H8}{s7}$	$\frac{H8}{t7}$	$\frac{H8}{u7}$				
				$\frac{H8}{d8}$	$\frac{H8}{e8}$	$\frac{H8}{f8}$			$\frac{H8}{h8}$												

（续表）

基准孔	轴																				
	a	b	c	d	e	f	g	b	js	k	m	n	p	r	s	t	u	v	x	y	z
	间隙配合								过渡配合			过盈配合									
H9			H8/c9	◤H9/d9	H9/e9	H9/f9			◤H9/h9												
H10			H10/c10	H10/d10					H10/h10												
H11	H11/a11	H11/b11	◤H11/c11	H11/d11					◤H11/h11												
H12		H12/b12							H12/h12												

注：标注◤的配合为优先配合。

表 7-2 基轴制常用配合

基准轴	孔																				
	A	B	C	D	E	F	G	H	JS	K	M	N	P	R	S	T	U	V	X	Y	Z
	间隙配合								过渡配合			过盈配合									
h5						F6/h5	G6/h5	H6/h5	JS6/h5	K6/h5	M6/h5	N6/h5	P6/h5	R6/h5	S6/h5	T6/h5					
h6						F7/h6	◤G7/h6	◤H7/h6	JS7/h6	◤K7/h6	M7/h6	◤N7/h6	◤P7/h6	R7/h6	◤S7/h6	T7/h6	◤U7/h6				
h7					E8/h7	◤F8/h7			◤H8/h7	JS8/h7	K8/h7	M8/h7	N8/h7								
h8				D8/h8	E8/h8	F8/h8		H8/h8													
h9				◤D9/h9	E9/h9	F9/h9		◤H9/h9													
h10				D10/h10				H10/h10													
h11	A11/h11	B11/h11	◤C11/h11	D11/h11					◤H11/h11												
h12		B12/h12						H12/h12													

注：标注◤的配合为优先配合。

（7）极限与配合的标注

在零件图中，线性尺寸的公差有三种标注形式：一是只标注上、下偏差；二是只标注公差带代号；三是既标注公差带代号，又标注上、下偏差，但偏差值用括号括起来，如图 7-8 所示。

标注极限与配合时应注意：

① 上、下偏差的字高比尺寸数字小一号（即尺寸数字高度的 2/3），且下偏差与尺寸数

字在同一水平线上。

② 当公差带相对于基本尺寸对称时，即上、下偏差互为相反数时，可采用“±”加偏差的绝对值的注法，如 $\phi 30\pm 0.016$（此时偏差和尺寸数字的字高相同）。

③ 上、下偏差的小数点位必须相同、对齐，当上偏差或下偏差为零时，用数字“0”标出，如 $\phi 30_{0}^{+0.033}$。

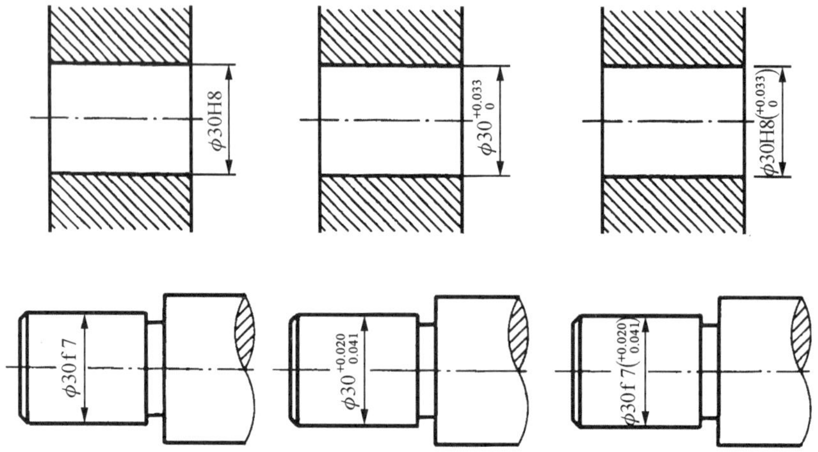

(a)　(b)　(c)

图 7-8　零件图中尺寸公差的标注（单位：mm）

在装配图上一般只标注配合代号。配合代号用分数表示，分子为孔的公差带代号，分母为轴的公差带代号。对于轴承等标准件与非标准件的配合，则只标注非标准件的公差带代号。如轴承内圈内孔与轴的配合，只标注轴的公差带代号；外圈的外圆与箱体孔的配合，只标注箱体孔的公差带代号，如图 7-9 所示。

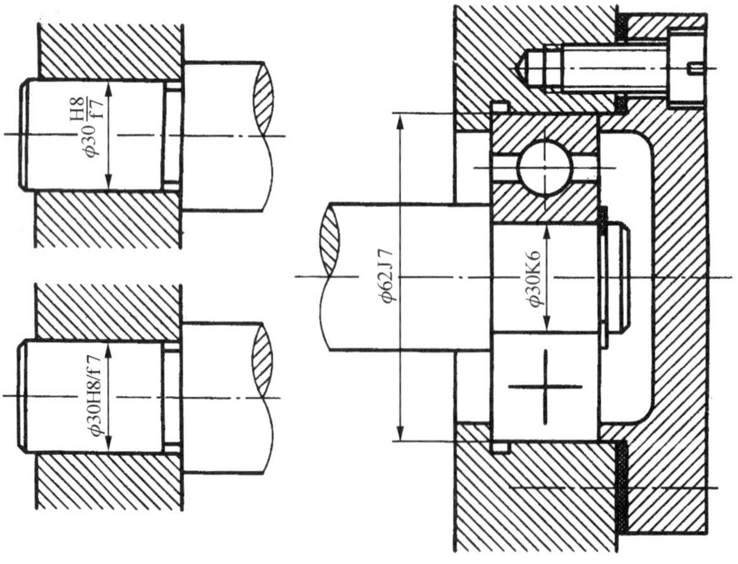

(a)　(b)

图 7-9　装配图中尺寸公差的标注（单位：mm）

（8）极限与配合查表举例

【例 7-1】 查表确定 $\phi50H8/s7$ 轴和孔的尺寸偏差。

基本尺寸 $\phi50$ 属于"＞40～50 尺寸段"，是基孔制配合。轴的公差带代号为 $\phi50s7$，孔的公差带代号为 $\phi50H8$。查表得轴的上偏差 $es=68\ \mu m$，下偏差 $ei=43\ \mu m$，孔的上偏差 $ES=39\ \mu m$，下偏差 $EI=0$。

【例 7-2】 查表确定 $\phi32N7/h6$ 轴和孔的极限偏差，画出公差带图，判断配合性质。

此配合为基本尺寸 $\phi32$ 的基轴制配合。轴的公差带代号为 $\phi32h6$，孔的公差带代号为 $\phi32N7$。查表得轴的基本尺寸及极限偏差为 $\phi32^{0}_{-0.016}$，孔的基本尺寸及极限偏差为 $\phi32^{-0.008}_{-0.033}$，公差带图如图 7-10 所示。由图可知，配合性质为过渡配合，最大间隙为 33 μm，最大过盈为 8 μm。

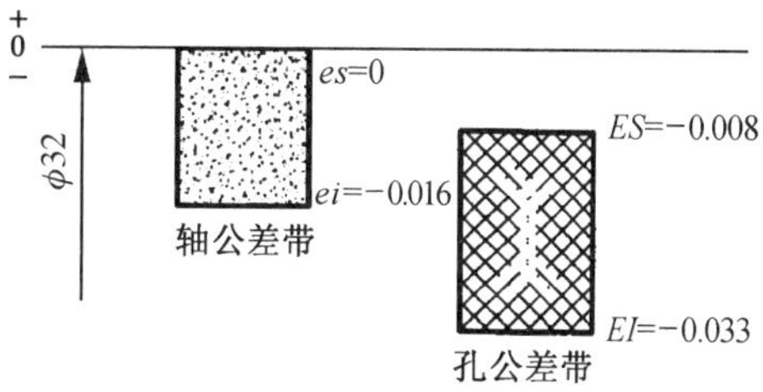

图 7-10　公差带图(单位：mm)

2. **表面结构**(GB/T 3505—2000)

（1）概念

表面结构是在有限区域上的表面粗糙度、表面波纹度、纹理方向、表面几何形状及表面缺陷等表面特征的总称。

（2）评定参数

常用的评定参数：轮廓算术平均偏差(R_a)，轮廓最大高度(R_z)。零件图多采用轮廓算术平均偏差。

轮廓算术平均偏差是指在取样长度 L 内，轮廓偏距绝对值的算术平均值。其几何意义如图 7-11(a)所示。R_a 的计算公式：

$$R_a=\frac{1}{l}\int_0^l |y(x)|\,dx \tag{7-1}$$

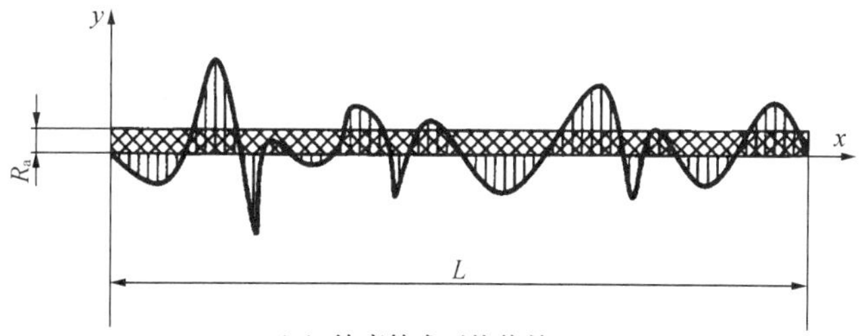

(a) 轮廓算术平均偏差R_a

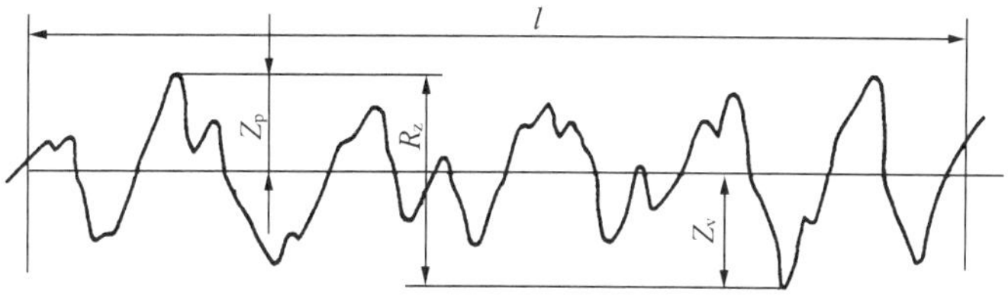

(b) 轮廓最大高度R_z

图 7-11　评定参数

近似值为

$$R_a = \frac{1}{n}\sum_{i=1}^{n} |y_i| \tag{7-2}$$

轮廓最大高度是指在取样长度 L 内，轮廓峰顶线和轮廓谷底线之间的距离。其几何意义如图 7-11(b)所示。R_z 的计算公式：

$$R_z = Z_P + Z_V$$

表面结构对零件的配合性质、疲劳强度、抗腐蚀性、耐磨性、密封性影响较大。根据零件表面的不同情况，应合理选择其参数值。表 7-3 列出了国家标准推荐的轮廓算术平均偏差 R_a 优先选用系列。

表 7-3 轮廓算术平均偏差 R_a 值 单位：μm

0.012	0.025	0.05	0.1	0.2	0.4	0.8
1.6	3.2	6.3	12.5	25	50	100

(3) 表面结构的符号

《产品几何技术范围(GPS)技术产品文件中表面结构的表示法》(GB/T 131—2006)规定，表面结构符号是由规定的符号和有关参数值组成，其画法及意义见表 7-4。

表 7-4 表面结构的符号及意义

符号	意义
	基本符号，表示表面可用任何方法获得。当不加注粗糙度参数值或有关说明时，仅适用于简化代号标注
	表示表面是用去除材料的方法获得，如：车、铣、钻、磨、剪切、抛光、腐蚀、电火花加工、气割等
	表示表面是用不去除材料的方法获得，如：铸、锻、冲压、热轧、冷轧、粉末冶金等；或者是保持上道工序的状况或原供应状况
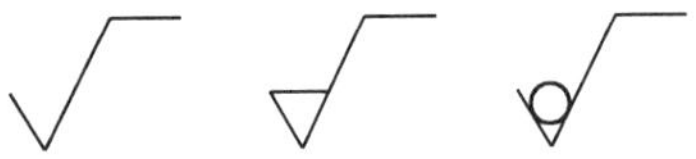	在上述三个符号的长边上均可加一横线，用于标注有关参数和说明
	在上述三个符号上均可加一小圆，表示所有表面具有相同的表面粗糙度要求
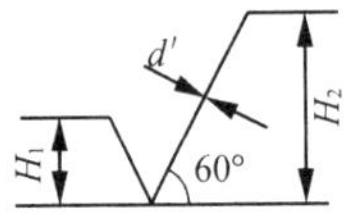	H_1，H_2 表示高度，d' 表示宽度

表面结构符号的尺寸见表 7-5。

表 7-5 表面结构符号的尺寸 单位：mm

轮廓线的线宽 d	0.35	0.5	0.7	1	1.4	2	2.8
数字与大写字母(或 1 和小写字母)的高度 h	2.5	3.5	5	7	10	14	20
符号的线宽 d'、数字与字母的笔画宽度 d	0.25	0.35	0.5	0.7	1	1.4	2
高度 H_1	3.5	5	7	10	14	20	28
高度 H_2	8	11	15	21	30	42	60

(4) 表面结构符号、代号的标注(GB/T 131—2006)

① 标注在轮廓线上或指引线上

表面结构要求可标注在轮廓线上，其符号尖端应从材料外指向材料接触表面。必要时，表面结构符号也可以用带箭头或黑点的指引线引出标注，如图 7-12 和图 7-13 所示。

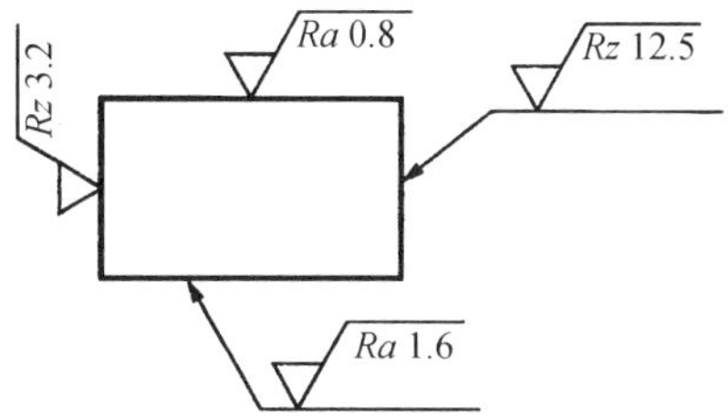

图 7-12 表面结构要求的注写方向(单位：mm)

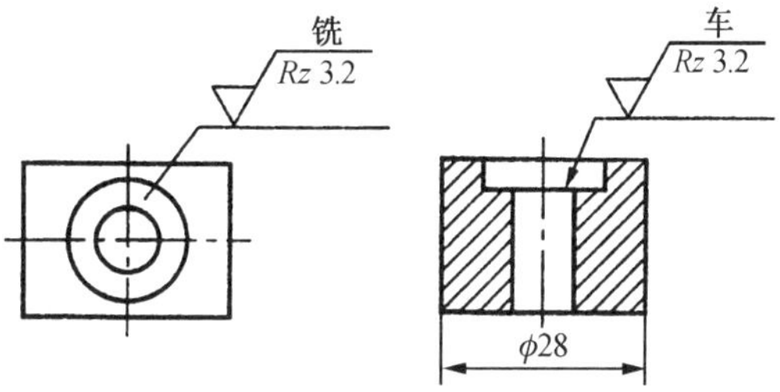

图 7-13 表面结构要求标注在轮廓线上或指引线上(单位：mm)

② 标注在特征尺寸的尺寸线上

在不致引起误解的情况下，表面结构要求可以标注在特征尺寸的尺寸线上，如图 7-14 所示。

③ 标注在形位公差的框格上

表面结构要求可以标注在形位公差的框格上，如图 7-15 所示。

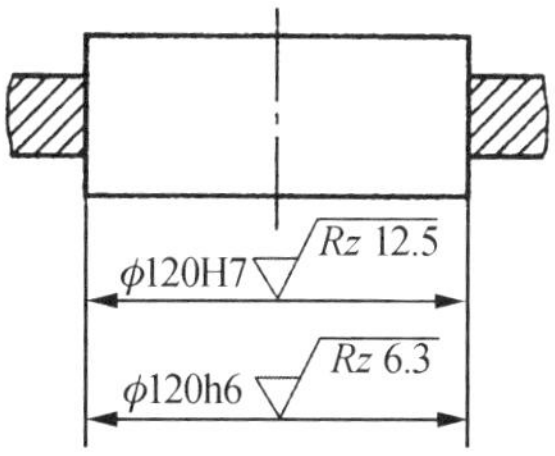

图 7-14 表面结构要求标注在尺寸线上(单位：mm)

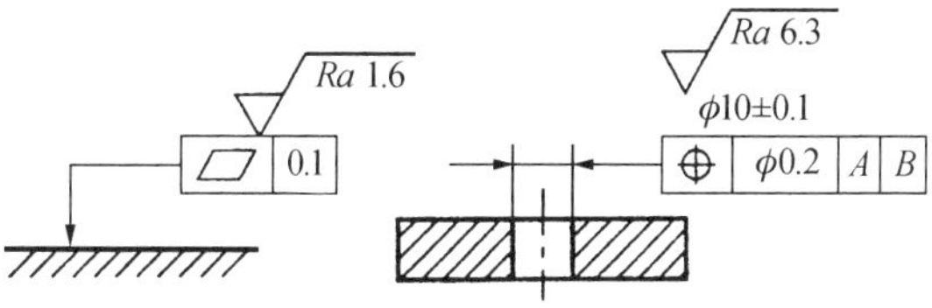

图 7-15 表面结构要求标注在公差的框格上(单位：mm)

④ 标注在延长线上

表面结构要求可以直接标注在延长线上，或用带箭头的指引线引出标注，如图 7-16 所示。

⑤ 标注在圆柱和棱柱面上

圆柱和棱柱表面的表面结构符号只标注一次，如果每个棱面表面都有不同的表面结构要求时，则应分别单独标出，如图 7-17 所示。

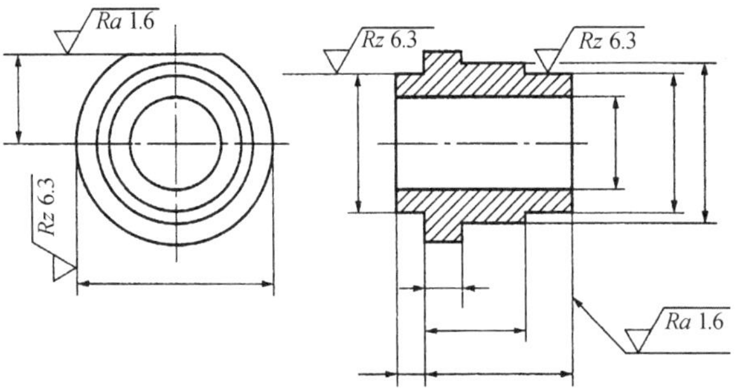

图 7-16　表面结构要求标注在延长线上(单位：mm)

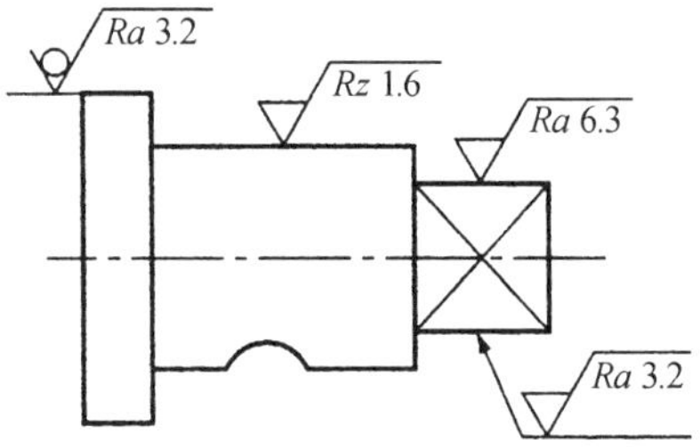

图 7-17　表面结构要求标注在圆柱和棱柱面上(单位：mm)

(5) 简化标注

① 工件的多数(或全部)表面有相同要求的标注法

如果在工件的多数(或全部)表面有相同要求时，则其表面结构要求可统一注写在图样的标题栏附近。此时(除全部表面有相同要求的情况外)，表面结构要求的符号后面应有：

在圆括号内给出无任何其他标注的基本符号，如图 7-18(a)所示；

在圆括号内给出不同的表面结构要求符号，如图 7-18(b)所示。

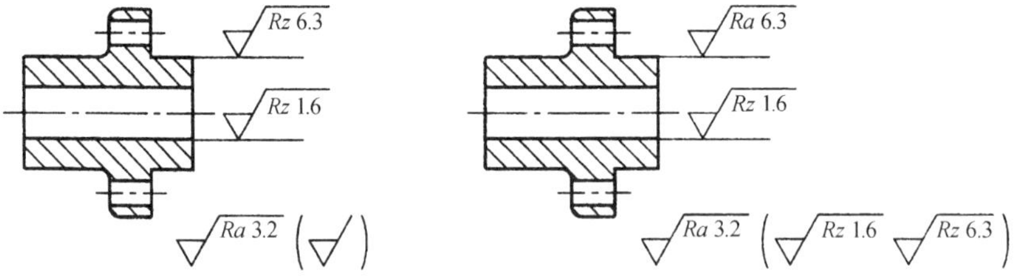

(a)　　(b)

图 7-18　工件的多数(或全部)表面有相同要求的简化标注(单位：mm)

② 多个表面有共同要求的标注法

当多个表面具有相同的表面结构要求或图纸空间有限时，可用带字母的完整符号，以等式的形式在图纸或标题栏的附近，对有相同表面结构要求的表面进行简化标注，如图 7-19 所示。

③ 多种工艺获得的同一表面的标注法

由多种工艺获得的同一表面，当需要明确每种工艺方法的表面结构要求时，可按图 7-20 进行标注。

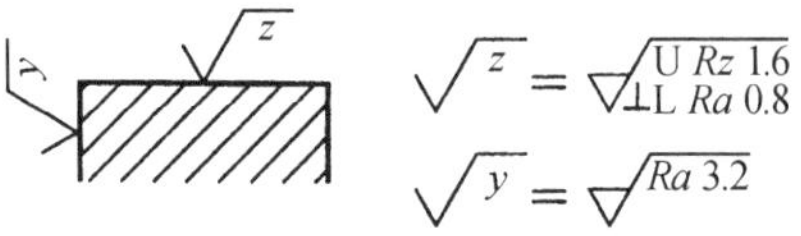

图 7-19　图纸空间有限时的简化标注

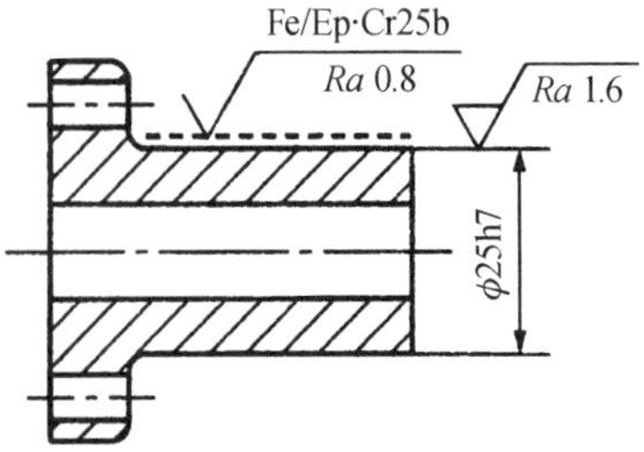

图 7-20　多种工艺获得的同一表面的简化标注

(6) 表面粗糙度的选择

选择表面粗糙度时,既要考虑零件表面的功能要求,又要考虑经济性,还要考虑现有的加工设备。一般应遵从以下原则:

① 一个零件上,工作表面比非工作表面的参数值要小。

② 摩擦表面要比非摩擦表面的参数值小。有相对运动的工作表面,运动速度越高,其参数值越小。

③ 配合精度越高,参数值越小。间隙配合比过盈配合的参数值小。

④ 配合性质相同时,零件尺寸越小,参数值越小。

⑤ 要求密封、耐腐蚀或具有装饰性的表面,参数值要小。

3. 形状和位置公差(GB/T 1182—2008)

(1) 形状和位置公差的概念

零件经过加工后,不仅会产生尺寸误差和表面粗糙度,而且会产生表面形状和位置误差。形状误差是指实际表面和理想几何表面的差异;位置误差是指相关联的两个几何要素的实际位置相对于理想位置的差异。形状误差和位置误差都会影响零件的使用性能,因此必须对一些零件的重要表面或轴线的形状误差和位置误差进行限制。形状误差和位置误差的允许变动量称为形状和位置公差(简称形位公差)。形位公差的术语、定义、代号及其标注详见有关的国家标准,本书仅作简要介绍。

(2) 形位公差的代号

在技术图样中,形位公差采用代号标注,当无法采用代号时,允许在技术要求中用文字说明。

形位公差代号由形位公差符号、框格、公差值、指引线、基准符号及其他有关符号组成。形位公差的名称和符号见表 7-6。

表 7-6 形位公差的名称及符号

分类		名称	符号
形状公差		直线度	—
		平面度	▱
		圆度	○
		圆柱度	⌭
		线轮廓度	⌒
		面轮廓度	⌓
位置公差	定向	平行度	//
		垂直度	⊥
		倾斜度	∠
	定位	同轴度	◎
		对称度	⌯
		位置度	⌖
	跳动	圆跳动	↗
		全跳动	⌰

形位公差的框格及基准代号画法如图 7-21 所示。指引线的箭头指向被测要素的表面或其延长线，箭头方向一般为公差带的方向。h 为字体高度。框格中的字符高度与尺寸数字的高度相同，基准中的字母永远水平书写。

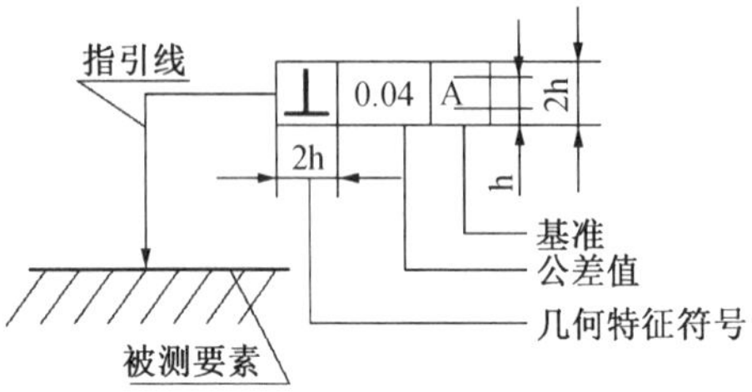

(a) 形位公差框格

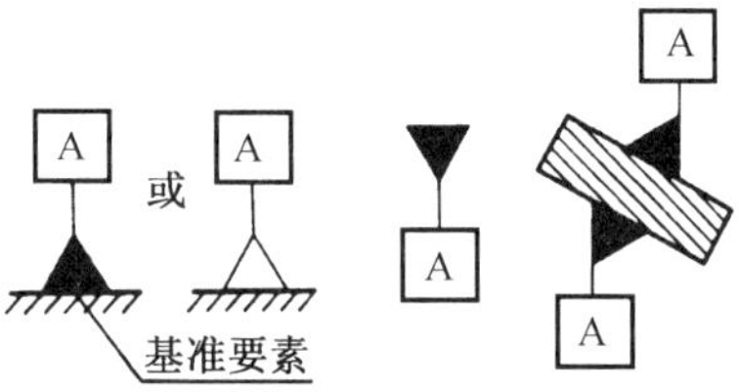

(b) 基准代号

图 7-21　形位公差框格和基准代号(单位：mm)

(3) 形位公差的标注

要素是指零件的特征部分(点、线、面)。这些要素是实际存在的，也可以是由实际要素取得的轴线或中心平面。被测要素是给出形状或位置公差的要素。基准要素是用来确定被测要素方向或位置的要素。理想基准要素简称要素。

公差带是指根据被测要素的特征和结构尺寸。公差带的主要形式有：圆内的区域，两同心圆之间的区域，两同轴圆柱面之间的区域，两等距曲线之间的区域，两平行直线之间的区域，两平行平面之间的区域，球内的区域，等等。

用带箭头的指引线将被测要素与公差框格的任意一端相连，箭头应垂直指向被测要素，如图 7-21(a)所示。与被测要素相关的基准用基准符号表示，基准符号中的三角形底边与基准要素重合，如图 7-21(b)所示。

① 被测要素或基准要素为轮廓线或表面

指引线的箭头应垂直指向基准三角形，放置在该要素的轮廓线或其延长线上，并明显地与尺寸线错开，如图 7-22(a)所示。箭头指向基准三角形也可放置在引出线的水平线上，该引出线引自被测面，如图 7-22(b)所示。

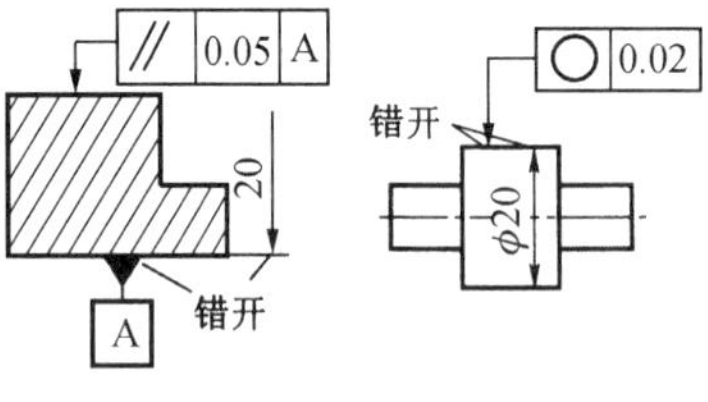

(a)

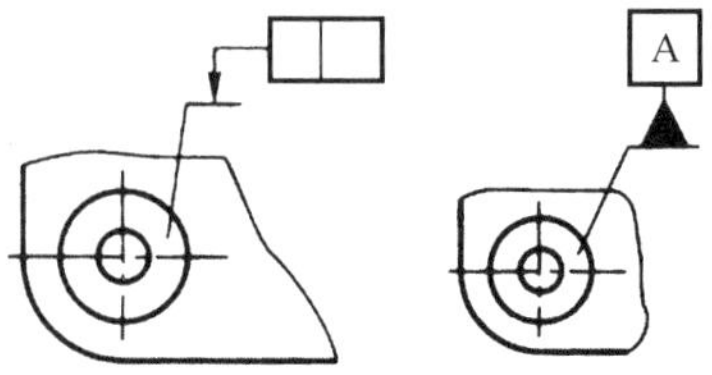

(b)

图 7-22　被测要素或基准要素为轮廓线或表面时的标注(单位：mm)

② 被测要素或基准要素为轴线、对称平面或中心点

当被测要素为中心要素(轴线、中心直线、中心平面、球心等)时，带箭头的指引线应与

该要素所对应轮廓要素的尺寸线的延长线重合，如图 7-23 所示。

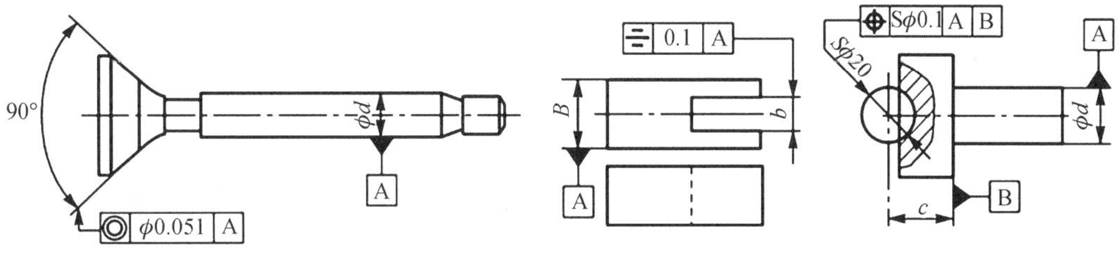

（a）圆锥轴线　　（b）中心平面　　（c）球心

图 7-23　被测要素或基准要素为轴线、对称平面或中心点时的标注(单位：mm)

③ 基准要素为两个要素组成的公共基准

当基准要素为两个要素组成的公共基准时，其标注如图 7-24(a)，(b)所示。

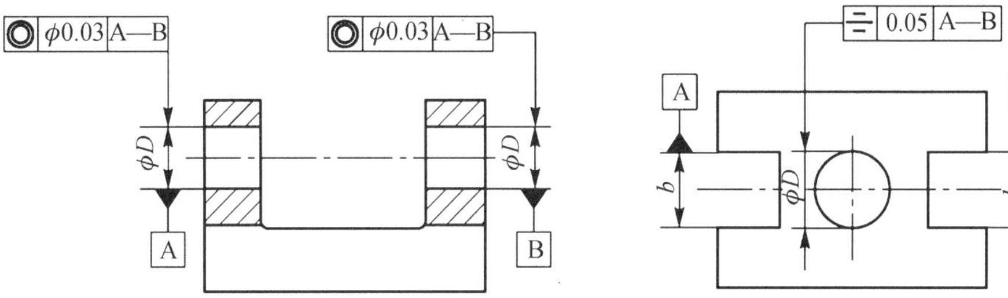

（a）　　（b）

图 7-24　基准要素为两个要素组成的公共基准时的标注(单位：mm)

④ 指引线箭头或基准符号与尺寸线箭头重叠

当基准符号与尺寸线的箭头重叠时，则该尺寸线的箭头可以省略，如图 7-25(a)所示；当指引线的箭头与尺寸线的箭头重叠时，则指引线的箭头可以代替尺寸箭头，如图 7-25(b)所示。

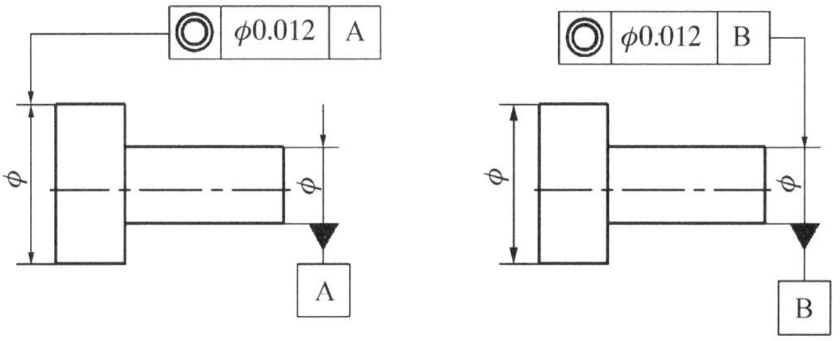

（a）　　（b）

图 7-25　指引线箭头或基准符号与尺寸线箭头重叠时的标注(单位：mm)

⑤ 多项几何公差要求或相同的几何公差要求

同一要素有多项几何公差要求时，可采用框格并列标注法标注，如图 7-26(a)所示；多处要素有相同的几何公差要求时，可在框格指引线上绘制多个箭头，如图 7-26(b)所示。

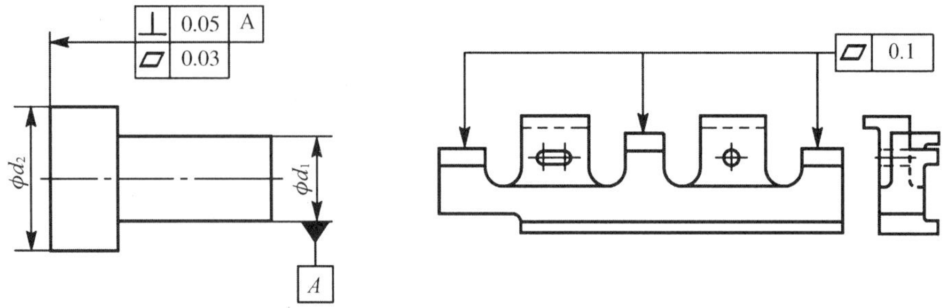

(a)　　　　　　　　　　(b)

图 7-26　一处多项、一项多处的标注(单位：mm)

⑥ 指定范围

当被测范围仅为被测要素的一部分时，应用粗点画线加尺寸标出指定范围，如图 7-27 所示。

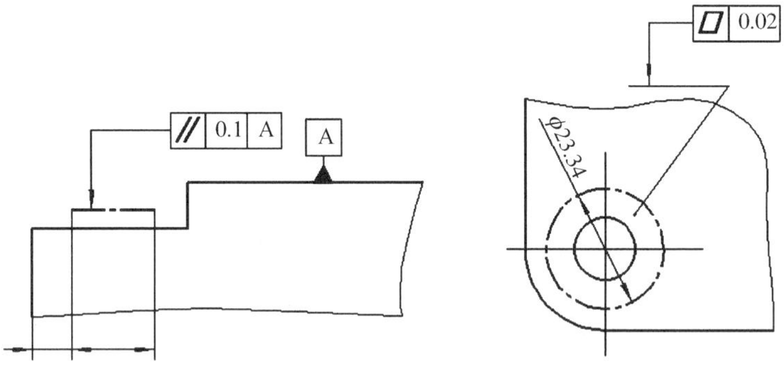

图 7-27　指定范围的标注(单位：mm)

⑦ 公差带为圆、圆柱或圆球

当指定的公差带为圆、圆柱或圆球时，应在公差数值前加注 φ 或 Sφ，如图 7-28 所示。

⑧ 附加要求的标注

a. 如需要给出被测部位任一长度(或范围)的公差值时，其标注法如图 7-28(a)，(b)所示。其中图 7-28(a)是在任意长为 100 mm 内有该几何公差的要求；图 7-28(b)是在表面上任意 100 mm×100 mm 范围内有该几何公差的要求。如果同时还需要给出全长(或整个被测要素)的公差值时，其标注法如图 7-28(c)所示，其分子表示被测部位全长(或整个被测要素)的公差值，分母表示被测部位给定长度(或范围)的公差值。

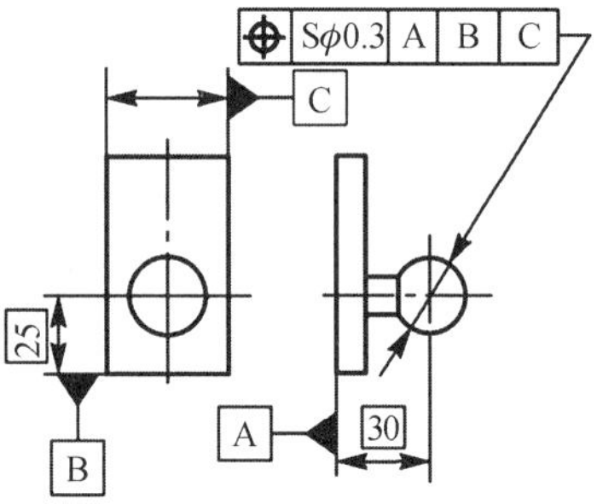

图 7-28　公差带为圆、圆柱或圆球的标注(单位：mm)

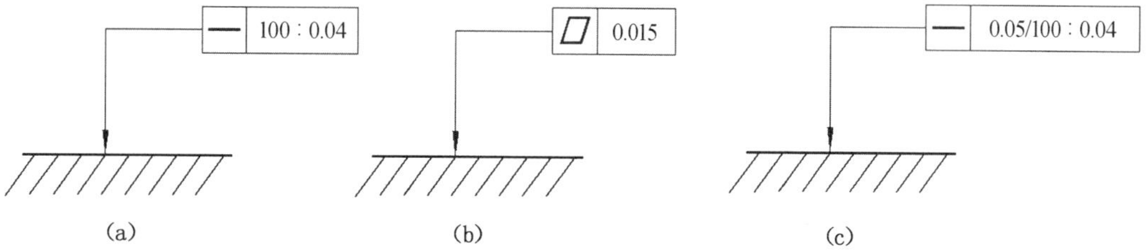

图 7-29 给出任意长度的标注(单位：mm)

b. 对于被测部位数量的说明，可标注在框格的上方，如图 7-30 所示。

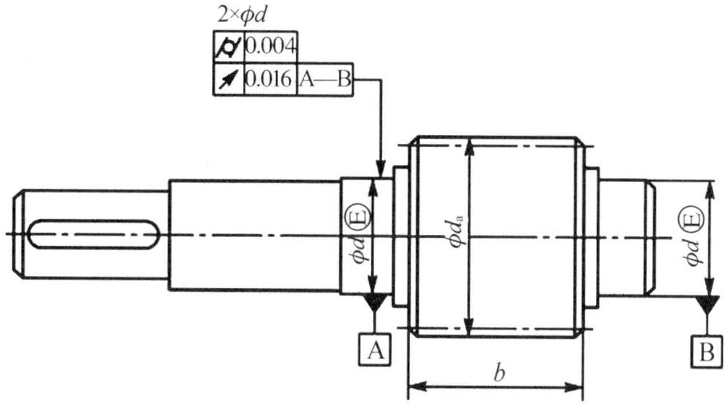

图 7-30 附加说明的标注(单位：mm)

c. 当线(或面)轮廓度特征适用于横截面的整周轮廓或由该轮廓所示的整周表面时，应采用"全周"符号表示，如图 7-31 所示。"全周"符号并不包括整个工件的所有表面，只包括由轮廓和公差标注所表示的各个表面。

d. 以螺纹轴线为被测要素或基准要素时，默认为螺纹中经圆柱的轴线，否则应另有说明，如图 7-32 所示；以齿轮、花键轴线为被测要素或基准要素时，需说明所指的要素，如用"PD"表示节径，用"MD"表示大径，用"LD"表示小径。

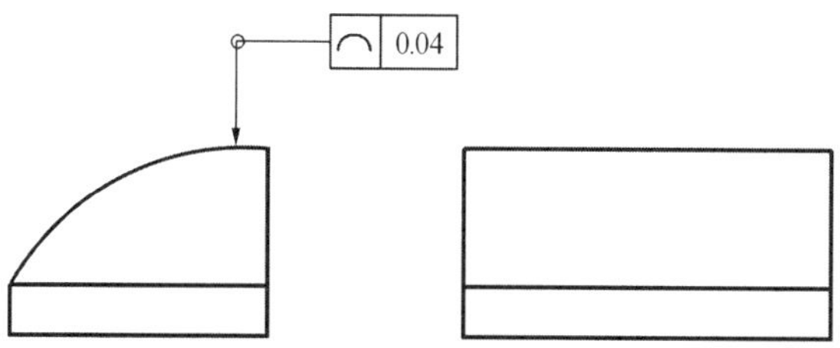

图 7-31 整周轮廓的标注(单位：mm)

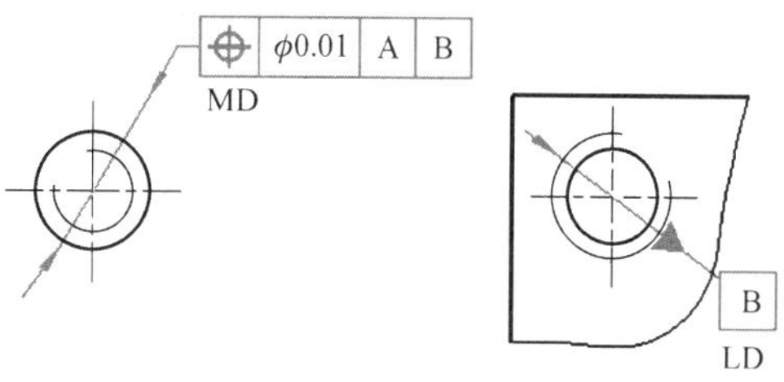

图 7-32 以螺纹轴线为被测要素或基准要素时的标注(单位：mm)

如图 7-33 所示为曲轴零件的几何公差标注示例，其中的几何公差含义如下：

键槽中心平面对基准 F(左端圆台部分的轴线)的对称公差为 0.025 mm。

左端圆锥面对公共基准轴线 A—B 的径向圆跳动公差为 0.025 mm。

φ18 的轴线对公共基准线 A—B 的平行度公差为 0.04 mm。

ϕ18 圆柱的圆柱度公差为 0.01 mm。

ϕ30 的外圆表面对公共基准轴线 C—D 的径向圆跳动公差为 0.025 mm，圆柱度公差为 0.006 mm。

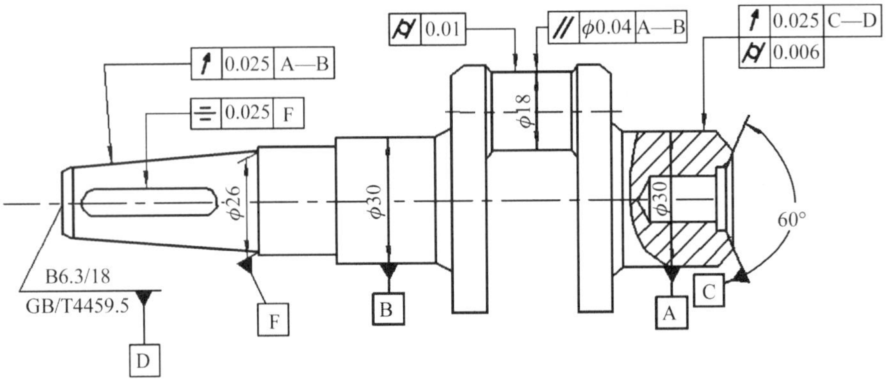

图 7-33 形位公差标注综合示例(单位：mm)

7.3 平板类零件

7.3.1 基本视图

视图是用正投影法将物体向投影面投射所得的图形，主要用来表达物体的外部结构形状。它一般用来表示物体的可见部分，必要时才用虚线画出其不可见部分。

1. 基本视图的概念

国家标准规定：用一个正六面体的六个平面作为基本投影面，零件的图形按正投影法绘制并采用第一角投影法，这六个投影面组成一个正六面体，零件向基本投影面投射所得的视图称为基本视图，如图 7-34 所示。

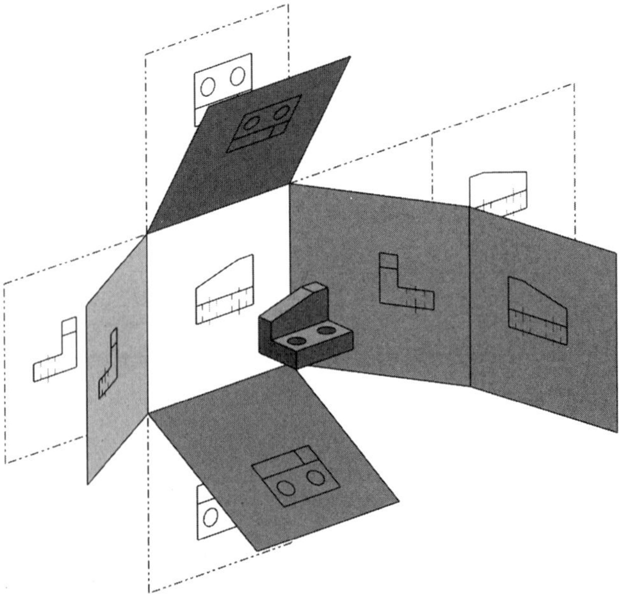

图 7-34 六个基本投影面的展开

主视图是指正立投影面上从前往后投射得到的视图。

俯视图是指水平投影面上从上往下投射得到的视图。

左视图是指侧立投影面上从左往右投射得到的视图。

当零件的外形比较复杂时，为清晰地表达出它的上、下、左、右、前、后的不同形状，可在另外三个基本投影面上投射，所得到的视图如图 7-35 所示。

右视图是指从右向左投射所得的视图。

后视图是指从后向前投射所得的视图。

仰视图是指从下向上投射所得的视图。

六个基本视图之间仍保持着与三视图相同的“长对正、高平齐、宽相等”的投影规律。即主视图、俯视图、后视图和仰视图“长对正”，主视图、左视图、右视图和后视图“高平齐”，左视图、右视图、俯视图和仰视图“宽相等”。

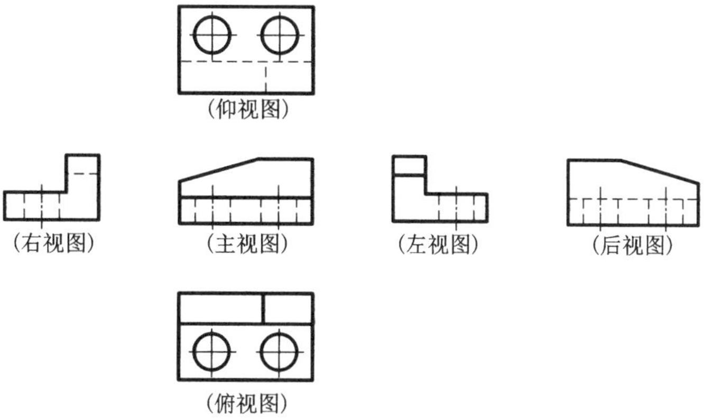

图 7-35　六个基本视图的配置

2. 基本视图的应用

在实际绘图时，应根据物体的结构特点，按实际需要选择基本视图的数量。总的要求是表达完整、清晰，又不重复，使视图的数量最少。

7.3.2　向视图

1. 向视图的概念

在实际绘图过程中，为了合理利用图纸，可以自由配置视图，这种可以自由配置的视图，称为向视图，如图 7-36 所示。

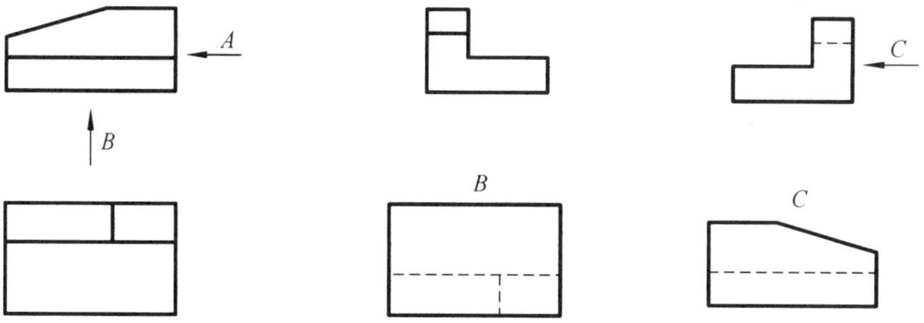

图 7-36　向视图

2. **向视图的画法**

绘向视图时，一般应在向视图上方用大写拉丁字母标出视图的名称，并在相应视图附近用箭头标明投射方向，注上同样的字母，如图 7-36 所示。

7.3.3 读平板类零件图

1. **阅读零件图的目的**

一张零件图的内容是相当丰富的，不同工作岗位的人看图的目的也不同，通常阅读零件图的主要目的是：

(1) 对零件有一个概括的了解，如名称、材料等。

(2) 根据给出的视图，想象出零件的形状，明确零件在设备或部件中的作用及零件各部分的功能。

(3) 通过阅读零件图的尺寸，对零件各部分的大小有一个概念，进一步分析出各方向尺寸的主要基准。

(4) 明确制造零件的主要技术要求，如表面粗糙度、尺寸公差、形位公差、热处理及表面处理等，以便确定正确的加工方法。

2. **看零件图的方法**

看零件图的基本方法仍然要遵从由整体到局部的原则，用形体分析法和线面分析法研究零件结构和尺寸。看零件图是在组合体看图的基础上增加零件的精度分析、结构工艺性分析等。

3. **看零件图的步骤**

一般看零件图的步骤如下：

(1) 看标题栏。

看一张零件图，要从标题栏入手，从标题栏了解零件的材料，由材料了解零件毛坯的制造方法。由图 7-37 所示零件图的标题栏可知：零件材料为 45 钢，绘图比例为 1∶1，零件名称为钩头楔键。由材料可以了解零件毛坯的制造方法为锻造。

(2) 分析视图表达方法，弄清各视图之间的关系。

如图 7-37 所示钩头楔键零件图采用了主视图和俯视图来表达该零件的结构。主视图清楚地表达了钩头楔键的楔形形状及钩头形状；俯视图表达了钩头楔键方形形状。

(3) 分析视图，想象出零件的形状。

先从基础形体入手，由大到小逐步想象出零件的形状。图 7-38 为钩头楔键的实物。

(4) 读尺寸，分析尺寸基准。

分析尺寸时，要一个形体一个形体地分析，先分析定形尺寸，再分析定位尺寸，然后分析各形体之间的尺寸关系。

长度方向基准为左端面，高度方向基准为底面，宽度基准为前面或后面。

(5) 看技术要求，分析几何精度要求。

要看懂尺寸偏差代号、粗糙度代号、形位公差代号的意义，不明白的地方可查阅有关的国家标准。

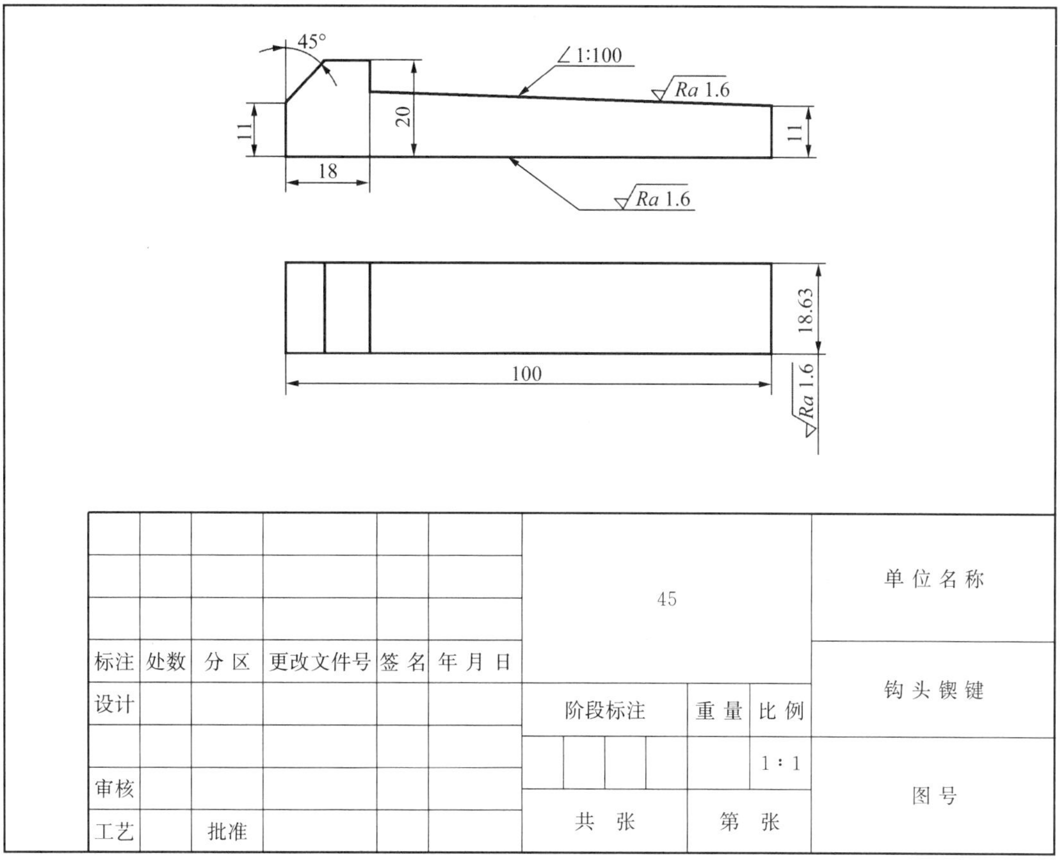

图 7-37　钩头楔键零件图(单位：mm)

零件未标注尺寸、形位公差；底面、楔形面及两侧面表面粗糙度为 $Ra1.6$，各端面为 $Ra6.3$，其他表面不作要求。

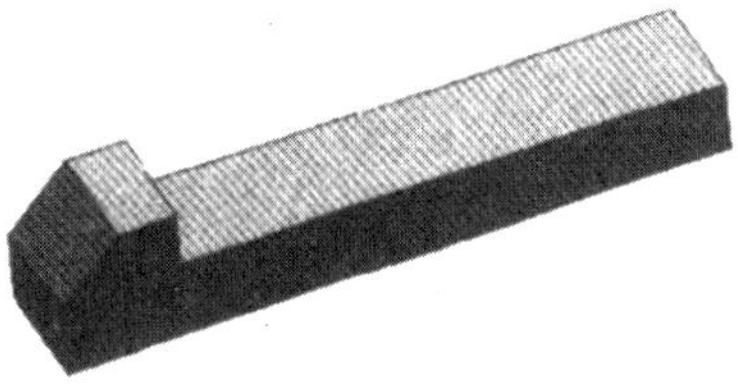

图 7-38　钩头楔键

7.3.4　徒手绘图

徒手图也称草图，是不借助绘图工具用目测形状及大小徒手绘制的图样。在机器测绘、讨论设计方案、技术交流、现场参观时，受现场或时间限制，通常只绘制草图。

1. 徒手绘图的方法

(1) 画草图的要求

画线要稳，图线要清晰；目测尺寸要尽量准，各部分比例匀称；绘图速度要快；标注尺寸无误，书写清楚。

(2) 画草图的方法

画草图的铅笔比用仪器画图的铅笔软一号，削成圆锥形，画粗实线要秃些，画细实线可尖些。要画好草图,必须掌握徒手绘制各种线条的基本手法。图 7-39 和图 7-40 分别为圆、圆角、椭圆及圆弧连接的草图画法。

① 圆的草图画法

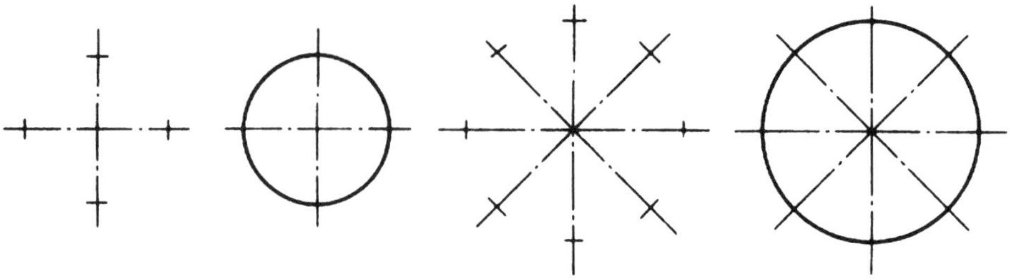

(a) (b)

图 7-39 圆的草图画法

② 圆角、椭圆及圆弧连接的草图画法

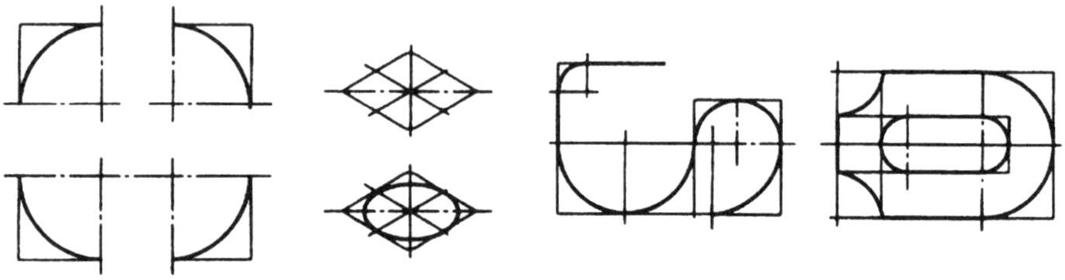

(a) (b) (c)

图 7-40 圆角、椭圆及圆弧连接的草图画法

2. **画零件草图的方法和步骤**

零件草图是绘制零件工作图的依据,必须具备零件工作图的全部内容,应努力做到:内容完整、表达正确、图线清晰、比例均匀、要求合理、字体工整。

(1) 了解和分析测绘对象

首先应了解零件的名称、用途、材料以及它在机器(或部件)中的位置和作用;然后对该零件进行结构分析和制造方法的大致分析。

(2) 确定视图表达方案

根据显示形状特征的原则,按零件的加工位置或工作位置确定主视图;再按零件的内外结构特点选用必要的其他表达方法。

(3) 绘制零件草图的步骤

① 在图纸上定出各视图的位置。画出各视图的基准线、中心线。安排各视图的位置时,要考虑到各视图间应有标注尺寸的地方,右下角留有标题栏的位置。

② 详细地画出零件外部和内部的结构形状。

③ 标注零件各表面粗糙度符号,选择基准,画尺寸线、尺寸界线及箭头。经过仔细校核后,描深轮廓线。

④ 测量尺寸,定出技术要求,并将尺寸数字、技术要求注记到图中。

7.3.5 平板类零件测绘

零件的测绘就是根据已有的实际零件进行分析,以目测估计图形与实物的比例,徒手画出它的草图,测量并标注尺寸,然后经整理画成零件图的过程。

测绘一般在现场进行,绘图条件受到限制,通过目测比例徒手绘图,测量所有尺寸,将技术要求等一一标注清楚,绘制出零件草图。然后再进行整理,绘制成正式的零件图。零件工作图应有的内容,零件草图也必须具备。

测绘的重点在于画好零件草图,这就必须掌握徒手绘图技巧、正确的绘图步骤及尺寸测量方法等。

1. 零件测绘的方法和步骤

(1) 了解和分析测绘对象

了解零件的名称、用途、材料以及它在机器(或部件)中的位置和作用,与其他相邻零件的关系,然后对零件的内、外结构形状进行分析,思考零件的表达方案。

(2) 确定零件的表达方案

根据零件的形状特征,判断其属于哪一类典型零件;然后根据零件的结构形状特征,按零件的加工位置或工作位置确定主视图;再按零件的内、外结构特点,选用合适的表达方法。确定出来的表达方案应将零件的结构形状正确、清晰、简练地表示出来。

(3) 绘制零件草图

零件草图的内容和零件图相同,可以徒手完成,要求视图正确、尺寸完整、图线清晰、字体工整,并注写必要的技术要求。

① 根据零件的总体尺寸和大致比例确定图幅,在图纸上定出各视图的位置。画主要轴线、中心线等作图基准线。安排各视图的位置时,要考虑到各视图间应有标注尺寸的地方,右下角留有标题栏的位置。

② 详细地画出零件内、外部的结构形状,以目测比例徒手画出各视图、剖视图、断面图等。

③ 选择基准,画出全部尺寸的尺寸线、尺寸界线及箭头。经过仔细校核后,描深轮廓线,画好剖面线。

④ 逐个测量尺寸,填写尺寸数值。标注表面粗糙度、形位公差等必要的技术要求,填写标题栏中的相关内容,完成零件草图全部工作。

(4) 根据零件草图画零件工作图

在画零件工作图时,需要对草图再进行审核。有些要设计、计算和选用,如表面粗糙度、尺寸公差、形位公差、材料及表面处理等;有些问题需要重新加以考虑,如表达方案的选择、尺寸的标注等,经过复查、补充、修改后,方可画零件图。零件图的绘图方法和步骤同前,不再赘述。

2. 零件尺寸的测量方法

测量零件尺寸应集中进行,以免造成遗漏和错误,以提高工作效率。测量时,应根据尺寸精度要求的不同，选用不同的测量工具。常用的量具有钢板尺、外卡钳、内卡钳等。精密的量具有游标卡尺、千分尺等。此外，还有专用量具，如螺纹规、圆角规等。

常用的测量工具及测量方法见表 7-7。

表 7-7　常用的测量工具及测量方法

测量线性尺寸	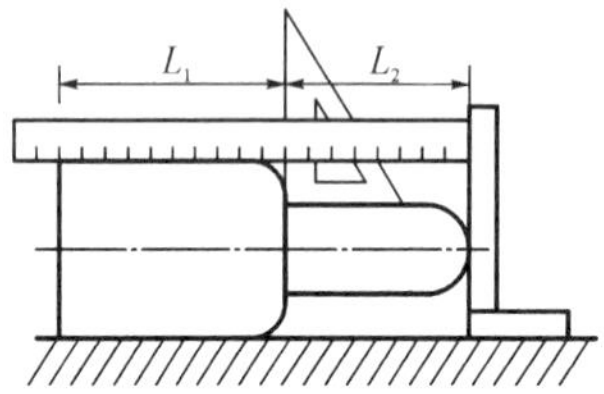 线性尺寸可用钢尺、直角尺测量	测量直径、深度	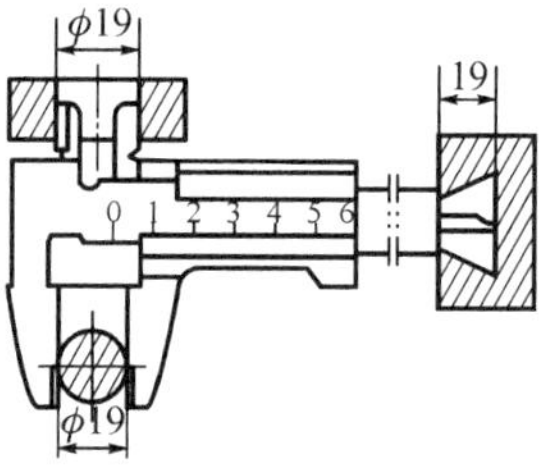 直径、深度尺寸可用游标卡尺测量
测量壁厚	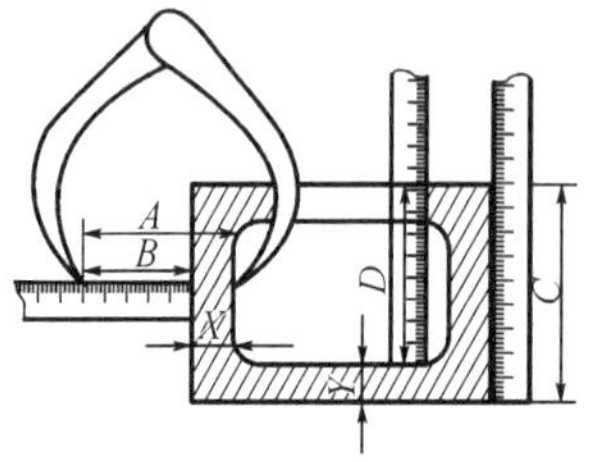 壁厚尺寸可用侧尺、卡钳或用钢尺测量： $X = A - B$，$Y = C - D$	测量孔的中心距	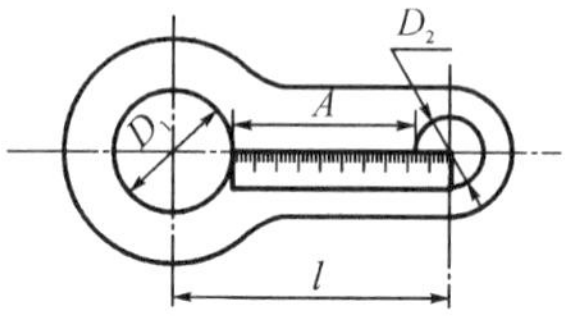 孔的中心距可用钢尺、内卡钳测量： $L = A + \frac{D_1}{2} + \frac{D_2}{2}$
测量中心高度	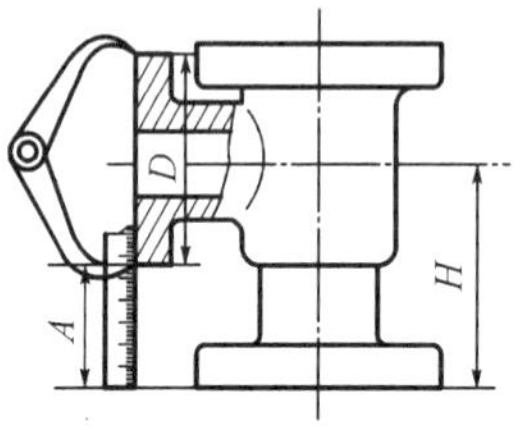 中心高度可用钢尺结合外卡钳测量： $H = A + \frac{D}{2}$	测量螺纹	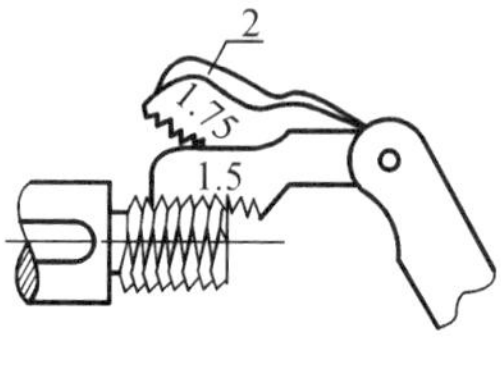 螺纹可先用螺纹规测量螺距，再用卡尺测量螺纹大径，最后查表核对螺纹标准

3. 零件测绘的注意事项

（1）被测零件在制造中所存在的缺陷，如砂眼、气孔、刀痕、刨伤以及长期使用所造成的磨损、破损等都不应画出。

（2）不应忽略零件在制造、装配时必要的工艺结构，如铸造圆角、倒角、退刀槽、凸台、凹坑、工艺孔等都必须画出。

（3）有配合关系的尺寸，一般只要测出它的基本尺寸，其配合关系和相应的公差值，应在分析后再查阅有关资料确定；没有配合关系的尺寸或不重要的尺寸，允许将测量所得尺寸作适当调整。

(4) 对螺纹、键槽、齿轮等标准结构的尺寸，应对照测量的结果与标准值，一般采用标准值，以方便制造。

(5) 与相邻零件的相关尺寸必须一致。

4. 测绘零件

(1) 了解和分析测绘对象

旋钮属于简单的平面体零件，为等厚正五棱柱体，内部有一个圆柱形不通孔，如图 7-41 所示。

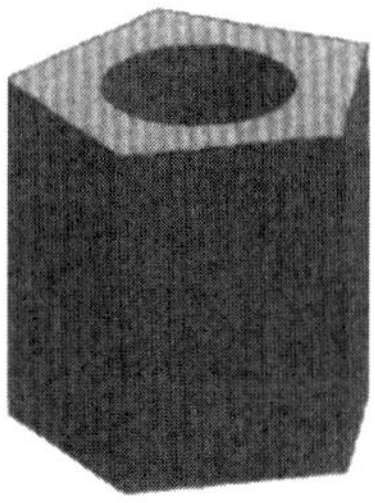

图 7-41　旋钮

形体分析：正五棱柱是由 2 个形状、大小完全相同的正五边形的顶面、底面和 5 个矩形侧面及五条侧棱所组成。其顶面和底面是大小相同的两个水平面，左右 4 个侧棱面为铅垂面，前后两侧棱面为正平面，6 条侧棱线为铅垂线。

(2) 确定零件的表达方案

将其工作位置作为主视图，并让一个棱面垂直于主投影面，主视图上的矩形框分别为棱柱侧面的类似形；左视图的正五边形和圆形为五棱柱顶面与底面及孔的实形。

(3) 绘制零件草图

作投影图时，一般先画特征视图，再画一般视图。

(4) 绘制零件图。

参考图样如图 7-42 所示。

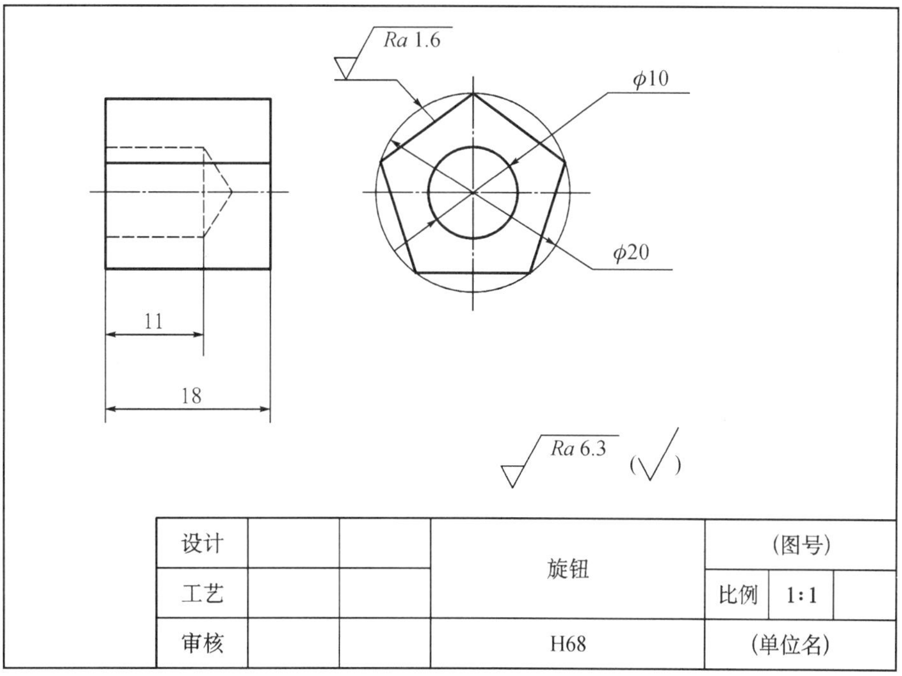

图 7-42　旋钮零件图参考图样

7.4 套类零件

7.4.1 剖视图

用视图表达机件的结构形状时,机件内部不可见的部分是用虚线来表示的。当机件内部结构复杂时,视图上将出现许多虚线,会使图形不清晰,给看图和标注尺寸带来困难。为了将内部结构表达清楚,同时又避免出现虚线,国家标准规定采用假想剖开机件的方法使不可见的部分转化为可见部分,从而将虚线变成实线。

1. 剖视图的概念

如图 7-43 所示,用假想的剖切面把机件剖开,将处在观察者和剖切面之间的部分移去,将其余部分向投影面投射所得到的视图,称为剖视图。

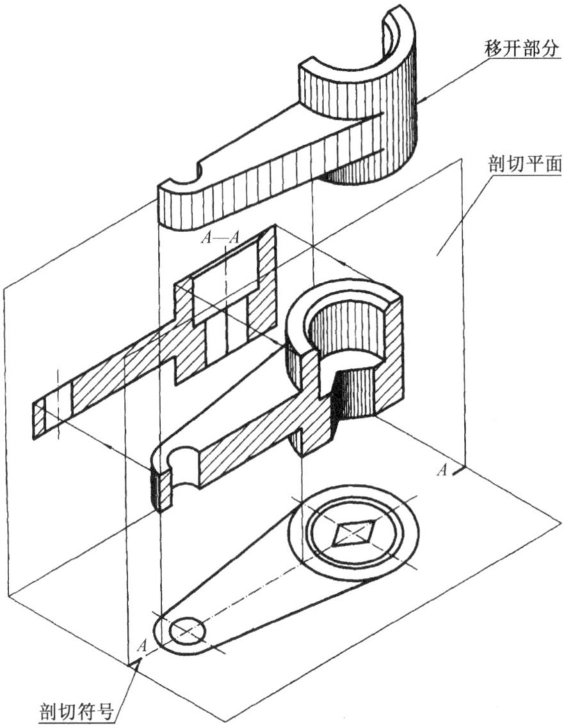

图 7-43 剖视图的概念

2. 画剖视图的注意事项

(1) 如图 7-44 所示,确定剖切面位置时一般选择所需表达的内部结构的对称面,并且平行于基本投影面。

(2) 画剖视图时将机件剖开是假想的,并不是真正把机件切掉一部分,因此除了剖视图之外,并不影响其他视图的完整性,即不应出现图 7-45(a)中的俯视图只画出一半的错误。

(3) 剖切后,留在剖切面之后的部分,应全部向投影面投射。只要是看得见的线、面的投影都应画出,如图 7-45(b)所示。应特别注意空腔中线、面的投影。

(4) 剖视图中,凡是已表达清楚的结构,虚线应省略不画。

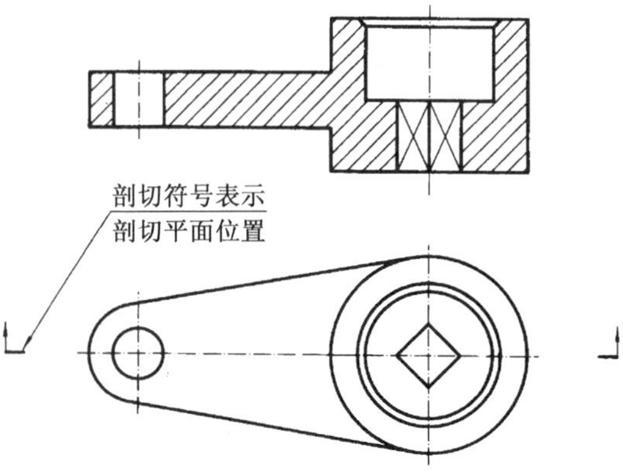

图 7-44 剖视图的画法

3. 剖面符号(GB/T 17453—2005 和 GB/T 4457.5—1984)

剖视图中,剖切面与机件相交的实体剖面区域应画出剖面符号。因机件材料不同,剖面符号也不同。绘图时应采用国家标准所规定的剖面符号。常见材料的剖面符号见表 7-8。

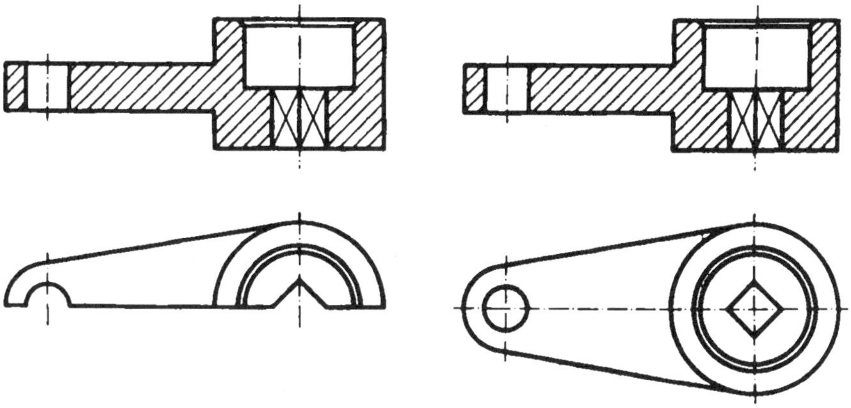

（a）错误　　　　（b）正确

图 7-45　剖视图的常见错误

表 7-8　剖面符号

金属材料(已有规定剖面符号者除外)	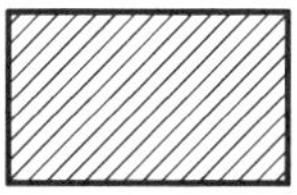	木质胶合板	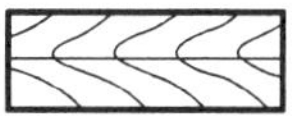
线圈绕组元件	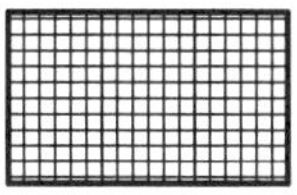	基础周围的泥土	
转子、电枢、变压器和电抗器等的迭钢片	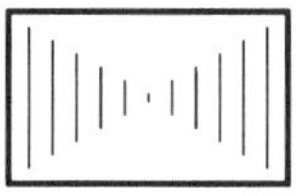	混凝土	
非金属材料(已有规定剖面符号者除外)	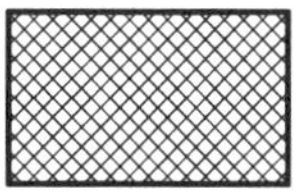	钢筋混凝土	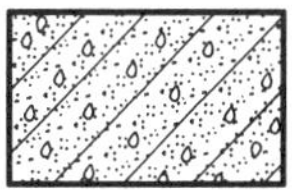
型砂、填砂、粉末冶金、砂轮、陶瓷刀片、硬质合金刀片等	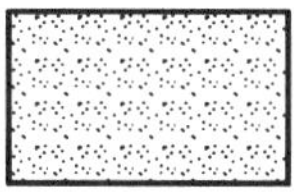	砖	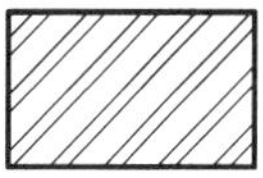
玻璃及供观察用的其他透明材料	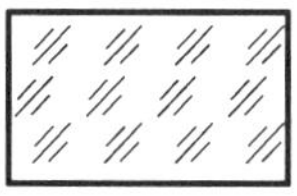	格网(筛网、过渡网等)	
木材　纵剖面	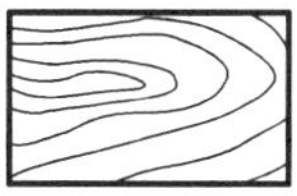	液体	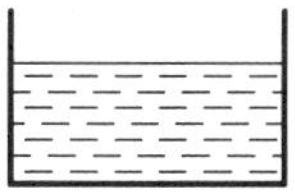
木材　横剖面			

注：1. 剖面符号仅表示材料的类别,材料的代号和名称必须另行注明。
2. 迭钢片的剖面线方向应与束装中迭钢片的方向一致。
3. 液面用细实线绘制。

不需在剖面区域中表示材料类别时，可采用通用剖面线表示。通用剖面线应以适当角度的细实线绘制，最好与主要轮廓线或剖面区域的对称线呈 45°，如图 7-46 所示。当图形中的主要轮廓线与水平线呈 45°时，该图形的剖面线应画成与水平线呈 30°或 60°的平行线。对于同一机件来说，在它的各剖视图和断面图中，剖面线倾斜的方向应一致，间距要相等。

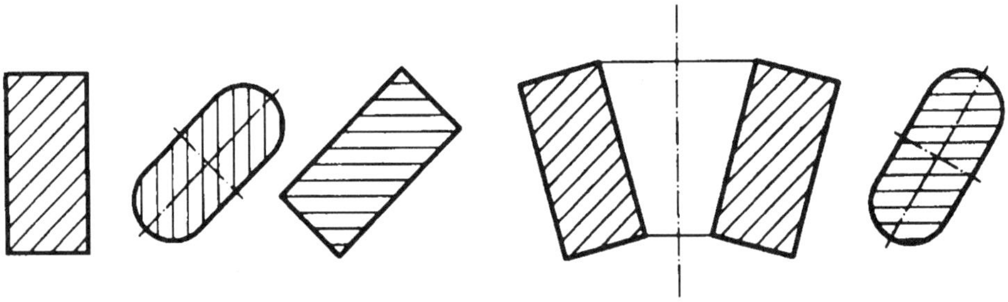

图 7-46 通用剖面线的画法

4. 剖视图的标注

剖视图一般应进行标注。标注的内容包括下述三个方面。

（1）剖切符号

剖切符号是指示剖切面起、迄和转折位置（用 5～10 mm 粗短线表示）及投射方向（用箭头表示）的符号。如图 7-47 所示，注有字母“A”的两段粗实线及两端箭头，即为剖切符号。左视图是将物体从“A”处剖开后画出的剖视图。

（2）剖视图的名称

在剖切符号起、迄和转折处标注相同的大写字母，然后在相应剖视图上方仍采用相同的大写字母，标注成“×—×”形式，以表示该视图的名称，如图 7-47 中的“A—A”“B—B”。

（3）当单一剖切平面通过机件的对称平面或基本对称平面，且视图按投影关系配置，中间又没有其他图形隔开时，可省略标注，如图 7-47 所示的主视图。

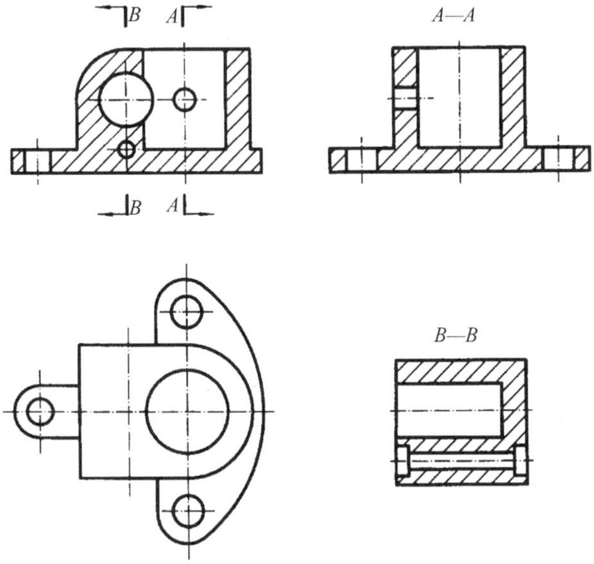

图 7-47 剖视图的标注

5. 剖视图的种类

按机件被剖开的范围来分，剖视图可分为全剖视图、半剖视图和局部剖视图三种。以下介绍全剖视图和半剖视图。

（1）全剖视图

用剖切面将机件完全剖开所得到的剖视图，称为全剖视图。

全剖视图可以由单一剖切面和其他几种剖切面剖切获得，前面图例出现的剖视图都属于全剖视图。

由于画全剖视图时将机件完全剖开，机件的外形结构不能在全剖视图中充分表达，因此全剖视图一般适用于外形结构较简单的机件。对于外形结构较复杂的机件，若采用全剖视图，其尚未表达清楚的外形结构可以采用其他视图表示。

（2）半剖视图

当机件具有对称平面，向垂直于对称平面的投影面上投射时，以对称中心线为界，一半画成剖视图，另一半画成视图，这种图形称为半剖视图。

半剖视图既表达了机件的外形，又表达了其内部结构，适用于内、外形状都需要表达的对称机件。

如图 7-48 所示的机件，其左、右对称，前、后对称，因此其主视图和俯视图都可以画成半剖视图。

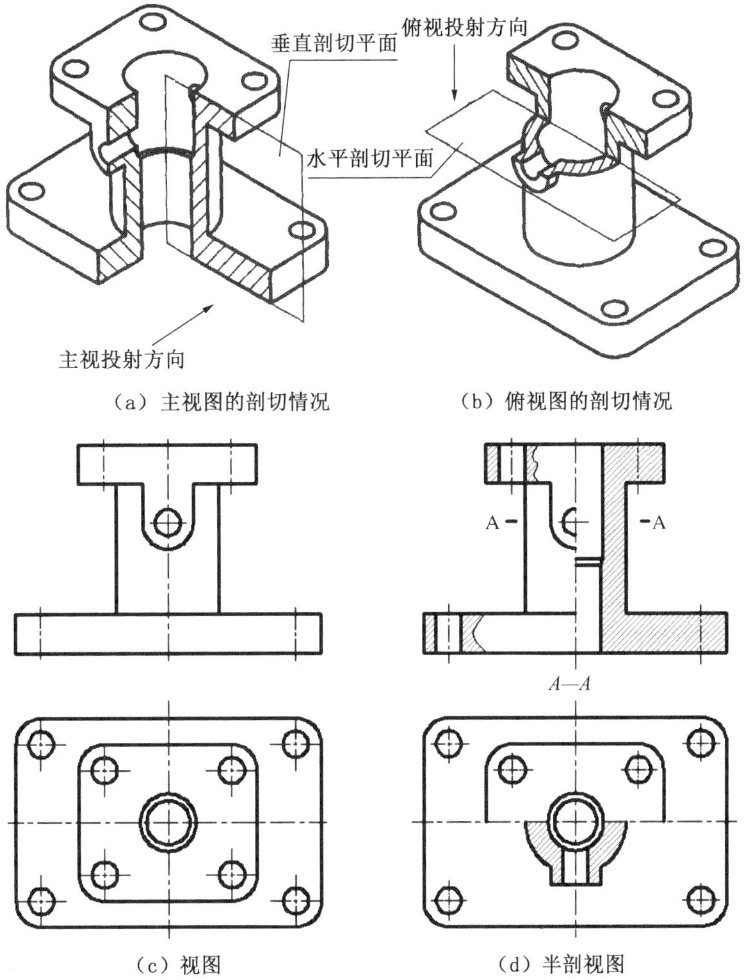

图 7-48 视图与半剖视图

绘制半剖视图时,应注意以下两点。

① 只有当物体对称时,才能在与对称面垂直的投影面上绘制半剖视图。但当物体基本对称,而不对称的部分已在其他视图中表达清楚,这时也可以绘制半剖视图。如图 7-49 所示机件,除顶部凸台外,其左右是对称的,而凸台的形状在俯视图中已表示清楚,所以主视图仍可绘成半剖视图。

② 在表示外形的半个视图中,一般不绘制虚线。

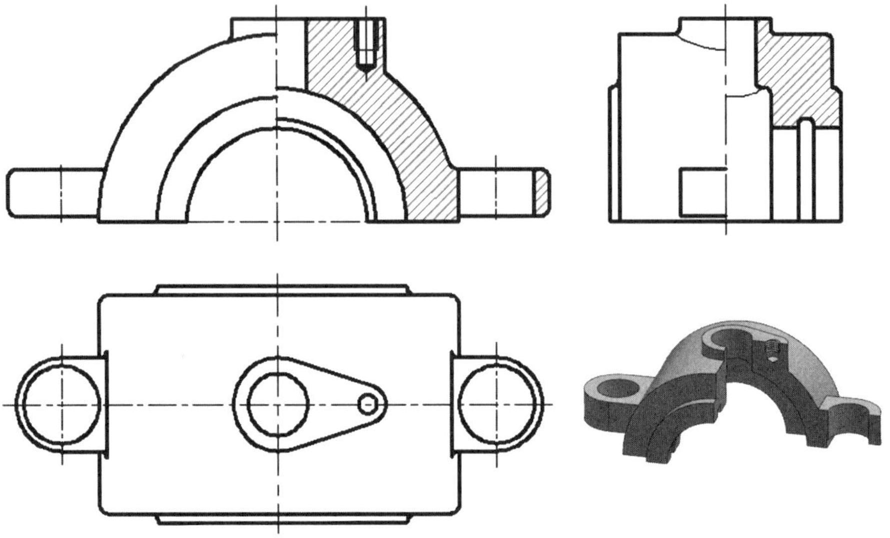

图 7-49 用半剖视图表示基本对称的机件

③ 半个剖视图和半个视图必须以细点画线分界。如果机件的轮廓线恰好与细点画线重合,则不能采用半剖视图。半剖视图的标注,仍应符合剖视图的标注规则。

7.4.2 局部放大图

1. 局部放大图的概念

将机件的部分结构,用大于原图形所采用的比例画出的图形称为局部放大图。

2. 局部放大图的画法

(1) 局部放大图可画成视图、剖视图、断面图,它与被放大部分的表达方式无关。局部放大图应尽量配置在被放大部位的附近。局部放大图上被放大部分的范围用波浪线表示,如图 7-50 所示。

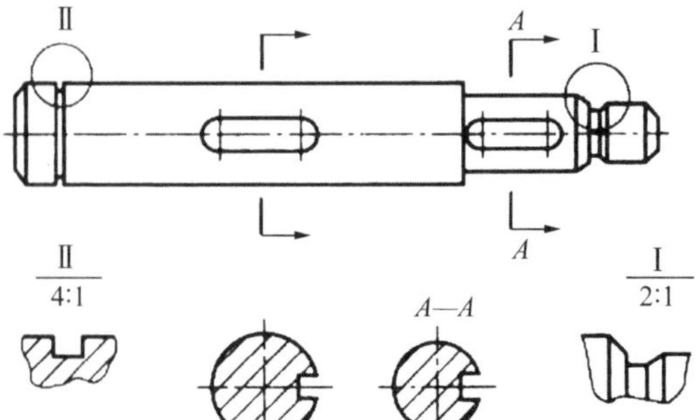

图 7-50 局部放大图的画法

(2) 绘制局部放大图时,除螺纹牙形和齿轮的齿形外,应在视图上用细实线圆画出被放大的部位。当同一机件上有多个被放大的部位时,必须用罗马数字依次标明被放大的部位，并在局部放大图的上方标注出相应的罗马数字和所采用的比例。

（3）同一机件上不同部位的局部放大图，当图形相同或对称时，只需画出其中的一个。

（4）必要时可用几个图形来表达同一个被放大部分的结构。

3. **适用范围**

当机件上某些局部细小结构在视图上表达不清楚，或不便于标注尺寸时，可将该部分结构用大于原图的比例画出。

7.4.3 套类零件图的识读

识读图7-51所示套圈零件图。

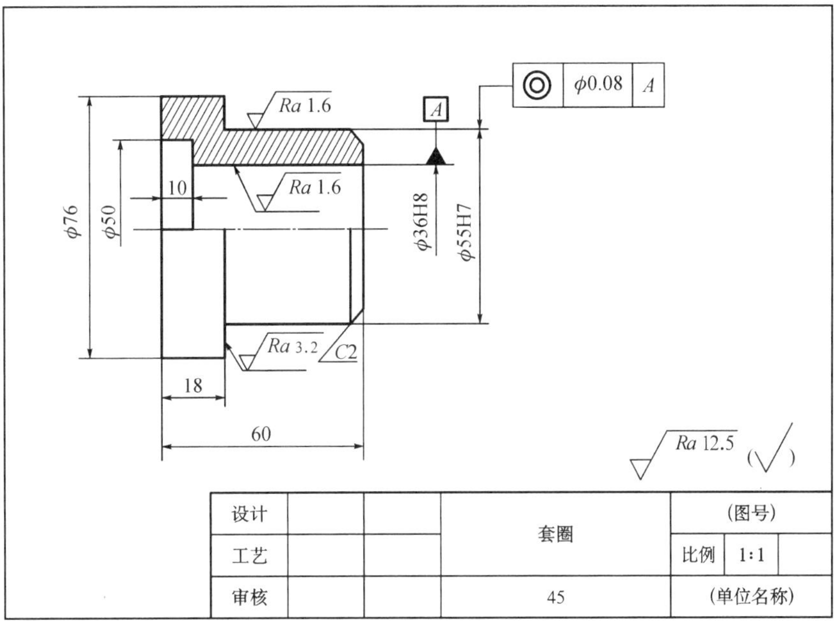

图7-51 套圈零件图(单位: mm)

1. **视图分析**

（1）零件安放

套圈的安放符合加工位置原则，即轴向水平放置，大端在左，小端在右，便于操作者看图，少出或不出废品，套圈的主要工序为车削加工。

（2）零件结构分析

从轴的最左端往右依次看其外部结构：最左端是φ76圆柱，往右是φ55圆柱，最右端有C2倒角。

从轴的最左端往右依次看其内部结构：左端有直径φ50、长10的圆柱孔，往右是φ36的贯穿套圈的圆柱孔。

（3）主视图投影

由于套圈结构简单，采用一个主视图足以表达清楚其结构，同时考虑套圈内外的结构特殊性，取目前的投影方向，并采用半剖视图清晰表达了套圈结构。

2. 尺寸分析

（1）径向基准

径向以内孔 $\phi36$ 轴向为基准。

（2）轴向基准

轴向以 $\phi76$ 外圆的左端面为基准，该左端面在装配体里起轴向定位作用。

3. 技术要求分析

（1）表面粗糙度

$\phi55$ 轴段外圆表面、$\phi36$ 内孔表面 Ra 为 1.6 μm；$\phi76$ 轴段右端台阶面 Ra 为 3.2 μm；其他表面 Ra 为 12.5 μm。

（2）尺寸公差

$\phi55$ 轴段直径精度要求 h7、$\phi36$ 内孔直径精度要求 H8，其他为未标注尺寸公差要求。

（3）位置公差

$\phi55$ 外圆柱轴线相对于 $\phi36$ 内孔轴线有同轴度 $\phi0.08$ 的要求。

4. 实物图

套圈实物结构如图 7-52 所示。

图 7-52 套圈

7.4.4 套类零件的结构特征、表达方案及尺寸标注

1. 套类零件的结构特征

套一般是装在轴上，起轴向定位、传动或连接等作用。

套类零件的结构特征：

① 套类零件是带有空心的回转体，一般其壁厚小于它的内孔直径，它的外形轮廓有的带有台阶，有的不带台阶。

② 在套上常有槽、孔、倒角、螺纹以及为减少接触面而设计的凹槽等结构。

2. 套类零件的表达方案

（1）主要结构表达

套类零件一般在车床上加工，应按形状特征和加工位置确定主视图，轴向水平放置；主要结构形状是回转体，一般只画一个主要视图。

（2）其他结构表达

套类零件的其他结构形状，如键槽、螺纹退刀槽和螺纹孔等可以用剖视图和局部放大图等加以补充。

（3）内部结构表达

套类零件的内部结构形状较复杂，可视其情况采用全剖视图、半剖视图、局部放大图等予以表达。

3. 零件尺寸标注

零件图中的尺寸是加工和检验零件的重要依据。因此，在零件图上标注尺寸，除了要符合前面所述的尺寸正确、完整、清晰外，还应尽量标注得合理。尺寸的合理性主要是指既符合设计要求，又便于加工、测量和检验。为了合理标注尺寸，必须了解零件的作用、在机器中的装配位置及采用的加工方法等，从而选择恰当的尺寸基准，合理地标注尺寸。

(1) 重要的尺寸应直接标注

重要尺寸是指直接影响机器装配精度和工作性能的尺寸。如零件之间的配合尺寸、重要的安装定位尺寸等，一般都有公差要求。一般尺寸包括外形轮廓尺寸、无配合要求的尺寸、工艺尺寸(如退刀槽、凸台、凹坑、倒角等)，一般都不标注公差。

(2) 避免标注成封闭尺寸链

零件上某一方向尺寸首尾相接，形成封闭尺寸链。在如图 7-53(a)所示的标注中，长度方向的尺寸 L_1，L_2，L_3，L_4 首尾相连，绕成一个整圈，呈现 $L_4=L_1+L_2+L_3$ 的关系，称为封闭尺寸链。由于加工误差的存在，很难保证 $L_4=L_1+L_2+L_3$，所以在标注时出现封闭尺寸链是不合理的，应予以避免。为了保证每个尺寸的精度要求，通常对尺寸精度要求最低的一环不标注尺寸(如 L_1)，使尺寸误差都累积到这个尺寸上，从而保证重要尺寸的精度，又可降低加工成本，如图 7-53(b)所示。若因某种原因必须将其标注出来时，应将此尺寸数值用圆括号括起来，称为参考尺寸。

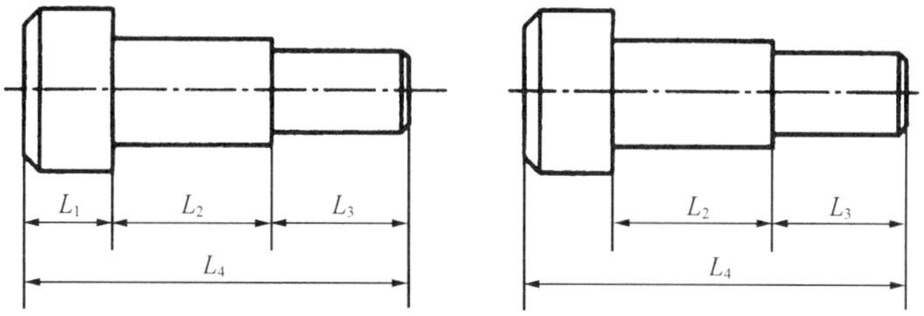

(a) 封闭尺寸链　　(b) 正确注法

图 7-53　不能注成封闭尺寸链

(3) 应考虑测量方便

标注尺寸应考虑零件便于加工、便于测量。例如在加工阶梯孔时，一般先加工出小孔，然后依次加工出大孔。因此，在标注轴向尺寸时，应从端面标注出大孔的深度，以便于测量，如图 7-54 所示。

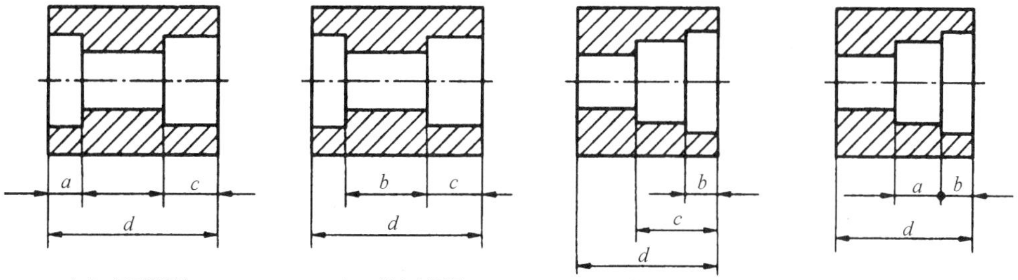

(a) 便于测量　　(b) 不便于测量　　(c) 便于测量　　(d) 不便于测量

图 7-54　尺寸标注要便于测量

（4）应符合加工顺序

图 7-55 所示阶梯轴，其加工顺序一般是：先车外圆 ϕ14、长 50；其次车 ϕ10、长 36 一段，再车离右端面 20、宽 2、ϕ6 的退刀槽；最后车螺纹和倒角，如图 7-55(b)，(c)，(d)，(e)所示。所以它的尺寸应按图 7-55(a)标注。

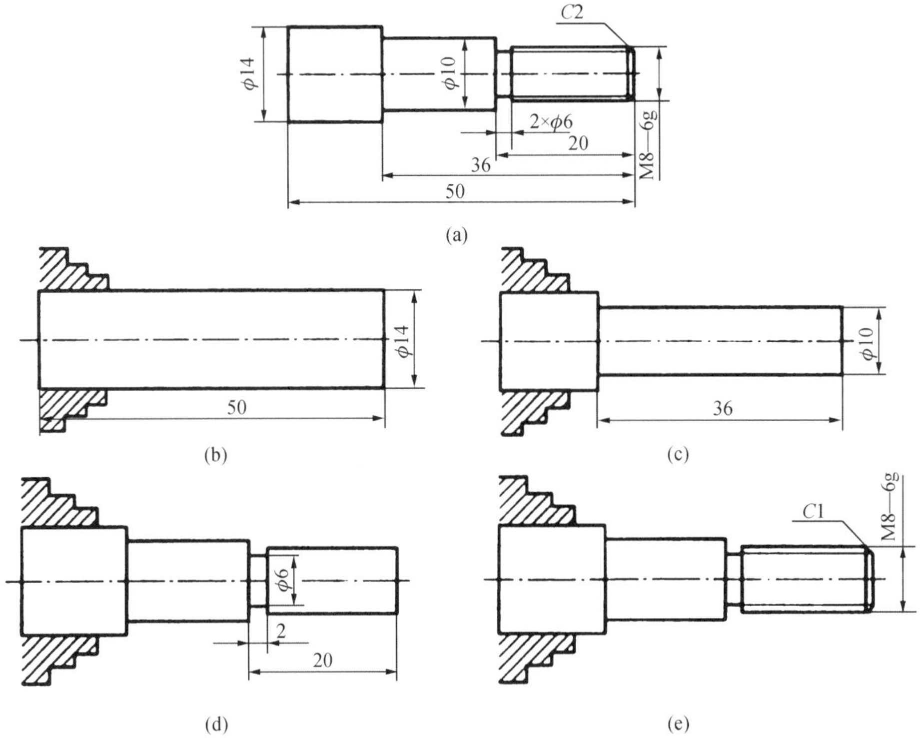

图 7-55　尺寸标注应符合加工顺序(单位：mm)

图 7-56 是按照加工顺序标注轴向尺寸，是合理尺寸。图 7-57 的尺寸标注法不符合加工顺序，是不合理的，注意退刀槽的尺寸标注法，如图 7-56 所示。

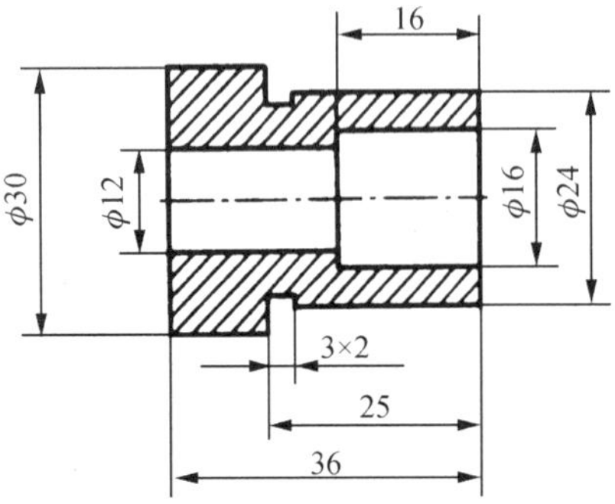

图 7-56　按加工顺序标注尺寸(单位：mm)

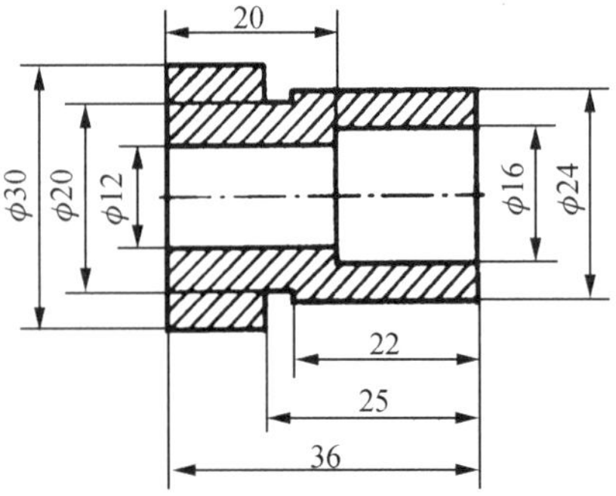

图 7-57　尺寸标注法不符合加工顺序(单位：mm)

（5）考虑加工方法

不同工种加工的尺寸应尽量分开标注，这样配置的尺寸清晰，便于加工时读图。如图

7-58所示的铣工和车工尺寸分布。

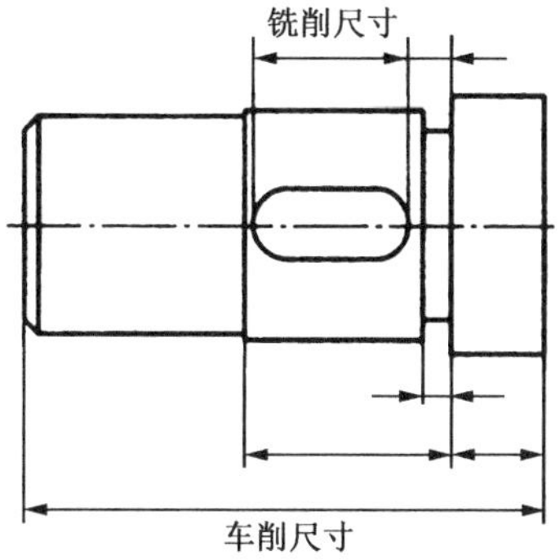

图 7-58 考虑加工方法的标注

7.4.5 套类零件图绘制

1. 零件草图绘制

(1) 绘制图形

根据选定的表达方案徒手画出视图、剖视图等图形，其作图步骤同零件图绘制。需注意以下两点。

① 零件上的制造缺陷，如砂眼、气孔等，以及由于长期使用造成的磨损、碰伤等，均不应画出。

② 零件上的细小结构，如铸造圆角、倒角、倒圆、退刀槽、砂轮越程槽、凸台和凹坑等，必须画出。

(2) 标注尺寸

先选定基准，再标注尺寸。具体应注意以下三点。

① 先集中画出所有的尺寸界线、尺寸线和箭头，再依次测量、逐个记入尺寸数字。

② 零件上的标准结构，如键槽、退刀槽、销孔、中心孔、螺纹等的尺寸，必须查阅相关国家标准，并予以标准化。

③ 与相邻零件的相关尺寸，如定位尺寸、有配合关系的尺寸等，一定要一致。

(3) 标注技术要求

零件上的表面粗糙度、极限与配合、形位公差等技术要求，通常可采用类比法给出。标注时需注意以下三点。

① 主要尺寸要保证其精度。如有配合关系的尺寸、相互位置尺寸等，都应给出公差。

② 有相对运动的表面及对形状、位置要求较严格的线、面等要素，要给出既合理又经济的粗糙度或形位公差要求。

③ 有配合关系的孔与轴，要查阅与其相结合的轴与孔的相应资料(装配图或零件图)，以核准配合制度和配合性质。

(4) 填写标题栏

一般可填写零件的名称、材料及绘图者的姓名和完成时间等。

2. **零件图绘制**

(1) 在图纸上定出各视图的位置。画出各视图的基准线、中心线，如图 7-59 所示。安排各视图的位置时，要考虑到各视图间应有标注尺寸的地方，右下角留有标题栏的位置。

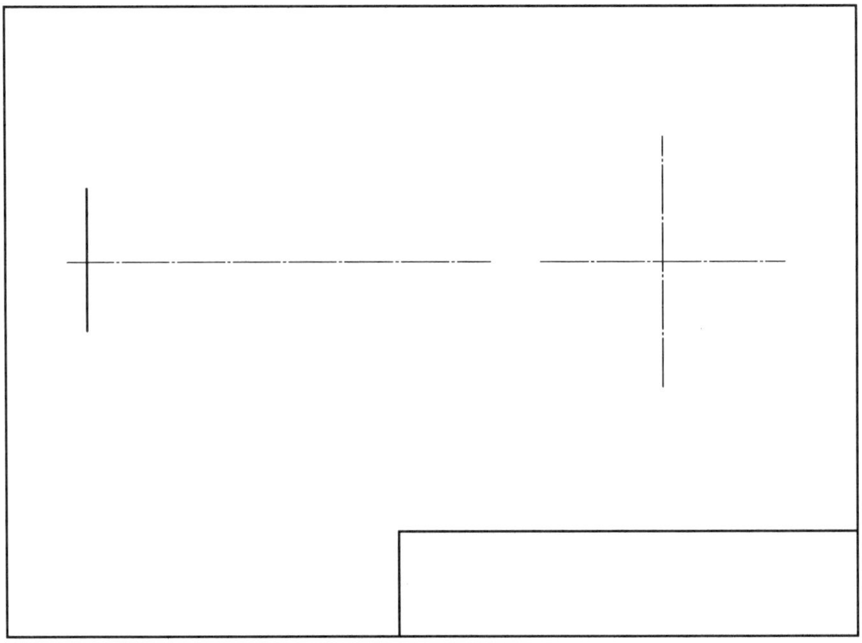

图 7-59　画基准线、中心线

(2) 详细地画出零件外部和内部的结构形状，如图 7-60 所示。

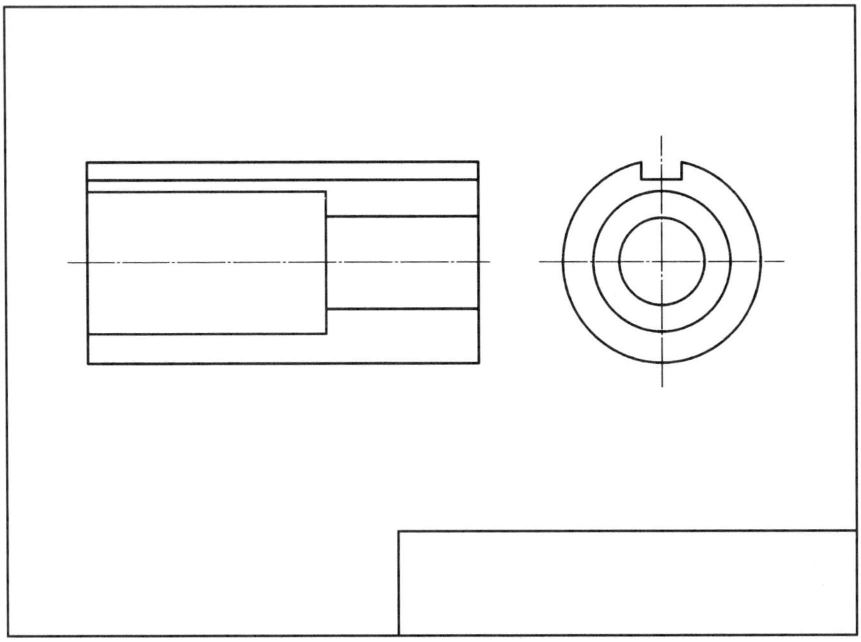

图 7-60　画出零件外部和内部的结构形状

(3) 标注零件各表面粗糙度符号，选择基准线，画尺寸线、尺寸界线及箭头。经过仔细校核后，描深轮廓线，画好剖面线，如图 7-61 所示。

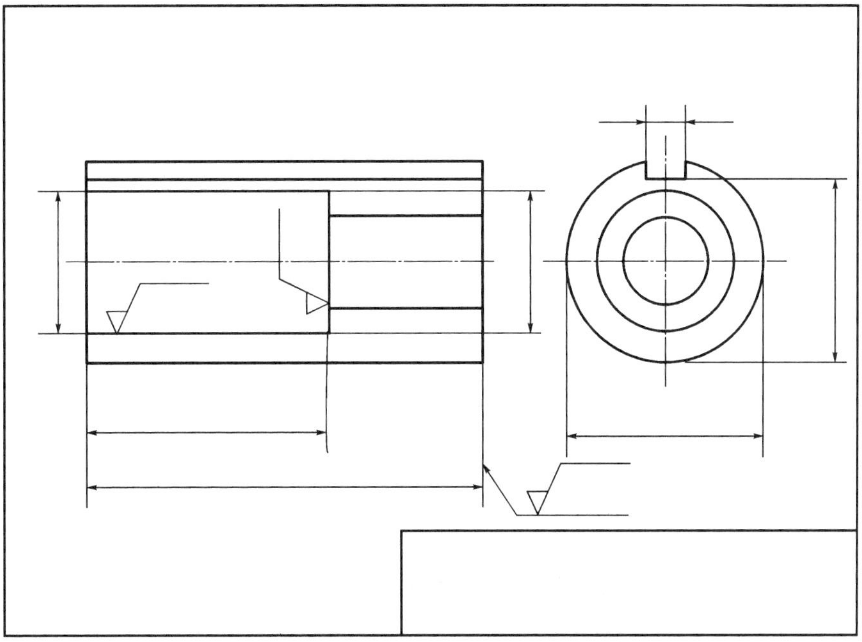

图 7-61 画尺寸线

(4) 测量尺寸，定出技术要求，并将尺寸数字、技术要求记入图中，如图 7-62 所示。

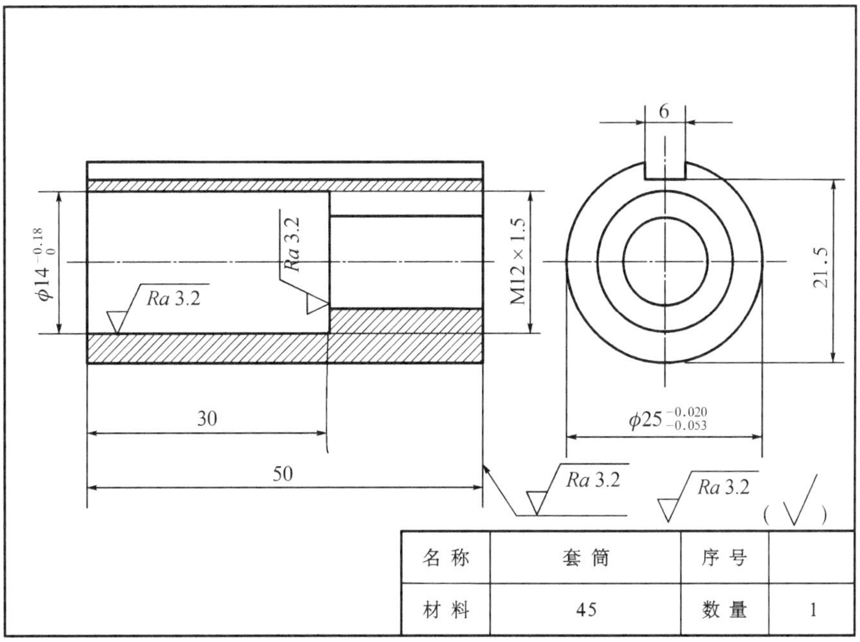

图 7-62 测量标注(单位: mm)

7.5 轴类零件

7.5.1 断面图

1. 断面图的概念

当需要表达零件断面的真实形状时，假想用剖切面将物体的某处断开，仅画出该剖切面与物体接触部分的图形，称为断面图，简称断面，如图 7-63 所示。

画断面图时，应特别注意断面图与剖视图之间的区别。断面图只画出物体被切处的断面形状。而剖视图除了画出断面形状之外，还必须画出断面之后所有的可见轮廓。图 7-63 表示出剖视图和断面图之间的区别。

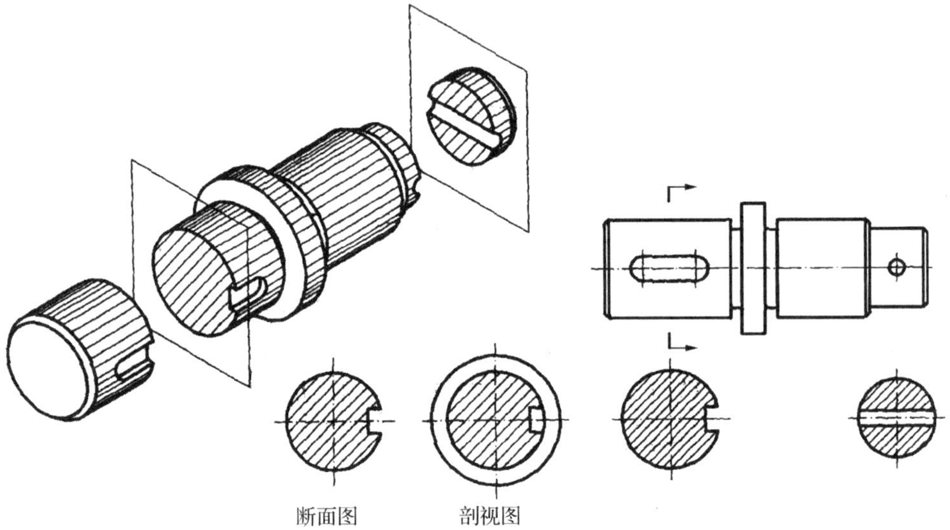

(a)　　(b)

图 7-63　剖视图与断面图的区别

从断面图中能准确地了解到零件某处的断面形状，所以，断面图具有简单明了、灵活方便的特点，在机械图样中应用广泛。

2. 断面图的种类及画法

按断面图在视图中的位置不同，断面可分为移出断面图和重合断面图。

(1) 移出断面图

画在视图之外的断面图，称为移出断面图，如图 7-63 所示。

画移出断面时，应注意以下五点。

① 移出断面的轮廓线用粗实线绘制。

② 为了读图方便，移出断面图尽可能画在剖切平面迹线的延长线上，如图 7-64 所示。

必要时可画在其他适当位置并做好标记。

③ 当剖切平面通过由回转面形成的孔或凹坑等结构的轴线时，这些结构应按剖视图画出，如图 7-64(b)所示。

④ 当剖切平面通过非圆孔，会导致出现完全分离的两个断面时，这些结构按剖视画出，如图 7-64(c)所示。

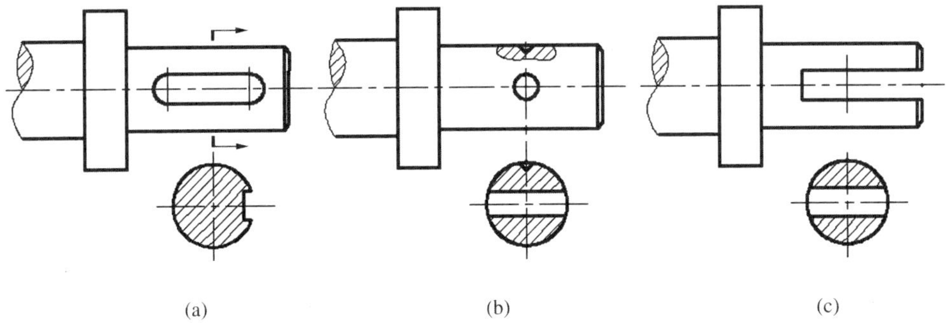

图 7-64 移出断面图的画法

⑤ 剖切平面一般应垂直于被剖切部分的主要轮廓线。当遇到如图 7-65 所示的肋板结构时，可用两个相交的剖切平面，分别垂直于左、右肋板进行剖切。这时所画的断面图，中间用波浪线断开。

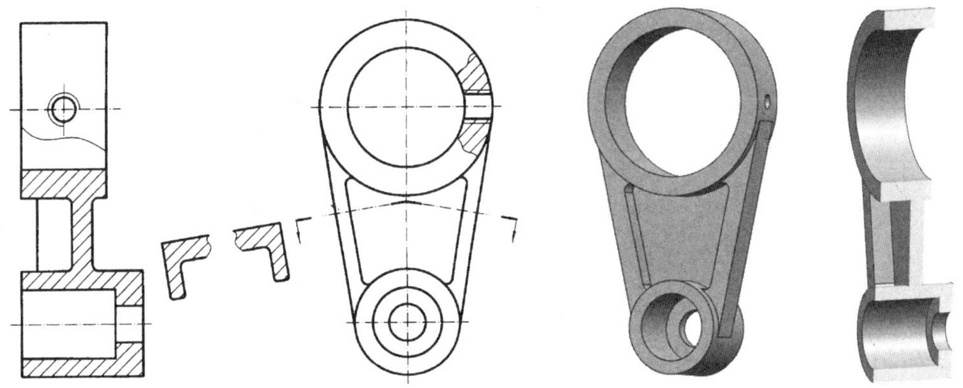

图 7-65 用两个相交且垂直于肋板的平面剖切出的断面图

标注移出断面图应掌握以下两点。

① 当断面图画在剖切线的延长线上时，如果断面图是对称图形，可完全省略标注；若断面图形不对称，则须用剖切符号表示剖切位置和投射方向，如图 7-64(a)所示。

② 当断面图不是放置在剖切位置的延长线上时，不论断面图形是否对称，都应画出剖切符号，用大写字母标注断面图名称，如图 7-66 所示。

(2) 重合断面图

剖切后将断面图形重叠在视图上得到的断面图，称为重合断面图。

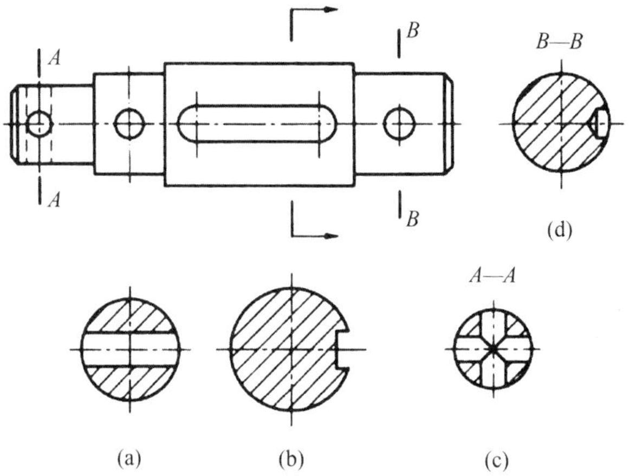

图 7-66　移出断面图的画法

重合断面图的轮廓线规定用细实线绘制。当视图中的轮廓线与重合断面图重叠时，视图中的轮廓线仍应连续画出，不可间断，如图 7-67 所示。

重合断面图是重合画在视图上，为了重叠后不影响图形的清晰程度，一般多用于断面形状较简单的情况。

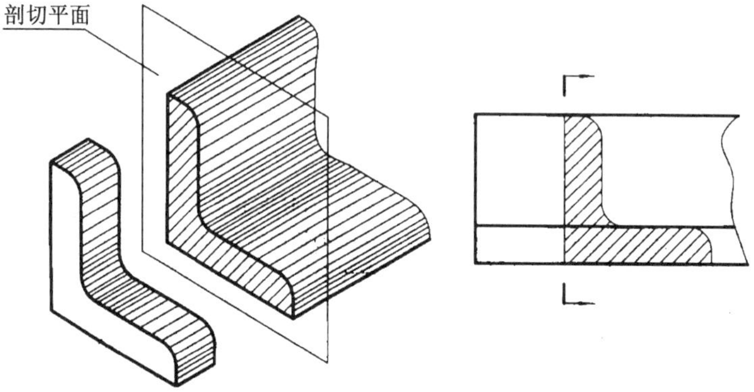

图 7-67　重合断面图的画法

7.5.2　长轴的折断画法

轴、杆类较长的机件，当沿长度方向形状相同或按一定规律变化时，允许断开画出，如图 7-68 所示。

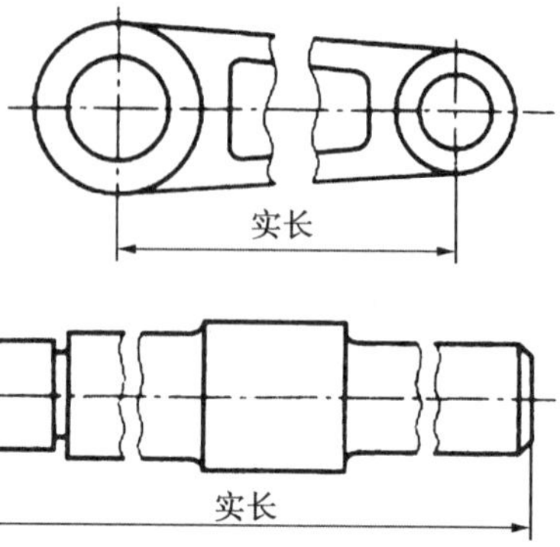

图 7-68　长轴的折断画法

7.5.3　轴上平面表示法

当图形不能充分表示如图 7-69 所示机件上的平面时，可在轮廓线附近用平面符号（相交两细实线）来表示，如图 7-70 所示。

图 7-69　零件上的平面

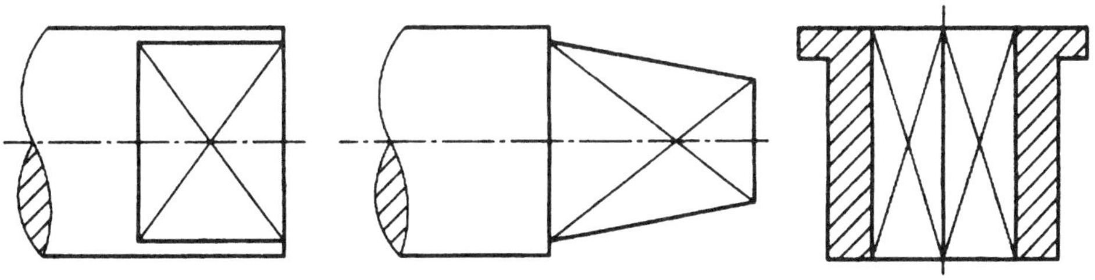

(a)　　(b)　　(c)

图 7-70　轴上平面表示法

7.5.4　轴类零件图的识读

识读图 7-71 所示铣刀头中心轴零件图。

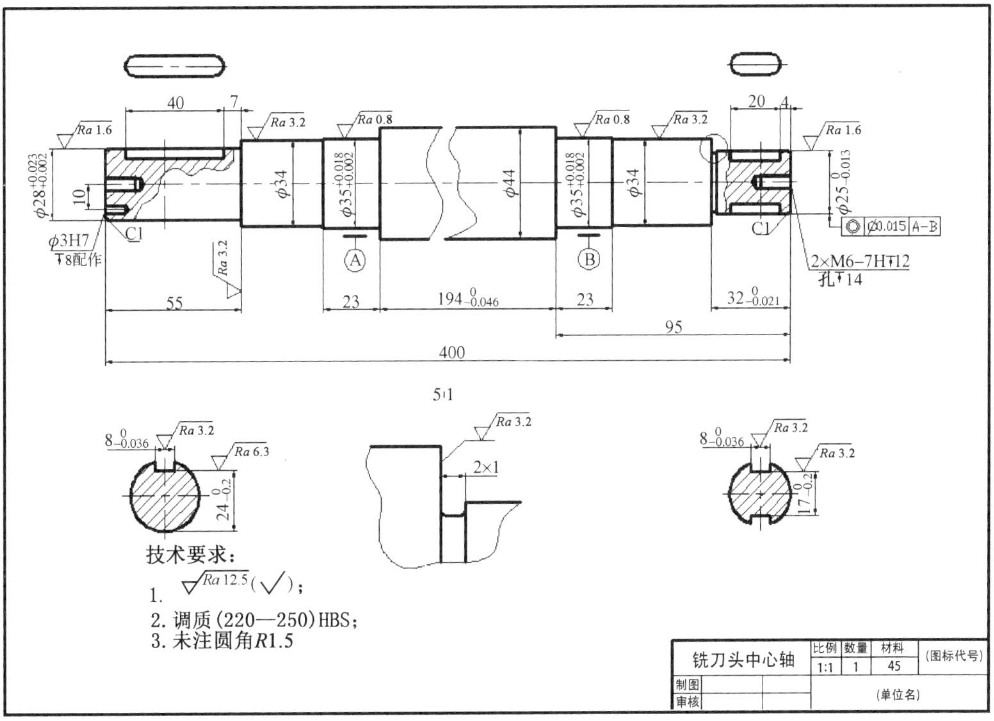

图 7-71　铣刀头中心轴零件图(单位：mm)

1. 视图分析

(1) 零件安放

轴的安放符合加工位置原则,即轴向水平放置,因为该轴的主要工序为车削加工。轴线水平放置,大端在左、小端在右,这样便于操作者看图,少出或不出废品。

(2) 零件结构分析

从轴的最左端往右依次看其结构:最左有倒角、螺纹孔以及销孔,往右是 ϕ34 圆柱,再往右是 ϕ35 轴承安装段,接着是圆柱直径 ϕ44 长 94 的圆柱,再往右又是 ϕ35 轴承安装段,再往右是 ϕ34 圆柱,最右的圆柱有上下两个键槽、螺纹孔和倒角。

(3) 主视图投影方向

考虑右边对称键槽的结构特殊性,取目前的投影方向,清晰表达了键槽为对称结构。

(4) 其他视图

其他视图是对主视图的补充,图中用了两个断面图分别表达左右两端键槽的宽度和深度,键槽的形状类型用了局部视图;局部放大图表达了左端销孔结构及尺寸、右边的砂轮越程槽结构。

2. 尺寸分析

(1) 径向基准

径向以整体轴线为基准。

(2) 轴向基准

轴向以 ϕ44 外圆的右端面为基准,该右端面在装配体里起轴向定位作用。

3. 技术要求分析

(1) 表面粗糙度

ϕ35 轴承安装段、ϕ28 轴段、ϕ25 轴段的外圆表面及中心孔内孔表面 Ra 为 1.6 μm;ϕ44 轴段两端台阶面、左 ϕ34 轴段左台阶面、右 ϕ34 轴段右台阶面、键槽侧面 Ra 为 3.2 μm;销孔内表面 Ra 为 0.8 μm;其他表面 Ra 为 6.3 μm。

(2) 尺寸公差

ϕ35 轴承安装段、ϕ28 轴段、ϕ25 轴段的轴径、销孔及键槽侧面、底面高度有较高的尺寸公差要求。

(3) 位置公差

左右 ϕ35 轴承安装段有同轴度要求;右端 ϕ25 轴段相对于左右 ϕ35 轴承安装段有同轴度要求。

(4) 热处理

调质处理 230 HBS。

4. 实物图

铣刀头中心轴实物结构如图 7-72 所示。

图 7-72 铣刀头中心轴

7.5.5 轴类零件的结构特征、表达方案及常见结构

1. 轴类零件的结构特征

（1）作用

轴是机器中最常见的一种零件，在机器中起着支承和传递动力的作用。

（2）结构特征

以图 7-73 从动轴为例说明。

① 轴类零件是回转体类零件；

② 在轴上常装齿轮、带轮等，多用键连接，在轴上有键槽；

③ 为防止轴上零件的轴向窜动，装有挡圈，在轴上有挡圈槽；

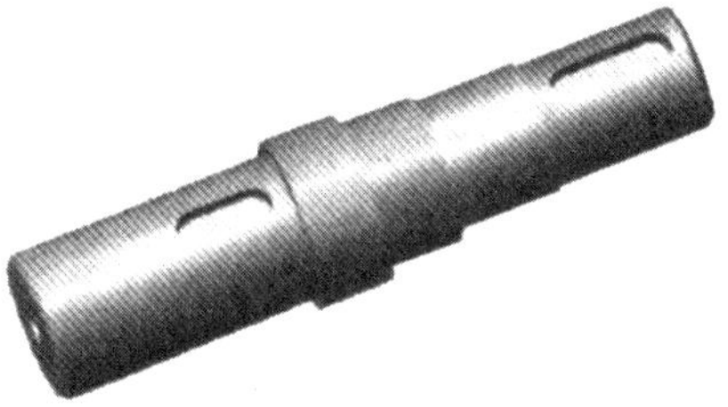

图 7-73 从动轴

④ 为便于轴上零件的安装，轴端车有倒角；

⑤ 为加工时装夹和定位，轴端加工有中心孔；

⑥ 为保证加工，轴上可能还有退刀槽、越程槽、螺纹等。

2. 轴类零件的表达方案

（1）主要结构表达

轴类零件一般在车床上加工，为了加工时看图方便，轴类零件的主视图按其加工位置选择，一般以轴线水平放置，用一个基本视图来表达轴的主体结构。

（2）其他结构表达

轴类零件的其他局部结构形状，一般采用断面图、局部剖视图、局部放大图和局部视图等加以补充表达。

3. 轴类零件上的常见结构

（1）倒角与倒圆

为了便于零件的装配并消除毛刺或锐边，在轴和孔的端部都作出倒角。为减少应力集中，在轴肩处往往制成圆角过渡形式，称为倒圆。二者的画法和标注方法如图 7-74 所示。

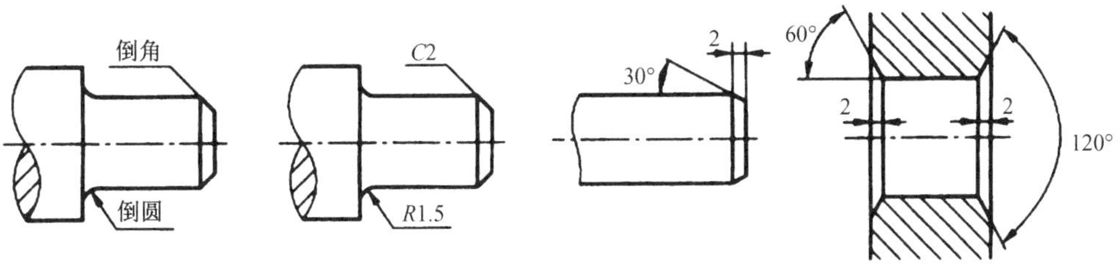

图 7-74 倒角与倒圆(单位：mm)

（2）中心孔

中心孔在轴的两端中心处，是为轴类零件装夹、测量等需要而设计的，有 3 种类型，如图 7-75 所示。中心孔可在图中画出，也可用标准代号标注。

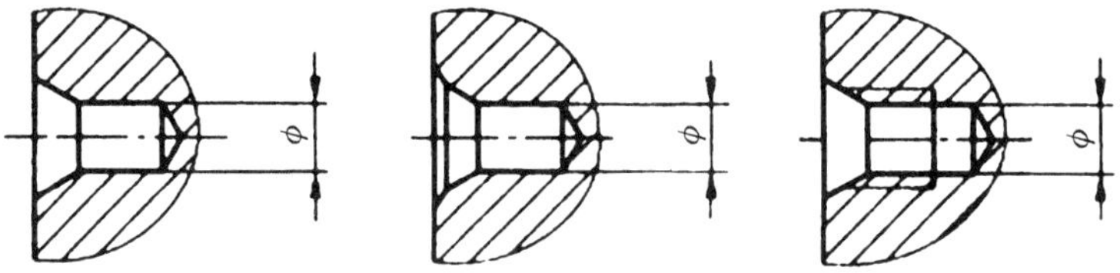

图 7-75 中心孔

(3) 退刀槽和砂轮越程槽

在切削加工,特别是在车螺纹和磨削时,为便于退出刀具或使砂轮可稍微越过加工面,常在待加工面的末端先车出退刀槽或砂轮越程槽,如图 7-76 所示。

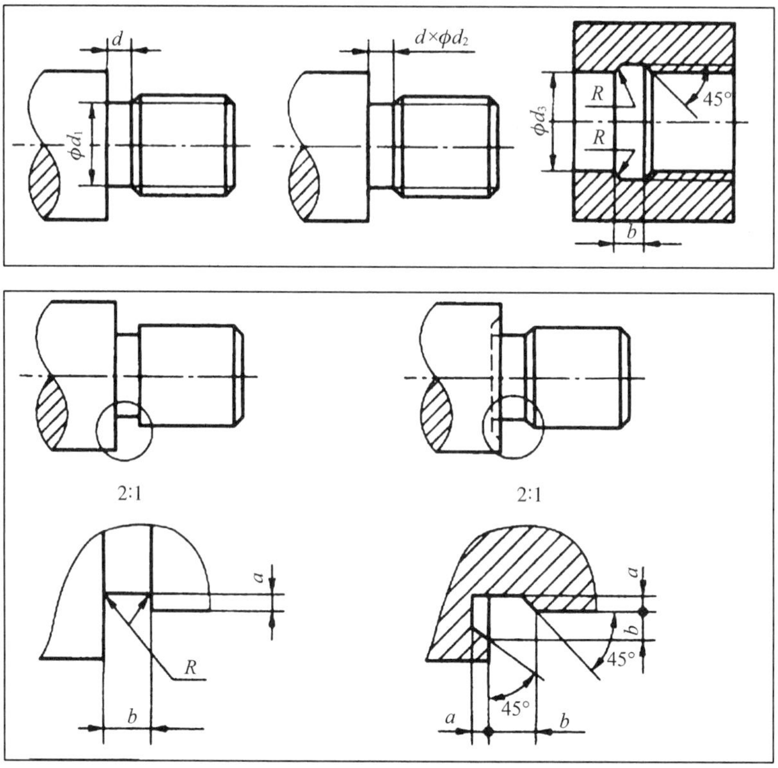

图 7-76 退刀槽和砂轮越程槽

7.5.6 轴类零件测绘

1. 画零件草图

(1) 了解和分析测绘对象

首先应了解零件的名称、用途、材料以及它在机器(或部件)中的位置和作用,然后对该零件进行结构分析和制造方法的大致分析。

(2) 确定视图表达方案

根据显示形状特征的原则,按零件的加工位置或工作位置确定主视图;再按零件的内外结构特点选用必要的其他视图、剖视图、断面图等表达方法。

(3) 绘制零件草图

画出零件的结构形状。

(4) 尺寸标注

在零件图上标注尺寸时,除了选择合理的尺寸基准外,还要考虑尽量适合工艺流程的尺寸链方案,使所设计的零件既满足装配体运行需要,又具有良好的工艺性能。

互相联系且按一定顺序排列的封闭尺寸组合称为尺寸链。

工艺尺寸链是指在加工过程中的各有关工艺尺寸所组成的尺寸链。

装配尺寸链是指各有关装配尺寸所组成的尺寸链。

以搅拌轴为例进行说明(图 7-77)。

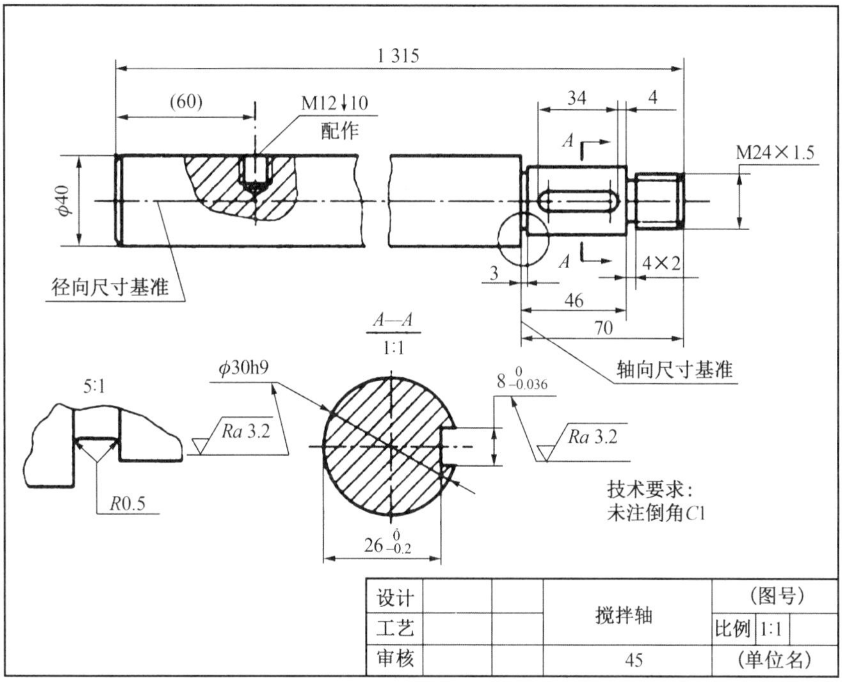

图 7-77 搅拌轴零件图(单位: mm)

尺寸基准:径向尺寸基准是整体轴线;轴向尺寸基准是 φ40 圆柱的右端面。

零件轴向尺寸链:从 φ40 圆柱的右端面起第一链 70,1 315,(60);第二链 70,46,4;第三链 46,4,34。各尺寸链中的尺寸对应各部分轴向尺寸关系。具体如图 7-78 所示。

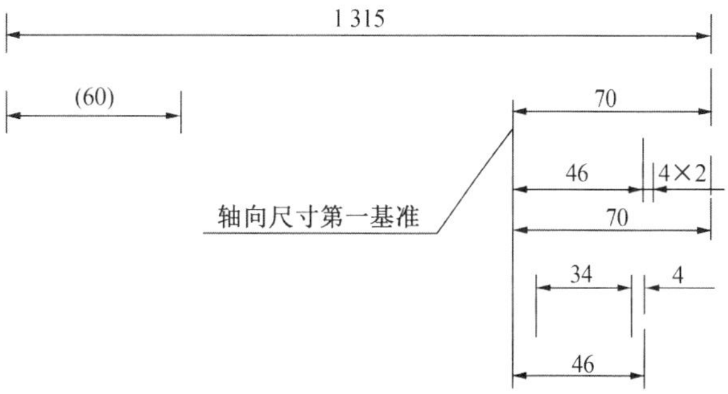

图 7-78 零件轴向尺寸链(单位: mm)

（5）技术要求

标注采用类比法，参考有关设计手册。

（6）量具

钢直尺、千分尺、游标卡尺。测量数值圆整处理。

2. **画零件图**

零件草图是现场测绘的，所考虑的问题不一定是最完善的。因此在画零件图时，需要对草图再进行审核。有些问题要设计、计算和选用，如表面粗糙度、尺寸公差、形位公差、材料及表面处理等；有些问题也需要重新加以考虑，如表达方案的选择、尺寸的标注等，经过复查、补充、修改后，方可画零件图。

从动轴零件图如图 7-79 所示。

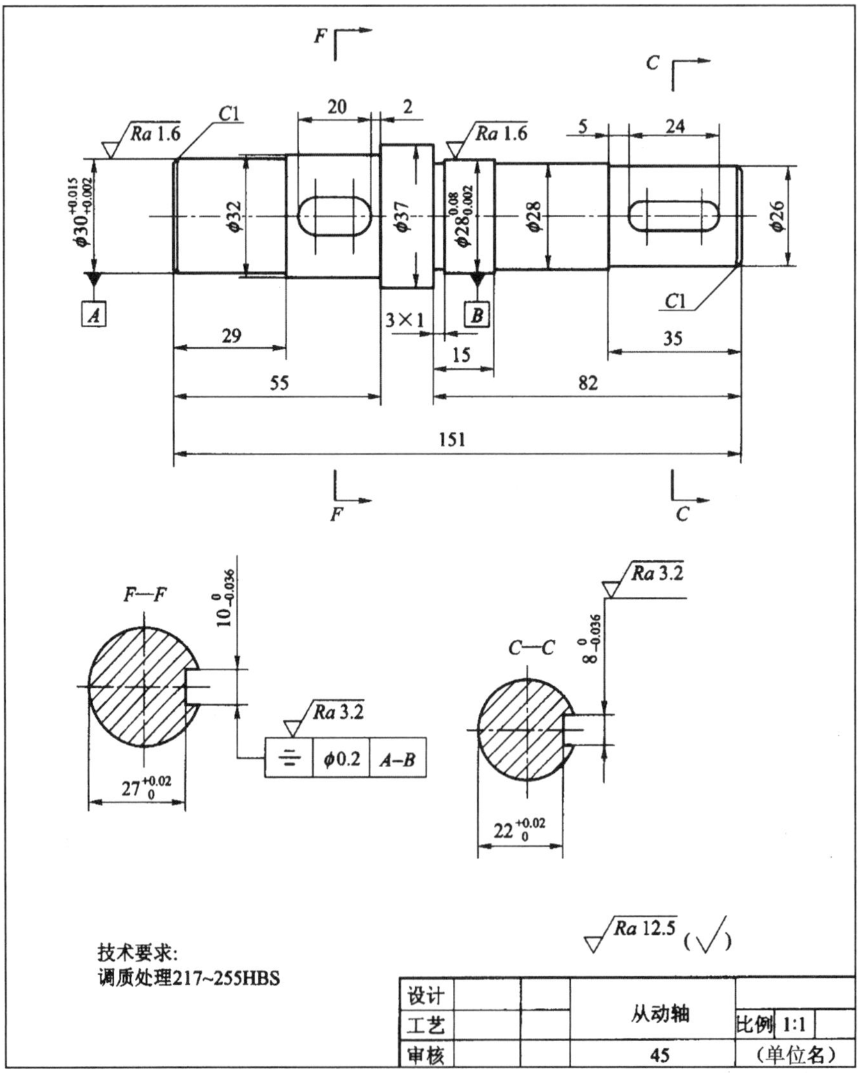

图 7-79　从动轴零件图(单位：mm)

7.6 盘盖类零件

7.6.1 旋转剖视图

1. 旋转剖视图的概念

用两相交的剖切平面(交线垂直于某一基本投影面)剖切零件,称为旋转剖,如图7-80所示。

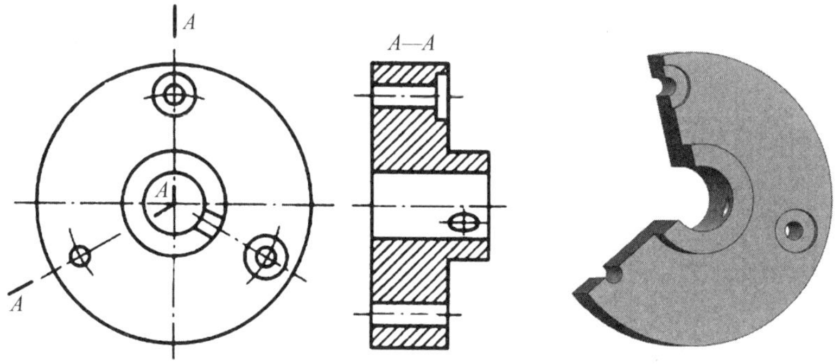

图7-80 旋转剖视图

2. 旋转剖视图的特点与应用

(1) 旋转剖视图的特点

先假想按剖切位置剖开机件,然后把被剖切平面剖开的结构及其有关部分旋转到与选定的基本投影面平行后再进行投射。

(2) 旋转剖视图的应用

如果机件内部的结构形状仅用一个剖切面不能完全表达,且这个机件又具有较明显的主体回转轴时,可采用旋转剖。

当物体的内部结构形状用一个剖切平面不能表达完全,且这个物体在整体上又具有回转轴时,可用几个相交的剖切平面(交线垂直于某一基本投影面)剖开物体,并将与投影面不平行的剖切平面剖开的结构及其有关部分旋转到与投影面平行后再进行投射,如图7-80所示。

3. 旋转剖视图的画法

(1) 标注方法

在剖视图上方标出相同字母的剖视图名称"×—×"。在相应视图上用剖切符号表示剖切位置,在剖切平面的起、讫和转折处标注相同的字母,剖切符号两端用箭头表示投射方向。当剖视图按投影关系配置,中间又无其他图形隔开时,可省略箭头,如图7-81所示。

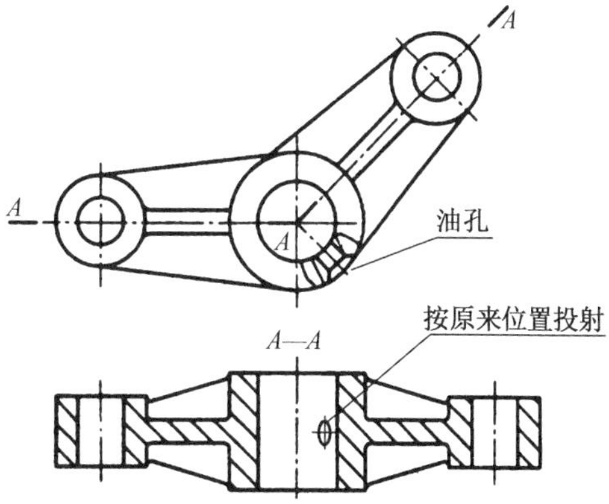

图7-81 剖切平面后的结构按原来位置投射

（2）画图时应注意的事项

① 按"先剖切、后旋转"的方法绘制剖视图。即先假想用相交剖切平面剖开物体，然后将剖开的倾斜结构及其有关部分旋转到与选定的投影面平行的位置，再进行投射，但在剖切平面后的其他结构一般仍按原来位置投射，如图 7-80 中空心圆柱上的小孔和图 7-81 中的油孔。

② 当剖切后产生不完整要素时，应将此部分按不剖绘制，如图 7-82 所示。

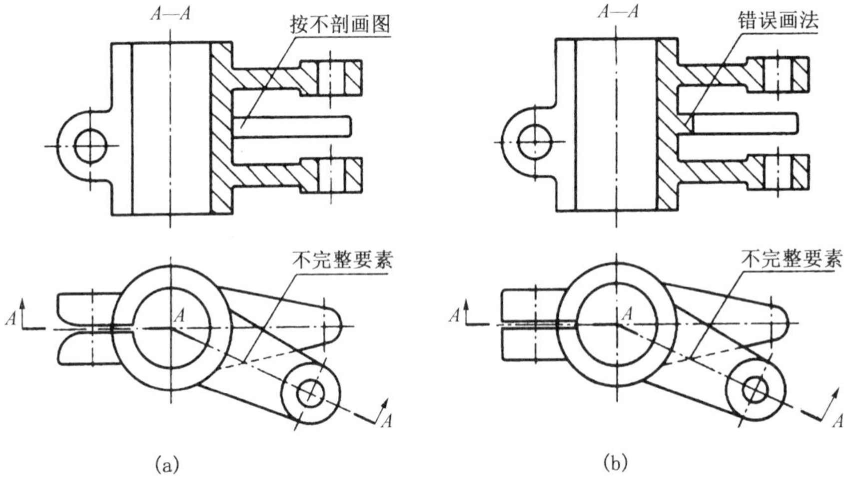

图 7-82　不完整要素按不剖绘制

7.6.2　阶梯剖视图

1. 阶梯剖视图的概念

用几个平行的剖切平面剖开机件的方法，称为阶梯剖，如图 7-83 所示。

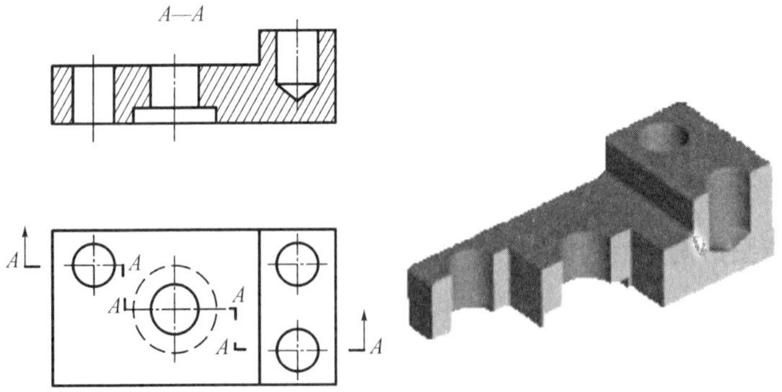

图 7-83　阶梯剖视图

2. 阶梯剖视图的特点与应用

（1）阶梯剖视图的特点

假想有几个平行剖切平面剖切零件所得到的剖视图是在同一平面上，因此不画出剖切平面转折处的分界面的投影。

(2) 阶梯剖视图的应用

当机件上有较多孔、槽,且它们的轴线或对称面不在同一平面内,用一个剖切平面不可能把机件的内部形状完全表达清楚时,常采用阶梯剖。

3. **阶梯剖视图的画法**

(1) 标注方法

在剖视图上方标出相同字母的剖视图名称"×—×"。在相应视图上用剖切符号表示剖切位置,在剖切平面的起、迄和转折处标注相同字母,剖切符号两端用箭头表示投射方向。当剖视图按投影关系配置,中间又无其他图形隔开时,可省略箭头。

(2) 画图时应注意的事项

① 在剖视图中,不应画出剖切平面转折处的投影,剖切面的转折处要画成直角,且不应与图中的轮廓线重合,如图 7-84 所示。

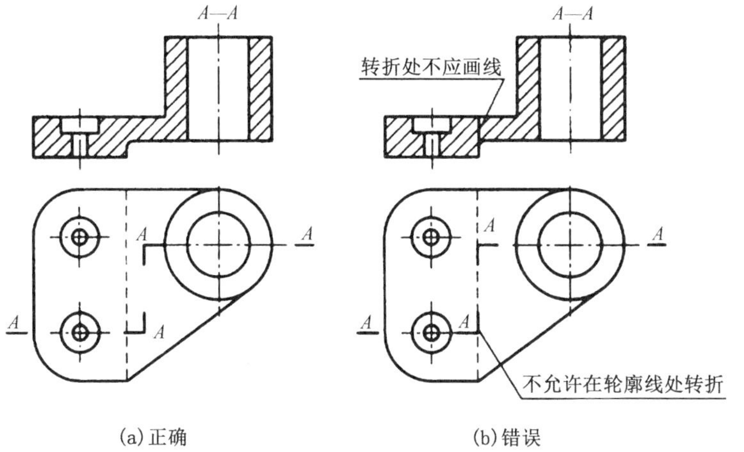

图 7-84　阶梯剖视图的正、误画法对比

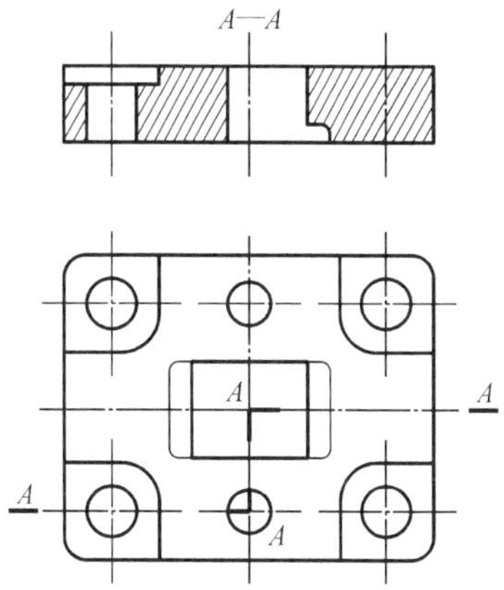

图 7-85　模板

② 用几个平行的剖切平面画出的剖视图中,一般不允许出现不完整要素。仅当两个要素在图形上具有公共对称中心线或轴线时,以对称中心线或轴线为界各画一半,如图 7-85 所示。

7.6.3 复合剖视图

用组合的剖切平面剖开零件,称为复合剂,如图 7-86 所示。

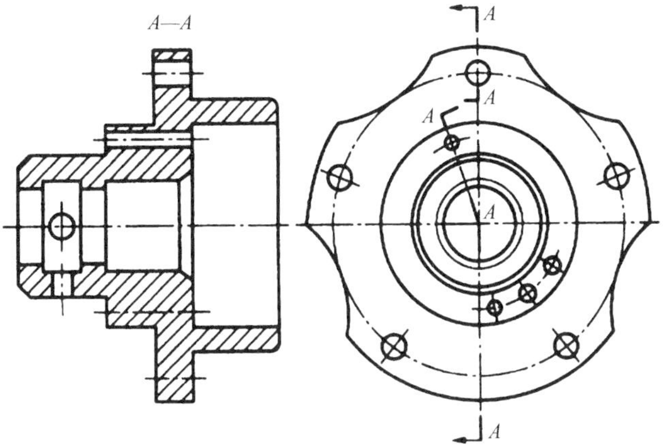

图 7-86　复合剖视图

如图 7-87 和图 7-88 所示是用

几个相交的剖切面剖开物体的复合剖视图示例。

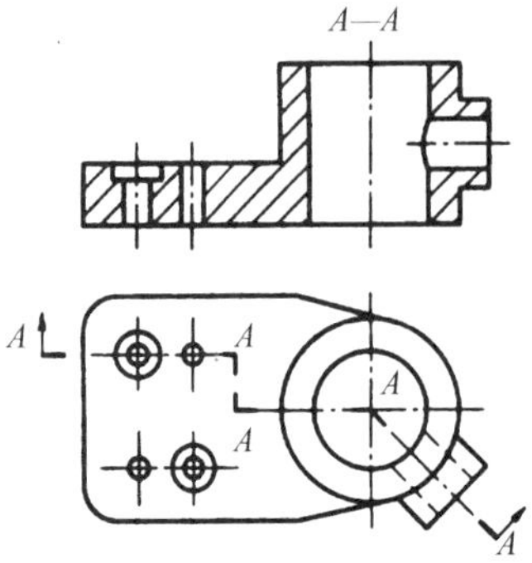

图 7-87　几个相交的剖切面复合剖视图(一)

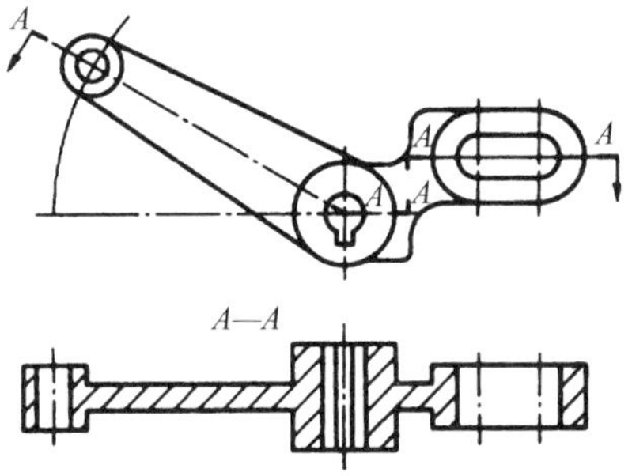

图 7-88　几个相交的剖切面复合剖视图(二)

7.6.4　读盘盖类零件图

读图 7-89 所示端盖零件图。

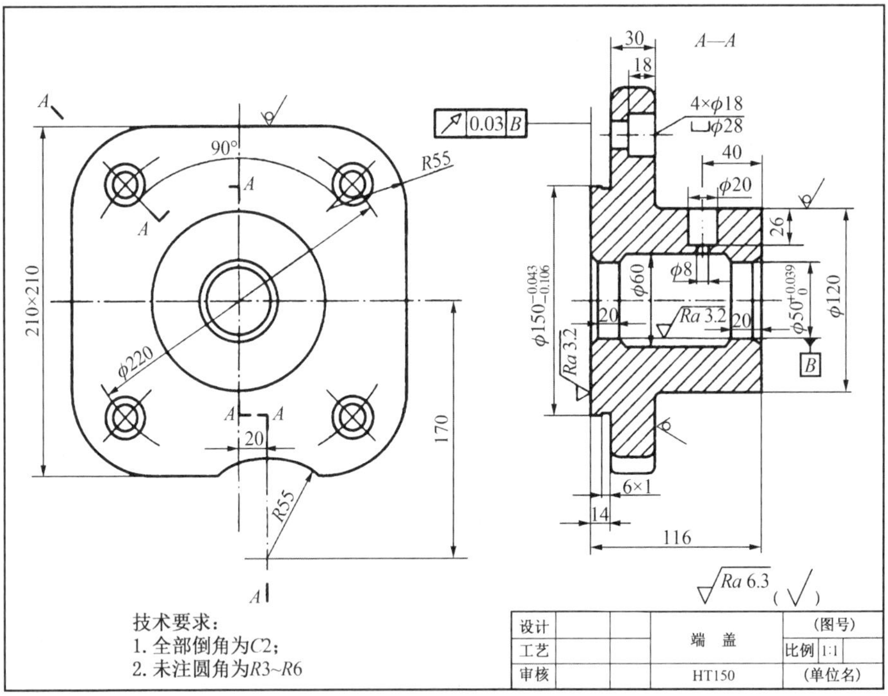

图 7-89　端盖零件图(单位：mm)

1. 读标题栏

该零件属盘盖类零件，零件的名称为端盖，材料是 HT150 灰口铸铁，阅读标题栏还能知道零件的设计者、审核者、制造厂家，以及零件图的比例等内容。

2. 分析表达方案

本零件图中主视图为复合全剖视图，左视图用视图表示。

剖切面分析：下方是平行剖切面，直角转折；上方是倾斜面，采用了柱面转折。

3. 结构分析

主体结构可分成圆柱筒、方盘两部分。圆柱筒的外形结构，后边直径稍大，轴向短，根部有砂轮越程槽，前边直径较小，轴向长，根部带圆角。圆柱筒的内腔结构，内孔 $\phi 50$，中间溜虚并带圆角，其作用是减少装配接触面和减轻零件重量。两端孔口倒角，上方有一组台阶孔，用以安装油板。溜虚结构可减少装配接触面，从而减少形状位置误差对装配精度的敏感度，而且可减少加工面，缩短加工时间。常常在长度比较大的内孔上设计溜虚结构，如铣刀头座体内孔、传动器的座体内孔等。方盘结构相对简单，四角上有台阶孔，在 $\phi 220$ 圆周上 $45°$ 方向均布，并带 $R55$ 圆角，方盘下方有弧形缺口，定位清晰。

4. 尺寸分析

主要尺寸基准：径向以整体轴线，方盘的高度、宽度方向，弧形缺口也以此轴线为基准；轴向以零件的最左端面为基准。

5. 技术要求分析

(1) 表面粗糙度

要求最高的是左端面、内孔 $\phi 50$，Ra 值为 3.2，其次各加工表面 Ra 值都是 6.3，其他为毛坯面。

(2) 尺寸公差

$\phi 50$ 上偏差 $+0.039$，下偏差为 0，查表得公差带代号为 H8，即 $\phi 50H8$；$\phi 150$ 上偏差 -0.043，下偏差 -0.106，查表得公差带代号为 f8，即 $\phi 150f8$。

(3) 形状和位置公差

位置公差项目——端面圆跳动，基准要素为 $\phi 50$ 内孔的轴线，被测要素为方盘左端面。

(4) 材质

无特殊要求。

(5) 其他

倒角、圆角要求。

7.6.5 盘盖类零件图绘制

1. 盘盖类零件的结构特征

盘盖类零件一般包括法兰盘、端盖、盘座、带轮等，如图 7-90 所示。

(1) 作用

盘盖类零件在机器中主要起着支承、轴向定位及密封的作用。

(2) 结构特征

① 盘盖类零件的基本形状是扁平的盘状。

② 一般由几个回转体组成，其轴向尺寸往往比其他两个方向的尺寸小。

③ 零件上常见的结构有倒角、倒圆、通孔、凸台、凹坑、螺孔、销孔和肋条。

(a)端盖

(b)手轮

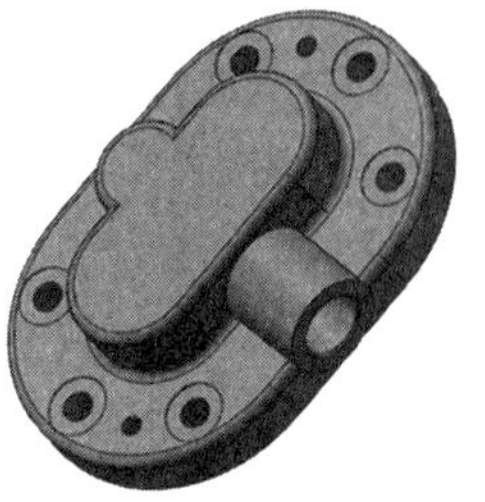

(c)泵盖

图 7-90　常见盘盖类零件

2. **盘盖类零件的表达方案**

(1) 主要结构表达

盘盖类零件主要在车床上加工，为了加工时看图方便，盘盖类零件的主视图按其形状特征和加工位置选择，一般将轴线水平放置。盘盖类零件一般用主、左视图两视图来表达。

(2) 其他结构表达

盘盖类零件的主、左视图两视图中，一个采用全剖视图(由单一剖切面或几个相交的剖切面剖切获得)，另一个视图则多表示其轴向外形和盘上孔的分布情况。

7.6.6　盘盖类零件测绘

绘制图 7-91 所示泵盖零件图。

1. **确定表达方案**

选择表达方案时，建议选择工作位置放置，主视图考虑整体形状作投影方向。泵盖零件主视图可采用旋转全剖、半剖或局部剖。其他视图一般为左(右)视图，主要表达各种孔的分布状态及主体结构的形状特征。可提出几个表达方案，比较选优，选出最佳方案。

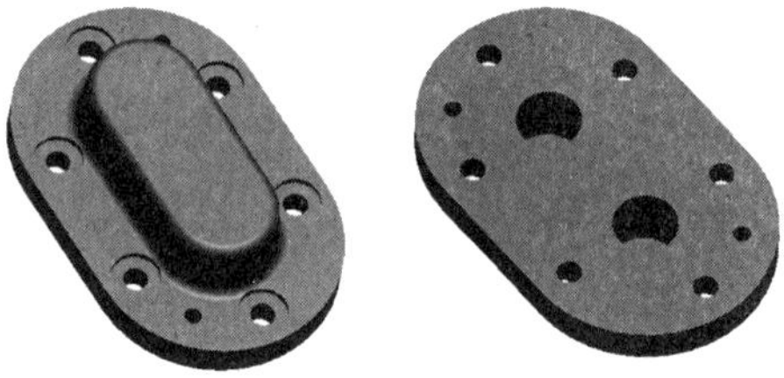

图 7-91　泵盖零件

2. **尺寸分析**

(1) 泵盖零件的尺寸一般为两大类：轴向尺寸和径向尺寸。径向尺寸的主要基准是回转轴线，轴向尺寸的主要基准是重要的端面。

(2) 定形和定位尺寸都较明显，尤其是在圆周上分布的小孔的定位圆直径是这类零件的典型定位尺寸，多个小孔一般采用如“4×ϕ18 EQS”的形式标注，EQS 即等分圆周均匀分布，角度定位尺寸一般不标注。

(3) 内外结构形状尺寸应分开标注。

3. **技术要求**

有配合要求或用于轴向定位的表面，其表面粗糙度和尺寸精度要求较高，端面与轴心线之间常有形位公差要求。

4. **量具**

游标卡尺、千分尺、钢尺等。测量数值圆整处理。

5. **泵盖零件图**

如图 7-92 所示为泵盖零件图。

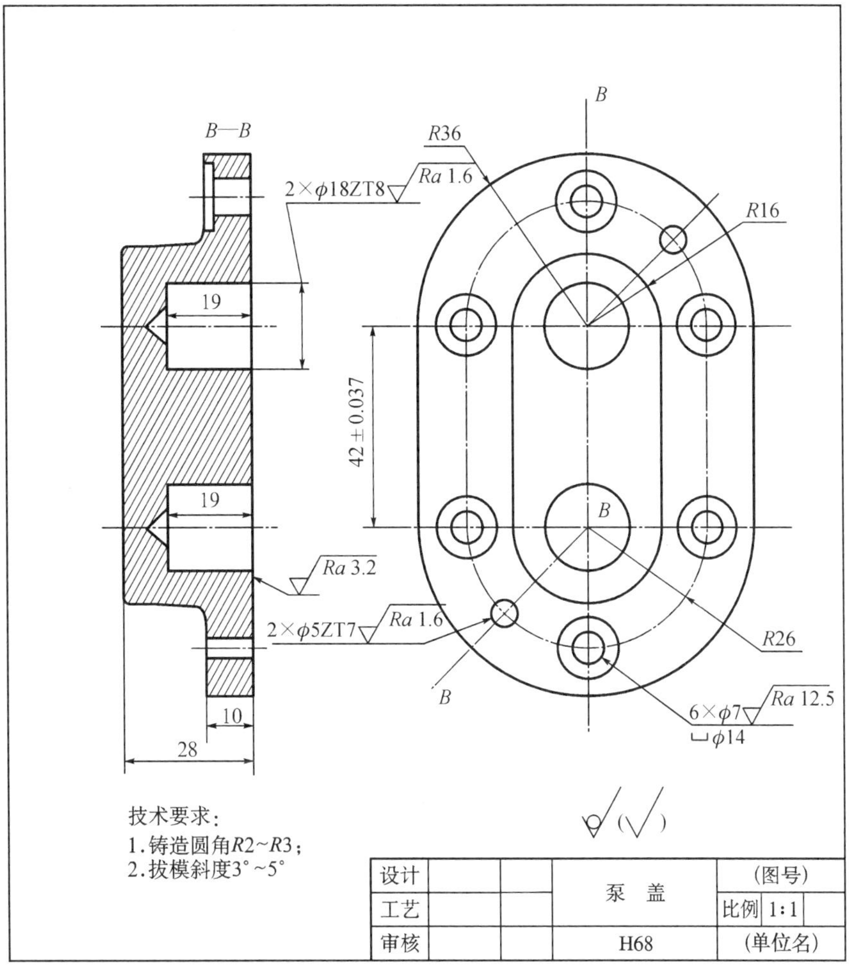

图 7-92 泵盖零件图(单位: mm)

7.7 叉架类零件

7.7.1 斜视图

1. **斜视图的概念**

将物体向不平行于任何基本投影面的平面投射所得的视图,称为斜视图,如图 7-93 所示。

2. 斜视图的画法

(1) 用一个新的辅助投影面(该投影面应垂直于某一基本投影面),使它与物体的倾斜部分表面平行,然后向新投影面投射,使倾斜部分在新投影面上反映实形。

(2) 斜视图主要用来表达物体上倾斜结构的实形,其余部分不必全部画出,用波浪线断开即可,如图 7-94 所示。

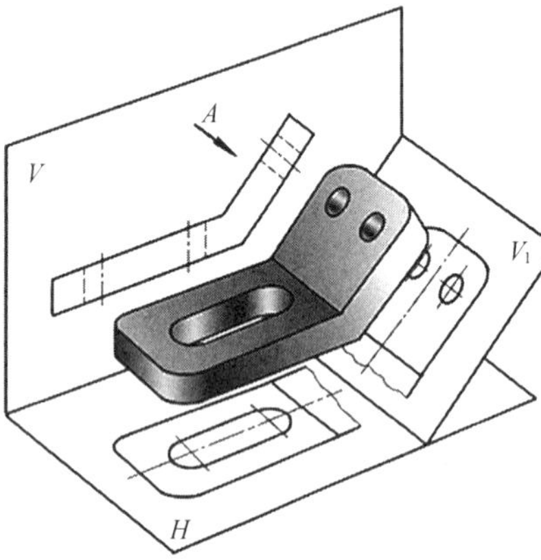

图 7-93 斜视图

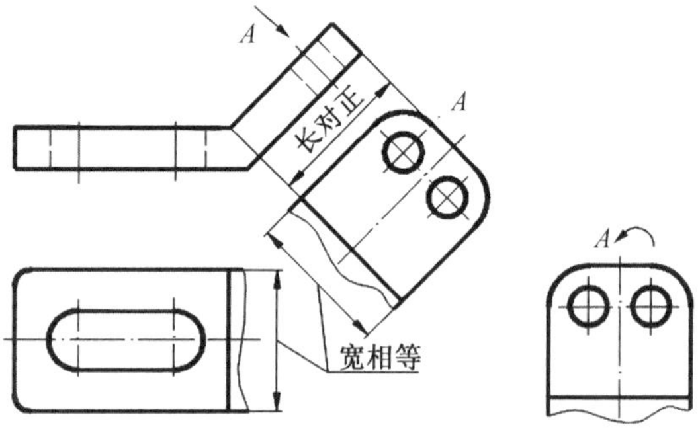

图 7-94 斜视图的画法

3. 斜视图的标注方法

(1) 斜视图通常按向视图形式配置。必须在视图上方标出名称"×",用箭头指明投影方向,并在箭头旁水平标注相同字母。在不引起误解时允许将斜视图旋转,但须在斜视图上方注明。

(2) 斜视图一般按投影关系配置,便于看图。必要时也可配置在其他适当位置。在不致引起误解时,允许将倾斜图形旋转便于绘图,旋转后的斜视图上应加注旋转符号。

7.7.2 局部视图

1. 局部视图的概念

将物体的某一部分向基本投影面投射所得的视图,称为局部视图,如图 7-95 所示。

2. 局部视图的作用

画局部视图的主要目的是减少作图工作量。如图 7-95 所示物体,主、俯两个基本视图已将其基本部分的结构表达清楚,但左右两边的凸台尚未表达清楚,需采用局部视图来表示,这样不但节省了两个基本视图,而且表达清楚,重点

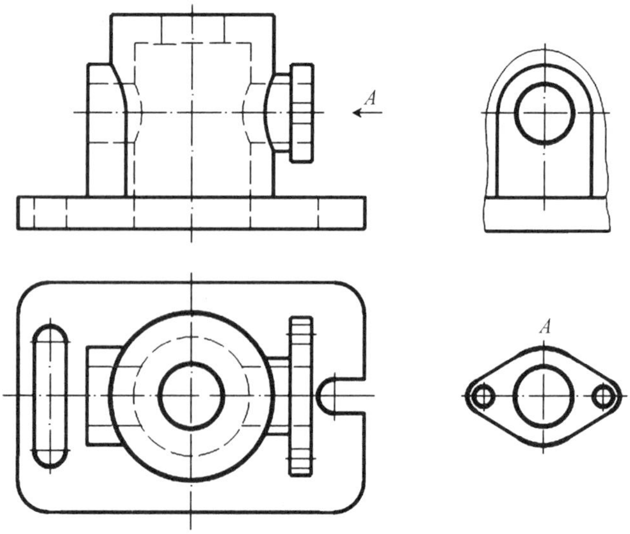

图 7-95 局部视图

突出，简单明了。

3. **局部视图的画法**

局部视图断裂处的边界线应以波浪线表示。当所表示的局部结构是完整的，且外形轮廓线又自成封闭时，波浪线可省略不画，如图 7-95 所示的右边凸台。

（1）标注方法

画局部视图时，应在局部视图上方用大写拉丁字母标注视图的名称“×”，并在相应视图附近用箭头指明投射方向，标注相同的字母，如图 7-95 所示的右边凸台。当局部视图按投影关系配置，中间又无其他视图隔开时，允许省略标注，如图 7-95 所示的左边凸台。

（2）局部视图的配置

局部视图应尽量按基本视图的位置配置。有时为了合理布置图面，也可按向视图的配置形式配置。

7.7.3 局部剖视图

1. **局部剖视图的概念**

用剖切平面局部地剖开物体，所得的剖视图称为局部剖视图，如图 7-96 所示。

2. **局部剖视图的特点与应用**

（1）局部剖视图的特点

局部剖视图既能把物体局部的内部形状表达清楚，又能保留物体的某些外形，是一种比较灵活的表达方法。局部剖切后，物体断裂处的分界线用波浪线表示。

（2）局部剖视图的应用

① 当物体只有局部结构需要剖切表示，而又没有必要作全剖视时，如图 7-97 所示。

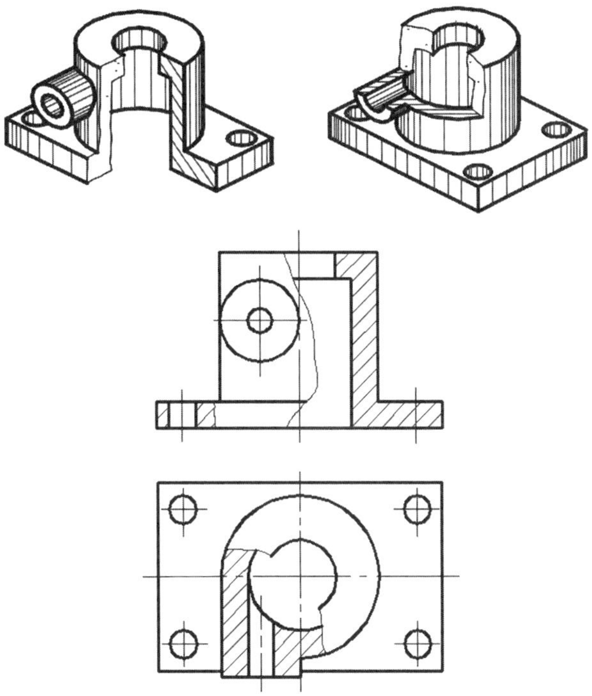

图 7-96 局部剖视图

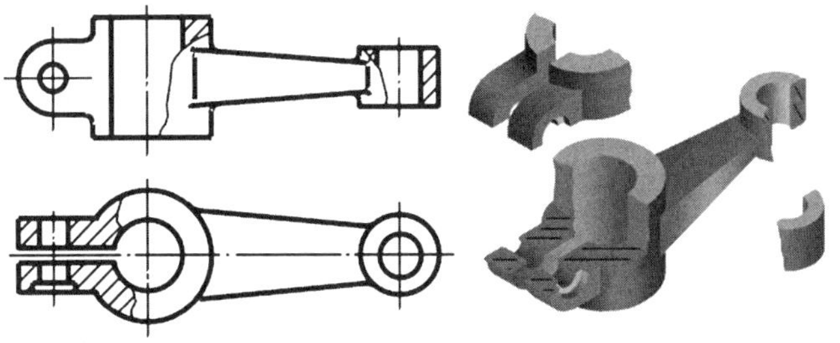

图 7-97 没有必要作全剖视

② 当物体不对称的内、外形都需要表达时,如图 7-98 所示。

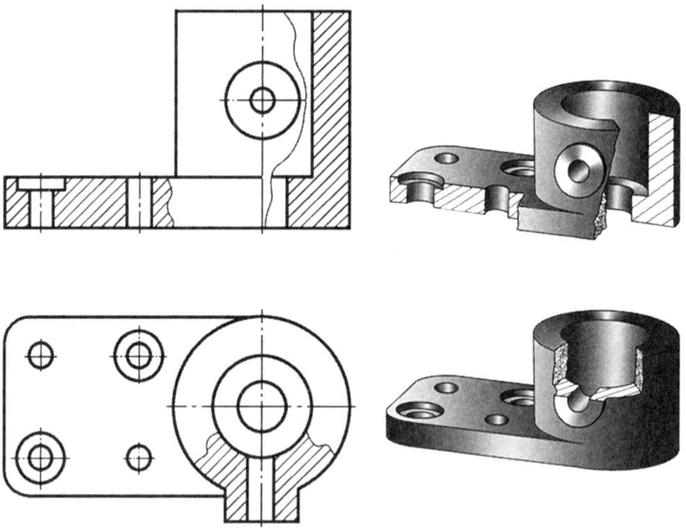

图 7-98　内、外形都需要表达

③ 当实心件如轴、杆、手柄等上的孔、槽等内部结构需要剖开表达时,如图 7-99 所示。

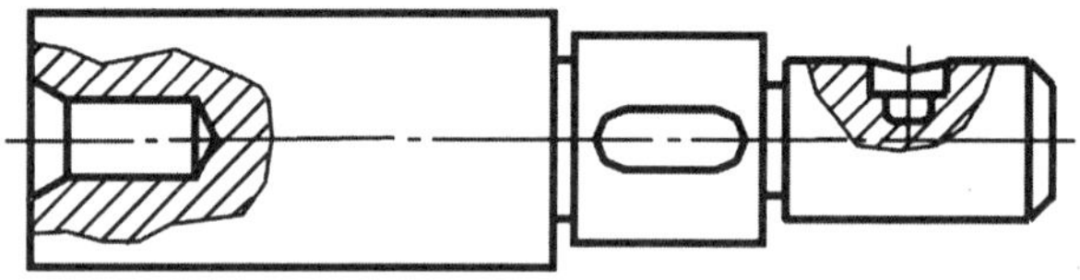

图 7-99　表达实心件上的孔、槽

④ 当物体对称,且在图上恰好有一轮廓线与对称中心线重合时,不宜采用半剖视图,此时可采用局部剖视图,如图 7-100 所示。

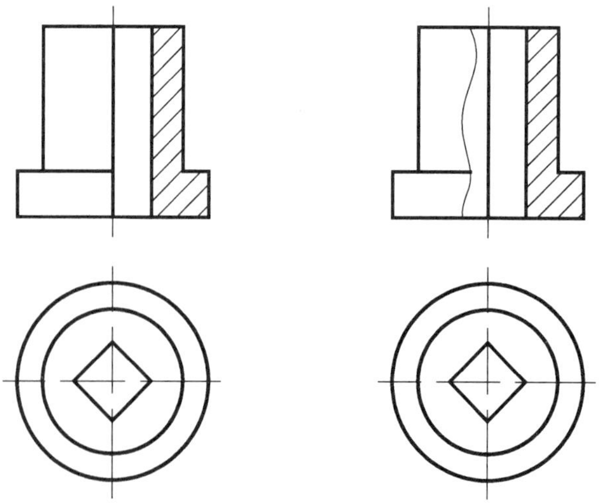

图 7-100　不宜采用半剖视图

3. **局部剖视图的画法**

画局部剖视图时,剖切平面的位置与范围应根据机件需要而决定,剖开部分与视图之间的分界线用波浪线表示。波浪线表示机件断裂痕迹,因而波浪线应画在机件的实体部分,不能超出视图,不允许用轮廓线来代替,也不允许和图样上的其他图线重合,如图 7-101 所示。

4. **画局部剖视图的注意事项**

（1）局部剖视图用波浪线与视图分界，波浪线不应与图形上其他图线重合，如图 7-102(a)所示，不能用轮廓线代替波浪线。

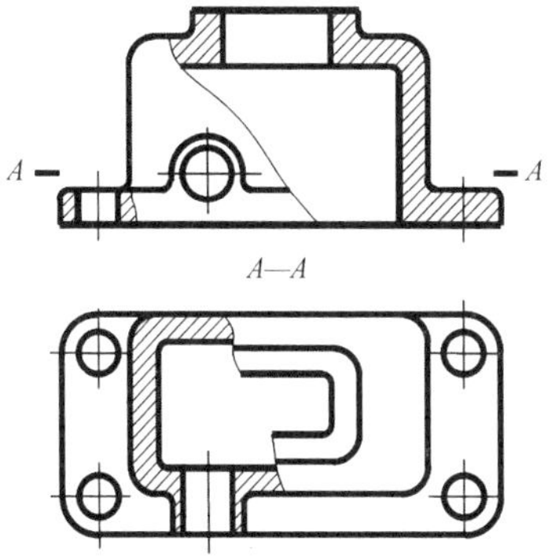

图 7-101　局部剖视图

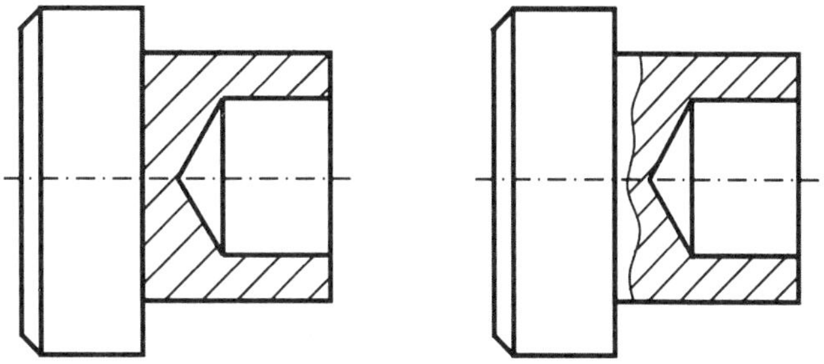

（a）错误　（b）正确

图 7-102　波浪线不能用轮廓线代替

（2）波浪线应画在剖切到的实体部分，遇到孔、槽时应断开，如图 7-103(a)所示，同时波浪线不能画在轮廓线的延长线上和实体以外，如图 7-103(b)所示。

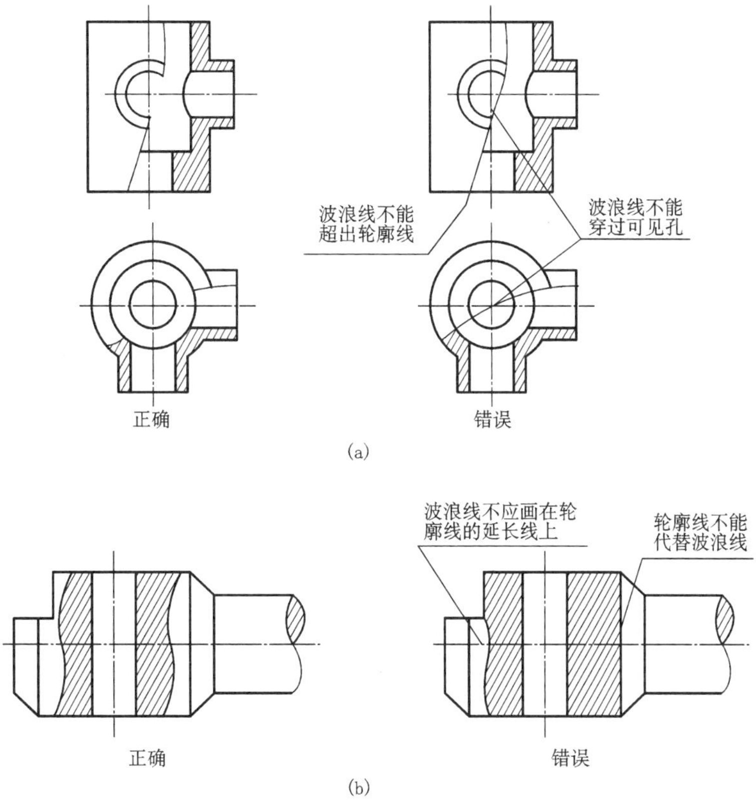

图 7-103　局部剖视图中的波浪线画法

(3) 在一个图中局部剖视不宜用得过多,以避免图形显得杂乱。局部剖视图的剖切范围可以根据需要而定,选择较灵活。

对于剖切位置比较明显的局部结构,一般不用标注。若剖切位置不够明显,则应进行标注。

7.7.4 斜剖视图

1. 斜剖视图的概念

当物体上有倾斜部分的内部结构需要表达时,可和画斜视图一样,选择一个垂直于基本投影面且与所需表达部分平行的投影面,然后再用一个平行于这个投影面的剖切平面剖开物体,向这个投影面投射,这样得到该部分结构的实形。图 7-104 中的 $A—A$ 剖视图是采用不平行于基本投影面的单一剖切平面剖切得到的斜剖视图。主要用以表达倾斜部分的结构,物体上与基本投影面平行的部分剖视图中不反映实形的,一般应避免画出,常将它舍去画成局部视图。

2. 画斜剖视图的注意事项

(1) 用不平行于任何基本投影面的剖切平面剖切的剖视图最好配置在与基本视图的相应部分保持直接投影关系的地方,标注剖切位置和字母,并用箭头表示投射方向,还要在该剖视图上方用相同的字母标明图的名称,如图 7-104 所示。

(2) 为使视图布局合理,可将剖视保持原来的倾斜程度,平移到图纸上适当的地方,如图 7-104 所示;为了画图方便,在不引起误解时,还可把图形旋转到水平位置,表示该剖视图名称的大写字母应靠近旋转符号的箭头端,如图 7-104 所示。

(3) 当剖视的剖面线与主要轮廓线平行时,剖面线可改为与水平线呈 30°或 60°。

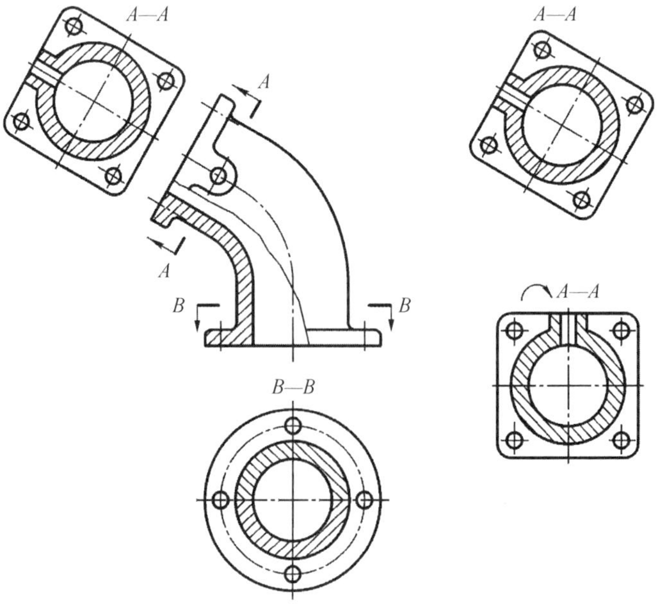

图 7-104 斜剖视图

7.7.5 简化画法

1. 肋板的简化画法

对于物体上的肋板、轮辐及薄壁等结构，如果按纵向剖切，这些结构都不画剖面符号，而用粗实线将它们与其相邻结构分开，如图 7-105 所示。

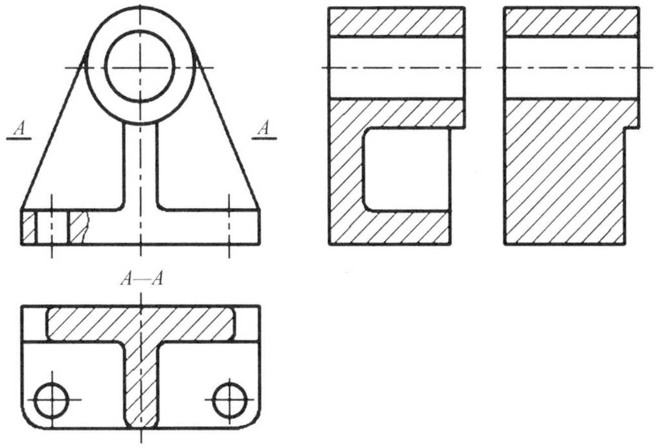

图 7-105 肋板的简化画法

2. 均布结构的简化画法

当零件回转体上均匀分布的肋板、轮辐、孔等结构不处于剖切平面上时，可将这些结构图旋转到剖切平面上画出，如图 7-106 所示。

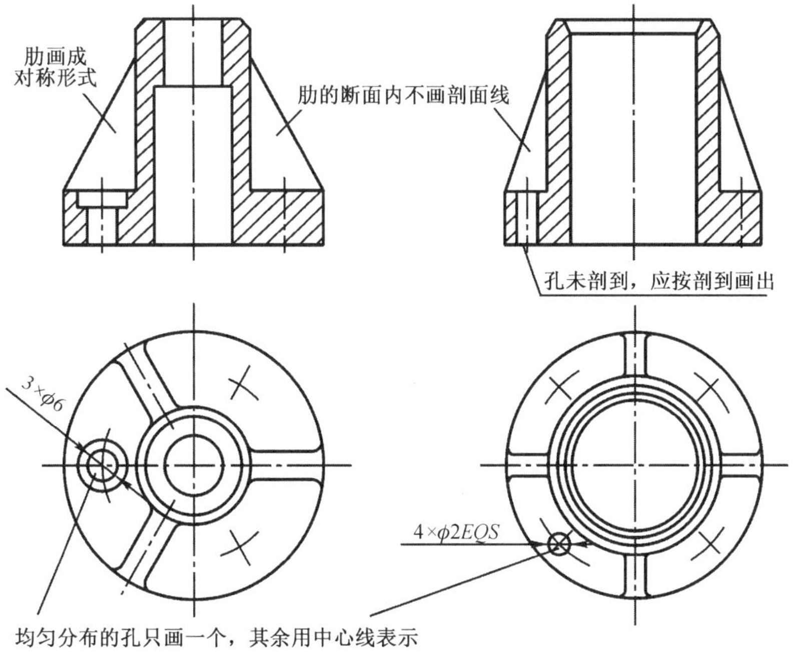

图 7-106 均匀分布的肋板和孔的简化画法(单位：mm)

3. 机件表面交线的简化画法

在不致引起误解时，机件上较小的结构（如相贯线、截交线），可以用圆弧或直线代替。在不致引起误解时，零件图中的小圆角、小倒角、小倒圆均可省略不画，但必须注明尺寸或在技术要求中加以说明，如图 7-107 所示。

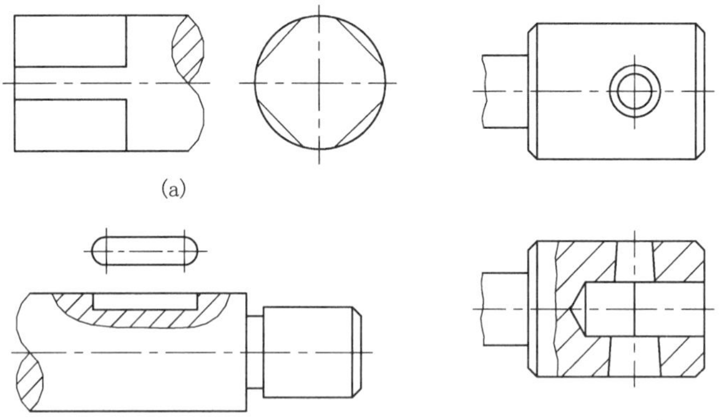

(a) (b) (c)

图 7-107　较小结构的交线的简化画法

4. 倾斜圆或圆弧的简化画法

与投影面倾斜角度小于或等于 30°的圆或圆弧，其投影可用圆或圆弧代替，如图 7-108 所示。

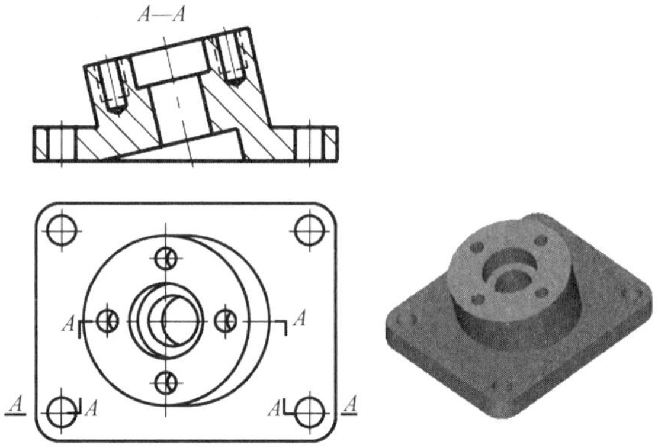

图 7-108　倾斜圆或圆弧的简化画法

5. 小斜度结构的简化画法

型材（角钢、工字钢、槽钢）中的小斜度结构，在一个图中已表达清楚时，其他图形按小端画出，如图 7-109 所示。

6. 滚花的简化画法

对于网状物、编织物或物体上的滚花部分（图 7-110），可以在轮廓线附近用细实线画出，并在图上或技术要求中注明这些结构的具体要求，如图 7-111 所示。

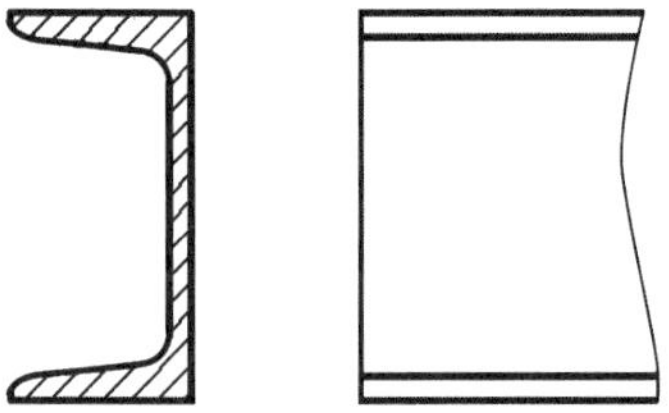

图 7-109　小斜度结构的简化画法

图 7-110　滚花

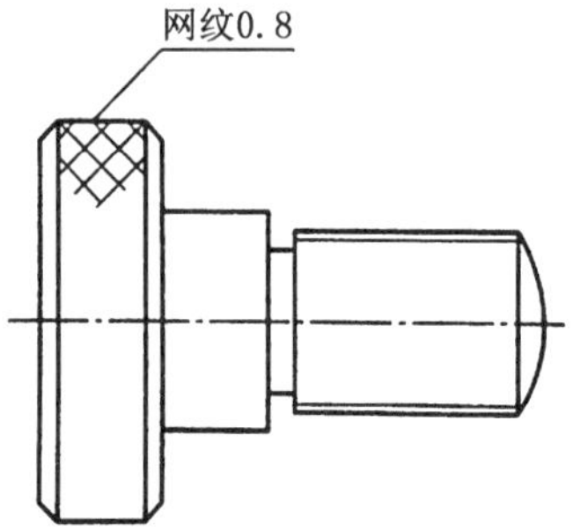

图 7-111　滚花的简化画法(单位: mm)

7. 小圆角、小倒角的简化画法

在不致引起误解时，零件图中的小圆角或 45°小倒角允许省略不画，但必须注明或在技术要求中加以说明，如图 7-112 所示。

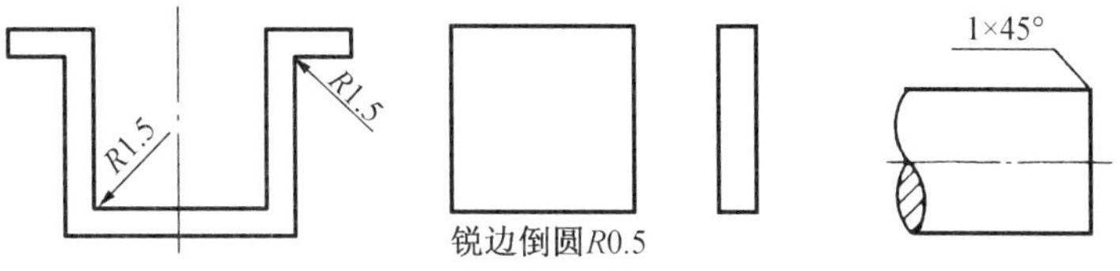

(a)　　(b)　　(c)

图 7-112　小圆角、小倒角的简化画法

7.7.6　叉架类零件图的识读

识读图 7-113 所示的拔叉零件图。

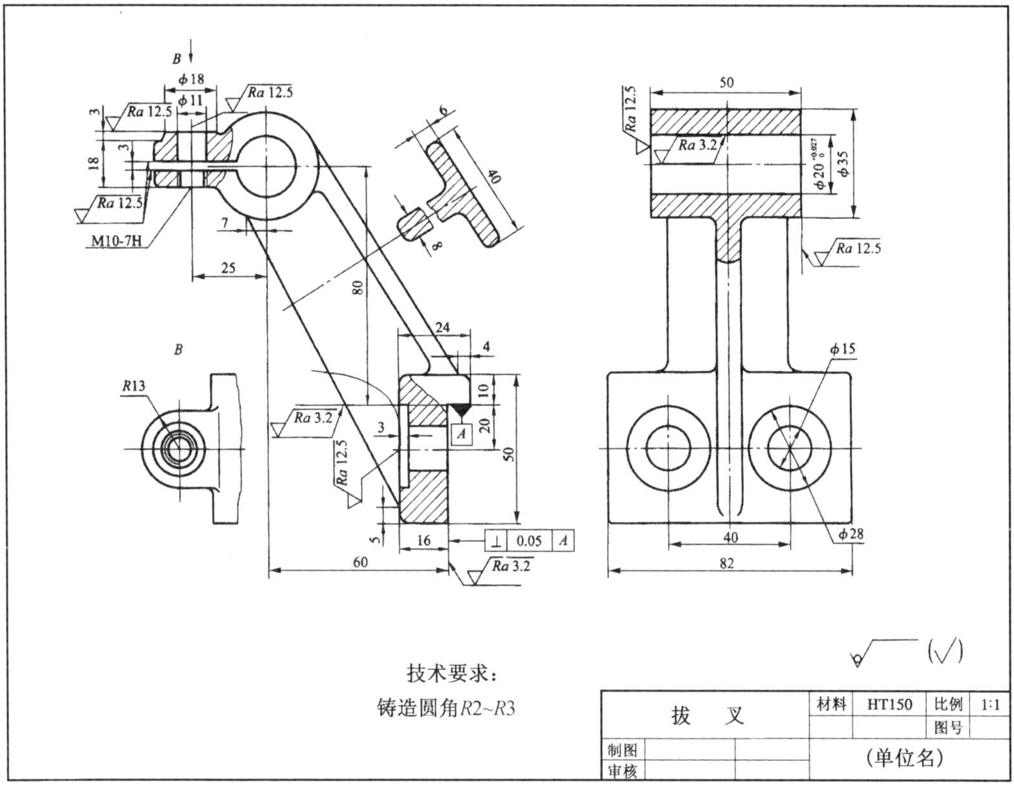

图 7-113　拔叉零件图(单位：mm)

1. 读标题栏

该零件属叉架类零件中叉类零件，零件的名称为拔叉，材料是 HT150(灰口铸铁)。阅读标题栏还能知道零件的设计者、审核者、制造厂家，以及零件图的比例等内容。

2. **分析表达方案**

(1) 拨叉的放置

图中叉口底面与右边圆柱筒底面正好平齐,所以可自然安放,这里就是取其自然安放位置,并且使宽度方向的对称面平行于正立投影面。

(2) 视图方案

主视图和左视图均采用局部剖,表达了局部结构,B 向局部视图表达了叉架类零件上部圆筒左端的结构,移出断面图表达了连接板的断面形状。读图时,先看主体部分,后看细节。

3. **结构分析**

根据叉架类零件的特点,主体结构可分成三部分:工作部分,即叉口(图中的左端部分),支承(或安装)部分(图中的右端部分),连接及加强部分(图中的中间部分)。左端的工作部分是由近半个圆柱筒并在其中间各切去一小部分所构成的形体。右端的工作部分为一平板结构,平板上有 2 个阶梯孔。

4. **尺寸分析**

长度方向,即板状结构的右端面;宽度方向,即零件的前后对称面;高度方向,即左端圆筒的轴线。

5. **技术要求分析**

(1) 表面粗糙度

要求最高的是左端圆筒的内孔等表面,Ra 值为 3.2;其次各加工表面 Ra 值为 12.5;其他为毛坯面。

图 7-114 拨叉

(2) 尺寸公差

ϕ20 上偏差+0.027,下偏差为 0,其他尺寸为一般公差。

(3) 形状和位置公差

无特殊要求。

(4) 材质

无特殊要求。

(5) 其他

圆角要求 $R2 \sim R3$。

6. **实物图**

拨叉实物如图 7-114 所示。

7.7.7 叉架类零件图绘制

1. **叉架类零件的结构特征**

叉架类零件包括叉杆和支架,一般有杠杆、拨叉、连杆、支座等零件。

(1) 作用

通常起传动、连接、支承等作用,多为铸件或锻件,如图 7-115 所示。

(2) 结构特征

① 叉架类零件形状不规则，外形比较复杂，常有弯曲或倾斜结构；

② 带有底板、肋板、轴孔、螺孔等结构；

③ 由支承部分、工作部分和连接部分组成，多数为不对称零件。

2. 叉架类零件的表达方案

1. 主要结构表达

叉架类零件的加工位置较难区别主次，因此，主视图一般按工作位置放置，当工作位置倾斜或不固定时，可将主视图摆正，按自然安放位置，主视图的投射方向主要考虑其形状特征。

图 7-115 常见叉架类零件

2. 其他结构表达

其他基本视图大多用局部剖视图，兼顾表达叉架类零件的内、外结构形状。常常需要两个或两个以上的基本视图，因常有形状扭斜的结构，仅用基本视图往往不能完整表达真实形状，常用斜视图、局部视图等表达方法。对肋板结构用断面图表示。当杆类零件较长时，可采用断开后缩短绘制的画法。

7.7.8 叉架类零件测绘

绘制如图 7-116 所示支架的零件图。

1. 结构分析

叉架类零件的结构形状多样，差别较大，但都是由支承部分、工作部分和连接部分组成，多数为不对称零件，具有凸台、凹坑、铸(锻)造圆角、拔模斜度等常见结构。

2. 表达方法

这类零件结构较复杂，需经多种加工，常以工作位置或自然位置放置，主视图主要由形状特征和工作位置来确定。一般需要两个以上的基本视图，并用斜视图、局部视图，以及剖视、断面等表达内外形状和细部结构。

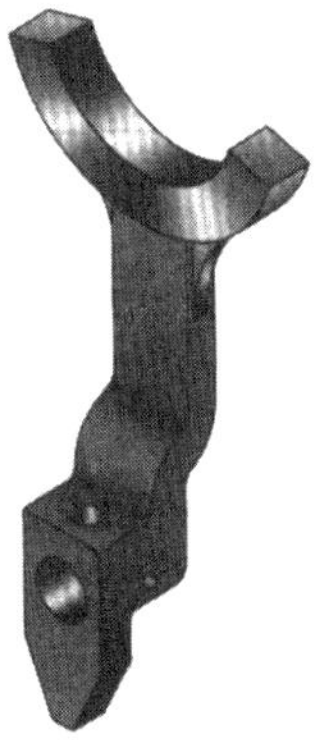

图 7-116 支架

3. 尺寸标注

(1) 长、宽、高方向的主要基准一般为加工的大底面、对称平面或大孔的轴线。

(2) 定位尺寸较多，一般标注孔的轴线(中心)间的距离，或孔轴线到平面间的距离，或平面到平面间的距离。

(3) 定形尺寸多按形体分析法标注，内外结构形状要保持一致。

4. **技术要求**

根据此类零件的具体要求确定其表面粗糙度、尺寸精度和形位公差。

5. **量具**

游标卡尺、千分尺、钢尺等。测量数值圆整处理。

6. **支架零件图**

图 7-117 为支架零件图。

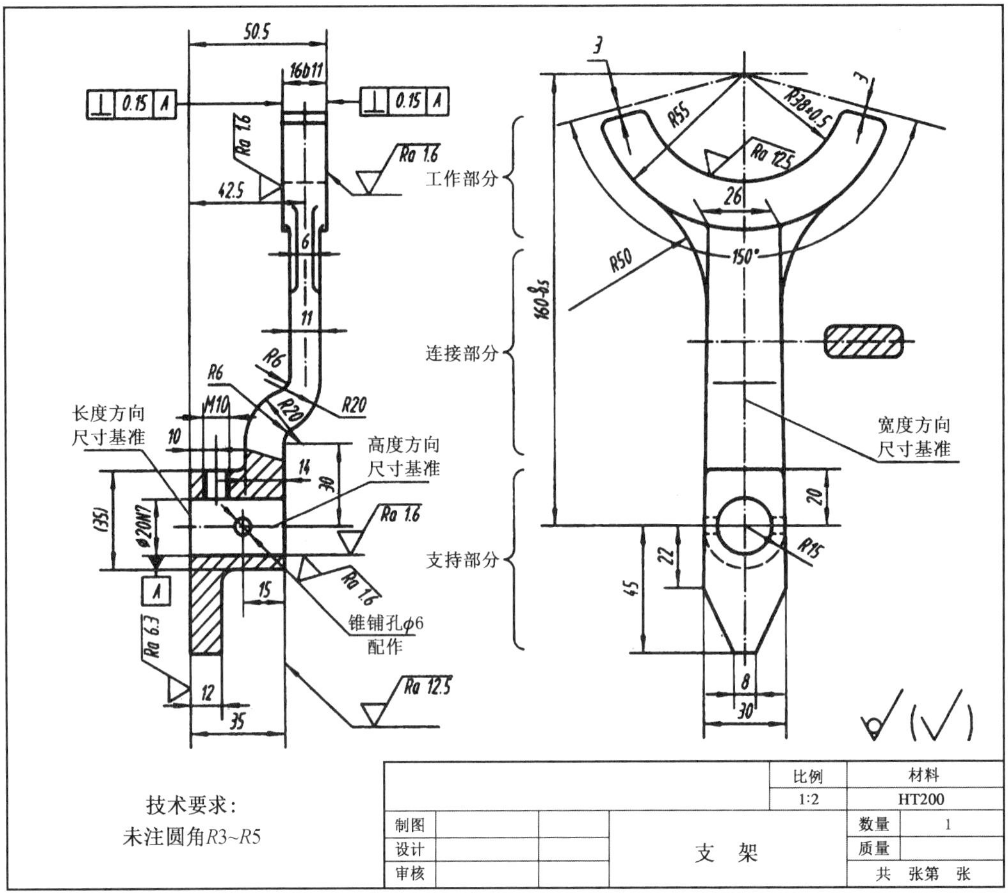

图 7-117 支架零件图(单位：mm)

7.8 箱体类零件

7.8.1 铸造零件的工艺结构

1. **起模斜度**

当用铸造的方法制造零件毛坯时，为了便于在砂型中取出模样，一般沿模样起模方向作成约1∶20的斜度，称为起模斜度，因此在铸件上也有相应的起模斜度，如图7-118所示。起模斜度在图上可以不标注，也不画出；必要时，可以在技术要求中用文字说明。

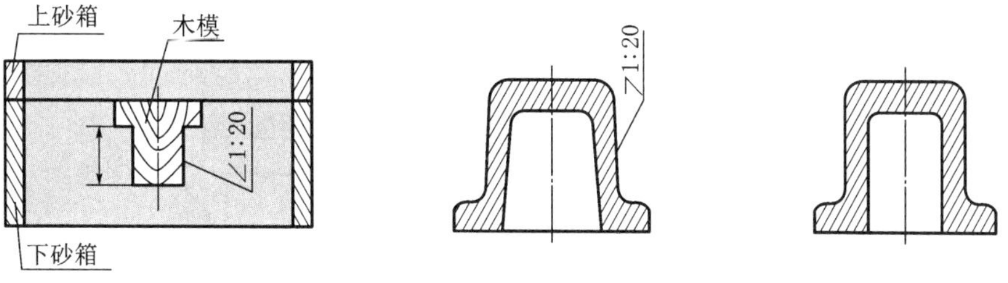

（a）起模斜度　（b）标注斜度　（c）未画出和标注斜度

图7-118　起模斜度

2. 铸造圆角

为了防止铸件冷却时产生裂纹和缩孔，以及浇铸时转角处落砂，铸件各表面相交的转角处都应做成圆角，称为铸造圆角。铸造圆角在图样上一般不标注，铸造圆角的大小一般取3～5 mm，可在技术要求中统一注明。相交的两铸件表面中有一个表面经过切削加工后，这时铸造圆角被削平，相交的转角处变成尖角，如图7-119所示。

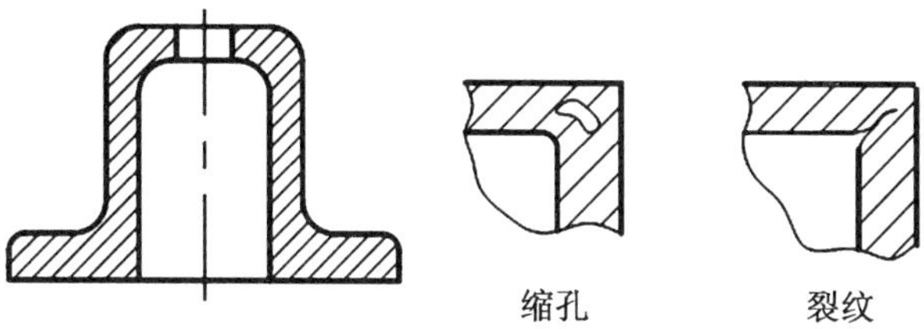

图7-119　铸造圆角

3. 铸件壁厚

若铸件的壁厚不均匀，铸件在浇铸后，因各处金属冷却速度不同，壁薄处先凝固，壁厚处冷却慢，易产生缩孔，或在壁厚突变处产生裂纹。因此，铸件的壁厚应尽量均匀。当必须采用不同壁厚连接时，应采用逐渐过渡的方式，如图7-120所示。铸件的壁厚尺寸一般直接标注。

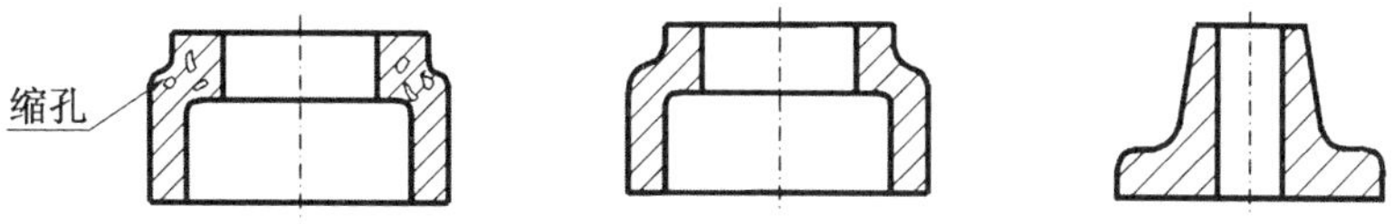

（a）壁厚不均匀　（b）壁厚均匀　（c）壁厚逐渐过渡

图7-120　铸件壁厚

4. 过渡线

在铸造零件上，由于铸造圆角的存在，使零件表面上的交线变得不十分明显。但是，为了便于读图及区分不同表面，图样上仍需按没有圆角时交线的位置画出这些不太明显的线，这样的线称为过渡线。

过渡线用细实线表示，过渡线的画法与没有圆角时的相贯线画法完全相同，只是过渡线的两端与圆角轮廓线之间应留有空隙。下面分四种情况加以说明。

（1）当两曲面相交时，过渡线应不与圆角轮廓接触，如图 7-121 所示。

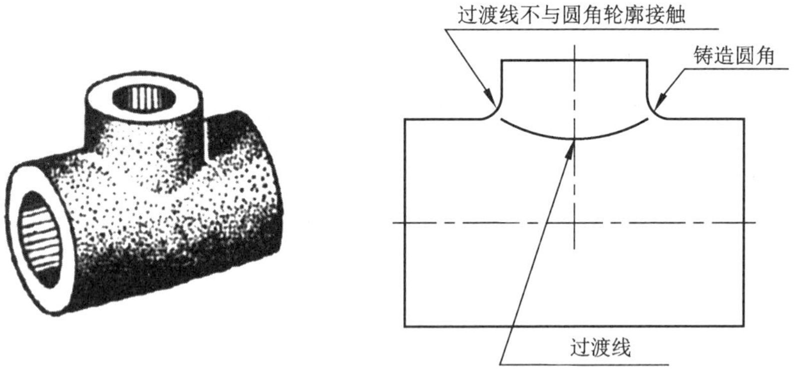

图 7-121　两曲面相交时过渡线的画法

（2）当两曲面相切时，过渡线应在切点附近断开，如图 7-122 所示。

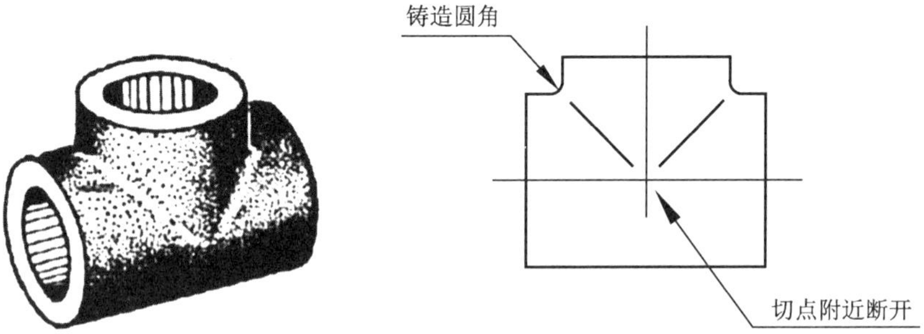

图 7-122　两曲面相切时过渡线的画法

（3）当平面与平面、平面与曲面相交时，过渡线应在转角处断开，并加画过渡圆弧，其弯向与铸造圆角的弯向一致，如图 7-123 所示。

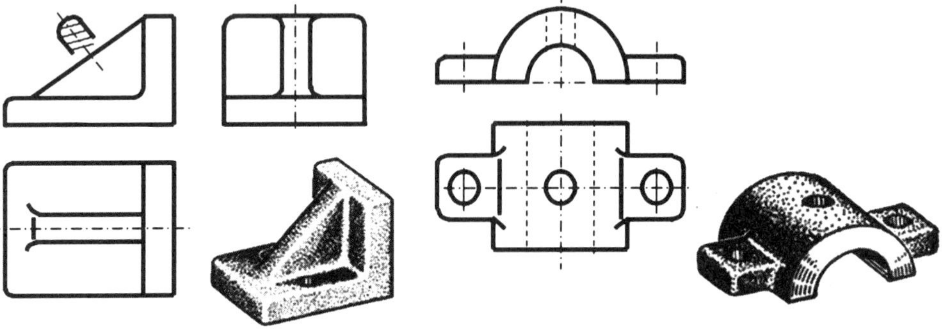

图 7-123　平面与平面、平面与曲面相交时过渡线的画法

（4）当肋板与圆柱组合时，其过渡线的形状与肋板的断面形状，以及肋板与圆柱的组合形式有关，如图 7-124 所示。

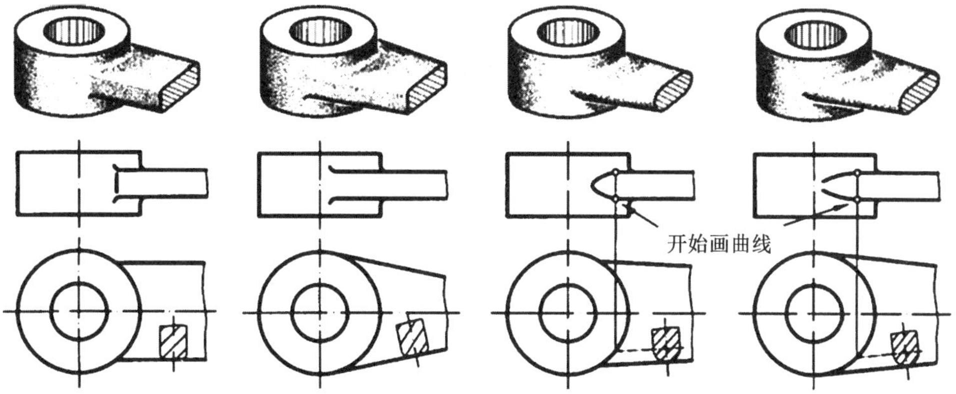

（a）相交　（b）相切　（c）相交　（d）相切

图 7-124　肋板与圆柱组合时过渡线的画法

7.8.2　加工面的工艺结构

1. 减少加工面积

零件上与其他零件的接触面，一般都要加工。为了减少加工面积，保证零件表面之间有良好的接触，常常在铸件上设计出凸台、凹坑。图 7-125（a），(b)分别表示螺栓连接的支承面做成凸台和凹坑形式。图 7-125(c)，(d)分别表示为减少加工面积而做成凹槽和凹腔结构。

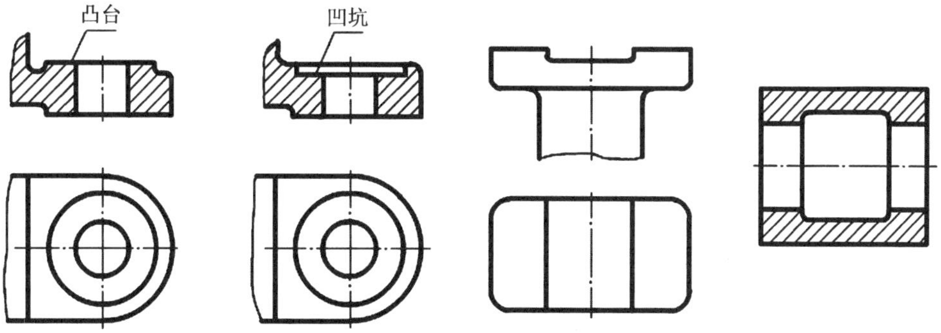

（a）凸台　（b）凹坑　（c）凹槽　（d）凹腔

图 7-125　减少加工面积

2. 钻孔的工艺要求

用钻头钻出的盲孔，底部有一个 120°的锥顶角。圆柱部分的深度称为钻孔深度。在阶梯形钻孔中，有锥顶角为 120°的圆锥台。钻孔时，要求钻头的轴线尽量垂直于被钻孔的表面，以保证钻孔准确，避免钻头折断，当零件表面倾斜时，可设置凸台或凹坑。钻头单边受力也容易折断，因此，钻头钻透处的结构也要设置凸台，使孔完整，如图 7-126 所示。

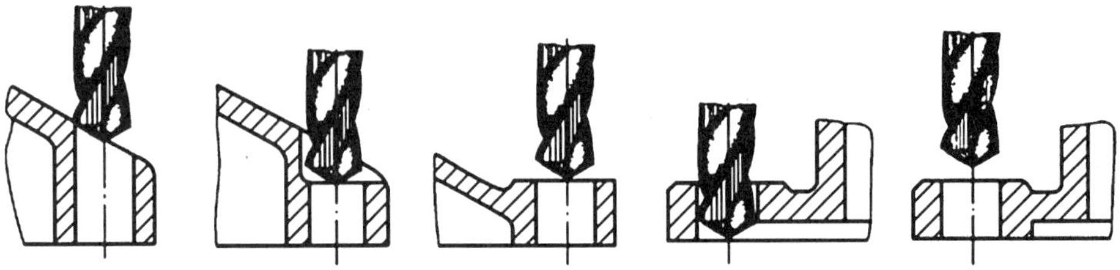

（a）不合理　（b）合理　（c）合理　（d）不合理　（e）合理

图 7-126　钻孔的工艺要求

7.8.3　箱体类零件图的识读

识读图 7-127 所示座体零件图。

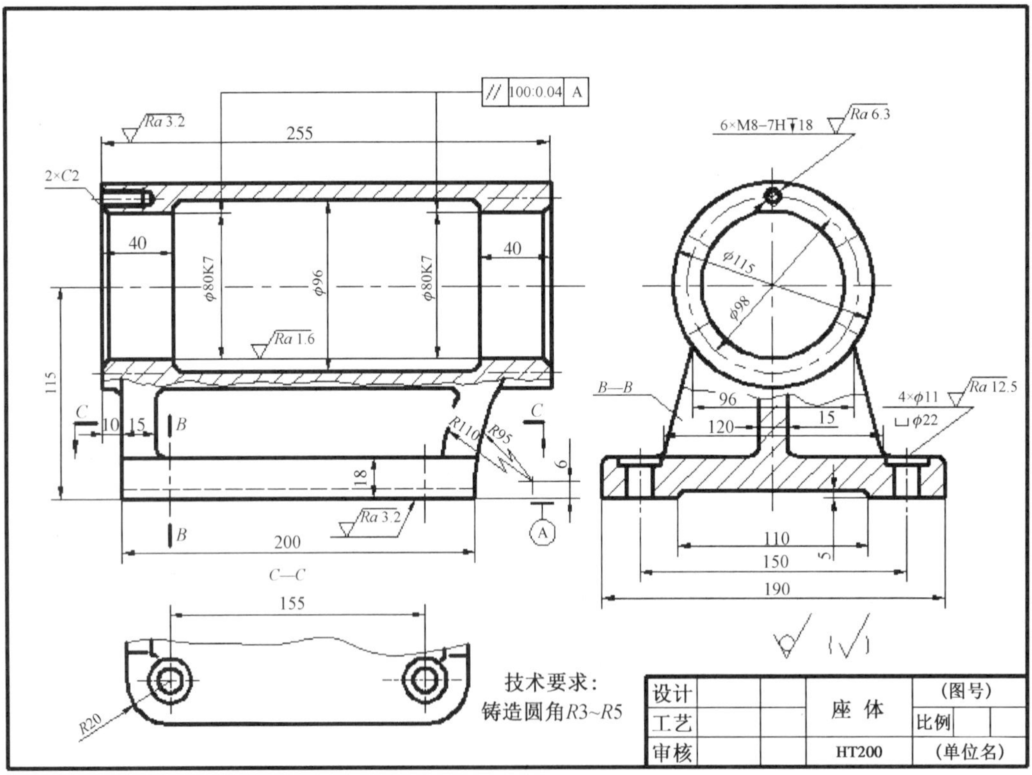

图 7-127　座体零件图(单位：mm)

1. 读标题栏

该零件属箱体类零件中座体类零件，零件的名称为铣刀头座体，材料是 HT200(灰口铸铁)。阅读标题栏还能知道零件的设计者、审核者、制造厂家，以及零件图的比例等内容。

2. **分析表达方案**

座体属箱壳类零件外形、内腔结构都比较复杂，本案采用主、左视图及局部视图的俯视图，其中主、左视图采用局部剖视图。

3. **结构分析**

主体结构可分成圆柱筒、支座和肋板三部分。圆柱筒的外形结构，直径均匀，直径为 ϕ115。圆柱筒的内腔结构，内孔 ϕ80，中间溜虚直径 ϕ96 并带铸造圆角，其作用是减少装配接触面和减轻零件质量。两端孔口倒角，两端面上分别加工有 6 个 M8 的螺孔，用以安装端盖。溜虚结构可减少装配接触面，从而减少形状位置误差对装配精度的敏感度，而且可减少加工面，缩短加工时间。常常在长度比较大的内孔上设计溜虚结构，比如铣刀头座体内孔、传动器的座体内孔等。支座底板结构相对简单，四角采用 R20 圆弧过渡且四角上有 ϕ11 沉孔，底板下侧有内凹结构，减少底板下端面的加工面积，底板与圆筒采用支板和中间肋板连接，一端支板为弧形，一端支板为直立结构。

4. **尺寸分析**

长、宽方向常以零件在装配体中的定位面、线，主要的对称面、线等重要几何要素为尺寸基准。高度方向以零件的安装支撑面、定位轴线等为尺寸基准。

5. **技术要求分析**

(1) 尺寸公差

最常见的就是与滚动轴承或滑动轴承的配合，图中如 ϕ80K7。

(2) 表面粗糙度

壳类零件大多为铸造件，加工面应标注 Ra 等评定值的具体数值，不加工面标注“不加工”符号。

(3) 形状和位置公差

箱壳类零件常有平面度(支撑面)、同轴度(支撑某一轴的两端箱孔轴线)、垂直度(两组箱孔轴线之间)、平行度(箱孔轴线对底面)、位置度(安装孔之间)等要求。本例中有平行度要求。

(4) 材质要求

箱壳类零件的热处理一般有退火、时效处理等要求。

(5) 材料

箱壳类零件最常用的是铸铁件。

6. **实物图**

座件实物如图 7-128 所示。

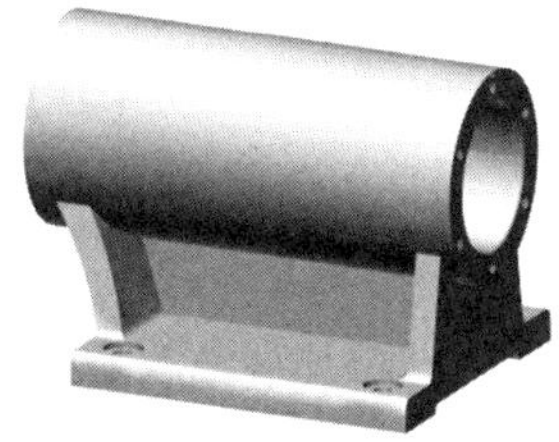

图 7-128 座体

7.8.4 箱体类零件的结构特征、表达方案和尺寸标注

1. **箱体类零件的结构特征**

箱体类零件一般有箱体、泵体、阀体、阀座等，如图 7-129 所示。

(a) 固定钳身

(b) 泵体

(c) 轴承座

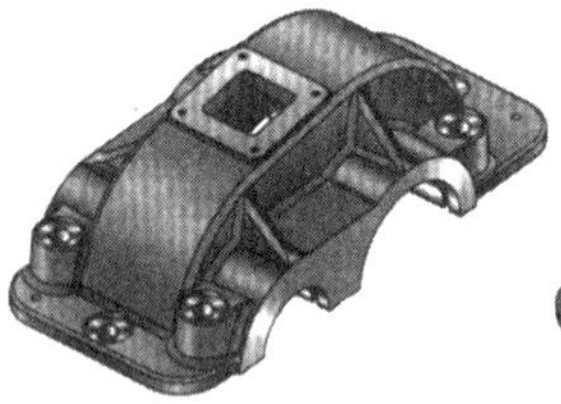

(d) 减速器箱盖

(e) 减速器箱体

图 7-129 常见箱体类零件

(1) 用途

箱体类零件用来支承、包容、密封和保护运动着的零件或其他零件,大多为铸件。

(2) 结构特征

① 箱壳类零件的内外形均较复杂,主要结构是由均匀的薄壁围成不同形状的空腔。

② 空腔壁上还有多方向的孔,以达到容纳和支承的作用。

③ 具有加强肋、凸台、凹坑、铸造圆角、拔模斜度等常见结构。

2. 箱体类零件的表达方案

(1) 主要结构表达

一般来说,箱体类零件的结构比较复杂,加工位置较多,为了清楚地表达其复杂的内、外结构和形状,所采用的视图较多。箱体类零件的功能特点决定了其结构和加工要求的重点在于内腔,所以大量地采用剖视画法。在选择主视图时,主要考虑其内外结构特征和工作位置。

(2) 其他结构表达

选择其他基本视图、剖视图等多种形式来表达零件的内部和外部结构时,为表达完整和减少视图数量,可适当地使用虚线,但要注意不可多用。如图 7-130 所示蜗轮箱零件图,采用了三个基本视图。主视图采用全剖视,重点表达其内部结构;左视图内外兼顾,采用了半剖视,并采用局部视图表达了底板上安装孔的结构;而 A—A 半剖视图既表达了底板的形状,又反映了蜗轮箱下部的断面形状和外形,显然比画俯视图的表达效果要好。

3. 箱体类零件尺寸标注

(1) 零件上常见孔的尺寸标注

零件上常见孔的尺寸标注方法见表 7-9。

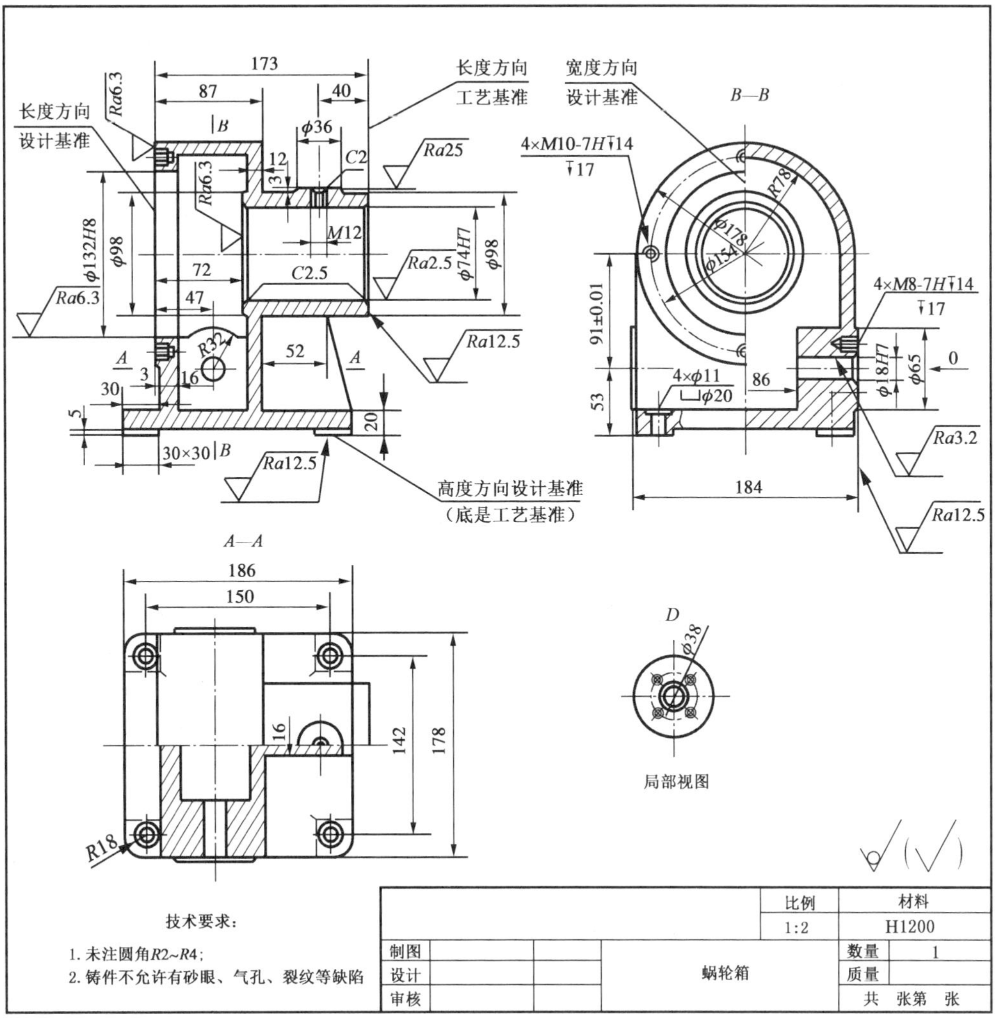

图 7-130 蜗轮箱零件图

表 7-9 常见孔的尺寸标注方法

结构类型		尺寸标准
螺孔	通孔	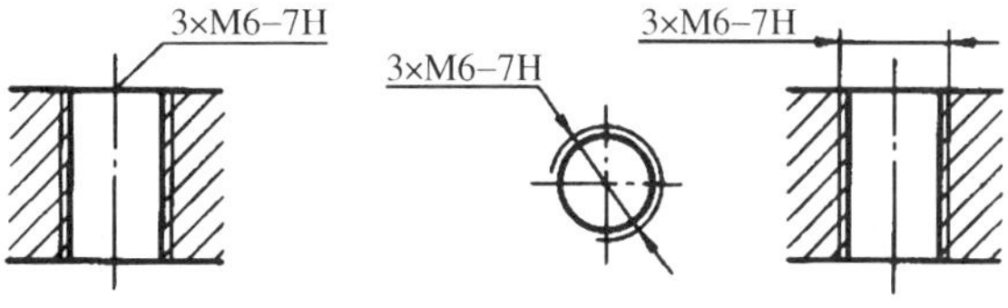
	不通孔	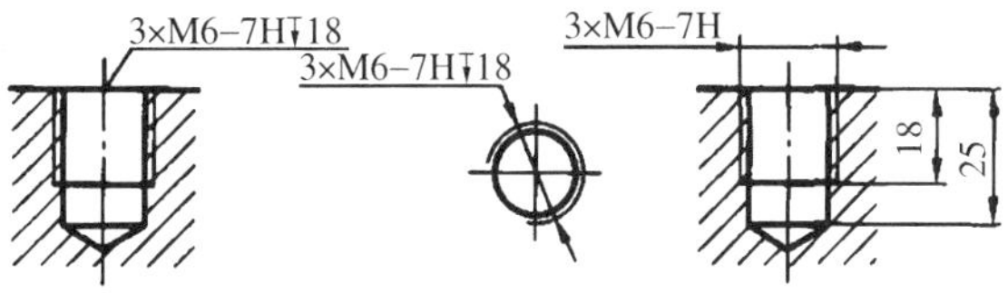

（续表）

结构类型		尺寸标准
光孔	圆柱孔	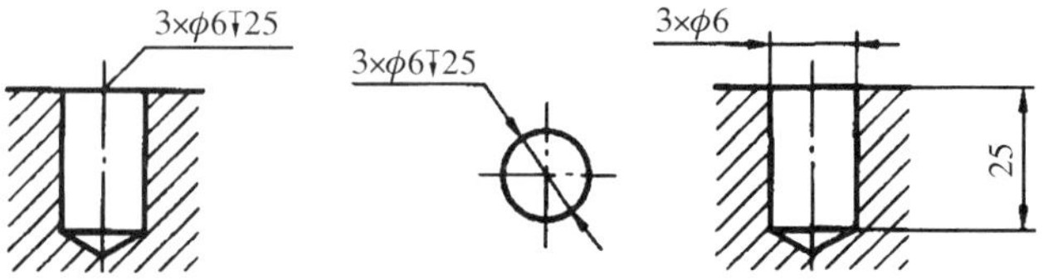
	锥销孔	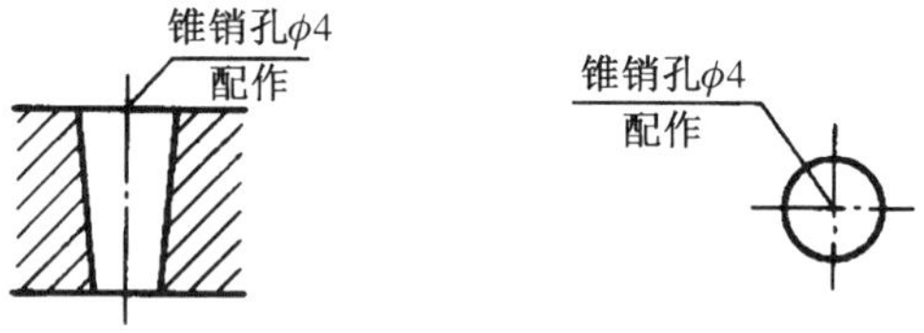
沉孔	埋头孔	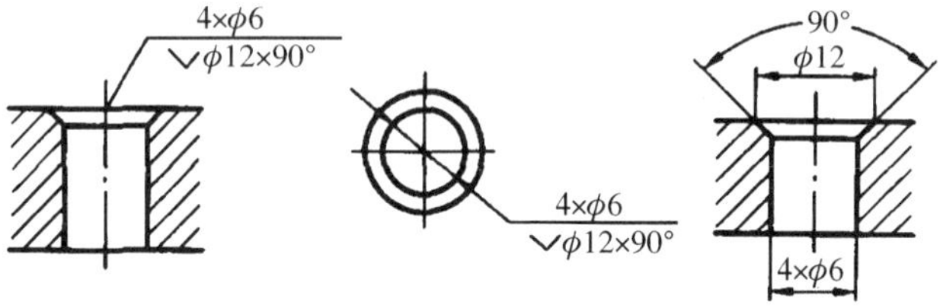
	柱形沉孔	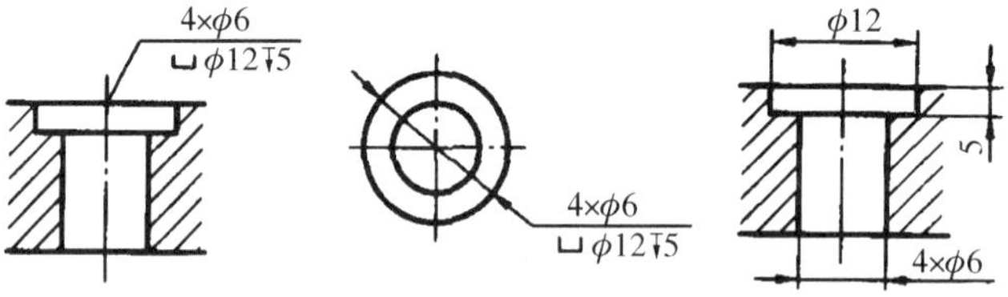

（2）零件上加工面与非加工面的尺寸标注

对于铸造或锻造零件，同一方向上的加工面和非加工面应各选择一个基准分别标注有关尺寸，并且两个基准之间只允许有一个联系尺寸，如图 7-131(a)所示，加工基准面与非加工基准面之间只用一个尺寸相联系。图 7-131(b)所标注尺寸是不合理的，加工基准面与非加工基准面之间有 5 个尺寸相联系。

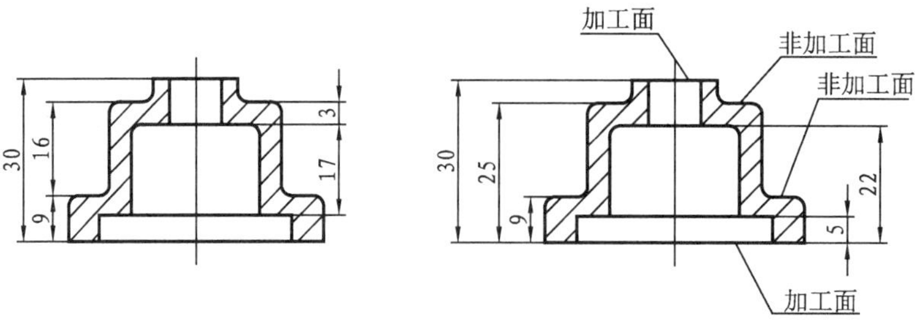

（a）合理　　（b）不合理

图 7-131　毛坯面尺寸注法

7.8.5 箱体类零件测绘

绘制图 7-132 所示泵体零件图。

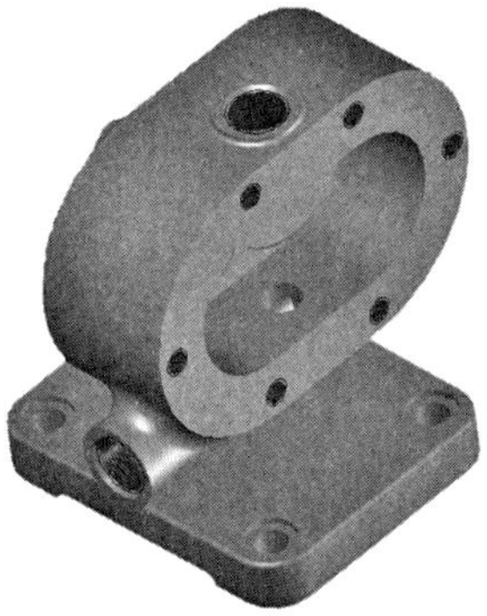

图 7-132 泵体

1. **表达方案**

在选择表达方案时，建议选择工作位置放置（即自然安放），主视图考虑整体形象作投影方向。箱壳类零件主视图可采用全剖、半剖或局部剖。其他视图：箱壳类零件结构都比较复杂，一般需用几个基本视图表达主体结构，再对局部结构进一步详细表达，如局部视图（或剖切）、向视图、局部放大图、各种简化方法。可提出几个表达法案，比较选优，然后选出最佳方案。

2. **尺寸标注**

选择长、宽、高三方向尺寸基准，建议选择三方向的重要平面、对称面、轴线等。长度方向以包含左轴孔的垂直面为基准；宽度方向以腰形箱的前端面为基准；高度方向以底面为基准（泵体）。

3. **技术要求**

技术要求标注采用类比法，参考设计手册有关图例进行。

尺寸公差及表面粗糙度：左、右轴孔 ϕ18H8，Ra1.6；齿轮腔孔 ϕ48H8，Ra1.6；销孔 ϕ5H7 配作，Ra0.8；左右轴孔中心距±0.031；中心高±0.06，底面 Ra6.3；腰形箱前端面 Ra6.3；安装孔、其他加工面 Ra12.5；其余毛坯面“不加工”。

形状和位置公差：平行度要求。基准要素：左轴孔、左齿轮腔整体轴线；被测要素：右轴孔、右齿轮腔整体轴线，公差值 ϕ0.015。

其他技术要求：

① 未注铸造圆角 $R3 \sim R5$；

② 铸件不得有气孔、夹砂、裂纹等缺陷；

③ 铸件须经人工时效处理。

4. **量具**

游标卡尺、千分尺、钢尺等。测量数值圆整处理。

5. **绘制泵体零件图**

图 7-133 是泵体的零件图。

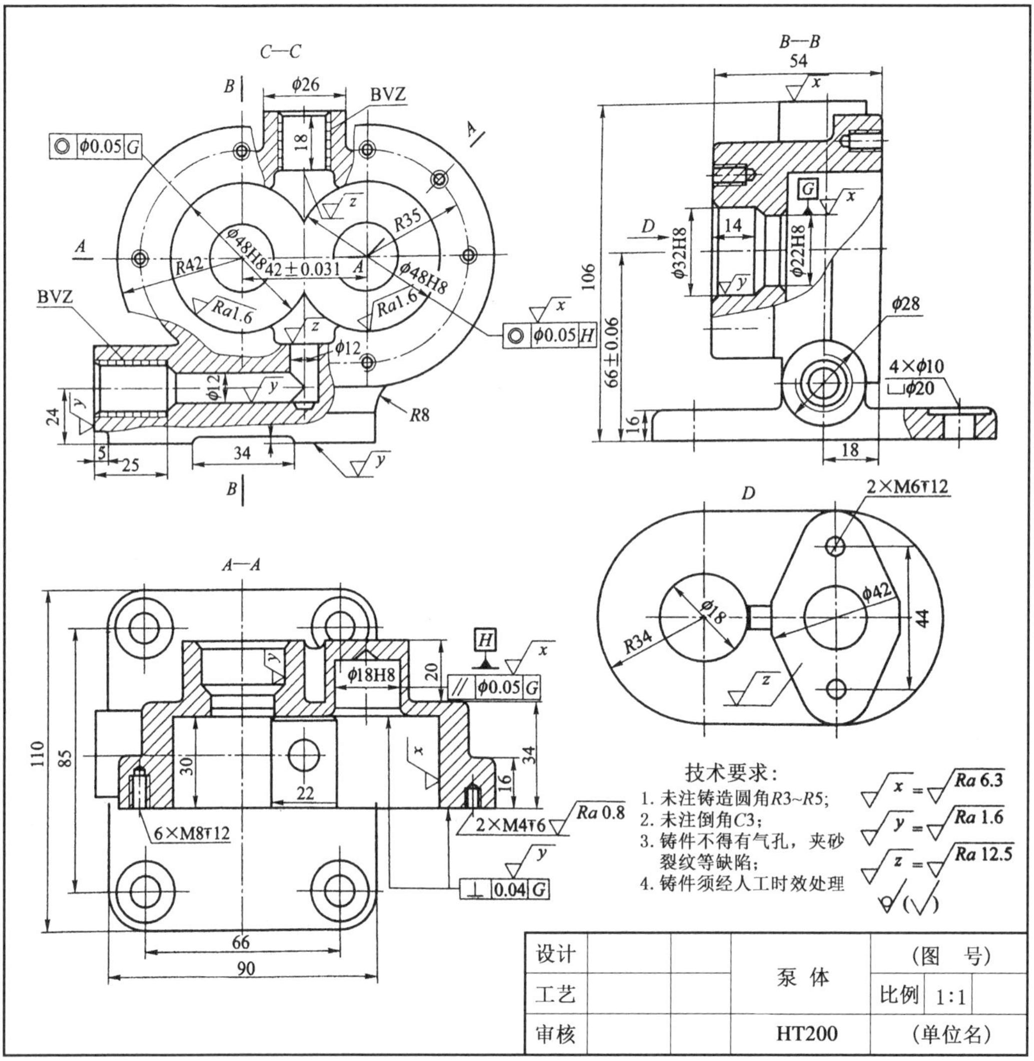

图 7-133　泵体的零件图(单位：mm)

第 8 章　连接类零件绘制

本章导读

在各种机器和设备上，除一般零件外，还广泛使用螺纹紧固件（如螺栓、螺钉、螺母垫圈等）、连接件（如键、销）和滚动轴承等，它们的结构、形状、大小都已标准化，称为标准件，如图 8-1 所示。

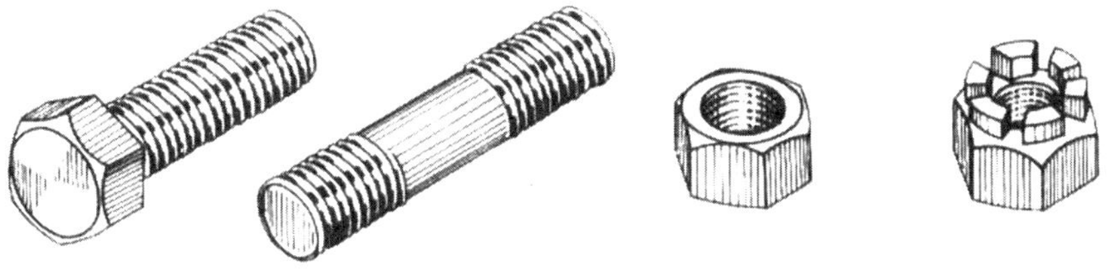

图 8-1　连接类零件

素质目标

培养遵纪守法的职业素养，教导学生要严格按照国家标准、工程设计、选择标准型号和规格来画图，灌输中外知识产权保护法律法规，使学生认识到严格遵守相关法律的重要性，培养尊重知识产权的职业素养。严格遵守日常行为准则、职业规范与职业道德。

知识目标

（1）了解螺纹代号的含义及标注。

（2）熟练掌握螺纹紧固件的连接画法。

（3）熟练掌握普通平键的连接画法。

能力目标

（1）能根据相应的国家标准所规定的画法、代号和标记进行绘图和标记。

（2）能正确绘制各种连接图。

8.1 螺纹件绘制

机器设备经常用到螺栓、螺钉、螺母、垫圈、键、销等标准件连接其他零件，实现零件的装配安装。标准件指为了使零件有更好的互换性及便于批量生产和使用，国家对它们的结构、尺寸规格、技术要求等实现标准化的零件或零件组。一台机器的零件标准化程度越高，其使用维护就越方便，就越利于机器的推广和销售以提高市场占有率。

螺纹连接标准件是标准件中的重要部分，包括各种螺栓、螺柱、螺钉、垫圈、螺母等。在绘图时，对这些已标准化的结构和形状不必按其真实投影画出，而是根据相应的国家标准所规定的画法、代号和标记进行绘图和标注。螺纹是零件上常用的一种结构，如各种螺钉、螺母、丝杠等都具有螺纹结构。螺纹的主要作用是连接零件或传递动力。

8.1.1 螺纹的基本知识

1. 螺纹的形成

与回转面轴线共面的平面图形如三角形、矩形等沿螺旋线运动而形成的螺旋体称为螺纹。螺纹有外螺纹和内螺纹两种，一般成对使用，如图 8-2 所示。

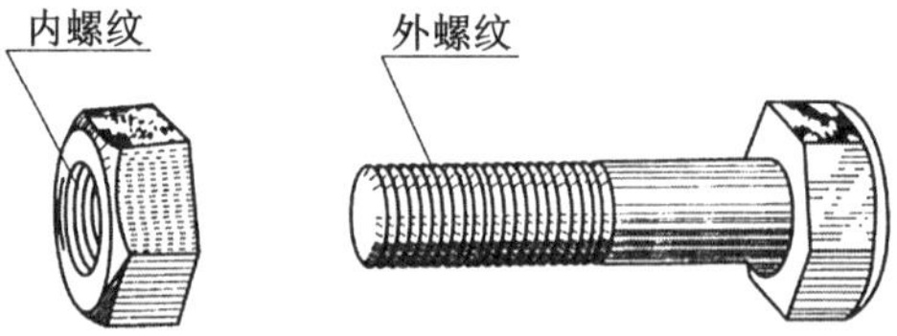

图 8-2　内螺纹和外螺纹

螺纹的加工方法很多。图 8-3(a)，(b)分别为车床上加工圆柱外螺纹和内螺纹的示意图；图 8-3(c)为大量生产螺纹紧固件时，碾压螺纹的原理图；图 8-3(d)，(e)分别为手工加工小直径内螺纹和外螺纹的示意图。

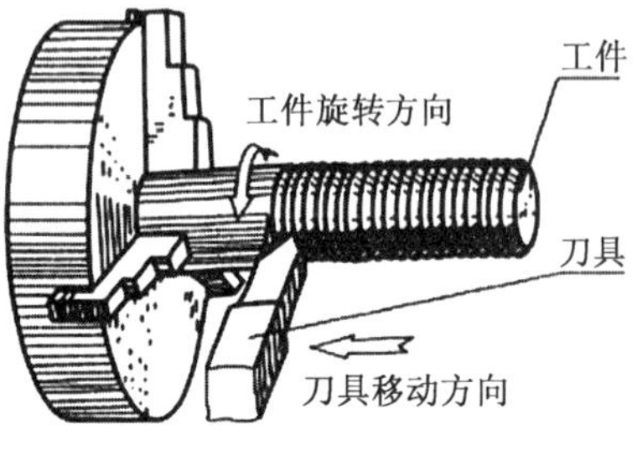

(a)

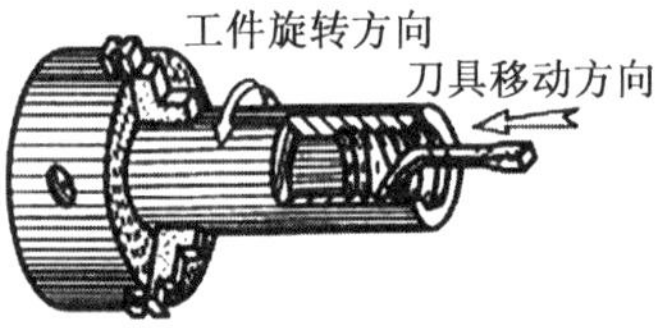

(b)

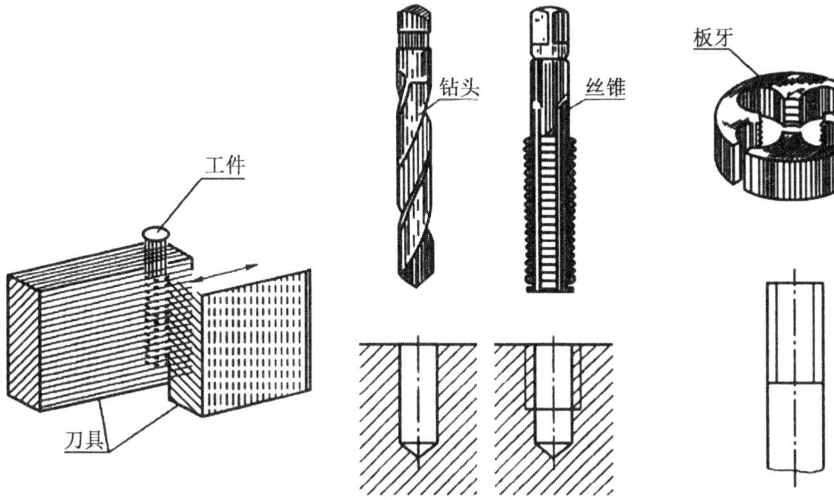

(c)　　　　(d)　　　　(e)

图 8-3　螺纹加工

2. 螺纹的基本要素

螺纹的基本要素主要有牙型、直径、螺距、线数和旋向等。其意义分述如下。

(1) 螺纹牙型

螺纹牙型是指螺纹轴向剖面的轮廓形状。常用的有三角形、梯形、锯齿形等，见表 8-1。

表 8-1　各种螺纹的牙型及其用途

螺纹类别			外形及牙型	特征代号	说明
连接螺纹	普通螺纹	粗牙普通螺纹	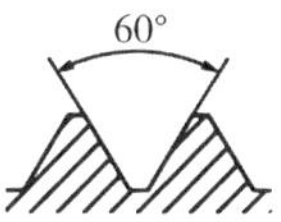	M	是最常用的连接螺纹。细牙普通螺纹的螺距较粗牙普通螺纹小，切深较浅，用于细小、精密零件或薄壁零件
		细牙普通螺纹			
	管螺纹	非螺纹密封的管螺纹	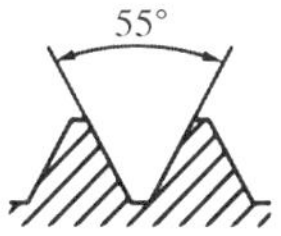	G	本身无密封能力，常用于电线管等不需要密封的管路系统。非螺纹密封的管螺纹在另加密封结构后，密封性能很可靠
		用螺纹密封的管螺纹	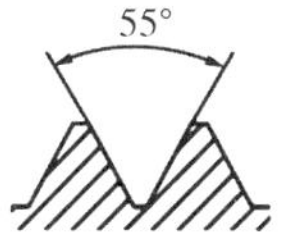	R Rc Rp	圆锥外螺纹代号为 R，圆锥内螺纹代号为 Rc（锥度为 1∶16），圆柱内螺纹代号为 Rp，内、外螺纹旋合后有密封能力
传动螺纹	梯形螺纹		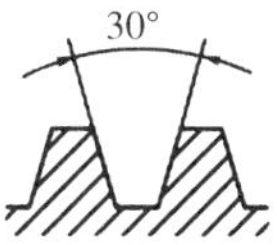	Tr	可双向传递运动及动力，常用于承受双向力的丝杠传动
	锯齿形螺纹		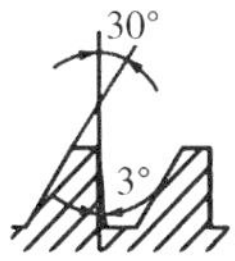	B	只能传递单向动力，如螺旋压力机的传动丝杠就采用这种螺纹

(2) 直径

螺纹的直径有 3 个：大径 (d、D)、小径(d_1、D_1) 和中径(d_2、D_2)。螺纹的大径是指与外螺纹牙顶或内螺纹牙底相重合的假想圆柱面的直径(图 8-4)，即螺纹的最大直径。螺纹的小径是指与外螺纹牙底或内螺纹牙顶相重合的假想圆柱面的直径，即螺纹的最小直径。螺纹的中径是指通过螺纹轴线的剖面内沟槽与凸起宽度相等部分的圆柱面的直径。

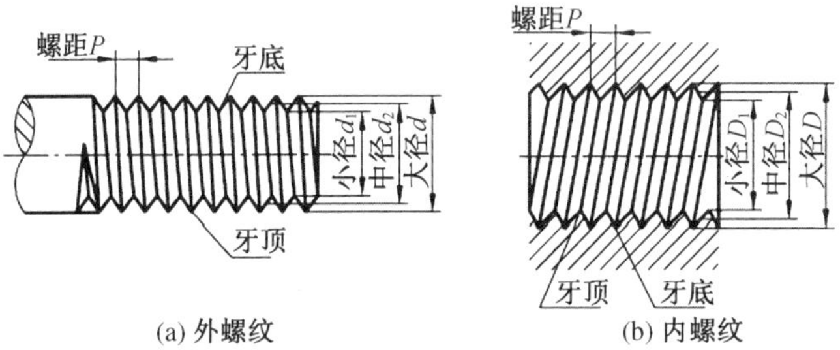

图 8-4　螺纹各部分的名称

(3) 螺纹的线数

螺纹有单线和多线之分。在同一螺纹件上只有一条螺纹的称为单线螺纹，如图 8-5(a) 所示，在同一螺纹件上有多条螺纹的称为多线螺纹。图 8-5(b)为一段双线螺杆，在它上面做了 2 条螺纹。一般连接用的螺钉、车床上的传动丝杠等都是单线螺纹，而摩擦压力机的螺杆是多线螺纹。

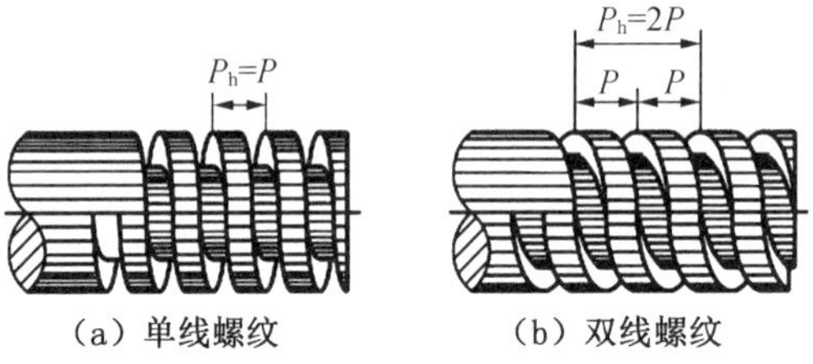

图 8-5　螺纹的线数

(4) 导程和螺距

在车制螺纹时，工件旋转一周刀具沿轴线方向移动的距离称为导程，即同一条螺旋线上相邻两牙在中径线上对应两点之间的轴向距离。螺距是螺纹相邻两牙在中径线上对应两点之间的轴向距离，单线螺纹的螺距 P = 导程 P_h，如图 8-5(a)所示；如果是双线螺纹，由图 8-5(b)可知，一个导程包括两个螺距，则螺距 P = 导程 $P_h/2$；若是三线螺纹，螺距 = 导程/3。因此，螺距和导程之间的关系可以用下式表示：螺距 = 导程/线数。

(5) 螺纹的旋向

螺纹有右旋和左旋之分，将外螺纹轴线铅垂放置，螺纹右上左下则为右旋，左上右下为左旋。右旋螺纹顺时针旋转时旋合，逆时针旋转时退出，左旋螺纹反之，其中以右旋为最常用。以右、左手判断右旋螺纹和左旋螺纹的方法如图 8-6 所示。

在螺纹的五个要素中，螺纹牙型、直径和螺距是决定螺纹的最基本要素，称为螺纹三要素。凡这三个要素都符合标准的称为标准螺纹。螺纹牙型符合标准，而大径、螺距不符合标准的称为特殊螺纹。若螺纹牙型不符合标准，则称为非标准螺纹。

内、外螺纹总是成对使用，但只有当五个要素相同时，内、外螺纹才能拧合在一起。

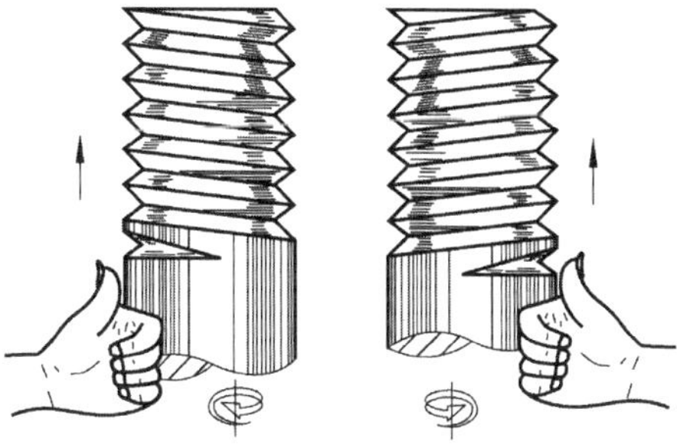

(a) 左旋　　(b) 右旋

图 8-6　螺纹的旋向

3. **螺纹的代号及分类**

螺纹按其用途可分为连接螺纹和传动螺纹两类。连接螺纹包括普通螺纹和管螺纹，普通螺纹有粗牙和细牙之分，管螺纹又有非螺纹密封的管螺纹、用螺纹密封的管螺纹、60°圆锥管螺纹和米制锥螺纹。传动螺纹包括梯形螺纹、锯齿形螺纹和矩形螺纹，用以传递运动和动力。不同的螺纹有不同的代号，见表 8-1。

8.1.2　螺纹的规定画法

1. **内、外螺纹的规定画法**

绘制螺纹的真实投影十分烦琐，并且在实际生产中也没有必要这样做。为了便于绘图，国家标准《机械制图　螺纹及螺纹紧固件表示法》(GB/T 4459.1—1995)对螺纹的画法作了规定，综述如下：

(1) 单个外螺纹的画法

在反映螺纹轴线的视图中，螺纹牙顶线(即大径)用粗实线表示，牙底线(即小径)用细实线表示，并应画入倒角内；小径通常画成大径的 0.85 倍；螺纹的终止线用粗实线表示。在垂直于螺纹轴线的视图中，牙顶用粗实线圆表示，表示牙底的细实线圆只画约 3/4 圈，此时规定倒角圆省略不画。剖视画法中剖面线必须画至粗实线位置，如图 8-7 所示。

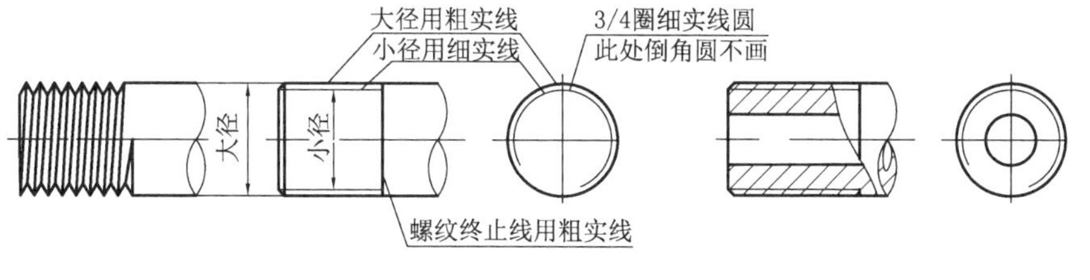

(a) 不剖画法　　(b) 剖开画法

图 8-7　外螺纹的画法

(2) 单个内螺纹的画法

表达内螺纹常采用剖视画法。在轴向剖视图中，牙顶线(即小径)及螺纹终止线用粗实线表示，牙底线(即大径)用细实线表示，如图 8-8 所示。不剖时，螺纹中所有图线均用虚线表示。在垂直于螺纹轴线的视图中，牙顶用粗实线圆表示，表示牙底的细实线圆(不剖画法中均用虚线圆)也只画约 3/4 圈,同样规定倒角圆省略不画,如图 8-8 所示。

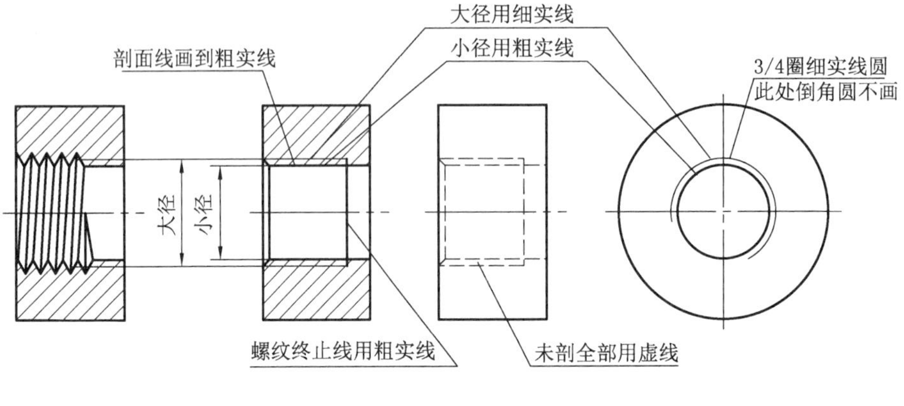

(a) 剖开画法　　(b) 不剖画法

图 8-8　内螺纹的画法

(3) 不穿通螺孔的画法

绘制不穿通的螺孔时,一般应将钻孔深度与螺纹部分的深度分别画出,并标上尺寸,如图 8-9 所示。加工不穿通的螺孔时,先按螺纹小径钻孔,后用丝锥攻丝,如图 8-9(b)所示。钻头的锥顶角一般做成 118°,在孔底部形成 118°的锥顶角。画图时此角按 120°画出,如图 8-9(a) 所示,但不必标注尺寸。

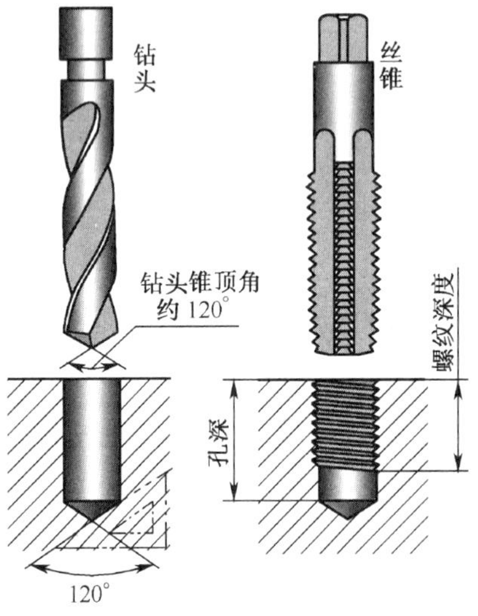

(a)　　(b)

图 8-9　不穿通螺孔的画法

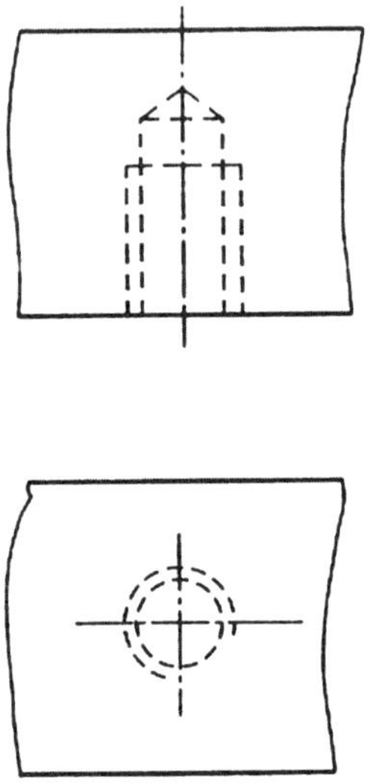

图 8-10　螺孔不剖开

(4) 螺孔不剖开的画法

螺孔不剖开时,不可见螺纹的所有图线均按虚线绘制,如图 8-10 所示。

2. 螺纹连接的规定画法

以剖视图表示内、外螺纹的连接时,其旋合部分应按外螺纹的画法绘制,其余部分仍按各自的画法表示，如图 8-11 所示。

因为只有牙型、大径、小径、螺距及旋向都相同的螺纹才能旋合在一起，所以在剖视图中，表示外螺纹牙顶的粗实线，必须与表示内螺纹牙底的细实线在一条直线上；表示外螺纹牙底的细实线，也必须与表示内螺纹牙顶的粗实线在一条直线上。

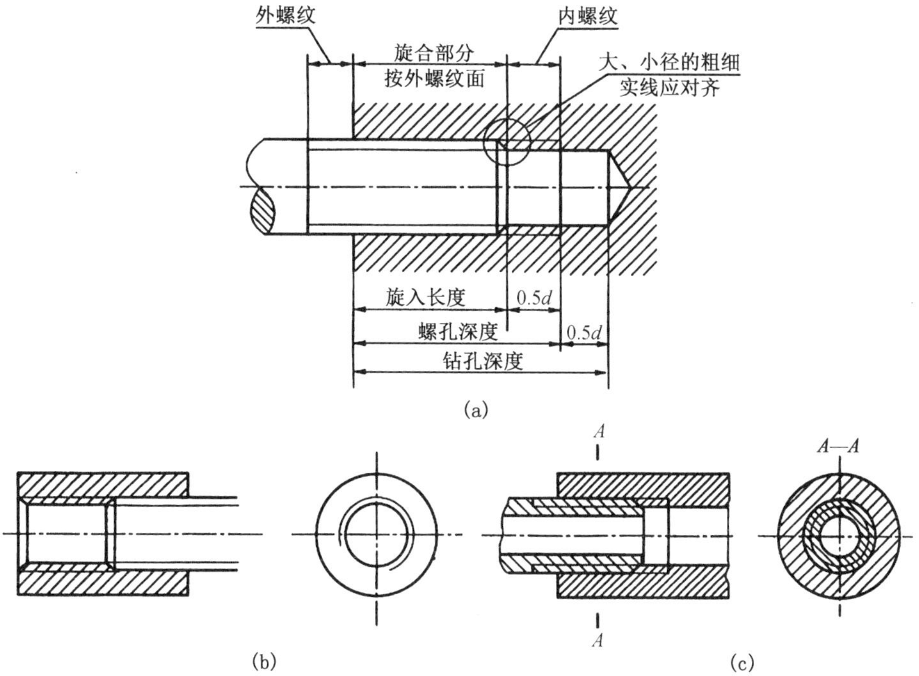

图 8-11　内、外螺纹连接的画法

3. 其他规定画法

（1）部分螺孔的画法

机件上有时出现部分螺孔的情况，当绘制这种螺纹的投影为圆的视图时，螺纹的大径也应适当空出一段距离。

（2）螺孔中相贯线的画法

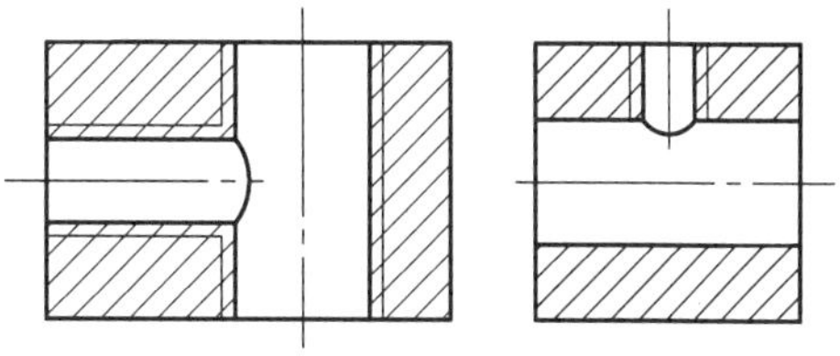

图 8-12　螺孔中相贯线的画法

螺孔与螺孔或光孔相交时只在螺纹小径画一条相贯线，如图 8-12 所示。

（3）剖面线画法

无论是外螺纹还是内螺纹，在剖视图或断面图中剖面线都必须画粗实线。

8.1.3　螺纹的标注方法

螺纹的种类很多，但规定画法却相同，在图上对标准螺纹只能用螺纹代号或标记来区别它们的不同。

1. 普通螺纹的标注

普通螺纹的完整标记由螺纹规格代号、螺纹公差代号及螺纹旋合长度代号 3 部分组成，见表 8-2。其格式为

螺纹规格代号 — 螺纹公差带代号 — 螺纹旋合长度代号

特征代号　公称直径×螺距　旋向 — 中径公差带代号　顶径公差带代号 — 旋合长度代号

① 普通螺纹的特征代号为“M”，公称直径指螺纹大径。

② 螺纹公差带代号由公差等级代号和基本偏差代号组成。

螺纹副(内、外螺纹旋合在一起)标记中的内、外螺纹公差带代号用斜线分开，斜线前后分别表示内、外螺纹公差带代号。例如 M20×2—6H/6g。

③ 旋合长度是指内、外螺纹旋合在一起的有效长度，普通螺纹的旋合长度分为 3 组，分别称为短旋合长度、中旋合长度和长旋合长度，相应代号为 S，N，L。相应的长度可根据螺纹公称直径及螺距从标准中查出。当为中旋合长度时，“N”不标注。

普通螺纹精度等级：根据螺纹的公差带和短、中、长 3 组旋合长度，螺纹的精度又分为精密级、中等级和粗糙级 3 种。在一般情况下多采用中等级。

公称直径以毫米为单位的螺纹，其标记应直接注在大径的尺寸线上，或注在其引出线上。

普通螺纹标记示例：

“M16×1.5LH—5g6g—L”表示普通外螺纹，其牙型角为 60°，公称直径为 16 mm，螺距为 1.5 mm，细牙，左旋，中径公差带为 5 g，顶径公差带为 6 g，长旋合长度。

表 8-2　普通螺纹的标注

螺纹种类	标注的内容和方式	图例	说明
粗牙普通螺纹	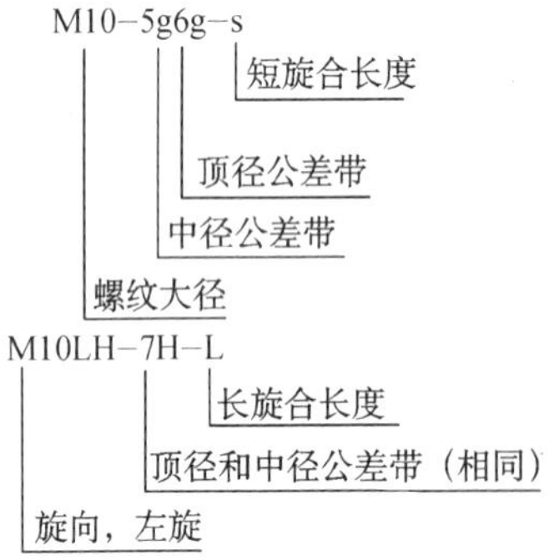	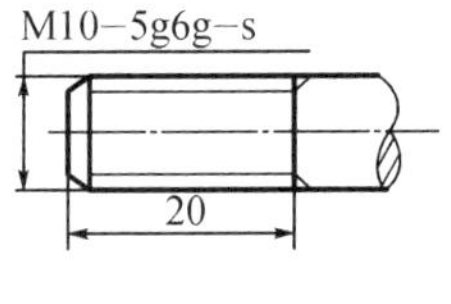 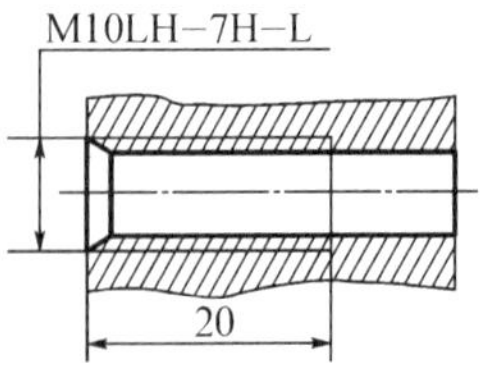	(1) 不注螺距。 (2) 右旋省略不标注，左旋要标注。 (3) 中径和顶径公差带相同时，只标注一个代号，如 7H。 (4) 当旋合长度为中等长度时，不标注。 (5) 图中所注螺纹长度，均不包括螺尾在内
细牙普通螺纹	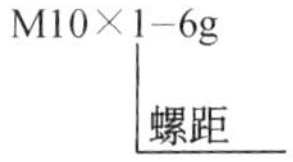	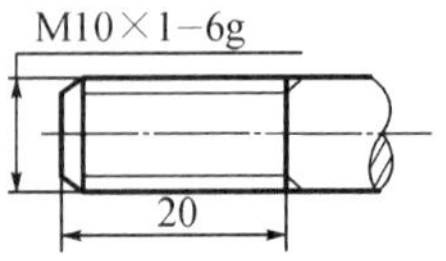	(1) 要标注螺距。 (2) 其他规定同上

2. 梯形螺纹的标注

梯形螺纹的完整标注，见表 8-3。其格式为

螺纹特征代号 — 中径公差带代号 — 旋合长度代号

其中螺纹特征代号：Tr 公称直径×导程(螺距)旋向。

梯形螺纹标记示例：

“Tr40×7—7H”表示公称直径为 40 mm、螺距为 7 mm 的单线右旋梯形内螺纹，中径公差带代号为 7H，中等旋合长度。

表 8-3　梯形螺纹的标注

<table>
<tr><th>螺纹种类</th><th>标注内容</th><th>图例</th><th>说明</th></tr>
<tr><td>单线梯形纹</td><td>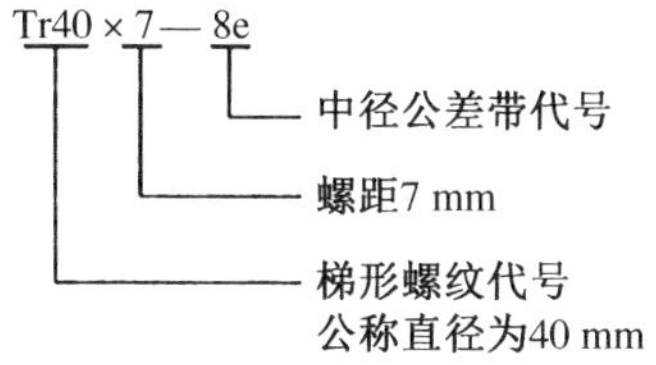
</td><td>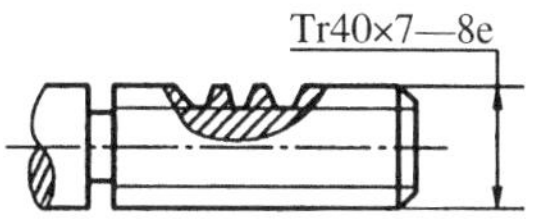
</td><td>(1) 单线梯形螺纹代号 Tr 公称直径 × 螺纹 旋向
(2) 右旋省略不标注，左旋要注 LH</td></tr>
<tr><td>多线梯形螺纹</td><td>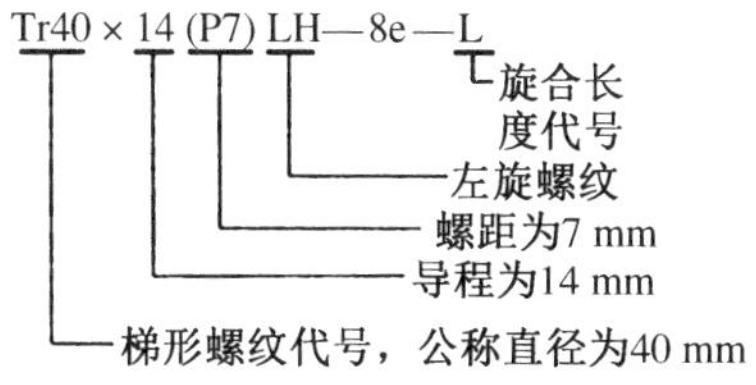
</td><td>
</td><td>(1) 多线梯形螺纹代号 Tr 公称直径 × 导程(P 螺距) 旋向
(2) 旋合长度分为中等(N)和长(L)旋合长度两组，中等旋合长度符号 N 不标注</td></tr>
</table>

3. 管螺纹的标注

管螺纹的完整标注见表 8-4。其格式为

特征代号　尺寸代号 — 旋向

特征代号：G，Rc，Rp，R，NPT。其中，字母 G 表示 55°非密封的圆柱(内、外)管螺纹，Rc，Rp，R 分别表示 55°密封的圆锥内螺纹、圆柱内螺纹、圆锥外螺纹(与圆柱内螺纹旋合时代号为 R1，与圆锥内螺纹旋合时代号为 R2)，NPT 表示 60°密封圆锥(内、外)管螺纹。需注意的是，管螺纹的尺寸代号是用英寸作单位，其大小近似等于带有外螺纹的管子的孔径而不是管螺纹的大径。此外，管螺纹的标注是用指引线从螺纹大径线上引出，且指引线不应与剖面线平行。

旋向：只标注左旋代号 LH。

表 8-4　管螺纹的标注

螺纹种类	标注内容		图例	说明
非螺纹密封的管螺纹	管螺纹	G1	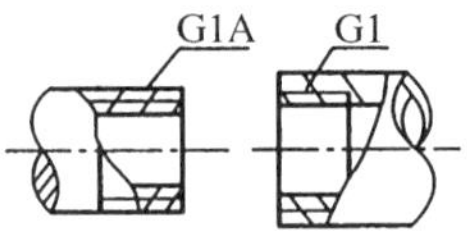	(1) 数字 1,1/2 为管螺纹尺寸代号,不是螺纹大径。作图时,应据此查取螺纹大径值。 (2) A,B 是根据中径公差不同,外螺纹分为 A 级和 B 级,具体数值可查表。 (3) 右旋省略不标注,左旋要标注 LH,如 R1/2—LH
	外螺纹	G1A G1B		
用密封的圆柱管螺纹	R_P1		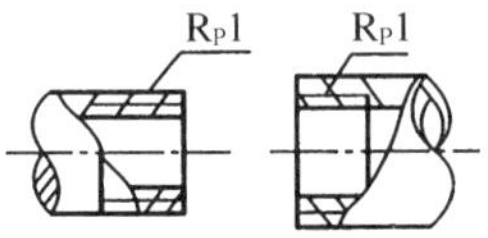	
用密封的圆锥管螺纹	内螺纹	$R_C1/2$	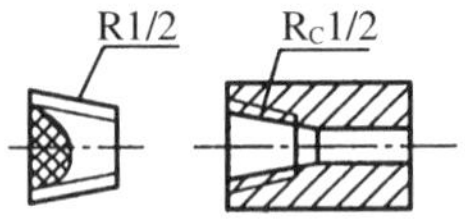	
	外螺纹	R1/2		

4. **螺纹连接件及螺纹紧固件的标注**

常用的螺纹连接件有螺栓、双头螺柱、螺钉、螺母、垫圈等,如图 8-13 所示。它们的结构、尺寸都已标准化。使用时,可从相应的标准中查出所需的结构和尺寸。标准的螺纹连接件标记的内容有:名称、标准编号、螺纹规格×公称长度。常用螺纹连接件的标注见表 8-5。

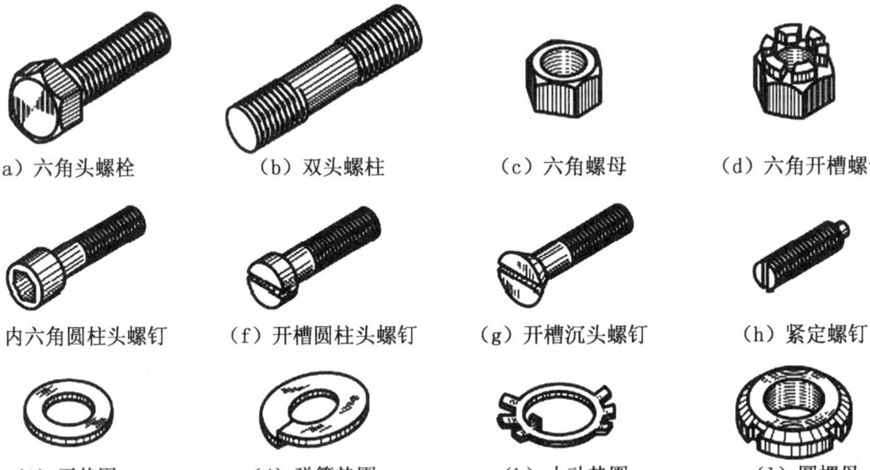

(a) 六角头螺栓　(b) 双头螺柱　(c) 六角螺母　(d) 六角开槽螺母

(e) 内六角圆柱头螺钉　(f) 开槽圆柱头螺钉　(g) 开槽沉头螺钉　(h) 紧定螺钉

(i) 平垫圈　(j) 弹簧垫圈　(k) 止动垫圈　(l) 圆螺母

图 8-13　常用的螺纹连接件

表 8-5　常用螺纹连接件的标注

名称	标注示例	标注形式	说明
螺栓	螺栓 GB/T 5782—2016 M10×50	名称　标准编号　螺纹代号×公称长度	螺纹规格 d=M10、公称长度 l=50 mm(不包括头部)的六角头螺栓

（续表）

名称	标注示例	标注形式	说明
双头螺柱	螺柱 GB/T 898—1988 M12×40	名称　标准编号　螺纹代号×公称长度	螺纹规格 d=M12、公称长度 l=40 mm(不包括旋入端)的双头螺柱
螺母	螺母 GB/T 6170—2000 M16	名称　标准编号　螺纹代号	螺纹规格 D=M16 的六角螺母
平垫圈	垫圈 GB/T 97.1—2002 16～140 HV	名称　标准编号　公称长度-性能等级	公称尺寸 d=16 mm、性能等级为 140 HV、不经表面处理的平垫圈
弹簧垫圈	垫圈 GB/T 93—1987 20	名称　标准编号　规格	规格(螺纹大径)为 20 mm 的弹簧垫圈
螺钉	螺钉 GB/T 65—2000 M10×40	名称　标准编号　螺纹代号×公称长度	螺纹规格 d=M10、公称长度 l=40 mm(不包括头部)的开槽圆柱头螺钉
紧定螺钉	螺钉 GB/T 71—1985 M5×12	名称　标准编号　螺纹代号×公称长度	螺纹规格 d=M5、公称长度 l=12 mm 的开槽锥端紧定螺钉

常用螺纹紧固件的标注见表 8-6。

表 8-6　常用螺纹紧固件的标注

名称	图例及标注示例	名称	图例及标注示例
 开槽沉头螺钉	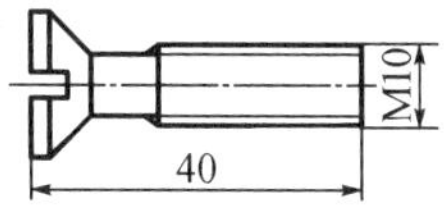 螺钉 GB/T 68—2000 M10×40	 弹簧垫圈	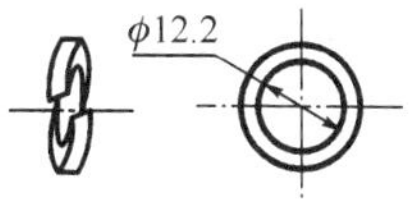 垫圈 GB/T 393—1987—12
 圆柱头内六角螺钉	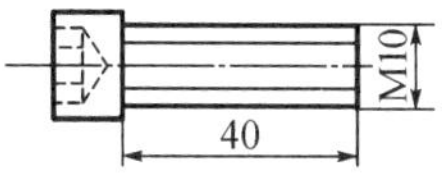 螺钉 GB/T 70—2000 M10×40	 平垫圈	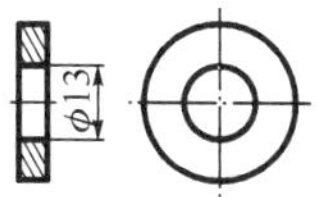 垫圈 GB 97.1—2002—12—14011V
 开槽沉头螺钉	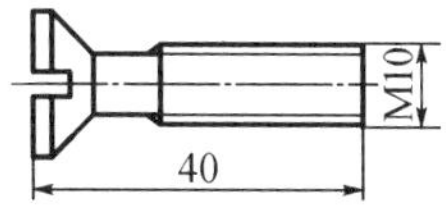 螺钉 GB/T 68—2000 M10×40	 弹簧垫圈	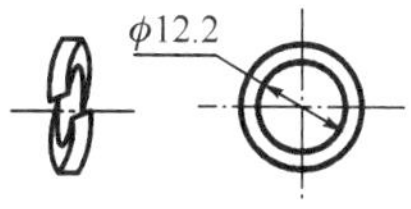 垫圈 GB/T 393—1987—12
 圆柱头内六角螺钉	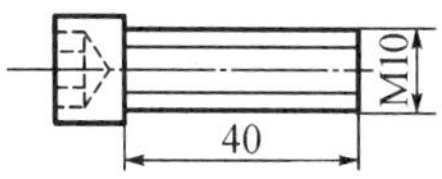 螺钉 GB/T 70—2000 M10×40	 平垫圈	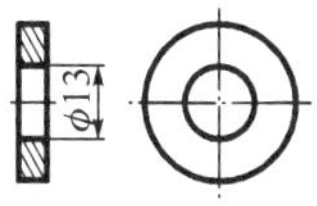 垫圈 GB 97.1—2002—12—14011V

8.1.5 螺纹紧固件的画法

1. **按标准数据绘图**

紧固件各部分可根据规定在国家标准中查出有关尺寸，按标准规定的数据画图。

2. **按比例画图**

为了提高画图速度，螺纹连接件各部分的尺寸(除公称长度外)都可以用 d(或 D) 的一定比例画出，称为比例画法。

(1) 六角头螺栓

六角头螺栓的头部是由六棱柱经倒角 30°而形成的，故每个棱面上均产生双曲线，这些曲线均可由圆弧代替，如图 8-14 所示。

六角头螺栓的画法步骤如下：

① 画出六棱柱的投影；

② 以 $R=1.5d$ 为半径画弧与顶面的投影相切，并与右边两棱线交于 1,2 两点；

③ 由点 2 作水平线，与相邻的棱线交于点 3，平分线段 $\overline{23}$ 得点 4；

④ 以点 4 为圆心，点 4 至点 1 长为半径画弧点 1 至点 5，最后过点 5 作 30°的倒角线。左边一段曲线画法与此相同(图 8-14)。

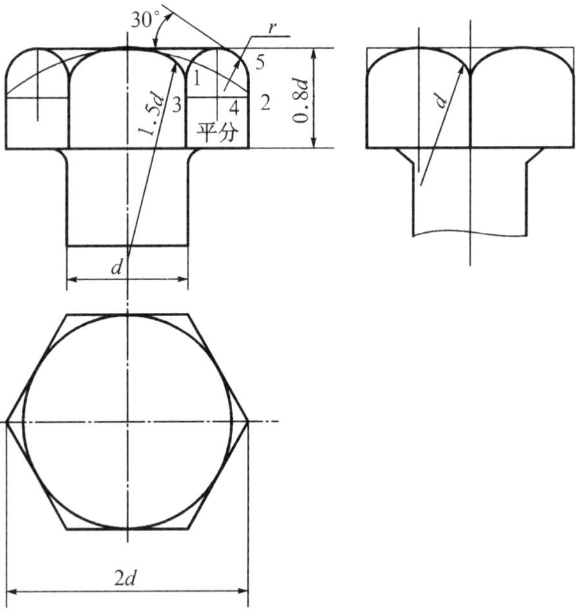

图 8-14　六角头螺栓的头部曲线的近似画法

六角头螺栓的各部分尺寸与螺纹大径 d 的比例关系如图 8-15(a)所示。

(2) 六角头螺母

六角头螺母各部分尺寸与螺纹大径 D 的比例关系如图 8-15(b)所示。表面交线的画法与六角头螺栓头部的画法相同。

(3) 垫圈

垫圈各部分尺寸按与它相配的螺纹紧固件的大径 d 的比例关系画出，如图 8-15(c)所示。

(4) 螺钉

螺钉的外形可按图 8-15(d)—(g)的简化画法绘制。各部分尺寸与大径 d 的比例关系如图中所示。

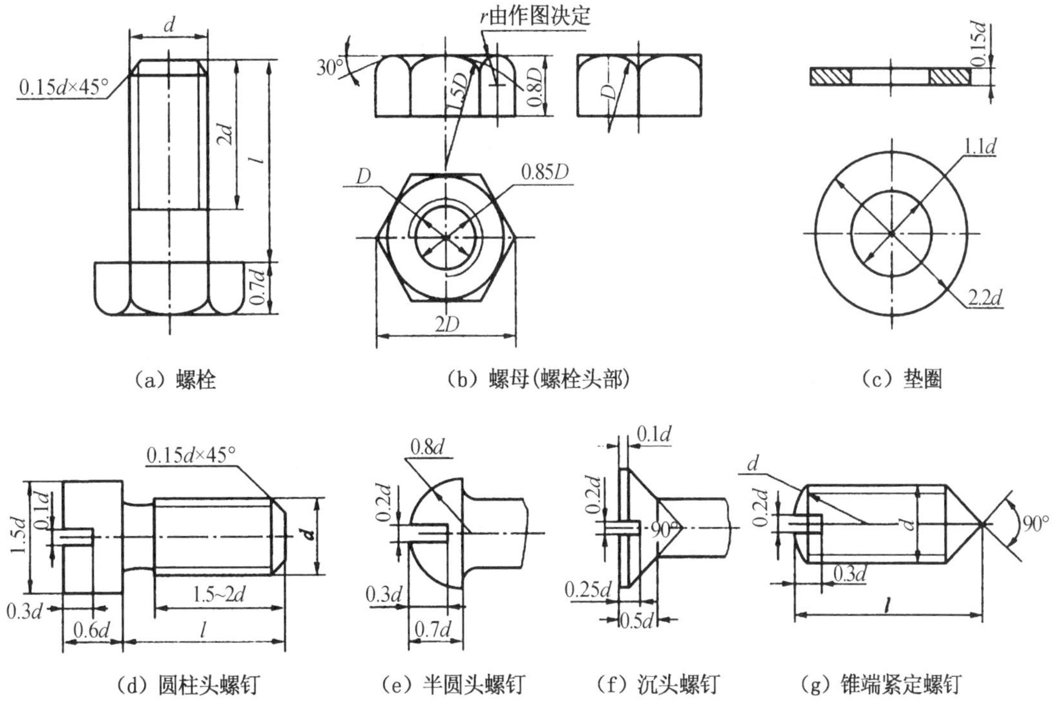

图 8-15 单个紧固件的比例画法

8.1.6 螺纹紧固件的装配画法

1. 基本规定

根据使用要求的不同，螺纹紧固件连接通常有螺栓连接、螺柱连接和螺钉连接三种形式。在画螺纹紧固件的装配图时首先作如下规定：

(1) 两零件的接触表面只画一条线，不接触表面不论间隔多小都要画两条线。

(2) 当剖切平面通过螺杆的轴线时，螺栓、螺柱、螺钉及螺母、垫圈等均按未剖切绘制。

(3) 在剖视图上，相接触的两个零件的剖面线的方向或间隔应不同；同一零件在各视图上的剖面线的方向和间隔必须一致。

2. 螺栓连接

螺栓连接用于两个或两个以上不太厚并能钻成通孔的零件之间的连接，如图 8-16(a)所示。为了便于装配，被连接零件上通孔的直径应比螺栓的螺纹大径略大，$D_0 \approx 1.1d$。

螺栓连接装配图一般根据公称直径 d 按比例关系画出，如图 8-16(b)所示。

在画图时应注意下列两点。

(1) 栓的有效长度 L 应按下式估算：

$$L = \delta_1 + \delta_2 + 0.15d\text{(垫圈厚)} + 0.8d\text{(螺母厚)} + 0.3d$$

其中，$0.3d$ 是螺栓末端的伸出高度。

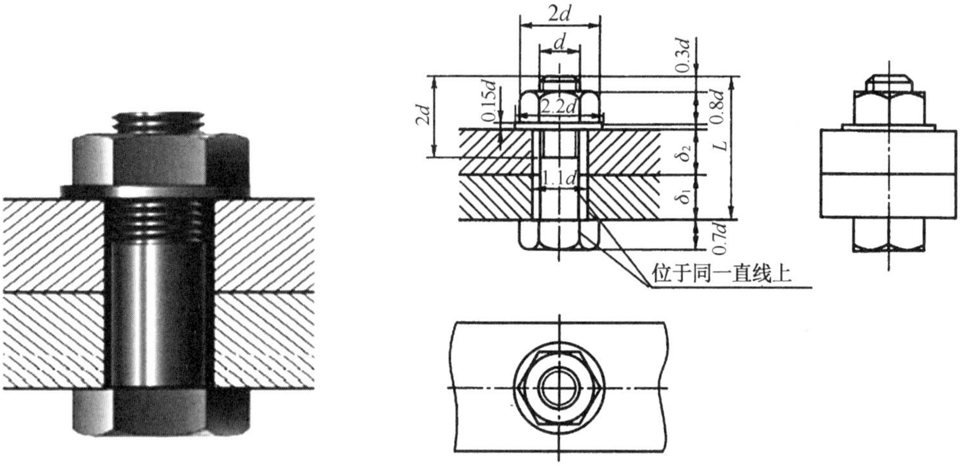

（a）螺栓连接　　（b）连接画法

图 8-16　螺栓连接画法

然后根据估算出的数值查标准手册中螺栓的有效长度 L 的系列值，选出一个相近的标准数值。

（2）为了保证成组多个螺栓装配方便，不因上、下板孔间距误差造成装配困难，被连接零件上的孔径总比螺纹大径大些，画图时按 $1.1d$ 画出。同时，螺栓上的螺纹终止线应低于通孔的顶面，以显示拧紧螺母时有足够的螺纹长度。

3. **双头螺柱连接**

双头螺柱连接由双头螺柱、螺母、垫圈组成。连接时，一端直接拧入被连接零件的螺孔中，另一端用螺母拧紧，如图 8-17(a)所示。

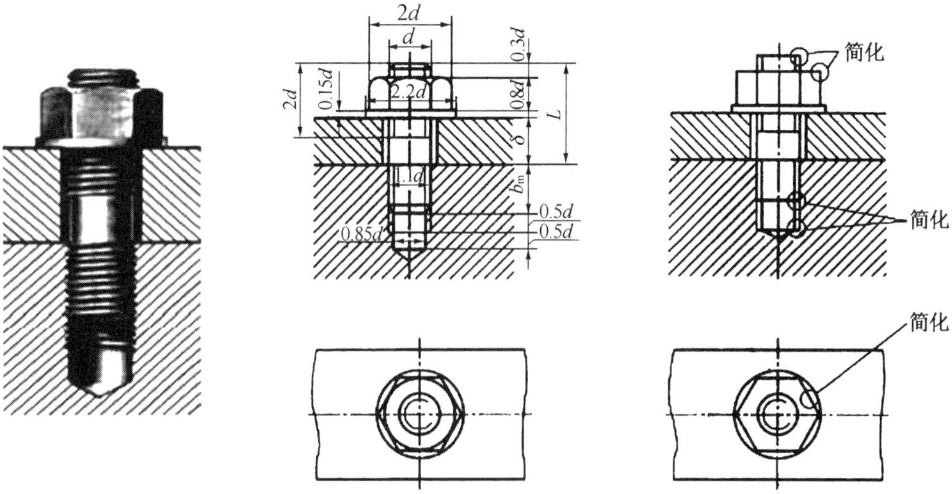

（a）双头螺柱连接　　（b）连接画法　　（c）简化画法

图 8-17　双头螺柱连接画法

双头螺柱连接多用于被连接件之一太厚，不适于钻成通孔或不能钻成通孔时。在拆卸时只需拧出螺母、取下垫圈，而不必拧出螺柱，因此采用这种连接不会损坏被连接件上的螺孔。

双头螺柱装配图的比例画法如图 8-17(b)所示。

在绘图时应注意以下五点。

(1) 双头螺柱的有效长度 L 应按下式估算：

$$L=\delta+0.15d(\text{垫圈厚})+0.8d(\text{螺母厚})+0.3d$$

然后根据估算出的数值查手册表中双头螺柱的有效长度 L 的系列值，选取一个相近的标准数值。

(2) 双头螺柱旋入机件的一端的长度 b_m 的值与机件的材料有关。对于钢和青铜，$b_m=d$；对于铸铁，$b_m=1.5d$；对于铝，$b_m=2d$。旋入端应全部拧入机件的螺孔内，所以螺纹终止线与机件端面平齐。

(3) 为确保旋入端全部旋入，机件上的螺孔的螺纹深度应大于旋入端的螺纹长度 b_m。在画图时，螺孔的螺纹深度可按 $b_m+0.5d$ 画出；钻孔深度可按 b_m+d 画出。

(4) 螺母和垫圈等部分尺寸与大径 d 的比例关系和画法与前述相同。

(5) 在装配图中，对于不穿通的螺孔，也可以不画出钻孔深度，而仅按螺纹的深度画出；六角螺母及螺杆头部的倒角也可以省略不画，如图 8-17(c)所示。

4. 螺钉连接

螺钉连接不用螺母，而是将螺钉直接拧入机件的螺孔里，依靠螺钉头部压紧被紧固体，如图 8-18(a)所示。螺钉连接多用于受力不大，而被连接件之一较厚的情况。

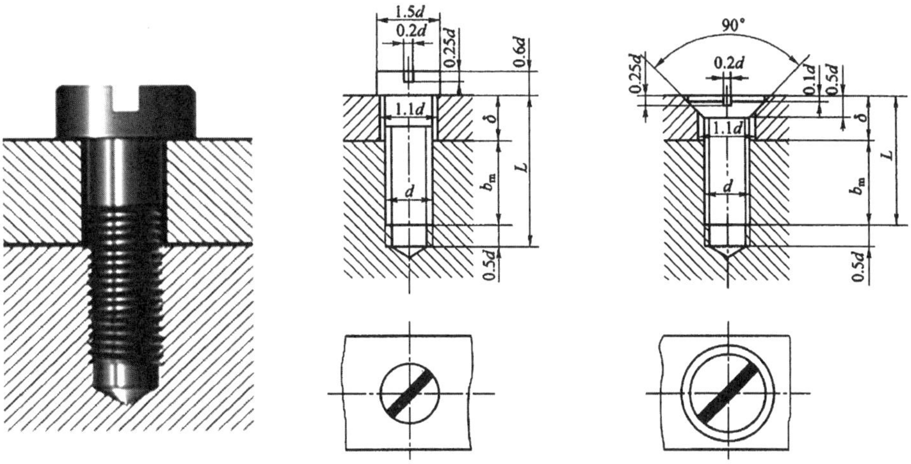

(a) 螺钉连接　(b) 开槽圆柱头螺钉　(c) 开槽沉头螺钉

图 8-18　螺钉连接画法

画螺钉装配图时应注意以下三点。

(1) 螺钉的有效长度 L 应按下式估算：

$$L = \delta + b_m$$

b_m 根据被旋入零件的材料而定，见双头螺柱。然后根据估算出的数值查手册各表中相应螺钉的有效长度 L 的系列值，选取相近的标准数值。

(2) 为了使螺钉能压紧被连接零件，螺钉的螺纹终止线应高出螺孔的端面，如图 8-18(b)所示，或在螺杆的全长上都有螺纹，如图 8-18(c)所示。

(3) 螺钉头部的一字槽和十字槽的投影可以涂黑表示。在投影为圆的视图上，这些槽按习惯应画成与中心线呈 45°，如图 8-18(b)，(c)所示。

5. **紧定螺钉连接**

与螺栓、双头螺柱和螺钉不同，紧定螺钉不是利用旋紧螺纹产生轴向压力压紧机件起固定作用。紧定螺钉用于固定两个零件的相对位置，使它们不产生相对运动。

紧定螺钉分为柱端、锥端和平端三种。

柱端紧定螺钉利用其端部小圆柱插入机件小孔或环槽，图 8-19(a)、(c)中起定位、固定作用，阻止机件移动。锥端紧定螺钉利用端部锥面顶入机件上小锥坑，图 8-19(b)中起定位、固定作用。平端紧定螺钉则依靠其端平面与机件的摩擦力起定位作用。三种紧定螺钉能承受的横向力递减。

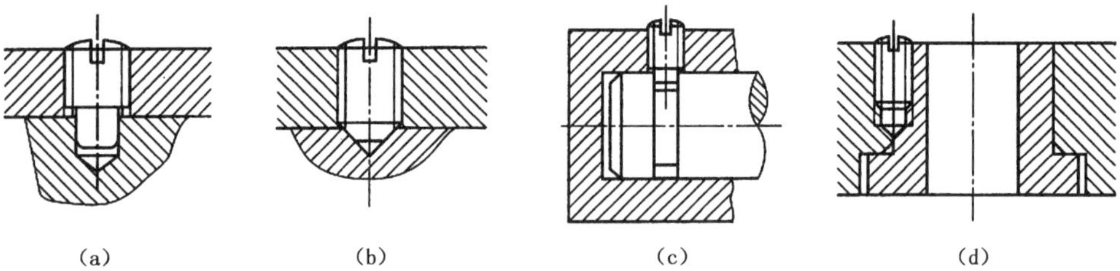

图 8-19　紧定螺钉连接画法

有时也将紧定螺钉“骑缝”旋入(将两机件装好，加工螺孔，使螺孔在两机件上各有一半，再旋入紧定螺钉)，起固定作用，此时称为骑缝螺钉，如图 8-19(d)所示。

8.2　键和销绘制

8.2.1　键连接

键是标准件，为了使齿轮、带轮等零件和轴一起转动，通常在轮孔和轴上分别切制出键槽，用键将轴、轮等连接起来转动，起到传递扭矩的作用。

1. **常用键及标注**

(1) 键的类型及其标注

常用的键有普通平键、半圆键和钩头楔键三种，它们的类型和标注规定见表 8-7。

表 8-7　键的类型及标注

名称	类型及图例		标注示例
普通平键	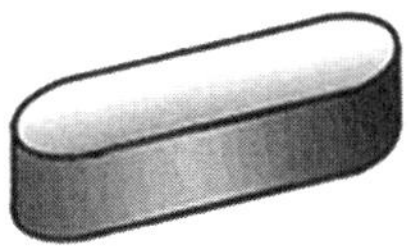	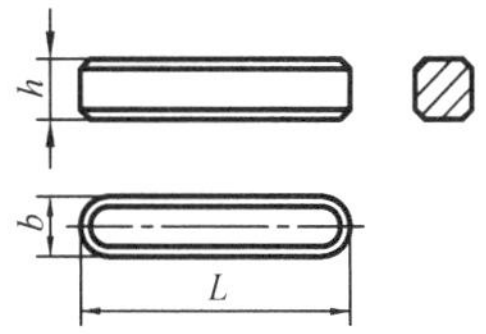	$b=8$ mm，$h=7$ mm，$L=25$ mm 普通平键（A 型）： GB/T 1096—2003 键 8×7×25
半圆键		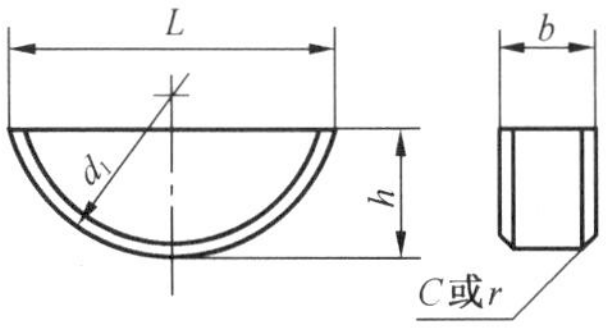	$b=6$ mm，$h=10$ mm，$d_1=25$ mm， $L=24.5$ mm 半圆键： GB/T 1099.1—2003 键 6×10×25
钩头楔键		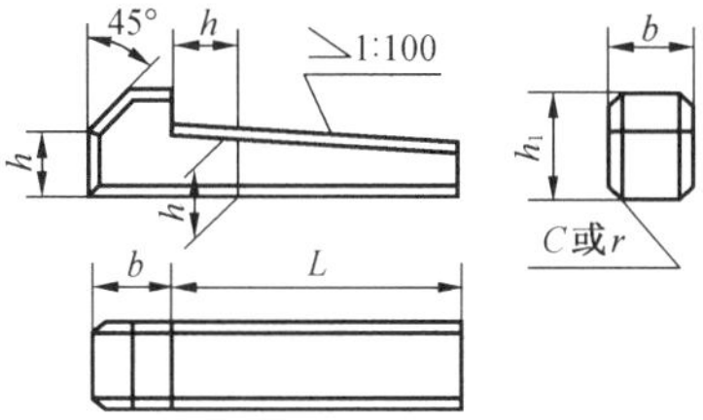	$b=18$ mm，$h=11$ mm，$L=100$ mm 钩头楔键： GB/T 1565—2003 键 18×11×100

（2）键槽的加工

要连接轮与轴，须在轮毂和轴上分别加工出键槽，先将键嵌入轴的键槽内，再对准轮毂上的键槽，将轴和键一起插入轮毂孔内。常用键的键槽形式及加工方法如图 8-20 所示。

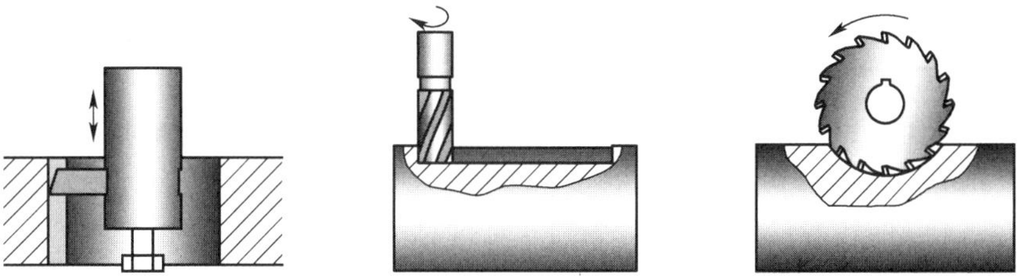

（a）插制轮孔中键槽　（b）铣削轴上平键槽　（c）铣削轴上半圆键键槽

图 8-20　键槽的加工方法示意图

（3）键的选用

选用时可根据轴的直径查键的标准，得出它的尺寸。平键和钩头楔键的长度 L 应根据轮毂（轮盘上有孔，穿轴的那一部分）长度及受力大小选取相应的系列值。

2. 键连接的结构分析

图 8-21 为带轮连接的装配实体图。通过结构分析可知，带轮与轴之间用了圆柱销、垫圈、螺钉及普通平键进行连接紧固（图 8-22）。

图 8-21　带轮连接

图 8-22　带轮连接分解图

3. 键连接的类型及画法

在反映键长度方向的剖视图中，轴采用局部剖视，键按不剖处理；在轴横截面视图采用端面图表示。在连接图中，键的倒角或小圆角一般省略不画。

（1）普通平键连接

① 键槽的画法

轴上键槽和轮毂上键槽的画法如图 8-22 和图 8-24 所示。

② 普通平键连接画法

普通平键的两个侧面是工作面，在装配图中，键与键槽侧面之间不应留间隙；而键的顶面是非工作面，它与轮毂的键槽顶面之间应留有间隙，如图 8-25 所示。

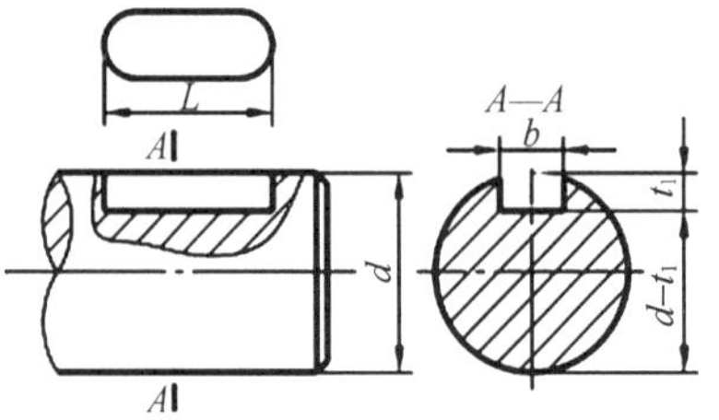

图 8-23　轴上键槽的画法

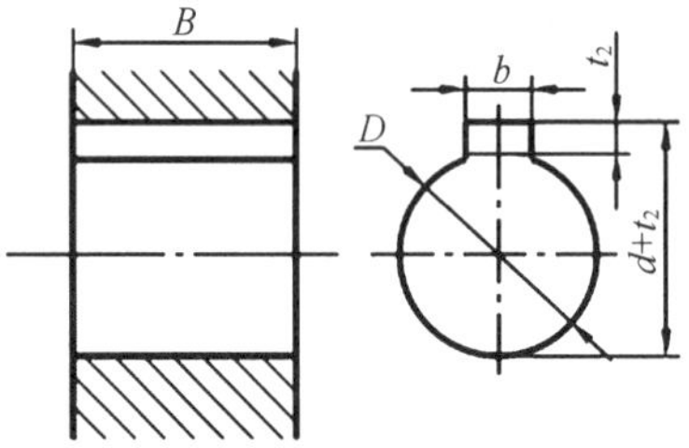

图 8-24　轮毂上键槽的画法

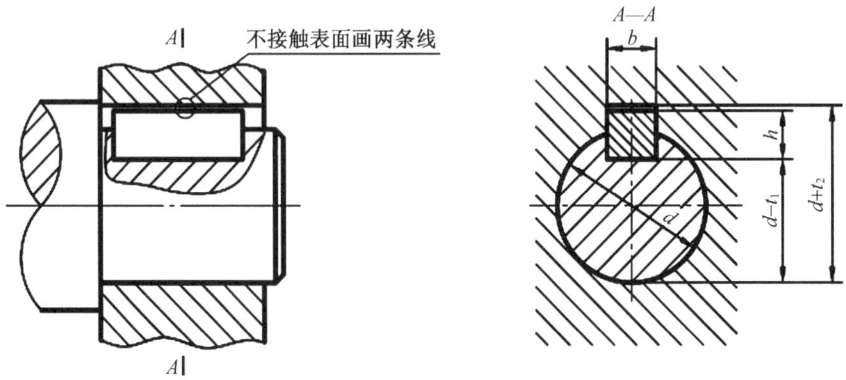

图 8-25　普通平键连接画法

(2) 半圆键连接

半圆键的两个侧面是工作面，在装配图中，键与键槽侧面之间不应留间隙；而键的顶面是非工作面，它与轮毂的键槽顶面之间应留有间隙。由于半圆键在键槽中能绕槽底圆弧摆动，可以自动适应轮毂中键槽的斜度，因此适用于具有锥度的轴，如图 8-26 所示。

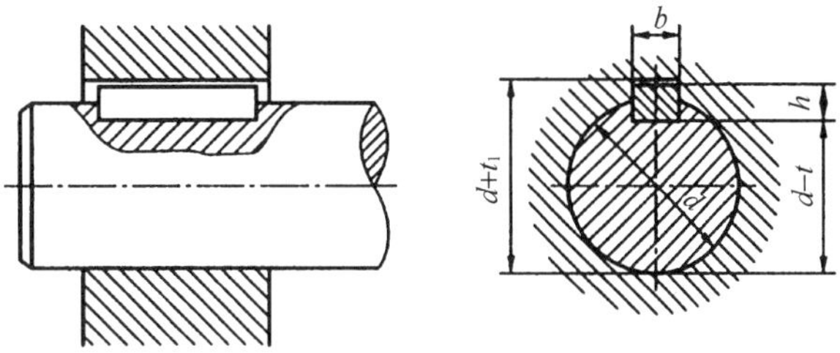

图 8-26　半圆键连接画法

(3) 钩头楔键连接

钩头楔键的顶面有 1∶100 的斜度，连接时将键打入键槽。因此，键的顶面和底面以及键的两侧为工作面，与键槽的四面均无间隙，如图 8-27 所示。

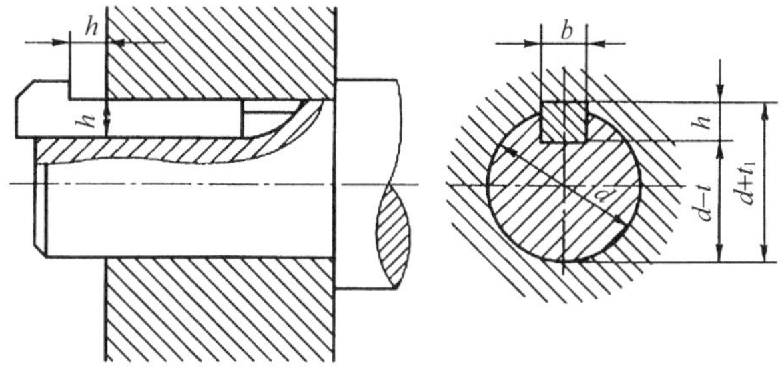

图 8-27　钩头楔键连接画法

8.2.2　销连接

1. 销的类型和标注

(1) 销的类型

销主要用于零件间的连接和定位。常见的销有圆柱销、圆锥销和开口销，如图 8-28 所示。销也是标准件，故其参数可从相应的标准中查得。

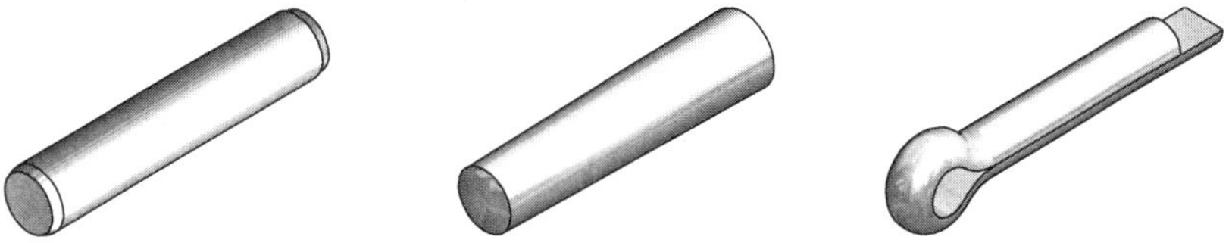
(a) 圆柱销　　(b) 圆锥销　　(c) 开口销

图 8-28　销的种类

(2) 销的标注

销的类型及标注见表 8-8。其格式为

销　标准编号　规格

例如："销 GB/T 117—2000　A10×60"，从附表中查得其锥度为 1∶50，小端直径(公称直径)d 为 10 mm,长度 L 为 60 mm,两端为球面结构的圆锥销。

表 8-8　销的类型及标注

名称及标准编号	图　例	标注示例
《圆柱销　不淬硬钢和奥氏体不锈钢》(GB/T 119.1—2000) 《圆柱销　淬硬钢和马氏体不锈钢》(GB/T 119.2—2000)	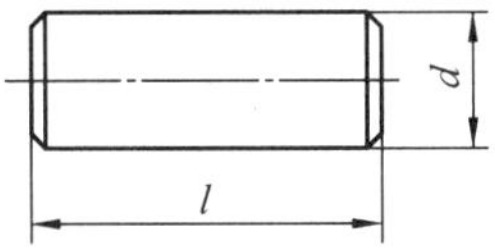	公称直径 d 为 8 mm,公差为 $h8$,公称长度 l 为 30 mm,材料:钢,不经淬火,不经表面处理的不淬硬钢圆柱销: 完整标记:销 GB/T 119.1—2000 8m6×30 简化标记:销 GB/T 119.1　8m6×30 公称直径 d 为 8 mm,公差为 m6,公称长度 l 为 30 mm,材料:钢,A 型(普通淬火),表面氧化处理的淬硬钢圆柱销: 完整标记:销 GB/T 119.2—2000　8m6×30A—O 简化标记:销 GB/T 119.2　8×30 当淬硬钢圆柱销为 B 型(表面淬火)时,其简化标记: 销 GB/T119.2　B8×30
《圆锥销》 (GB/T 117—2000)	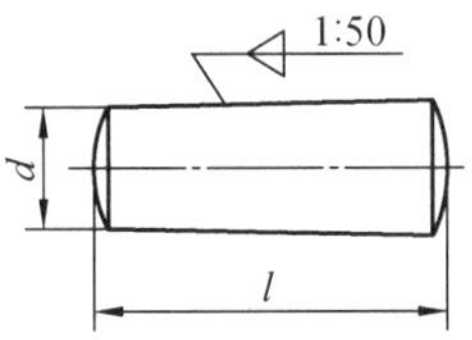	公称直径 d 为 6 mm,公称长度 l 为 30 mm,材料为 35 钢,热处理硬度(28-38)HRC,表面氧化处理,不淬硬的 A 型圆锥销: 完整标记:销 GB/T 117—2000 6×30—35 钢—热处理(28～38)HRC—O 简化标记:销 GB/T 117 6×30 当销为 B 型时,其简化标记:销 GBIT 117　B6× 30
《开口销》 (GB/T 91—2000)	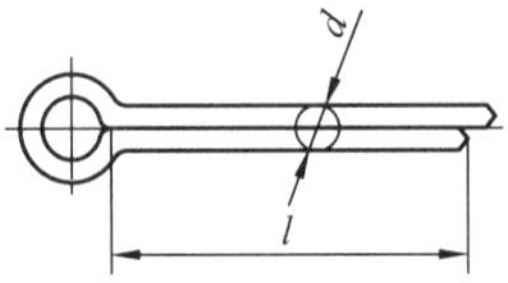	公称规格为 5 mm,公称长度 l 为 50 mm,材料:Q215 或 Q235,不经热处理的开口销: 完整标记:销 GB/T 91—2000　5 × 50—Q215 或 Q235 简化标记:销 GB/T 91　5×50

2. 销连接的画法

(1) 圆锥销连接画法

定位用的圆柱销或圆锥销要求被定位的两零件经调整好后,共同加工出销孔以保证定位精度。如图 8-29 所示为圆锥销孔加工过程。

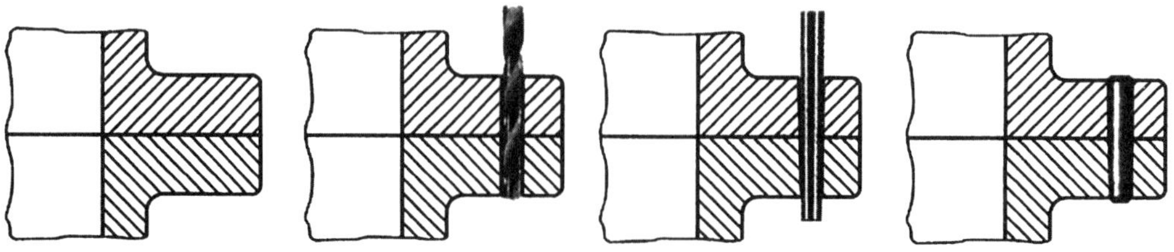

(a) 调整　　(b) 钻孔　　(c) 铰孔　　(d) 装上销

图 8-29　圆锥销孔加工过程

（2）圆柱销连接画法

从图 8-30 中可知，当剖切平面通过销的轴线剖切时，销作不剖处理。当剖切平面垂直销的轴线剖切时，须在销的断面上画剖面符号。

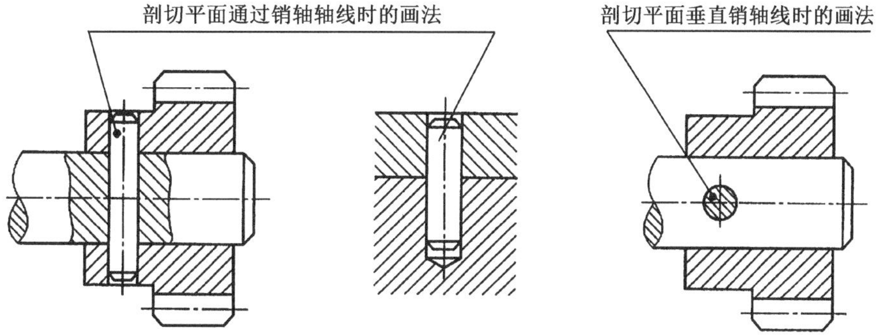

图 8-30　圆柱销连接画法

（3）开口销连接画法

开口销为由一段半圆形断面的低碳钢丝弯转折合而成。在螺栓连接中，为防止螺母松开，用带孔螺栓和六角开槽螺母，将开口销穿过螺母的槽口和螺栓的孔，并在销的尾部叉开，使螺母不能转动而起到防松作用。图 8-31 为开口销连接画法。

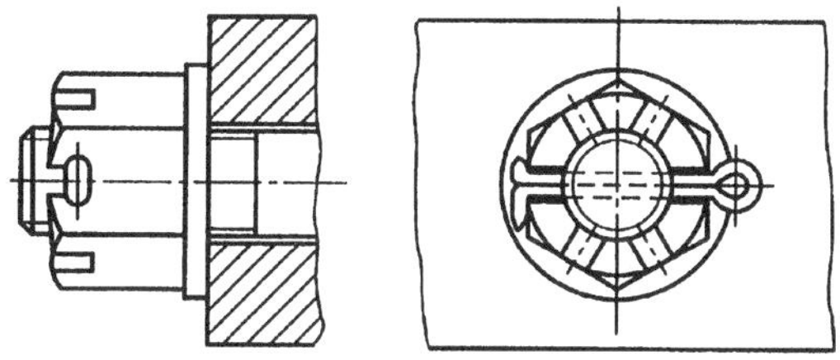

图 8-31　开口销连接画法

（4）销孔的尺寸标注

用销连接或定位的两个零件上的销孔是在装配时一起加工的，在零件图上应当注明，如图 8-32 所示。圆柱销孔的尺寸应引出标注，其中 $\phi 4$ 是所配圆锥销的公称直径（即它的小端直径）。

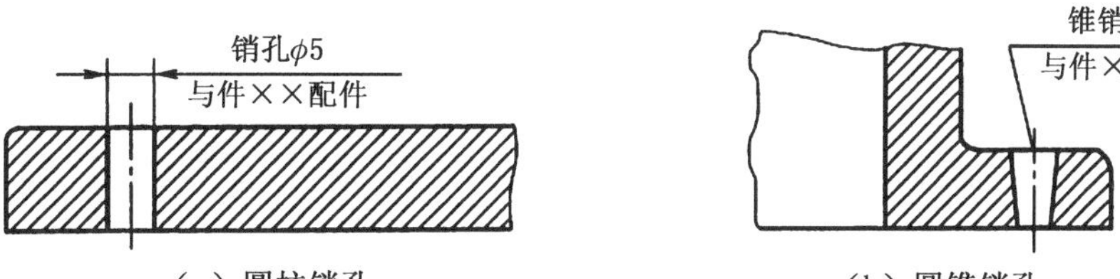

（a）圆柱销孔　　　　（b）圆锥销孔

图 8-32　销孔的尺寸标注

第9章　支承与传动类零件绘制

本章导读

机器通常依靠齿轮来传递动力。齿轮的种类很多,加工也较复杂。齿轮工作时要安装在轴上,并在轴上有固定的位置,轴又通过轴承来支撑。对于这些传动类零件和支承零件,国家对其部分参数进行了标准化,称为常用件,如图9-1所示。

(a) 齿轮

(b) 轴承

图9-1　常用件

素质目标

崇尚宪法、遵法守纪,崇德向善、诚实守信,尊重生命、热爱劳动,履行道德准则和行为规范,具有社会责任感和社会参与意识。(学习企业中真实的关于机械制图的违反法律法规案例)

知识目标

(1) 了解齿轮的参数,掌握齿轮的画法。
(2) 了解弹簧的参数和画法。
(3) 掌握轴承的标记和画法。

能力目标

(1) 能区分不同轴承的代号,并绘制滚动轴承的规定画法。
(2) 能绘出直齿圆柱齿轮的工作图。
(3) 会绘制压缩螺旋弹簧。

9.1　滚动轴承绘制

轴承有滑动轴承和滚动轴承两种，它们的作用是支持轴旋转及承受轴上的载荷。由于滚动轴承的摩擦阻力小，所以在生产中使用较广泛。

滚动轴承是标准组件，由专门的工厂生产，可根据要求确定型号，选购即可。在设计机器时，不必绘滚动轴承的零件图，只要在装配图中按规定绘出即可。

9.1.1　滚动轴承的结构及类型

1. 滚动轴承的结构

滚动轴承是支承旋转轴的组件。在通常情况下，滚动轴承为标准件。对于轴承生产厂来说，一个组装好的滚动轴承是一个装配体，是完整而独立的产品。滚动轴承的种类虽然很多，但其结构大体相同，一般由外圈、内圈、滚动体及保持架（隔离圈）四个部分组成，如图 9-2 所示。其外圈装在机座孔内，内圈套在转动的轴上，在一般情况下，轴承的外圈固定不动，而内圈随轴转动。

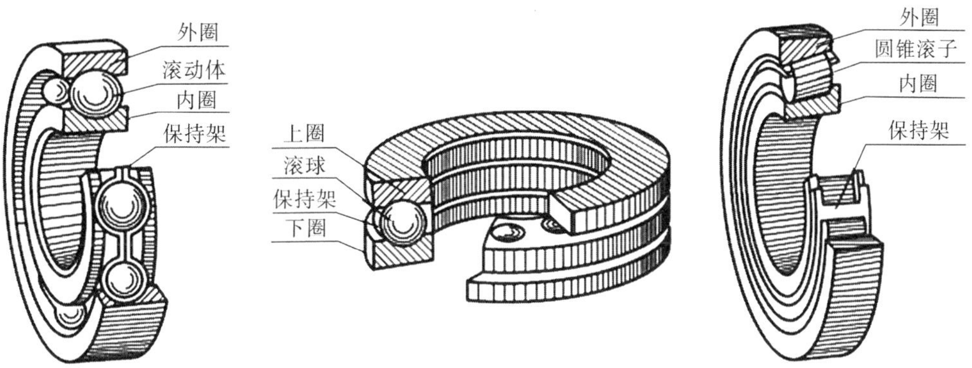

（a）单列向心球轴承　（b）单向推力球轴承　（c）单列圆锥滚子轴承

图 9-2　滚动轴承

2. 滚动轴承的类型

滚动轴承按其受力方向可分为三类。

（1）向心轴承。主要承受径向力，如图 9-2(a)所示。

（2）推力轴承。主要承受轴向力，如图 9-2(b)所示。

（3）向心推力轴承。同时承受径向力和轴向力，如图 9-2(c)所示。

9.1.2　滚动轴承的代号及标记

1. 滚动轴承的代号

滚动轴承的种类很多。为了便于选用，国家标准规定用代号来表示滚动轴承。代号能表示出滚动轴承的结构、尺寸、公差等级和技术性能等特性。

滚动轴承的代号由字母加数字组成。完整的代号包括前置代号、基本代号和后置代号三部分。

(1) 基本代号

基本代号表示轴承的基本类型、结构和尺寸,是轴承代号的基础。

基本代号由轴承类型代号、尺寸系列代号和内径代号三部分自左至右顺序排列组成。其格式为

轴承类型代号　尺寸系列代号　内径代号

① 轴承类型代号

轴承类型代号用数字或字母表示,其含义见表 9-1。

表 9-1　滚动轴承的类型代号

代号	轴承类型	代号	轴承类型
0	双列角接触球轴承	7	角接触球轴承
1	调心球轴承	8	推力圆柱滚子轴承
2	调心滚子轴承和推力调心滚子轴承	N	圆柱滚子轴承
3	圆锥滚子轴承	NN	双列与多列圆柱滚子轴承
4	双列深沟球轴承	U	外球面球轴承
5	推力球轴承	QJ	四点接触球轴承
6	深沟球轴承	—	—

类型代号有的可以省略。双列角接触球轴承的代号"0"均不写;调心轴承的代号"1"有时亦可省略。区分类型的另一重要标志是标准号,每一类轴承都有一个标准编号。例如,双列角接触球轴承的标准编号为 GB/T 296—2015;调心球轴承的标准编号为 GB/T 281—2013。

② 尺寸系列代号

尺寸系列代号由轴承的宽(高)度系列代号(一位数字)和直径系列代号(一位数字)左右排列组成。它反映了同种轴承在内圈孔径相同时内、外圈的宽度、厚度的不同及滚动体大小不同。显然,尺寸系列代号不同的轴承其外廓尺寸不同,承载能力也不同。

尺寸系列代号有时可以省略。除圆锥滚子轴承外,其余各类轴承宽度系列代号"0"均省略;双列深沟球轴承的宽度系列代号"2"可以省略。

③ 内径代号

内径代号表示滚动轴承的内圈孔径。内圈孔径称为轴承公称内径,因其与轴产生配合,是一个重要参数。内径代号见表 9-2。

表 9-2　滚动轴承的内径代号

轴承公称内径 d/mm	内径代号	示　例
0.6～10(非整数)	用公称内径毫米数直接表示,在其与尺寸系列代号之间用"/"分开	深沟球轴承 618/2.5 d=2.5 mm

（续表）

轴承公称内径 d/mm		内径代号	示　例
1～9（整数）		用公称内径毫米数直接表示，对深沟及角接触球轴承 7，8，9 直径系列，内径与尺寸系列代号之间用“/”分开	深沟球轴承 625 深沟球轴承 618/5 d＝5 mm
10～17	10	00	深沟球轴承 6200　d＝10 mm
	12	01	深沟球轴承 6201　d＝12 mm
	15	02	深沟球轴承 6202　d＝15 mm
	17	03	深沟球轴承 6203　d＝17 mm
20～480 （22，28，32 除外）		公称内径除以 5 的商数，商为个位数，需在商左边加“0”，如 08	调心滚子轴承 23 208　d＝40 mm 深沟球轴承 6215　d＝75 mm
≥500 以及 22，28，32		用公称内径毫米数直接表示，但在与尺寸系列之间用“/”分开	调心滚子轴承 230/500 d＝500 mm 深沟球轴承 62/22 d＝22 mm

④ 基本代号示例

轴承 6208，其中 6 为类型代号，表示深沟球轴承；2 为尺寸系列代号，表示 02 系列（0 省略）；08 为内径代号，表示公称内径为 40 mm。

轴承 N1006，其中 N 为类型代号，表示外圈无挡边的圆柱滚子轴承；10 为尺寸系列代号，表示 10 系列；06 为内径代号，表示公称内径为 30 mm。

当只需表示类型时，常将右边的几位数字用 0 表示，如 6000 表示深沟球轴承，30000 表示圆锥滚子轴承。

关于代号的其他内容可查阅有关手册。

（2）前置、后置代号

前置代号用字母表示，后置代号用字母（或字母和数字）表示。前置、后置代号是轴承在结构形状、尺寸、公差、技术要求等有改变时，在基本代号左右添加的代号。

2. 滚动轴承的标记

滚动轴承的规定标记为

滚动轴承　基本代号　标准编号

例如，滚动轴承的规定标记为“滚动轴承 6210　GB/T 276—2013”。其意义是：6 表示类型为深沟球轴承，内径 $d=10\times5=50$（mm），尺寸系列代号为 02，其中宽度系列代号“0”省略。

又如，滚动轴承的规定标记为“滚动轴承 30312 GB/T 297—2015”。其意义是：3 表示类型为圆锥滚子轴承，$d=12\times5=60$（mm），尺寸系列代号为 03，宽度系列代号 0，直径系列代号 3。

9.1.3　滚动轴承的画法

因为滚动轴承是标准件，所以一般不必绘制它的零件图，只是在装配图中按国标规定表示。在装配图中,滚动轴承可以用三种画法来绘制,分别是通用画法、特征画法和规定画法。前两种属简化画法,在同一图样中一般只采用这两种简化画法中的一种。

1. **基本规定**

(1) 通用画法、特征画法、规定画法中的各种符号、矩形线框和轮廓线均用粗实线绘制。

(2) 绘制滚动轴承时,其矩形线框和外框轮廓的大小应与滚动轴承的外形尺寸(由手册中查出)一致,并与所属图样采用同一比例。

(3) 在剖视图中,用通用画法和特征画法绘制滚动轴承时,一律不画剖面符号(剖面线)。采用规定画法绘制时,轴承的滚动体不画剖面线,其各套圈可画成方向和间隔相同的剖面线,如图 9-3(a)所示。如轴承带有其他零件或附件(如偏心套、紧定套、挡圈等)时,其剖面线应与套圈的剖面线呈现不同方向或不同间隔,如图 9-3(b)所示。在不致引起误解时也允许省略不画。

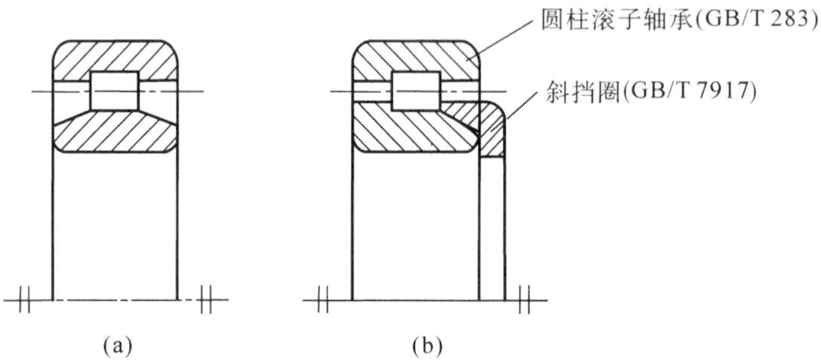

图 9-3 滚动轴承剖面线画法

2. **通用画法**

在剖视图中,当不需要确切地表示滚动轴承的外形轮廓、载荷特性、结构特征时,可采用通用画法,如图 9-4 所示。

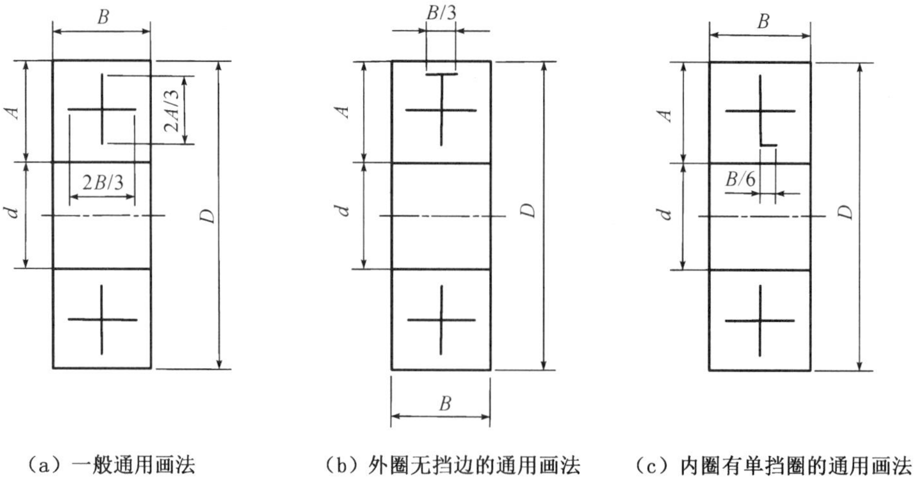

图 9-4 滚动轴承通用画法

3. 规定画法和特征画法

如需要较详细地表示滚动轴承的主要结构时，可采用规定画法；如需要较形象地表示滚动轴承的结构特征时，可采用特征画法，见表 9-3。

表 9-3 常用滚动轴承的结构形式、规定画法、特征画法和用途

轴承类型及国家标准号	结构形式	规定画法	特征画法	用途
深沟球轴承 GB/T 276—1994 类型代号 6 主要参数 *D*，*d*，*T*	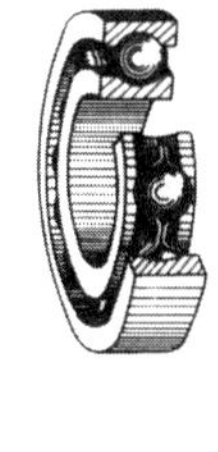	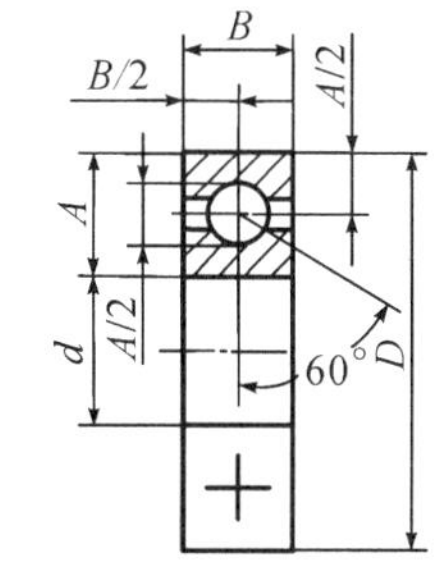	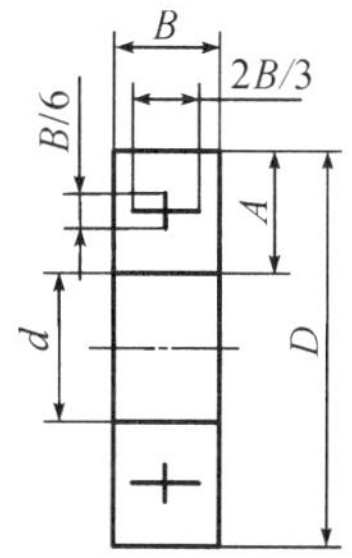	主要承受径向力
圆锥滚子轴承 GB/T 297—1994 类型代号 3 主要参数 *D*，*d*，*T*	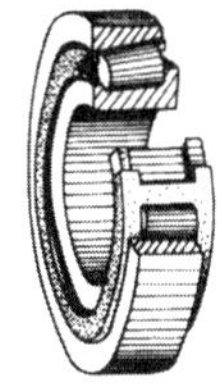	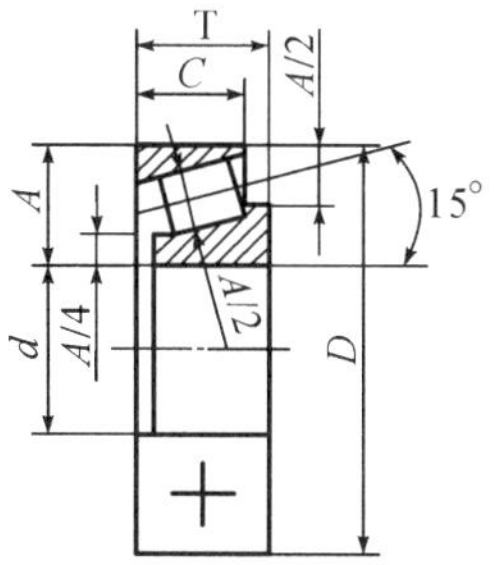	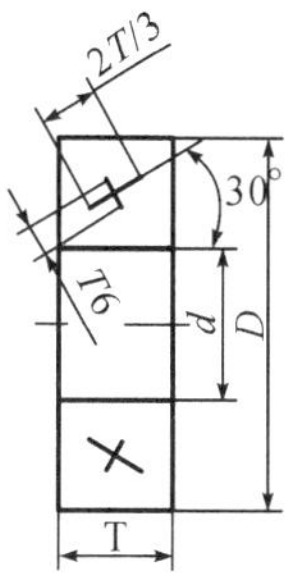	可同时承受径向力和轴承力
推力球轴承 GB/T 301—1995 类型代号 5 主要参数 *D*，*d*，*T*	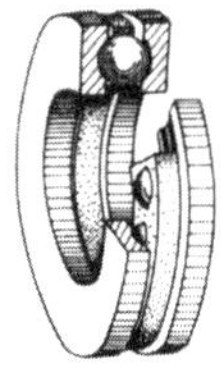	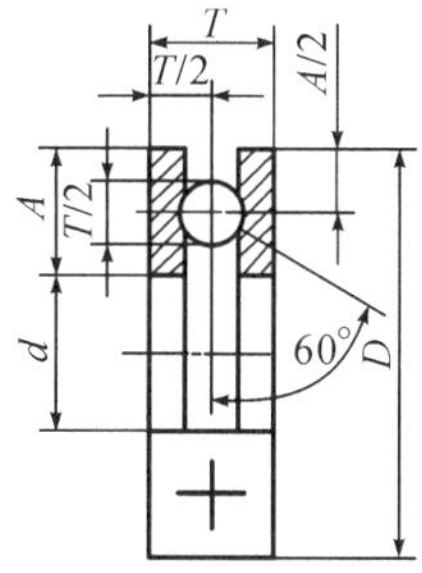	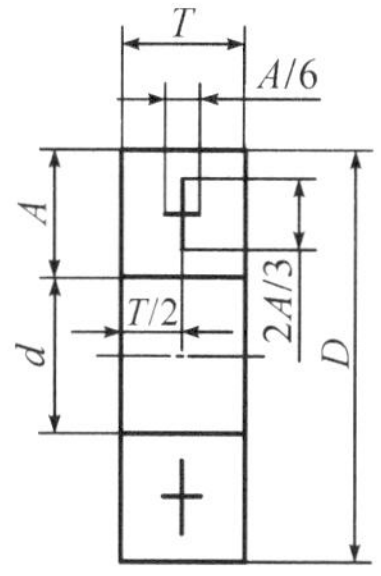	承受单方向的轴向力

9.2 齿轮绘制

9.2.1 齿轮的类型、作用及结构特征

1. 齿轮的类型

齿轮根据其传动情况一般包括圆柱齿轮、圆锥齿轮和蜗轮蜗杆等，如图 9-5 所示。

(a) 圆柱齿轮

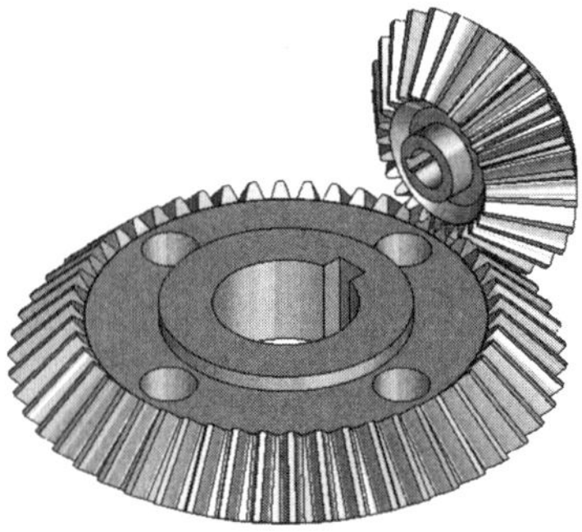
(b) 圆锥齿轮

(c) 蜗轮和蜗杆

图 9-5 常见的齿轮传动

圆柱齿轮用于两轴平行时传动,如图 9-5(a)所示;圆锥齿轮用于两轴相交时传动图,如图 9-5(b)所示;蜗轮蜗杆用于两轴交叉时传动,如图 9-5(c)所示。

2. **齿轮的作用**

齿轮用来把一个轴的转动传递给另一个轴,以达到变速、换向等目的。

3. **齿轮的结构特征**

(1) 齿轮零件基本形状是扁平的盘状。

(2) 一般由几个回转体组成,其轴向尺寸往往比其他两个方向的尺寸小。

(3) 齿轮结构一般由轮毂、轮缘和轮辐组成。轮缘上分布有轮齿,齿轮是齿轮的主要结构,只有当轮齿符合国家标准中的规定才能称为标准齿轮。

(4) 齿轮上常见的其他结构有倒角、倒圆、通孔、凸台、凹坑、螺孔、销孔和肋板等。

9.2.2 齿轮零件的表达方案

1. **主要结构表达**

齿轮零件主要在齿轮专用加工机床上加工,其工作时轴线常常处于水平位置,为了加工装配时看图方便,齿轮零件的主视图按其形状特征和工作位置选择,一般将轴线水平放置。齿轮零件一般常用主视图、左视图两个视图来表达,有时左视图也可省略。

2. **其他结构表达**

齿轮零件的主视图采用全剖视图(由单一剖切面或几个相交的剖切面剖切获得),另一个视图则多表示其轴向外形和齿轮上孔的分布情况,有时根据齿轮结构利用局部视图表达齿轮内孔键槽结构。

9.2.3 圆柱齿轮

常见的圆柱齿轮按其齿的方向分成直齿轮和斜齿轮两种,如图 9-5(a)所示。

1. 圆柱齿轮各部分的名称、基本参数及尺寸计算

(1) 圆柱齿轮各部分的名称

以标准直齿圆柱齿轮为例来说明(图 9-6,图 9-7)。

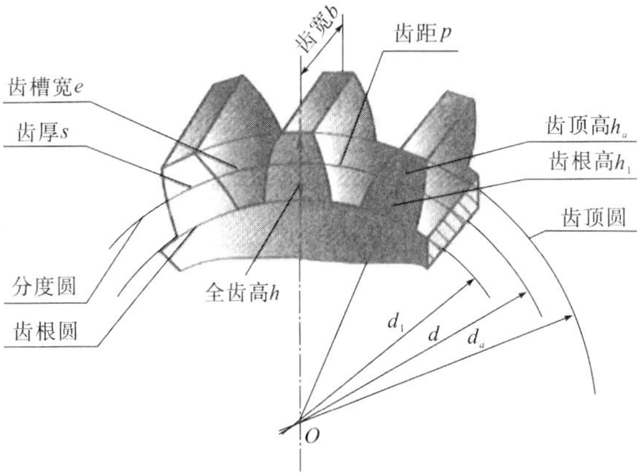

图 9-6　齿轮各部分名称及代号

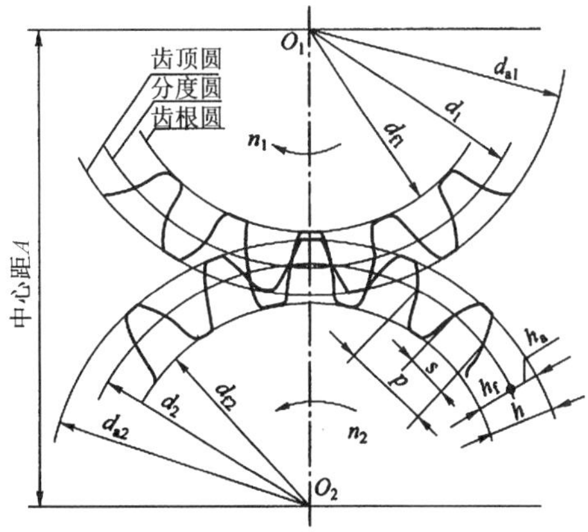

图 9-7　两啮合的标准直齿圆柱齿轮各部分的名称及代号

齿顶圆,是指通过轮齿顶部的圆,其直径用 d_a 表示。

齿根圆,是指通过轮齿根部的圆,其直径用 d_f 表示。

分度圆,是指设计、制造齿轮时计算轮齿各部分尺寸的基准圆,其直径用 d 表示。

齿距,是指在分度圆周上相邻两齿对应点之间的弧长,用 p 表示。

齿厚,是指一个轮齿在分度圆上的弧长,用 s 表示。

槽宽,是指一个齿槽在分度圆上的弧长,用 e 表示。在标准齿轮中,齿厚与槽宽各为齿距的一半,即 $s=e=p/2, p=s+e$。

齿顶高,是指分度圆到齿顶圆之间的径向距离,用 h_a 表示。

齿根高,是指分度圆到齿根圆之间的径向距离.用 h_f 表示。

齿高,是指齿顶圆到齿根圆之间的径向距离,用 h 表示。

齿宽,是指沿齿轮轴线方向量得的轮齿宽度,用 b 表示。

(2) 直齿圆柱齿轮的基本参数与齿轮各部分的尺寸关系

① 模数

如以 z 表示齿轮的齿数,齿轮上有多少齿,在分度圆周上就有多少齿距,因此,分度圆周长=齿距×齿数,即 $\pi d=pz$, 故

$$d=\frac{p}{\pi}\cdot z$$

式中,π 是无理数,为了便于计算和测量,齿距 p 与 π 的比值称为模数(单位：mm),用 m 表示,即

$$m=\frac{p}{\pi}$$

$$d=mz$$

由于模数是齿距 p 与 π 的比值，因此齿轮的模数 m 越大，其齿距 p 也越大，齿厚 s 也越大，因而轮齿部分就越大，齿轮的承载能力也越大。

模数是设计和制造齿轮的基本参数。不同模数的齿轮，要用不同模数的刀具来制造。为了便于设计和制造，减少齿轮成形刀具的规格，模数已经标准化，我国规定的标准模数值见表 9-4。

表 9-4　标准模数

第一系列	0.1，0.12，0.15，0.2，0.25，0.3，0.4，0.5，0.6，0.8，1，1.25，1.5，2，2.5，3，4，5，6，8，10，12，16，20，25，32，40，50
第二系列	0.35，0.7，0.9，1.75，2.25，2.75，(3.25)，3.5，(3.75)，4.5，5.5，(6.5)，7，9，(11)，14，18，22，28，36，45

注：选用时，优先选用第一系列。

② 齿形角

齿轮的齿廓曲线与分度圆交点 P 的径向与齿廓在该点处的切线所夹的锐角 α，称为分度圆齿形角，通常所称齿形角是指分度圆齿形角，我国标准齿轮的分度圆齿形角为 20°。

只有模数和齿形角都相同的齿轮才能相互啮合。

在设计齿轮时要先确定模数和齿数，其他各部分尺寸都可由模数和齿数计算出来。

标准直齿圆柱齿轮各部分的尺寸计算见表 9-5。

表 9-5　标准直齿圆柱齿轮的尺寸计算

基本参数：模数 m，齿数 z		
名称	符号	计算公式
齿顶高	h_a	$h_a = m$
齿根高	h_f	$h_f = 1.25m$
齿高	h	$h = 2.25m$
分度圆直径	d	$d = mz$
齿顶圆直径	d_a	$d_a = m(z+2)$
齿根圆直径	d_f	$d_f = m(z-2.5)$
齿距	p	$p = \pi m$
分度圆齿厚及槽宽	s，e	$s = e = p/2 = \pi m/2$
中心距	a	$a = m(z_1 + z_2)/2$

2. 圆柱齿轮的画法

(1) 单个圆柱齿轮画法

① 在视图中，齿轮的轮齿部分按下列规定绘制：齿顶圆和齿顶线用粗实线表示；分度圆和分度线用细点画线表示；齿根圆和齿根线用细实线表示，如图 9-8 所示，也可省略不画，如图 9-9(c)所示。

② 在剖视图中，当剖切平面通过齿轮的轴线时，轮齿一律按不剖处理。这时，齿根线用

粗实线绘制，如图 9-8(b)所示。

③ 对于斜齿轮或人字齿轮，可在非圆的外形图上用三条与轮齿倾斜方向相同的平行的细实线表示轮齿的方向，如图 9-8(c)所示。

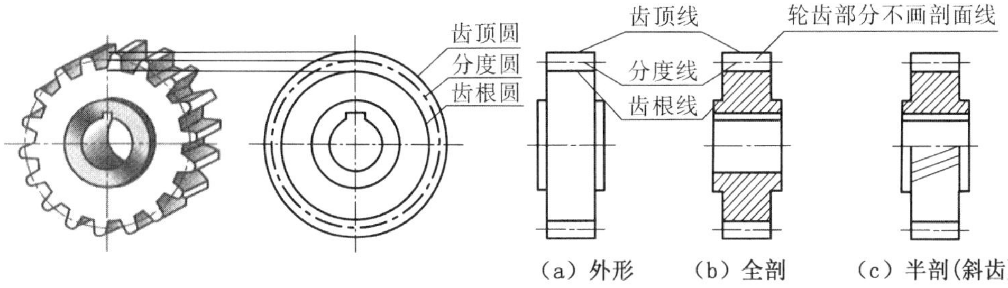

图 9-8　单个圆柱齿轮画法

(2) 圆柱齿轮啮合的画法

两标准齿轮相互啮合时，它们的分度圆处于相切位置，此时分度圆又称节圆。啮合部分的规定画法如下：

① 在垂直于圆柱齿轮轴线的投影面的视图上，两齿轮的节圆应该相切。啮合区内的齿顶圆仍用粗实线画出，如图 9-9(a)所示，也可省略不画，如图 9-9(b)所示。

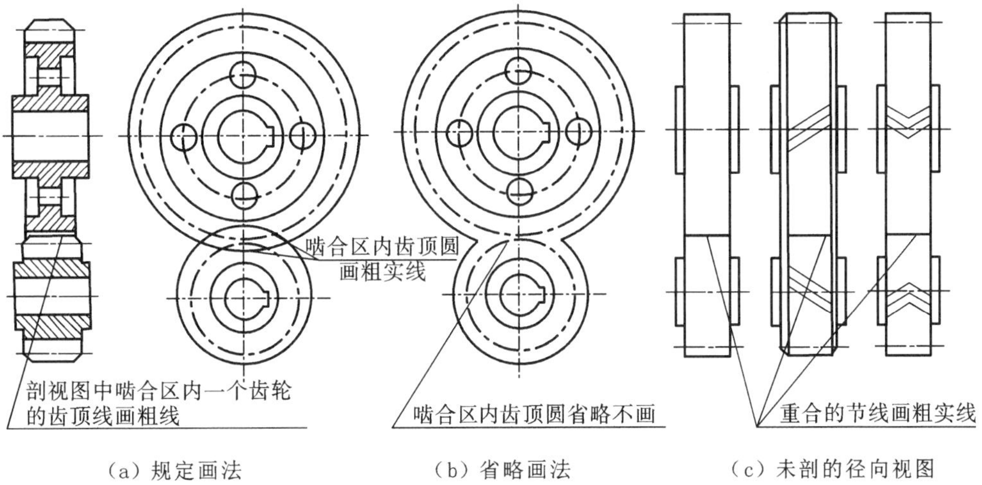

图 9-9　齿轮啮合的画法

② 在平行于圆柱齿轮轴线的投影面的视图上，啮合区内的齿顶线不需要画出，节线用粗实线绘制，如图 9-9(c)所示。

③ 在剖视图中，当剖切平面通过两啮合齿轮的轴线时，在啮合区内，将一个齿轮的轮齿用粗实线绘制，另一个齿轮的轮齿被遮挡的部分用虚线绘制，如图 9-9(a)，图 9-10 所示，也可以省略不画。

④ 在剖视图中，当剖切平面不通过啮合齿轮的轴线时，齿轮一律按不剖绘制。

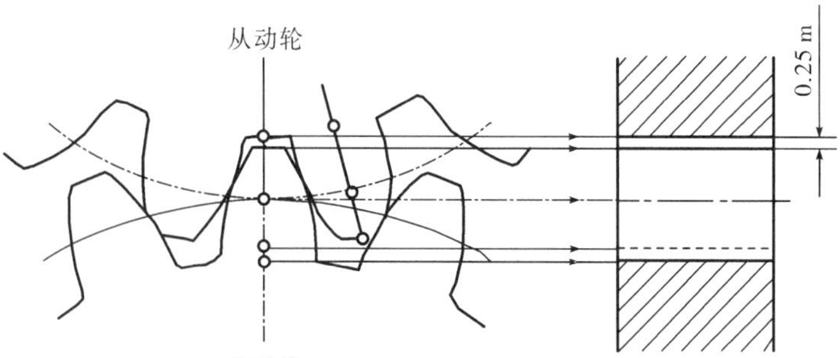

图 9-10　齿轮啮合投影的表示方法

(3) 齿轮和齿条的画法

当齿轮的直径无限大时，其齿顶圆、齿根圆、分度圆和齿廓曲线都成了直线，这时，齿轮就变成了齿条。齿轮和齿条啮合时，齿轮旋转，齿条作直线运动。齿轮和齿条啮合的画法与两圆柱齿轮啮合的画法基本相同，这时齿轮的节圆应与齿条的节线相切，如图 9-11 所示。

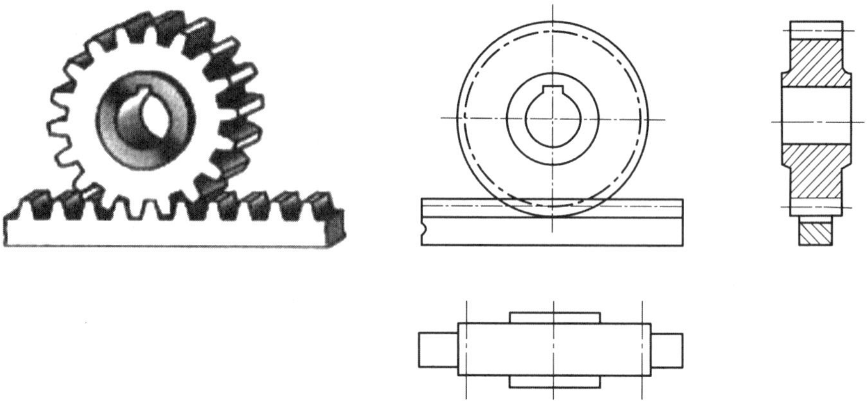

图 9-11　齿轮与齿条的啮合画法

9.2.4　圆锥齿轮

圆锥齿轮简称锥齿轮，其轮齿有直齿、斜齿和曲线齿(圆弧齿、摆线齿)等多种形式。直齿圆锥齿轮的设计、制造和安装均较简单，故在一般机械传动中得到了广泛的应用。但是在汽车拖拉机等高速重载机械中，为提高传动的平稳性和承载能力，减少噪声，多用曲线齿圆锥齿轮。

1. 圆锥齿轮各部分的名称及尺寸计算

(1) 圆锥齿轮各部分的名称

直齿圆锥齿轮的基本形体结构由前锥、顶锥、背锥等组成，如图 9-12(a)所示。其齿坯如图 9-12(b)所示。

由于锥齿轮的轮齿在锥面上，因而其齿形从大端到小端是逐渐收缩的，齿厚和齿高均沿着圆锥素线方向逐渐变化，故模数和直径也随之变化。为便于设计和制造，规定以大端为准，齿顶高 h_a、齿根高 h_f、分度圆直径 d、齿顶圆直径 d_a 及齿根圆直径 d_f（图中未标注）均在大端度量，并取大端模数为标准模数作为计算锥齿轮各部分尺寸的基本参数。大端背锥素线与分度圆锥素线垂直。圆锥齿轮轴线与分度圆锥素线间的夹角 δ 称为分度圆锥角，它是锥齿轮的又一基本参数。

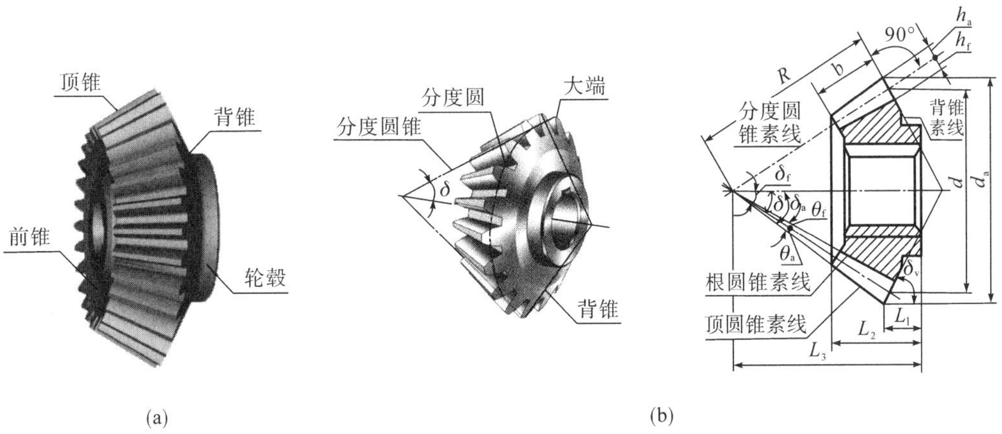

图 9-12　单个圆锥齿轮的规定画法

（2）圆锥齿轮的尺寸计算（表 9-6）

表 9-6　圆锥齿轮的尺寸计算

基本参数：模数 m，齿数 z，分度圆锥角 δ		
名称	符号	计算公式
齿顶高	h_a	$h_a = m$
齿根高	h_f	$h_f = 1.2m$
齿高	h	$h = 2.2m$
分度圆直径	d	$d = mz$
齿顶圆直径	d_a	$d_a = d + 2h_a\cos\delta = m(z + 2\cos\delta)$
齿根圆直径	d_f	$d_f = d - 2h_f\cos\delta = m(z - 2.4\cos\delta)$
锥距	R	$R = d/2\sin\delta = mz/(2\sin\delta)$
齿顶角	θ_a	$\tan\theta_a = h_a/R = 2\sin\delta/z$
齿根角	θ_f	$\tan\theta_f = h_f/R = 2.4\sin\delta/z$
分度圆锥角	δ	当 $\delta_1 + \delta_2 = 90°$ 时，$\tan\delta_1 = z_1/z_2$，$\delta_2 = 90° - \delta_1$
顶锥角	δ_a	$\delta_a = \delta + \theta_a$
根锥角	δ_f	$\delta_f = \delta + \theta_f$
背锥角	δ_v	$\delta_v = 90° - \delta$

2. 圆锥齿轮的规定画法

(1) 单个圆锥齿轮的规定画法

圆锥齿轮的规定画法与圆柱齿轮基本相同,如图 9-13(b)所示。

① 一般用主、左两个视图表示,主视图画成剖视图,其轮齿按不剖处理,用粗实线画出齿顶线和齿根线,用细点画线画出分度线。

② 在投影为圆的左视图中,用粗实线表示齿轮大端和小端的齿顶圆,用点画线表示大端的分度圆,不画齿根圆。

单个圆锥齿轮的绘图步骤如图 9-13 所示。

(2) 圆锥齿轮的啮合画法

圆锥齿轮的啮合画法,如图 9-14 所示。

① 主视图画成剖视图。对于标准齿轮来说,由于两齿轮的分度圆锥面相切,因此,其分度线重合,画成点画线;在啮合区内,应将其中一个齿轮的齿顶线画成粗实线,而将另一个齿轮的齿顶线画成虚线或省略不画,在图 9-14 中画成虚线。

② 左视图画成外形视图。轴线垂直相交的两圆锥齿轮啮合时,两节圆锥角 δ_1 和 δ_2 之和为 90°。

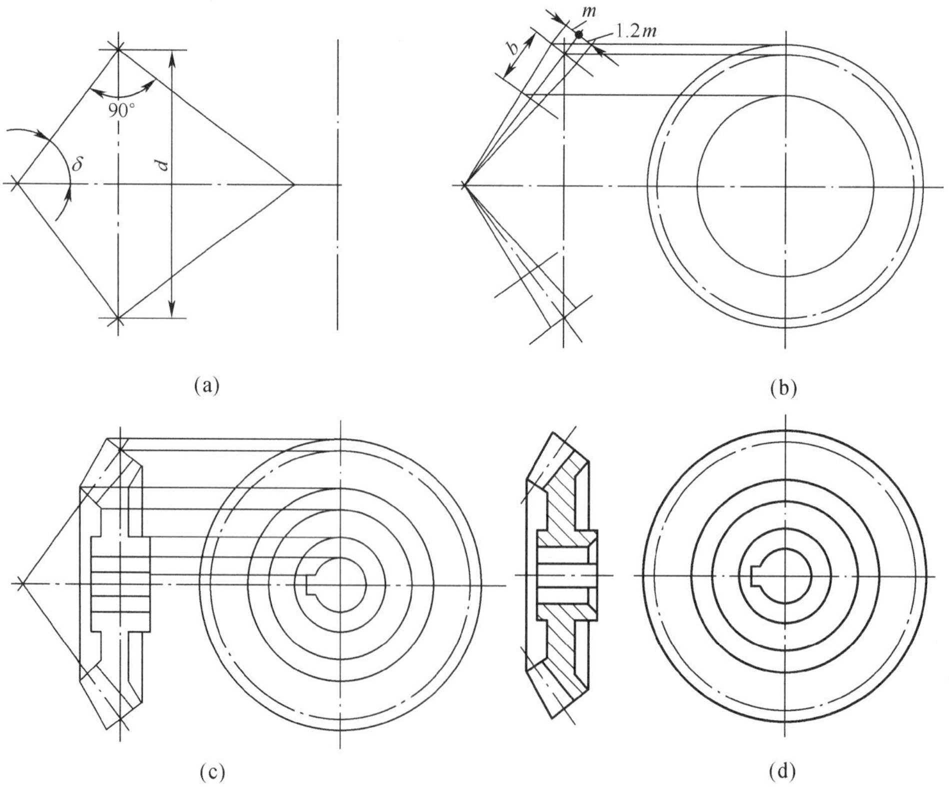

图 9-13 单个圆锥齿轮的绘图步骤

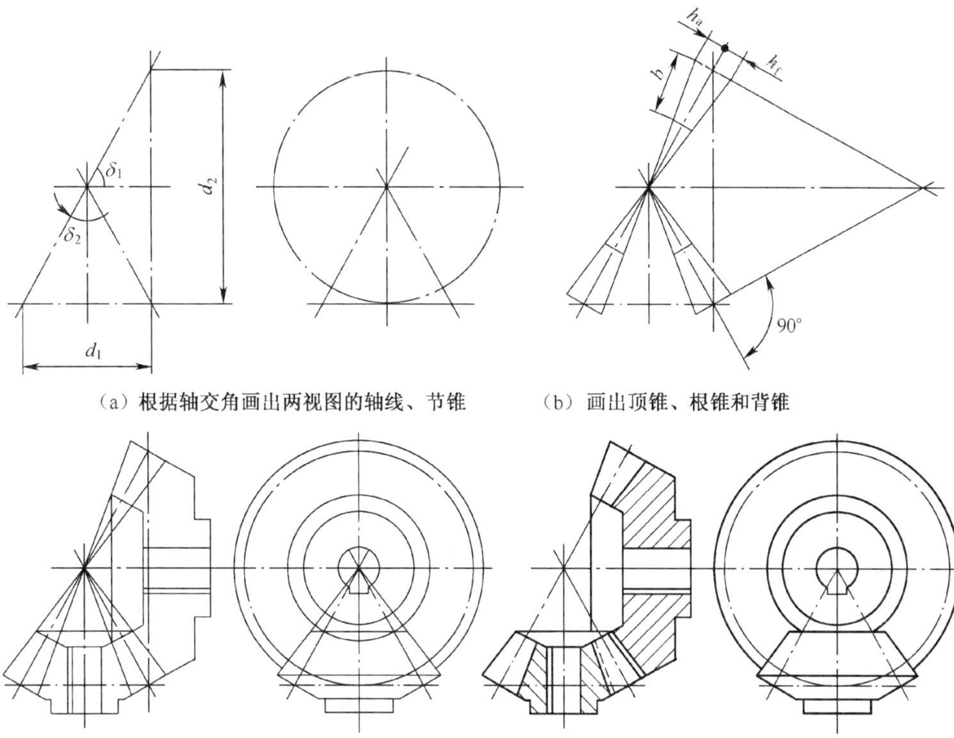

（a）根据轴交角画出两视图的轴线、节锥　（b）画出顶锥、根锥和背锥

（c）画出齿轮其他部分的投影　（d）画剖面线并对可见轮廓线加深

图 9-14　圆锥齿轮的啮合画法

9.2.5　蜗轮和蜗杆

如图 9-15 所示，蜗杆蜗轮用于两交叉轴间的传动，交叉角一般为 90°。通常蜗杆主动，蜗轮从动，用作减速装置获得较大的传动比。除此之外，蜗杆传动往往具有反向自锁功能，即只能由蜗杆带动蜗轮，而蜗轮不能带动蜗杆，故常用于起重或其他需要自锁的场合。

图 9-15　蜗杆蜗轮传动

1. 蜗杆蜗轮的主要参数及尺寸计算

为设计和加工方便，规定以蜗杆的轴向模数 m_x，和蜗轮的端面模数 m_t 为标准模数。一对啮合的蜗杆、蜗轮，其模数应相等，即标准模数 $m=m_x=m_t$。且蜗轮的螺旋角和蜗杆的螺旋线导程角大小相等、方向相同。

蜗杆蜗轮的主要参数有：模数 m，蜗杆分度圆直径 d，导程角 γ，中心距 a，蜗杆头数 z_1，蜗轮齿数 z_2 等。根据上述参数可决定蜗杆与蜗轮的基本尺寸，其中 z_1，z_2 由传动要求选定。蜗杆蜗轮的几何尺寸计算见表 9-7。

表 9-7　蜗杆蜗轮的尺寸计算

蜗杆			蜗轮		
基本参数：模数 m，直径系数 q			基本参数：模数 m，齿数 z_2		
名称	代号	尺寸公式	名称	代号	尺寸公式
分度圆	d_1	$d_1 = m_{1q}$	分度圆	d_2	$d_2 = m_{a2}$
齿顶高	h_{a1}	$h_{a1} = m$	齿顶高	h_{a2}	$h_{a2} = m$
齿根高	h_{f1}	$f_{f2} = 1.2m$	齿根高	h_{f2}	$f_{f2} = 1.2m$
齿高	h_1	$h_1 + h_{a1} + h_{f1} = 2.2m$	齿高	h_2	$h_2 + h_{a2} + h_{f2} = 2.2m$
齿顶圆直径	d_{a1}	$d_{a1} + d_1 + 2h_{f1} = d_1 + 2m$	齿顶圆直径	d_{a2}	$d_{a2} + d + 2h_{a2} = m(z_2 + 2)$
齿根圆直径	d_{f1}	$d_{f1} = d_1 - 2d_{f1} = d_1 - 2.4m$	齿根圆直径	d_{f2}	$d_f = d - 2h_{f2} = m(z_2 - 2.4)$
轴向齿距	p	$p = nm$	齿顶圆弧半径	R_{a2}	$R_{a2} = d_{f1}/2 + 0.2m = d_1/2 - m$
导程	p_g	$p_g = z_1 p$	齿顶圆弧半径	R_{f2}	$R_{f2} = d_{a1}/2 + 0.2m = d_1/2 + 1.2m$
导程角	γ	$\tan\gamma = z_1/q$	顶圆直径	d_{a2}	当 $z_1 = 1$ 时，$d_{a2} \leqslant d_2 + 2m$； 当 $z_1 = 2-3$ 时，$d_{a2} \leqslant d_{a2} + 1.5m$
齿宽	b_1	当 $z_1 = 1 \sim 2$ 时， $b_1 \geqslant (11 + 0.06z_2)m$； 当 $z_1 = 3 \sim 4$ 时， $b_1 \geqslant (12.5 + 0.09z_2)m$	齿宽	b_2	当 $z_1 \leqslant 3$ 时，$b_2 \geqslant 0.75d_{a1}$； 当 $z_1 \leqslant 4$ 时，$b_2 \geqslant 0.67d_{a1}$
中心距	a	$a = 1/2(d_1 + d_2) = m/2(q + z)$			

2. **蜗杆的画法**

蜗杆一般选用一个视图，其齿顶线、齿根线和分度线的画法与圆柱齿轮相同，如图 9-16 所示。图中以细实线表示的齿根线也可省略。齿形可用局部剖视或局部放大图表示。

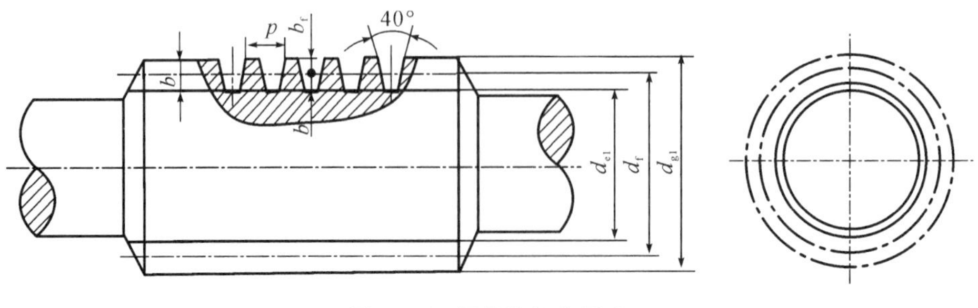

图 9-16　蜗杆的规定画法

3. **蜗轮的画法**

蜗轮各部分几何要素的代号和规定画法如图 9-17 所示。

(1) 在投影为非圆的视图中，常用全剖视或半剖视，并在与其相啮合的蜗杆线位置画出细点画线圆和对称中心线，以标注有关尺寸和中心距。

(2) 在投影为圆的视图中，只画出最大的顶圆和分度圆，喉圆和齿根圆省略不画。投影为圆的视图也可用表达键槽轴孔的局部视图取代。

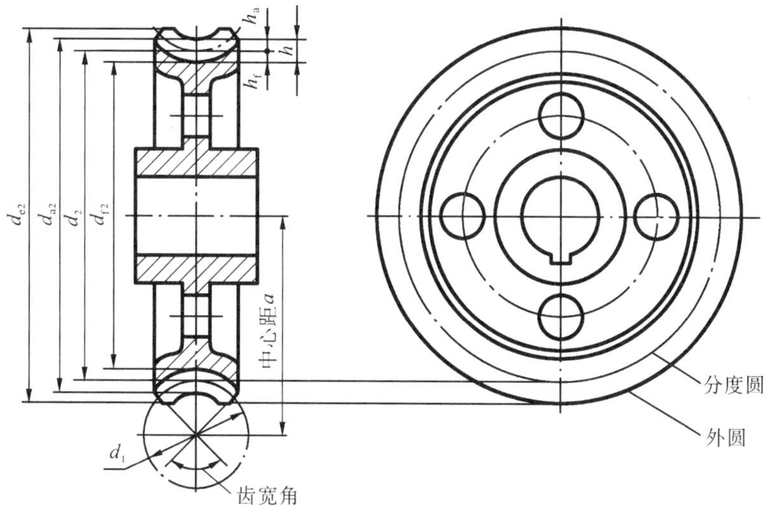

图 9-17　蜗轮的规定画法

4. 蜗杆和蜗轮的啮合画法

在主视图中，蜗轮和蜗杆遮住的部分不必画出；在左视图中，蜗轮的分度圆和蜗杆的分度线相切，如图 9-18 所示。

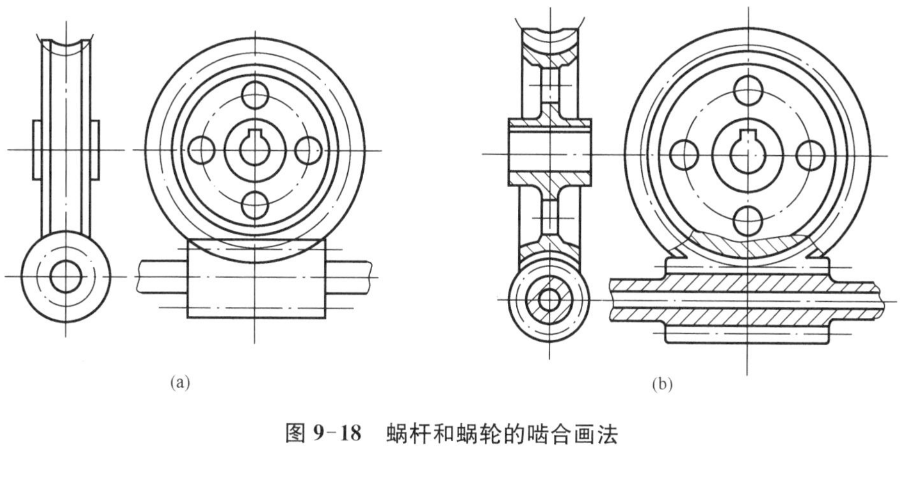

图 9-18　蜗杆和蜗轮的啮合画法

9.2.6　齿轮测绘

1. 齿轮测绘的步骤

齿轮测绘是机械零部件测绘的重要组成部分，测绘前，首先要了解被测齿轮的应用场合、负荷大小、速度高低、润滑方式、材料与热处理工艺和齿面强化工艺等。因为齿轮是配对使用的,因而配对齿轮要同时测量。特别是当测绘的齿轮严重损坏时,一些参数无法直接测量得到,需要根据其啮合中心距 a 和齿数 z,重新设计齿形及相关参数,从这个意义上讲,齿轮测绘也是齿轮设计。

齿轮测绘主要是根据齿轮及齿轮副实物进行几何要素的测量,如齿数 z,齿顶圆直径 d_a,齿根圆直径 d_f,齿全高 h,公法线长度 W_k,中心距 a,齿宽 b,分度圈弦齿厚 s 及固定弦齿厚 s_c,齿轮副法向侧隙 n 及螺旋角 β,分锥角 δ,锥距 R 等。经过计算和分析,推测出原设计的基本参数,如模数 m,齿形角 α,齿顶高系数 h_a^*,顶隙系数 c^* 等。并据此计算出齿轮的几何尺寸,如齿顶圆直径 d_a,分度圆直径 d 及齿根圆直径 d_f 等,齿轮的其他部分结构尺寸按一般测绘原则进行,以达到准确地恢复齿轮原设计的目的。

由于齿轮的特殊性,齿轮测绘有别于其他一般零件。首先,齿轮通常精度较高,测量时要选用比较精密的量具,有条件时可借助精密仪器测量;其次,齿轮的许多参数都已标准化,测绘中必须与其标准值进行比较;再者,齿轮的许多参数都是互相关联的,必须经过计算获得。齿轮测绘的一般步骤如下:

(1) 首先对要测绘的齿轮进行结构和工艺分析。

(2) 绘出齿轮的结构草图和必要的参数表,并绘出所需标注尺寸的尺寸界线及尺寸线。

(3) 数出被测齿轮的齿数 z_1,z_2,测量出齿顶圆直径 d_a,齿根圆直径 d_f,齿宽 b,全齿高 h,公法线长度 L,基圆齿距 P_b,中心距 a,斜齿轮齿顶圆螺旋角 β_a,锥齿轮锥距 R 等。

(4) 计算出模数 m,并根据标准模数系列选取与计算值相近的标准模数;对于斜齿轮,应根据基圆齿距 P_b 或全齿高 h,计算出法面模数 m_n,然后根据标准模数系列选取与计算值相近的标准模数;对于锥齿轮,应先根据测量值计算分锥角 δ,再计算大端端面模数 m_n,根据计算的端面模数 m_n,查标准模数系列表,选取接近的标准值。

(5) 选取齿顶高系数 h_a^*,顶隙系数 c^*,压力角 α 为标准值,根据标准模数、齿数,计算齿轮的其他各基本尺寸和几何尺寸。对于斜齿轮,由法面模数 m_n、齿顶圆螺旋角 β_a,计算螺旋角 β,根据公式 $d_a = d + 2m_n$,算出分度圆直径 d。

(6) 校核中心距,由参数所计算的中心距要与实测的中心距 a 接近相等。对于斜齿轮要符合下列公式:

$$a = \frac{d_1}{2} + \frac{d_2}{2} = \frac{1}{2} \cdot \frac{m_2}{\cos\beta}(z_1 + z_2)$$

(7) 用类比法或检测法确定齿轮类零件的材料和热处理硬度。

(8) 测绘齿轮的其他部分。

(9) 根据使用要求,确定齿轮的精度。一般精度的齿轮,精度等级为 7~9 级。

(10) 用类比法或查资料确定配合处的尺寸公差和形位公差。

(11) 用粗糙度量块对比或根据各部分的配合性质确定表面粗糙度。

（12）尺寸结构核对无误后，绘制零件图。

2. 直齿圆柱齿轮的测绘

（1）几何参数的测量

齿轮几何参数的测量是齿轮测绘的关键工作之一，特别是对于能够准确测量的几何参数，应力求准确，以便为准确确定其他参数提供条件。

① 齿数 z 和齿宽 b

被测齿轮的齿数 z_1 和 z_2 可直接数出，齿宽可用游标卡尺测出。

② 中心距 a

中心距 a 的测量比较关键，因为中心距 a 的测量精度将直接影响齿轮副测绘结果，所以测量时要力求准确。测量中心距时，可直接测量两齿轮轴或对应的两箱体孔间的距离，再测出轴或孔的直径，通过换算得到中心距。如图 9-19 所示，即用游标卡尺测量 A_1 和 A_2，孔径 d_1 和 d_2，然后按下式计算：

$$a = A_1 + \frac{d_1 + d_2}{2} \quad 或 \quad a = A_2 + \frac{d_1 + d_2}{2}$$

以上的尺寸均需反复测量，还要测出轴和箱体孔的圆度、圆柱度及轴线间的平行度，它们对换算中心距都有影响。测轴径或孔径应分别采用外径千分尺和内径千分尺，测轴或孔间距离可采用高精度游标卡尺。

③ 公法线长度 W_k 和基圆齿距 P_b

通过测量公法线长度基本可确定模数和压力角。在测量公法线长度时，需注意选择适当的跨齿数，一般要在相邻齿上多测几组数据，以便比较选择。

对于直齿和斜齿圆柱齿轮，可用公法线千分尺或高精度游标卡尺测出两相邻齿公法线长度 W_k 和 W_k+1，其中 k 为跨测齿数，如图 9-20 所示。依据渐开线性质，理论上卡尺在任何位置测得的公法线长度均相等，但实际测量时，以分度圆附近测得的尺寸精度最高。因此，测量时应尽可能使卡尺切于分度圆附近，避免卡尺接触齿尖或齿根圆角。测量时，如切点偏高，可减少跨测齿数 k；如切点偏低，可增加跨测齿数 k。跨测齿数 k 值可按公式计算或直接查表 9-8。

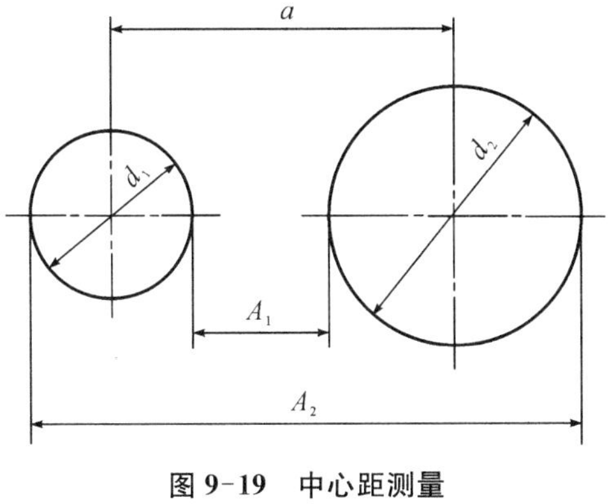

图 9-19　中心距测量

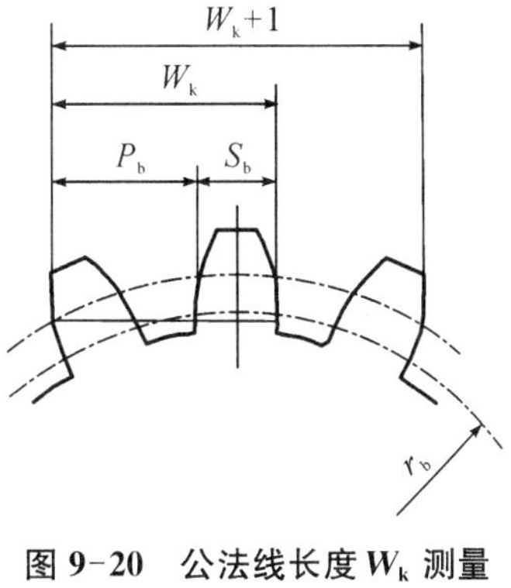

图 9-20　公法线长度 W_k 测量

计算公式为

$$k = z\frac{a}{180^\circ} + 0.5$$

表 9-8 测量公法线长度时的跨测齿数 k

齿形角 α/(°)	跨测齿数 k							
	2	3	4	5	6	7	8	9
	被测齿轮齿数 z							
11.5	9～23	24～35	36～47	48～59	60～70	71～82	83～95	96～100
15	9～23	24～35	36～47	48～59	60～71	72～83	84～95	96～107
20	9～18	19～27	28～36	37～45	46～54	56～63	64～72	73～81
22.5	9～16	17～24	25～32	33～40	41～48	49～56	57～64	65～72
25	9～14	15～21	22～29	30～36	37～43	44～51	52～58	59～65

从图 9-20 可以看出，公法线长度每增加一个跨齿，就增加一个基圆齿距 P_b，所以，基圆齿距 P_b 为

$$P_b = W_k + 1 - W_k = W_k - S_b$$

其中，S_b 可用齿厚游标卡尺测出，考虑到公法线长度的变动误差，每次测量时，必须在同一位置，即取同一起始位置、同一方向进行测量。

④ 齿顶圆直径 d_a 与齿根圆直径 d_f

用高精度游标卡尺或螺旋千分尺测量齿顶圆直径 d_{a1} 和 d_{a2}，在不同的径向方位上测几组数据，取其平均值。当被测齿轮的齿数为奇数时，不能直接测量齿顶圆直径，可先测图 9-21 中所示的 D 值，通过计算求得齿顶圆直径 d_a，即

$$d_a = \frac{D}{\cos^2 q}$$

式中，$\theta = \arctan\frac{b}{2D}$，也可通过测量内孔直径 d 和内孔壁到齿顶的距离 H_1 来确定 d_a，通过测量内孔直径 d 与由内孔壁到齿根的距离 H_2 也确定 d_f，如图 9-21 所示，即

$$d_a = d + 2H_1$$
$$d_f = d + 2H_2$$

⑤ 全齿高 H

可用深度尺直接测出全齿高 H，也可以通过测量齿顶和齿根到齿轮内孔（或轴径）的距离，换算得到 H，如图 9-22 所示，即

$$H = H_1 - H_2$$

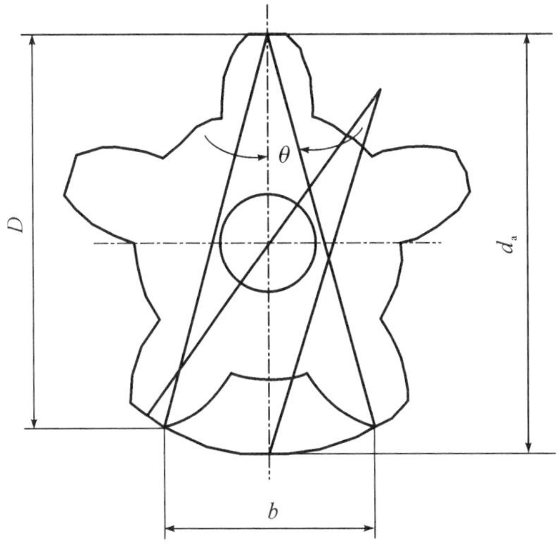

图 9-21　齿顶圆直径 d_a 的测量

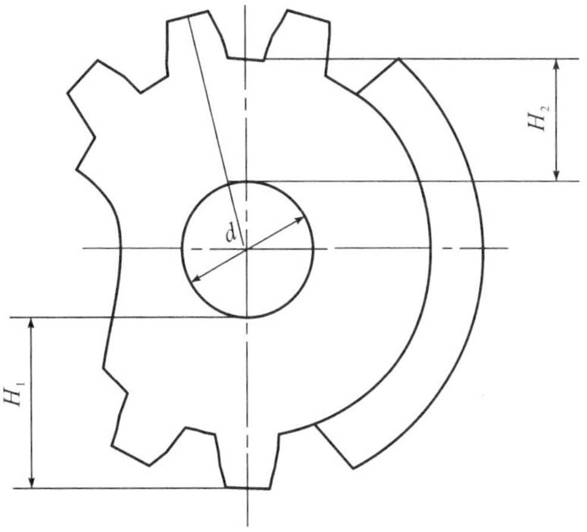

图 9-22　测量全齿高 H

⑥ 尺侧间隙及尺顶间隙

为了保证齿轮副能进行正常啮合运行，齿轮副需要有一定的侧隙及顶隙。

理论侧隙 $j=(w_{k1}-w'_{k1})(w_{k2}-w'_{k2})$，理论顶隙为 c^*。

齿侧间隙的测量，应在传动状态下利用塞尺或压铅法进行。测量时，一个齿轮固定不动，另一个齿轮的侧面与其相邻的齿面相接触，此时的最小间隙即为齿侧间隙 j。测量时应注意在两个齿轮的节圆附近测量，这样测出的数值较为准确。顶隙的测量，同样是在齿轮啮合状态下，用塞尺或压铅法测出。

⑦ 材料、齿面硬度及热处理方式

齿轮材料的测定，可在齿轮不重要部位钻孔取样，进行材料化学成分分析。确定齿轮材质，或根据使用情况，类比确定。通过硬度计可测出齿面的硬度，根据齿面硬度及肉眼观察齿部表面，确定其热处理方式。

⑧ 其他测量

精度：对于重要的齿轮，在条件许可情况下，可用齿轮测量仪器测量轮齿的精度，但应考虑齿面磨损情况，酌情确定齿轮的精度等级。

齿面粗糙度：可用粗糙度样板对比或粗糙度测量仪测出齿面粗糙度。

(2) 直齿圆柱齿轮基本参数的确定

齿轮测绘中，有些参数可直接测定给出；有些参数，如模数、压力角、顶高系数 h_a^* 和顶隙系数 c^* 等必须通过计算判断及比较后才能合理确定。

① 模数、压力角的确定

模数在测量时无法直接确定，必须经过计算才能确定。我国标准齿轮压力角为 20°，根据基圆齿距 P_b 可确定模数 m 的大小，即

$$m=\frac{P_b}{P\cos a}$$

计算后与标准模数比较选取相近的标准值。

② 齿顶高系数 h_a^* 和顶隙系数 c^*

我国标准齿轮的齿顶高系数 $h_a^*=1$，顶隙系数 $c^*=0.25$。

③ 其他计算

公法线长度 W_k 及跨齿数 k 为

$$k=\frac{z}{180}\arccos\left(\frac{z\cos\alpha}{z+2x}\right)+0.5$$

$$W_k=m\cos\alpha(k-0.5\pi+zinv\alpha)+2mx\sin\alpha$$

周定弦齿高 h_c 和固定弦齿厚 S_c 为

$$\bar{s}_c=m\cos^2\alpha\left(\frac{\pi}{2}+2x\tan\alpha\right)$$

$$\bar{h}_c=\frac{d_a-d}{2}-\frac{1}{2}\bar{s}_c\tan\alpha$$

测绘齿轮时，除轮齿外，其余部分与一般零件的测绘方法相同。这里不再赘述。

3. 齿轮视图表达

选择表达方案时，建议选择工作位置放置，即轴线水平放置，垂直轴线的方向作主视图的投影方向。齿轮主视图可采用旋转全剖、半剖。其他视图：一般为左(右)视图，主要表达各种孔的分布状态及主体结构的形状特征。可提出几个表达方案，比较选优，然后选出最佳方案。

4. 尺寸标注

(1) 齿轮的尺寸一般为两大类：轴向尺寸和径向尺寸。径向尺寸的主要基准是回转轴线，轴向尺寸的主要基准是重要的端面。

(2) 定形和定位尺寸都较明显，尤其是在圆周上分布的小孔的定位圆直径是这类零件的典型定位尺寸，多个小孔一般采用如“4× ϕ18 EQS”的形式标注，EQS 即等分圆周，角度定位尺寸一般不标注。

(3) 内外结构形状尺寸应分开标注。

5. 技术要求

有配合要求或用于轴向定位的表面，其表面粗糙度和尺寸精度要求较高，轮齿表面应有粗糙度要求及齿廓啮合精度要求等；端面与轴心线之间常有形位公差要求。

6. 量具

游标卡尺、千分尺、钢尺。测量数值圆整处理。

7. 齿轮工作零件图

齿轮零件图参考图样如图 9-23 所示。

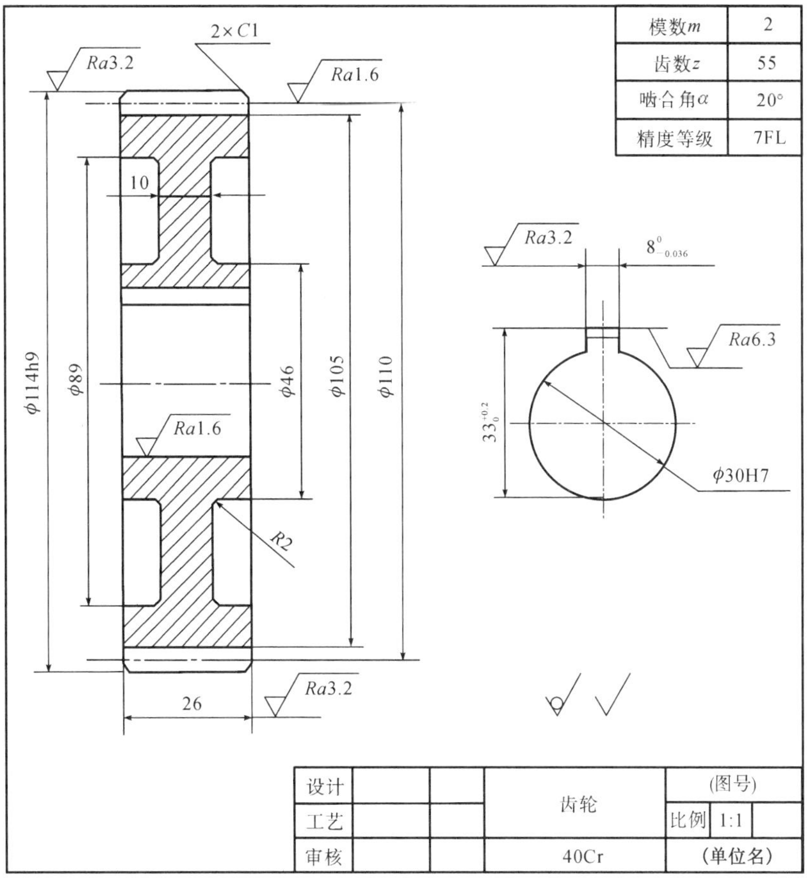

图 9-23　齿轮零件图参考图样(单位：mm)

9.3　弹 簧 绘 制

弹簧是常用件，主要用来减震、夹紧、储能和测力等。弹簧的种类很多，有螺旋弹簧、蜗卷弹簧、板弹簧等。如图 9-24 所示为常用弹簧。下面仅介绍应用较广泛的圆柱螺旋压缩簧。

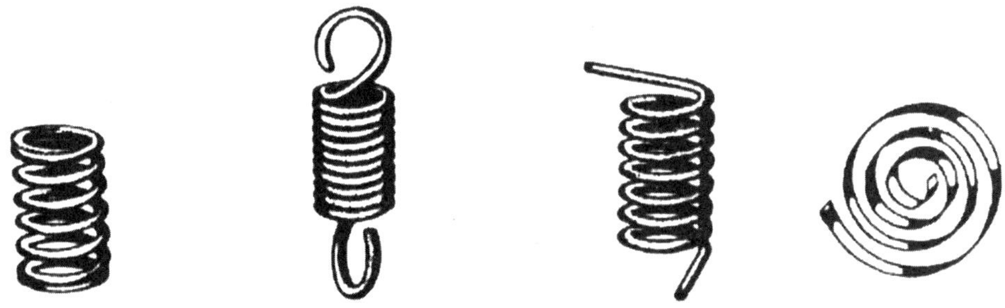

(a) 压缩弹簧　(b) 拉伸弹簧　(c) 扭转弹簧　(d) 蜗卷弹簧

图 9-24　常用弹簧

9.3.1 圆柱螺旋压缩弹簧各部分名称及尺寸关系

如图 9-25 所示，弹簧各部分名称及尺寸关系：

簧丝直径 d，是指弹簧所用坯料的直径。

弹簧外径 D_2，是指弹簧的最大直径。

弹簧内径 D_1，是指弹簧的最小直径。

弹簧中径 D，是指弹簧的平均直径。

弹簧外径、内径、中径的关系为

$$D=\frac{D_1+D_2}{2}$$

旋向，是指弹簧的旋转方向，有左旋和右旋之分，常用弹簧多为右旋。

节距 t，是指除支承圈外，相邻两工作圈上对应点间的轴向距离。

支承圈数 n_2，是指为了使弹簧工作时受力均匀，制造时使两端并紧、磨平端面、起支承作用的圈数。一般取 $n_2=1.5$，2 或 2.5 圈，多数情况下 $n_2=2.5$ 圈（即两端各并紧 1/2 圈，磨平 3/4 圈）。

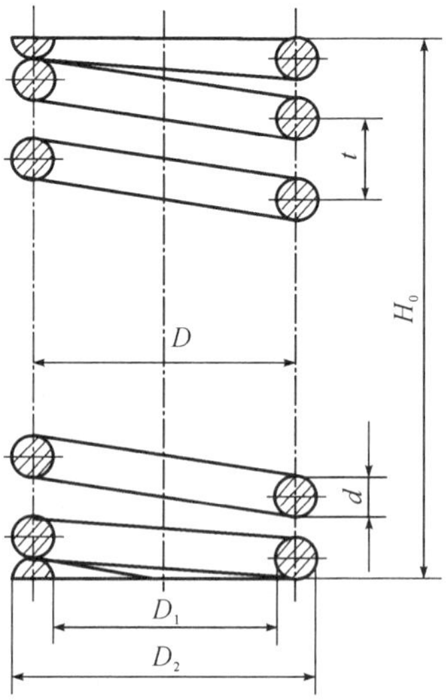

图 9-25 弹簧各部分名称

有效圈数 n，是指除支承圈外，保持相等节距的圈数。

总圈数 n_1，是指支承圈数与有效圈数之和，即 $n_1=n_2+n$。

自由高度 $H_0=nt+(n_2-0.5)d$。

展开长度 L，是指制造弹簧所用的坯料长度，即 $L\approx n\sqrt{(\pi D)^2+t^2}$。

9.3.2 圆柱螺旋压缩弹簧的规定画法

（1）弹簧在平行于轴线的投影面的视图中，各圈的转向轮廓线画成直线，如图 9-26 所示。

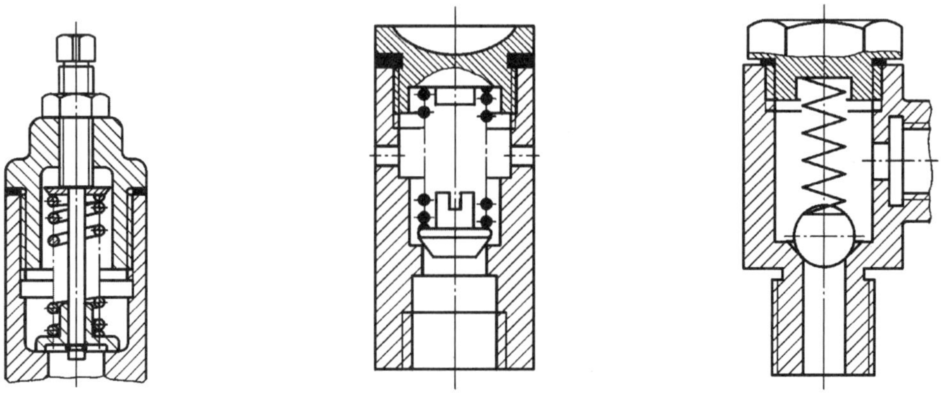

(a) (b) (c)

图 9-26 装配图中弹簧的画法

(2) 有效圈数在 4 圈以上的螺旋弹簧，中间各圈可省略不画，并可适当缩短图形的长度。

(3) 螺旋弹簧不论旋向如何，均可画成右旋，但左旋弹簧一律要注写“左”字。

(4) 在装配图中，被弹簧挡住的结构一律不画，可见轮廓线应画到簧丝中心线为止，如图 9-26(a)所示。

(5) 弹簧被剖切时，当簧丝直径在图上小于等于 2 mm 时，可用涂黑断面表示，如图 9-26(b)所示，也可用示意画法表示，如图 9-26(c)所示。

9.3.3　圆柱螺旋压缩弹簧的画法

对于两端并紧、磨平的压缩弹簧，不论支承圈的圈数多少及端部并紧的情况如何，都可按图 9-26 所示的形式画出，即按支承圈数为 2.5、磨平圈数为 1.5 的形式表达。

【例 9-1】　已知弹簧外径 $D_2=45$ mm，线径 $d=5$ mm，节距 $t=10$ mm，有效圈数 $n=8$，支承圈数 $n_2=2.5$，右旋，试画出这个弹簧。

先进行计算，然后作图。

弹簧中径：$D=D_2-d=45-5=40$(mm)。

自由高度：$H_0=nt+(n_2-0.5)d=8\times10+(2.5-0.5)\times5=90$(mm)。

绘图步骤如图 9-27 所示。

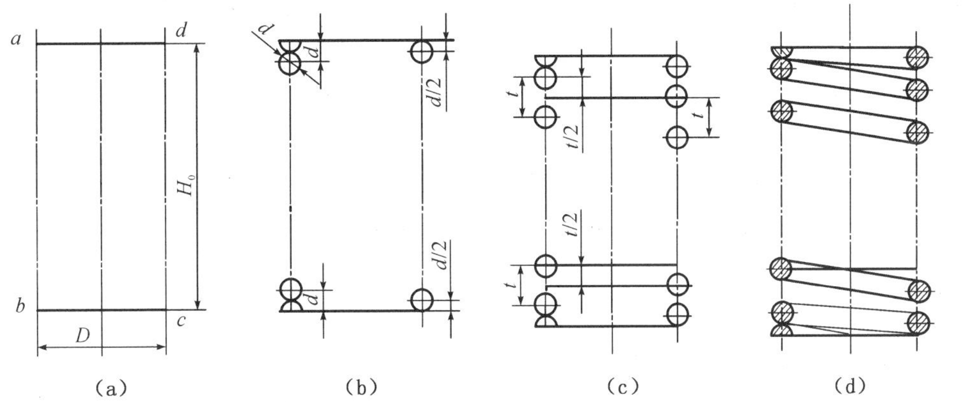

图 9-27　圆柱螺旋压缩弹簧的画图步骤

如图 9-27(a)所示，以自由高度 H_0 和弹簧中径 D 作矩形 $abcd$。

如图 9-27(b)所示，画出支承圈部分与簧丝直径相等的圆和半圆。

如图 9-27(c)所示，根据节距 t 作簧丝断面。

如图 9-27(d)所示，按右旋方向作簧丝断面的切线，校核、加深，画剖面线。

第10章 装配图绘制

本章导读

机器是由部件和零件组合而成的。复杂的机器一般由若干零件组成若干部件，再由部件和一些零件组装成机器。因此，设计和制造机器时还要用机械图样来表达机器或部件的结构形状、工作原理和技术要求，以及零部件间的装配、连接关系，这种机械图样称为装配图。

根据装配图的种类分为以下两种。

(1) 总装图。表示机器或设备的整体外形轮廓、基本性能和各部分大致装配关系的图样。一般用于总装车间指导机器的装配工作。

(2) 装配图。表示机器或部件的工作原理、性能结构及零件之间装配连接关系等内容的图样。一般用于机器的设计、制造、测绘和维修，是机械设计和产生中的重要技术文件，也是本章的主要内容。

素质目标

(1) 提升学生严谨细致、精益求精、团队合作等工程综合素养。

(2) 培养学生具有质量意识、环保意识、安全意识、信息素养、工匠精神、创新思维。

知识目标

(1) 了解装配图的作用和内容。

(2) 理解装配图中的尺寸标注、技术要求的拟定、零件编号及明细表的有关规定。

(3) 熟练掌握装配图的视图选择、基本画法和简化画法等表达方法。

(4) 熟练掌握绘制、识读装配图的方法和步骤，以及由装配图拆画零件图的方法。

能力目标

(1) 能根据实物或零件图和装配示意图确定装配图的表达方案，确定绘制装配图。

(2) 能读懂中等复杂程度的装配图。

(3) 能根据装配图正确拆画零件图。

10.1　装配图的基本知识

10.1.1　装配图的概念、作用和内容

1. 装配图的概念

一台机器或一个部件，都是由若干个零件按一定的装配关系和技术要求装配起来的。装配图通常用来表达机器或部件的工作原理以及零件、部件间的装配、连接关系，是机械设计和生产中的重要技术文件之一。

2. 装配图的作用

装配图表示机器或部件的结构形状、装配关系、工作原理和技术要求。设计时，一般先画出装配图，根据装配图绘制零件图；装配时，则根据装配图把零件装配成部件或机器；同时，装配图又是安装、调试、操作和检修机器或部件的重要参考资料。

3. 装配图的内容

以如图 10-1 所示的滑动轴承为例，说明一张完整的装配图应包含的基本内容。滑动轴承是支撑传动轴的一个部件，轴在轴衬内旋转。轴衬由上、下两块（上轴衬、下轴衬）组成，分别嵌在轴承座和轴承盖上，轴承座和轴承盖用一对螺栓和螺母连接在一起。轴承座和轴承盖之间留有一定的间隙，是为了用加垫片的方法来调整轴衬和轴配合的松紧。图 10-2 是滑动轴承的分解轴测图。从图可知装配图的内容一般包括以下四个方面。

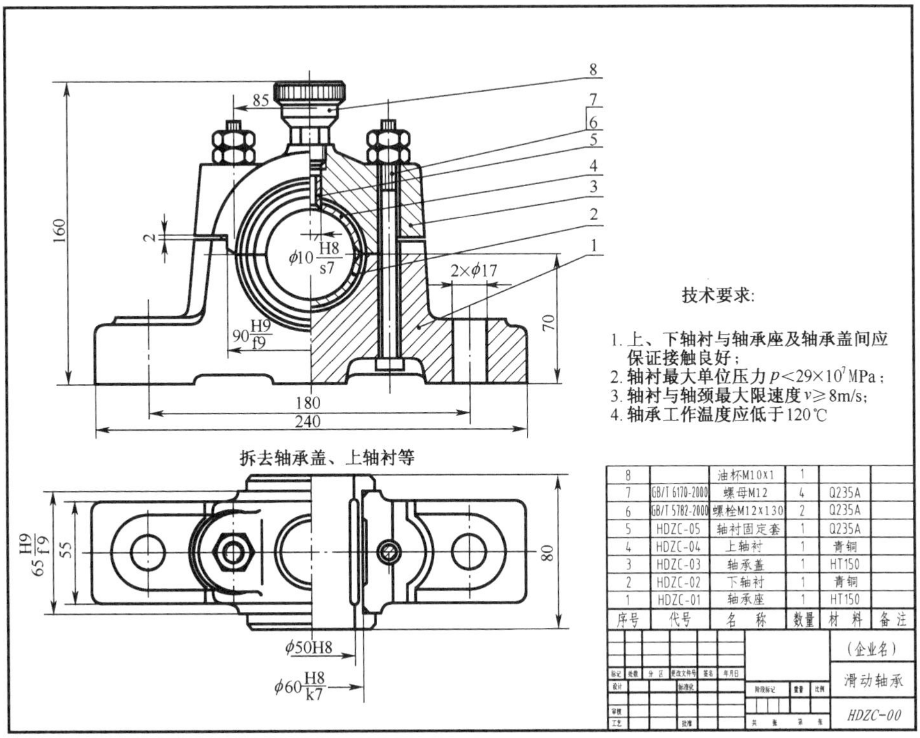

图 10-1　滑动轴承装配图（单位：mm）

(1) 一组视图

一组视图表达装配体(机器或部件)的工作原理、装配关系、各组成零件的相对位置、连接方式、主要零件的结构形状以及传动路线等。

图 10-1 是滑动轴承的装配图,图中采用了两个基本视图,由于结构基本对称,所以均采用了半剖视,比较清楚地表示了轴承盖、轴承座和上下轴衬的装配关系。其分解立体图如图 10-2 所示。

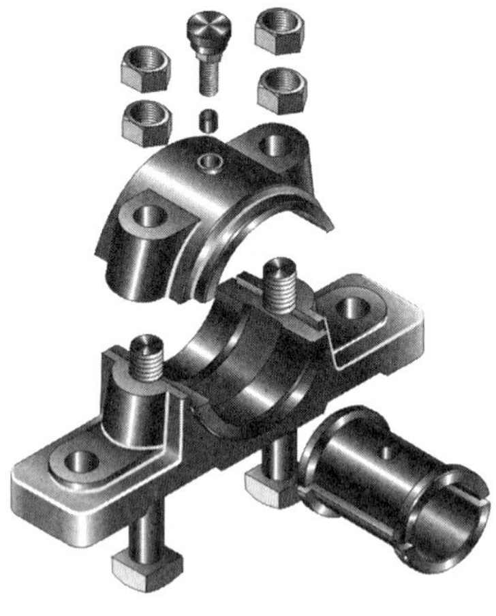

图 10-2　滑动轴承的分解立体图

(2) 必要的尺寸

装配图上必要的尺寸包括部件或机器的规格(性能)尺寸、零件之间的配合尺寸、外形尺寸、部件或机器的安装尺寸和其他重要尺寸等。

如图 10-1 所示滑动轴承的装配图中,轴孔直径 ϕ50H8 为规格尺寸,180 和 2× ϕ17 为安装尺寸,ϕ60H8/k7,90H9/f9,65H9/19 等为配合尺寸,240,160,80 为总体尺寸。

(3) 技术要求

用符号、文字等说明对装配体(机器或部件)的工作性能、装配要求、试验或使用等方面的有关条件或要求。

(4) 零件序号、明细栏和标题栏

在装配图中,对每个不同的零件编写序号,并在标题栏上方按序号编制成零件明细栏,说明装配体及其各组成零件的名称、数量和材料等一般概况。

应当指出,由于装配图的复杂程度和使用要求不同,以上各项内容并不是在所有的装配图中都要表现出来,而是要根据实际情况来决定。

10.1.2　装配图的画法

在零件图上采用的各种表达方法,如视图、剖视图、断面图、局部放大图等也同样适用于绘制装配图。但是画零件图表达的是一个零件,而画装配图表达的则是由许多零件组成的装配体(机器或部件)。因为两种图样的要求不同,所表达的侧重面也不同。装配图应表达出装配体的工作原理、装配关系和主要零件的主要结构形状。因此,国家标准《机械制图》和《技术制图》对绘制装配图制定了规定画法、特殊画法和简化画法等。

1. 装配图的规定画法

在装配图中,为了便于区分不同的零件,正确地表达出各零件之间的关系,在画法上有以下规定:

(1) 接触面和配合面的画法

① 相邻两零件的接触表面和基本尺寸相同的两配合表面只画一条线。

② 两零件的不接触表面和基本尺寸不同的非配合表面画成两条线,即使间隙很小,也

必须用夸大画法画出间隙。如图 10-1 所示，主视图中轴承座 1 与轴承盖 3 之间的非接触面画两条线。

(2) 剖面线的画法

① 在装配图中，同一个零件在所有的剖视、断面图中，其剖面线应保持方向和间隔必须一致。

② 相邻两零件的剖面线则必须不同。即：使其方向相反，或方向相同但间隔不同。

③ 当装配图中零件的厚度小于 2 mm 时，允许将剖面涂黑以代替剖面线。

(3) 实心件和某些标准件的画法

① 在装配图的剖视图中，若剖切平面通过实心零件(如轴、杆等)和标准件(如螺栓、螺母、销、键等)的对称平面或基本轴线时，这些零件按不剖绘制，如图 10-1 所示主视图中的螺栓 6 和螺母 7。

② 但其上的孔、槽等结构需要表达时，可采用局部剖视。当剖切平面垂直于其轴线剖切时，则需画出剖面线，如图 10-1 所示俯视图中的螺栓。

2. 装配图的特殊画法

(1) 拆卸画法和沿结合面剖切画法

① 在装配图的某个视图上，如果有些零件在其他视图上已经表示清楚，而又遮住了需要表达的零件时，则可将其拆卸掉不画，只画剩下部分的视图，这种画法称为拆卸画法。为了避免读图时产生误解，可对拆卸画法加以说明。如图 10-1 所示俯视图即拆去了轴承盖等。

② 在装配图中，为了表示内部结构，可假想沿着某些零件的结合面剖开，如图 10-1 中的俯视图。其中，由于剖切平面对螺栓、螺钉和圆柱销是横向剖切，故对它们应画剖面线；对其余零件则不画剖面线。

(2) 假想画法

① 对于运动零件，当需要表明其运动极限位置时，可以在一个极限位置上画出该零件，而在另一个极限位置用双点画线来表示。表示运动零件(图 10-3 中手柄和图 10-6 中的件 1)的极限位置，按其运动的一个极限位置绘制图形，再用双点画线画出另一极限位置的图形。

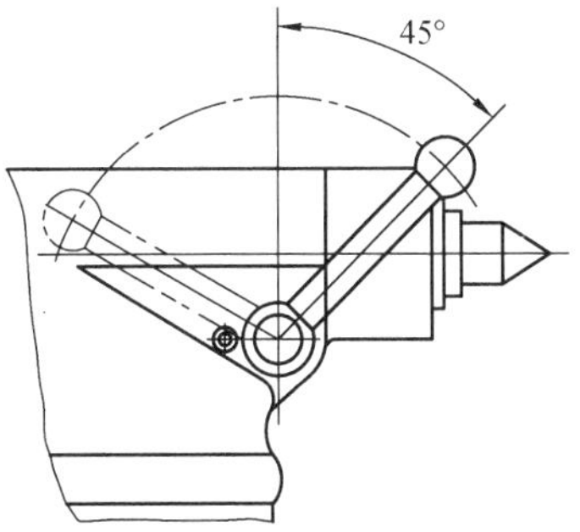

图 10-3 运动零件的极限位置

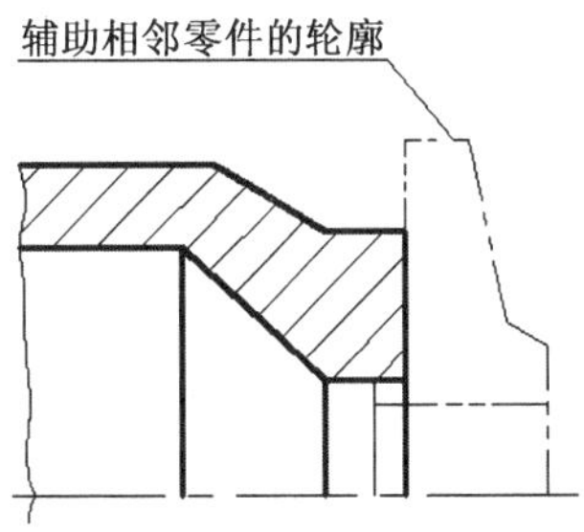

图 10-4 辅助相邻零件

② 为了表明本部件与其他相邻部件或零件的装配关系，但不属于本装配体的零件或部件，可用双点画线画出该件的轮廓线，如图 10-4 中辅助相邻零件的轮廓。

（3）夸大画法

在装配图中，对于一些薄片零件、细小结构、微小间隙等，若按其实际尺寸很难画出，或难以明确表示时，可不按其实际尺寸作图，而适当地夸大画出，如图 10-5 中的垫片。

（4）单独表示某个零件

在装配图中，当某个零件的形状未表达清楚，或对理解装配关系有影响时，可另外单独画出该零件的某一视图，如图 10-6 浮动支承装配图中件 1。

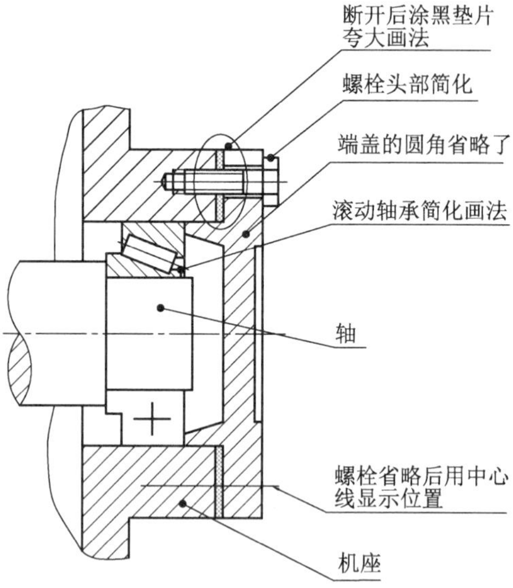

图 10-5　端盖装配图

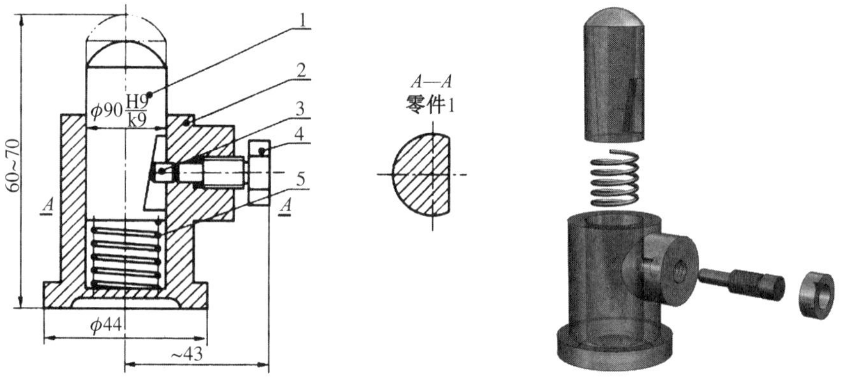

图 10-6　浮动支承装配图(单位：mm)

3. **装配图的简化画法**

（1）在装配图中，对若干相同的零件组如螺栓、螺钉连接等，可以仅详细地画出一处或几处，其余只需用点画线表示其位置，如图 10-7 中的螺钉。

（2）在装配图中，对于零件上的一些工艺结构，如小圆角、倒角、退刀槽和砂轮越程槽等可以省略不画，如图 10-7 所示。

10.1.3　读装配图

在装配机器、维护和保养设备、从事技术改造的过程中，都需要读装配图，其目的是了解装配体的规格、性能、工作原理，各个零件之间的相互位置、装配关系、传动路线及各零件的主要结构形状等。例如在设计中，需要依据装配图来设计零件并画出零件图；在装配机器时，需根据装配图将零件组装成部件或机器；在设备维修时，需参照装配图进行拆卸和重

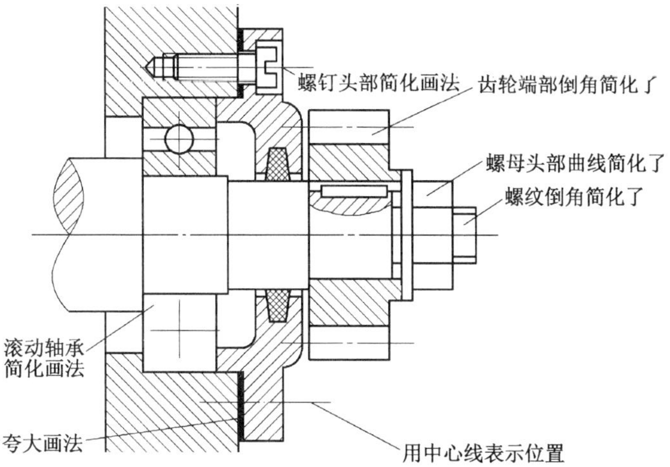

图 10-7 装配图中的简化画法

新装配;在技术交流时,则要参阅有关装配图才能了解、研究一些工程、技术等有关问题。因此,工程技术人员必须具备读装配图的能力。

1. 读装配图的基本要求

(1) 了解装配体的功用、性能和工作原理,装配体的使用、调整方法等。

(2) 弄清楚各零件间的装配关系,各零件如何定位、固定和装拆次序。

(3) 弄清楚各零件的主要结构形状和作用等。

(4) 了解技术要求中的各项内容。

2. 读装配图的方法和步骤

现以机用虎钳装配图(图 10-8)为例来说明读装配图的方法和步骤。

(1) 概括了解装配图的内容

① 从标题栏中可以了解装配体的名称、大致用途及绘图的比例等。

② 从零件编号及明细栏中,可以了解零件的名称、数量及在装配体中的位置。

③ 分析视图,了解各视图、剖视图、断面图等相互间的投影关系及表达意图。

该装配图大致结构为长方块,规格 0～70;读标题栏和明细栏了解部件名称为"机用虎钳",共有零件 11 个,其中标准件 2 个,自制零件 9 个;了解图中各零件的名称、材料和数量;按图上的编号了解各零件的大体装配情况。

(2) 分析表达方案,细读各视图

① 表达方案:这一组视图由 5 个视图组成,主、俯、左三个基本视图关系清晰,主视图为全剖,并带有局部剖、假想画法;俯视图为局部剖;左视图为半剖视图;另外有局部放大图、断面图、单独零件图。

② 细读各视图,分析工作原理、装配关系与零件的主要结构形状。

主视图:表达了机用虎钳的整体形状、工作范围,也表达了装配体的主装配线。在分析工作原理时同时也读出了相关零件的装配关系、部分结构。

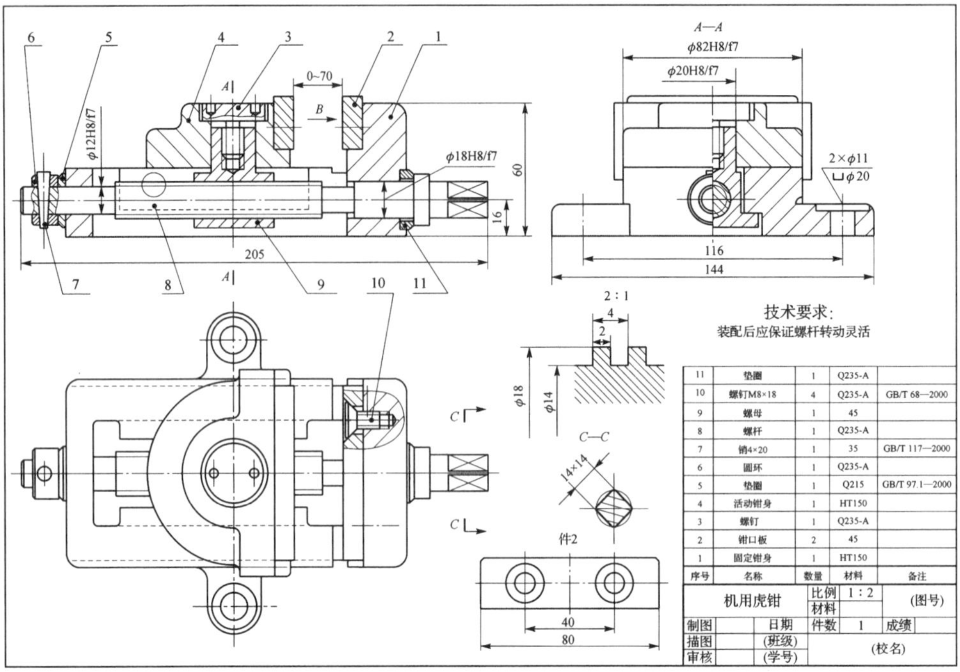

图 10-8　机用虎钳装配图(单位: mm)

俯视图: 进一步表达了装配体的整体形状,以及各零件的形状特征,局部剖表示了件 10 螺钉把件 2 钳口板固连在件 4 活动钳身上。

左视图: 进一步表达了整体形状、零件形状特征、装配连接关系,这里能清晰看出固定钳身与活动钳身的配合关系。

局部放大图: 表达了螺杆及螺母的牙型。

断面图: 表达了螺杆操纵结构"方身"的形状特征及规格。

单独零件图: 表达了件 2 钳口板上的特殊结构——网状槽。

工作原理分析: 机用虎钳是安装在机床工作台上,用于夹紧工件,以便进行切削加工的一种通用工具。固定钳身可安装在机床的工作台上,起机座作用,用扳手转动零件 8 螺杆,能带动零件 9 螺母作左右移动,因为螺旋线有两个运动: 转动和轴向移动,螺杆被轴向固定所以只能转动,轴向移动传递给了螺母,螺母带着件 3 螺钉(自制螺钉)、件 4 固定钳身、件 2 钳口板作左右移动起夹紧或松开工件的作用。

(3) 尺寸分析

规格及最佳工作范围: 0~70,中心高 15;

配合尺寸: ϕ12H8/f7, ϕl8H8/f7, ϕ20H8/f7, 80H8/f7;

主要零件关键尺寸: 螺杆、螺母牙型尺寸 ϕ14, ϕ18, 2, 4, 螺杆方身尺寸 14×14;

件 2 钳口板主要尺寸: 中心距 40, 长 80;

安装尺寸: 116, 2× ϕ11/锪平 ϕ25;

总体尺寸: (60), 205, (116)。

（4）总结归纳

总结归纳是对读图过程简明连贯的叙述，想象整体形象、部件工作的动作过程，得到机用虎钳的三维实体模型（图10-9）。机用虎钳实物如图10-10所示。

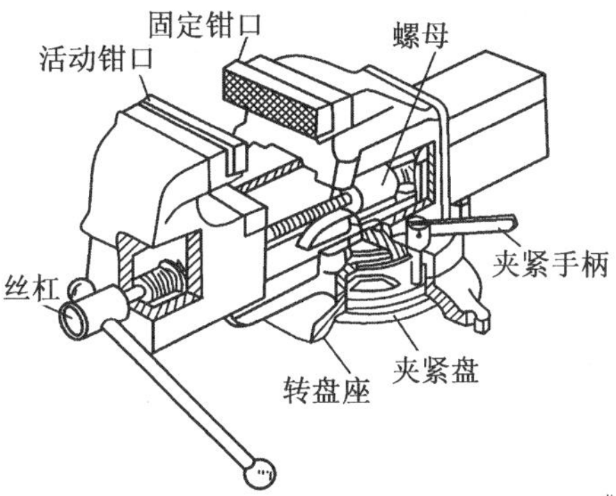

图10-9　机用虎钳装配图

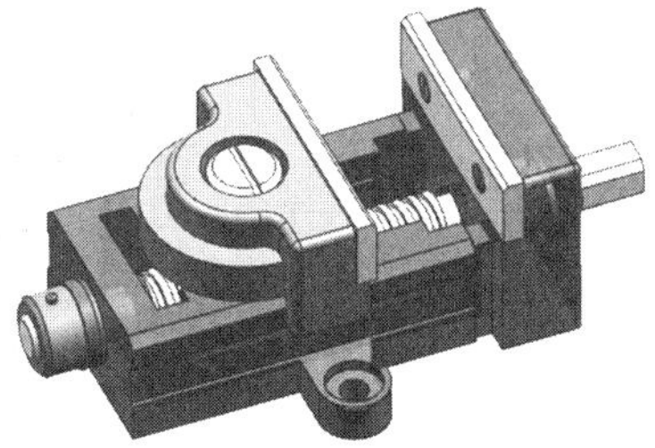

图10-10　机用虎钳

10.1.4　装配图的尺寸标注和技术要求

1. 装配图的尺寸标注

装配图的作用与零件图不同，因此，在图上标注尺寸的要求也不同。零件图中必须标注出零件的全部尺寸，以确定零件的形状和大小；在装配图上应该按照装配体的设计、制造的要求来标注某些必要的尺寸，以说明装配体性能规格、装配体“成员”的装配关系、装配体整体大小等。即装配图没有必要标注出零件的所有尺寸，只需标出性能尺寸、装配尺寸、安装尺寸和外形尺寸等。

（1）性能（规格）尺寸

性能（规格）尺寸是表示装配体的工作性能或规格大小的尺寸，这些尺寸是设计时确定的，它也是了解和选用该装配体的依据。

（2）装配尺寸

装配尺寸是表示装配体中各零件之间相互配合关系和相对位置的尺寸，这种尺寸是保证装配体装配性能和质量的尺寸。

① 配合尺寸

配合尺寸是表示零件间配合性质的尺寸。如图10-11所示配合尺寸有90H9/f9，65H9/f9，ϕ60H8/k7等。

② 相对位置尺寸

相对位置尺寸是表示装配时需要保证的零件间相互位置的尺寸。如图10-11所示的轴承中心轴线到基面的距离70，两螺栓连接的位置尺寸85，轴承盖和轴承座的相对位置尺寸2等。

（3）安装尺寸

安装尺寸是将装配体安装到其他装配体上或地基上所需的尺寸。如图10-11所示的孔距 180 等。

（4）外形尺寸

外形尺寸是表示装配体外形大小的总体尺寸，即装配体的总长、总宽、总高。它反映了装配体的大小，提供了装配体在包装、运输和安装过程中所占的空间尺寸。如图 10-11 所示的滑动轴承，总长 240，总宽 80，总高 160。若某尺寸可变化时，应注明其变化范围。

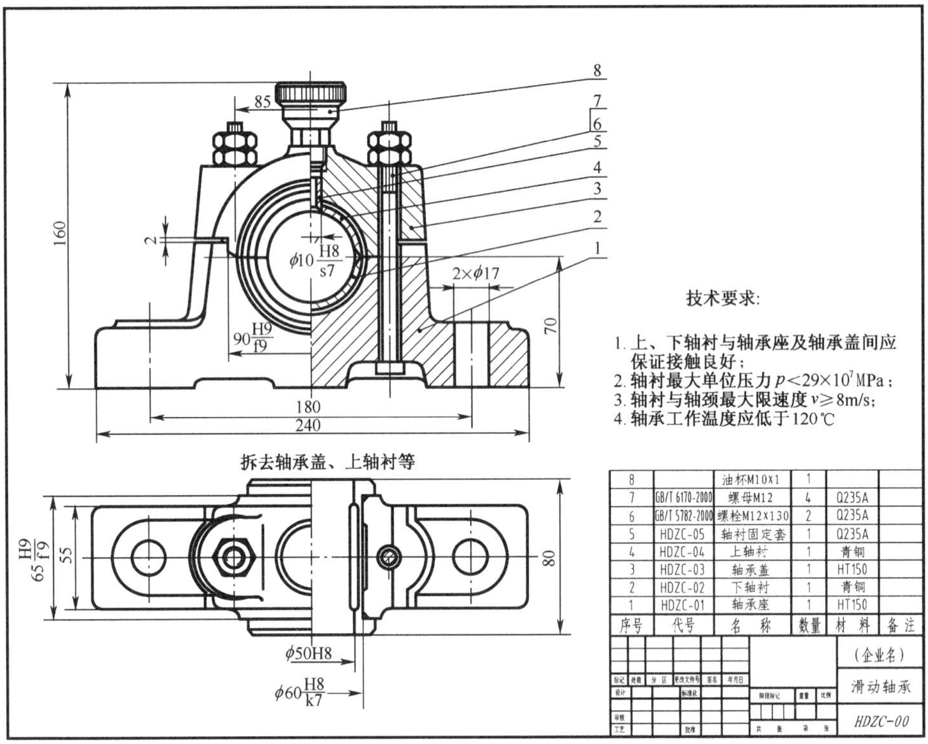

图 10-11　滑动轴承装配图（单位：mm）

2. 装配图的技术要求

由于装配体的性能、用途各不相同，因此其技术要求也不同，拟定装配体技术要求时，应具体分析，一般应从以下三个方面考虑。

（1）装配要求

装配要求是在装配过程中的注意事项和装配后应满足的要求，如保证间隙、精度、润滑和密封的要求等。

（2）检验要求

检验要求是装配体基本性能的检验、试验条件、规范和操作要求。

（3）使用要求

使用要求是对装配体的性能、规格参数、包装运输、维护、保养及使用时的注意事项及要求。

上述各项不是每张装配图都要求全部标注，应根据具体情况而定。装配图上的技术要求一般用文字标注在明细栏上方或图样右下方的空白处。

10.1.5　装配图的零件序号和明细栏

为了便于装配时读图查找零件，便于作生产准备和图样管理，必须对装配图中所有不同的零件编写序号，并列出零件的明细栏。

1. 装配图的零件序号

（1）一般规定

装配图中所有的零件都必须编写序号。相同的零件只编一个序号，数量写在明细栏里。

（2）零件序号的组成

零件序号由圆点、指引线、水平线或圆（均为细实线）及数字组成，序号写在水平线上或小圆内，如图 10-12 所示。序号数字比装配图中的尺寸数字大一号。

① 指引线不要与轮廓线或剖面线等图线平行，指引线之间不允许相交，但指引线只允许弯折一次。

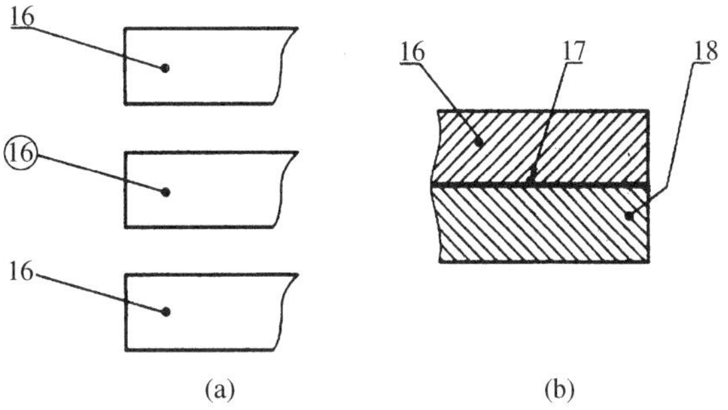

图 10-12　零件序号

② 指引线应自所指零件的可见轮廓内引出，并在其末端画一圆点；若所指的部分不宜画圆点，如很薄的零件或涂黑的剖面等，可在指引线的末端画一箭头，并指向该部分的轮廓，如图 10-12(b)所示。

③ 如果是一组螺纹连接件或装配关系清楚的零件组，可以采用公共指引线，如图 10-13所示。

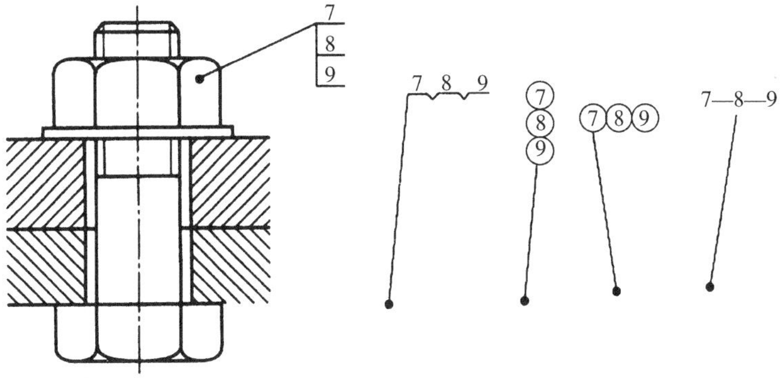

图 10-13　零件组序号

④ 标准化组件（如滚动轴承、电动机、油杯等）只能编写一个序号。

（3）序号编排方法

应将序号在视图的外围按水平或垂直方向排列整齐，并按顺时针或逆时针方向顺序依次编号，不得跳号，如图 10-12 和图 10-13 所示。

2. 装配图的明细栏(表)

为了便于装配时看图查找零件,作生产准备和图样管理,必须对装配图中的零件进行编号,并列出零件的明细栏。

明细栏(表)是装配体全部零、部件的详细目录,一般应绘制在标题栏的上方,并和标题栏紧连在一起,零、部件的序号应自下而上填写,如空间不够时,可将明细栏分段画在标题栏的左方。当明细栏不能配置在标题栏的左方时,可作为装配图的续页,按 A4 幅面单独绘制,其填写顺序应自上而下。如图 10-14 所示为明细栏的格式与尺寸。

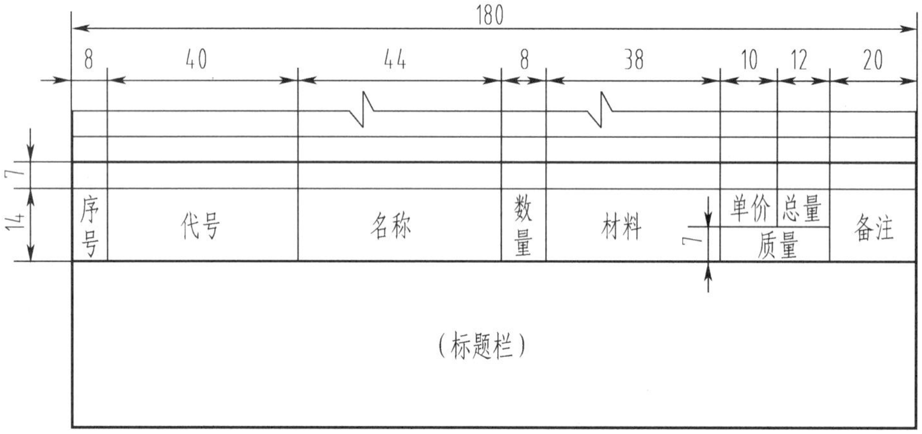

图 10-14　明细栏

图 10-15 为简易的明细栏,所示的内容和格式可供学习作业中使用。

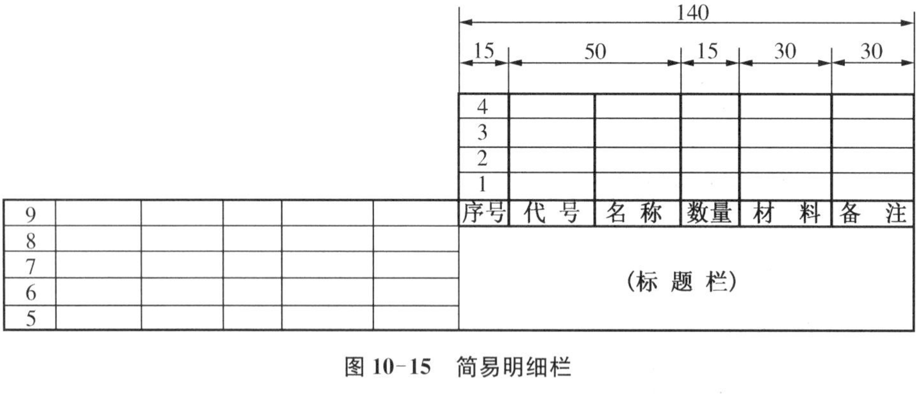

图 10-15　简易明细栏

10.1.5　装配体的结构表达

两配合零件在转角处不应设计成相同的圆角,否则既影响接触面之间的良好接触,又不易加工,轴肩面和孔端面相接触时,应在孔边倒角,或在轴的根部切槽,以保证轴肩与孔的端面接触良好,如图 10-16 所示。

1. 接触面转角处的结构

两配合零件在转角处不应设计成相同的圆角，否则既影响接触面之间的良好接触，又不易加工，轴肩面和孔端面相接触时，应在孔边倒角，或在轴的根部切槽，以保证轴肩与孔的端面接触良好，如图 10-16 所示。

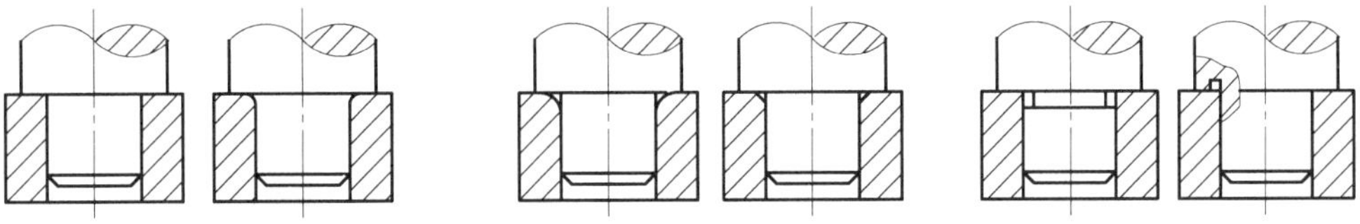

（a）孔轴具有相同的尖角或圆角，不合理　（b）孔边倒角或倒圆，合理　（c）轴根切槽，合理

图 10-16　接触面转角处的结构

2. 两零件接触面的数量

两零件装配时，在同一方向上一般只能有一个接触面，否则会给制造和配合带来困难，如图 10-17 所示。

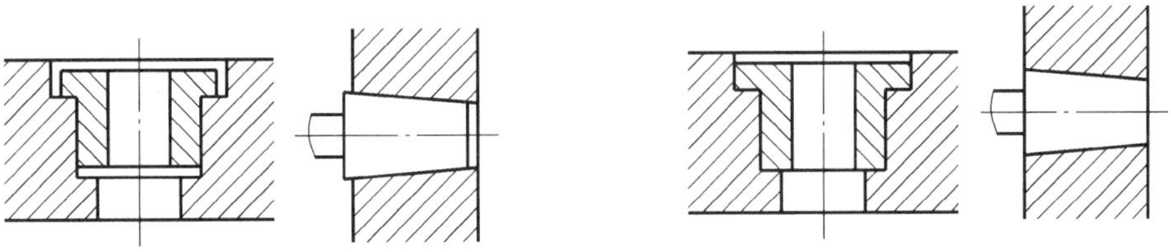

(a)合理　(b)不合理

图 10-17　同一方向上只能有一个接触面

3. 减少加工面积

为了使螺栓、螺钉、垫圈等紧固件与被连接表面接触良好，减少加工面积，应把被连接表面加工成凸台或凹坑，如图 10-18 所示。

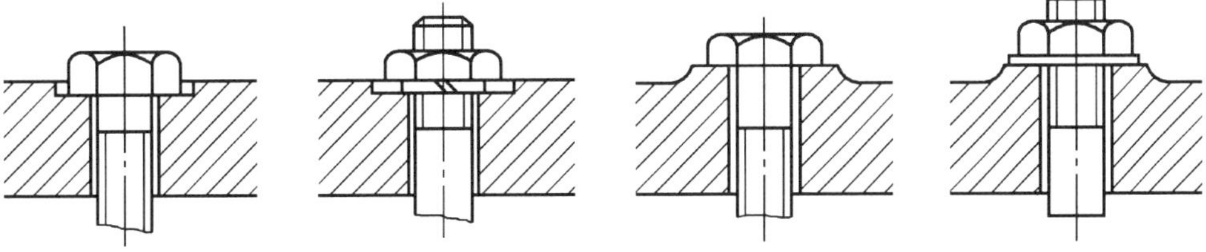

(a)　(b)　(c)　(d)

图 10-18　凹坑或凸台

4. 密封装置的结构

在一些部件或机器中，常需要有密封装置，以防液体外流或灰尘进入。如图 10-19 所示的密封装置是用在泵和阀上的常见结构。通常用浸油的石棉绳或橡胶作填料，拧紧压盖

螺母，通过填料压盖即可将填料压紧，起到密封作用。但填料压盖与阀体端面之间必须留有一定间隙，才能保证将填料压紧；而轴与填料压盖之间应有一定的间隙，以免转动时产生摩擦，如图 10-19(a)所示留有一定间隙，是正确的；而图 10-19(b)所示没有间隙，是错误的。

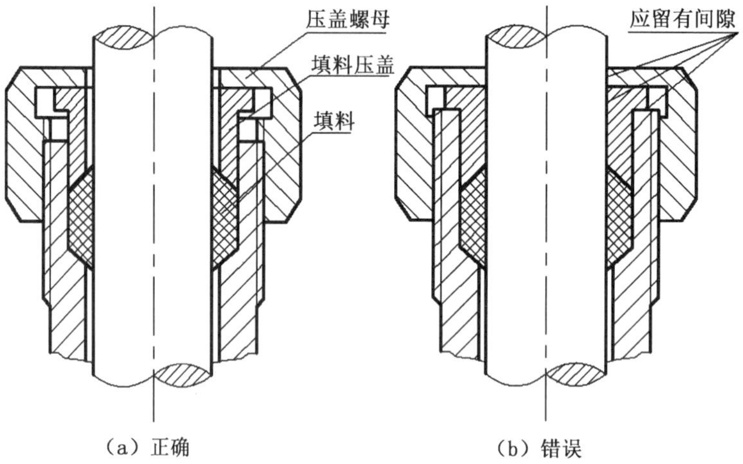

图 10-19　填料与密封装置

5. 零件在轴向的定位结构

装在轴上的滚动轴承及齿轮等一般都要有轴向定位结构，以保证能在轴线方向不产生移动。如图 10-20 所示，轴上的滚动轴承及齿轮是靠轴的轴肩来定位，齿轮的另一端用螺母、垫圈来压紧，垫圈与轴肩的台阶面间应留有间隙，以便压紧。

6. 考虑维修、安装、拆卸的方便

如图 10-21 所示，滚动轴承装在箱体轴承孔及轴上，右边是合理的，若设计成左边图那样，将无法拆卸。

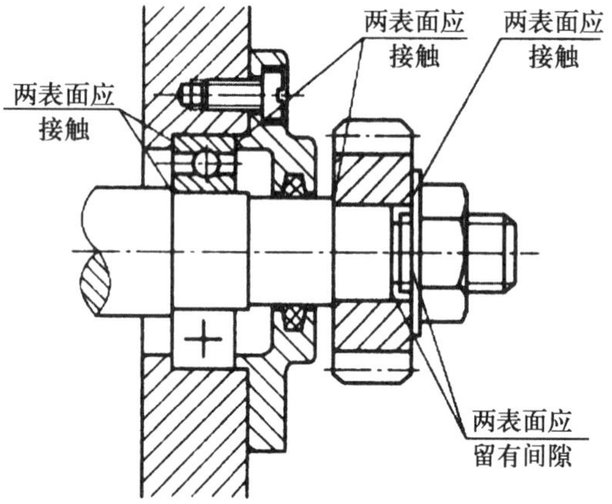

图 10-20　轴向定位结构

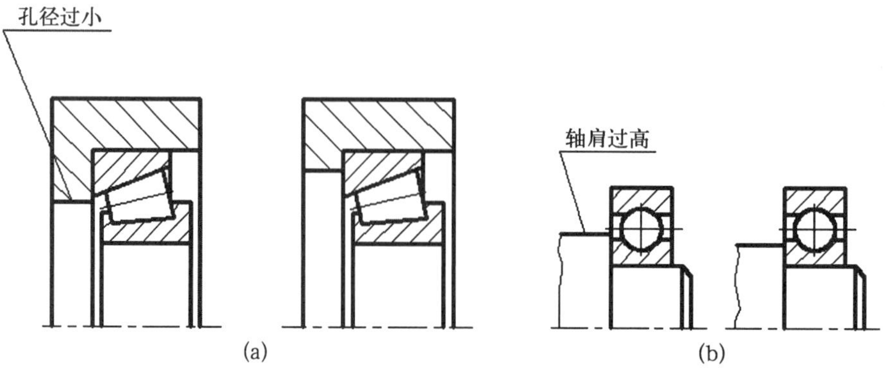

图 10-21　滚动轴承的定位结构

在安排螺钉位置时，应考虑扳手的空间活动范围，如图 10-22 所示。图 10-22(a)中所留空间太小，扳手无法使用，图 10-22(b)是正确的结构形式。

另外，应考虑螺钉放入时所需要的空间，如图 10-23 所示。图 10-23(a)中所留空间太小，螺钉无法放入，图 10-23(b)是正确的结构形式。

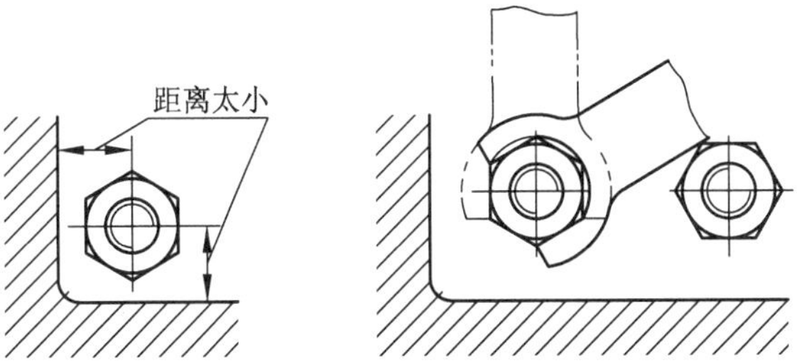

（a）不合理　　（b）合理

图 10-22　留出扳手活动空间

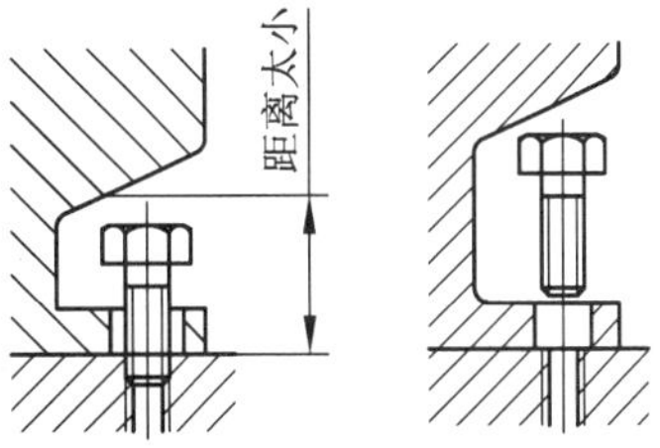

（a）不合理　　（b）合理

图 10-23　留出螺钉装卸空间

10.1.7　装配体测绘

对新产品进行仿制或对现有机械设备进行技术改造以及维修时，往往需要对其进行测绘。

1. 装配体测绘的概念

通过拆卸零件进行测量，绘出装配示意图和零件草图；然后根据零件草图，绘装配图；再依据装配图和零件草图绘零件图，从而完成装配图和零件图的整套图样，这个过程称为装配体测绘。

2. 装配体测绘的方法和步骤

以如图 10-24 所示球阀为例，介绍装配体测绘的方法和步骤。

（1）了解测绘对象

通过观察实物、阅读有关技术资料和类似产品图样，了解其用途、性能、工作原理、结构特点以及装拆顺序等情况。在收集资料过程中，尤其要重视生产工人和技术人员对该装配体的使用情况和改进意见，为测绘工作顺利进行做好充分的准备。在初步了解装配体功能的基础上，通过对零件作用和结构的仔细分析，进一步了解零件间的装配、连接关系。

如图 10-24 所示球阀的阀芯是球形的，是用来启闭和调节流量的部件。图示位置阀门全部开启，当扳手按顺时针方向旋转 90°时，阀门全部关闭。

该装配体的关键零件是阀芯，下面从运动关系、密封关系、包容关系等方面进行分析。

① 运动关系：扳手→阀杆→阀芯。

② 密封关系：两个密封圈为第一道防线，调整垫既保证阀体与阀盖之间的密封，又保证阀芯转动灵活；第二道防线为填料，以防止从转动零件阀杆处的间隙泄漏流体。

③ 包容关系：阀体和阀盖是球阀的主体零件，它们之间用四组双头螺柱连接。阀芯通过两个密封圈定位于阀中，通过填料压紧套与阀体的螺纹，将材料为聚四氟乙烯的填料固定于阀体中。

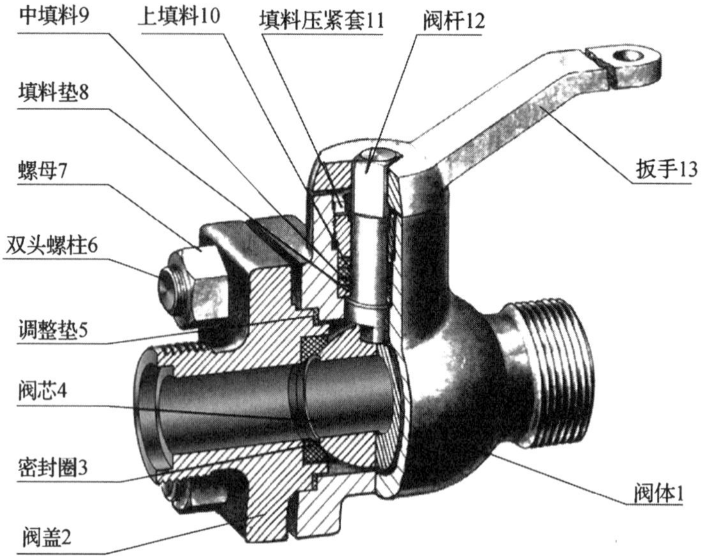

图 10-24　球阀

阀体左端通过螺柱、螺母与阀盖连接，形成球阀容纳阀芯的空腔。阀体左端的圆柱槽与阀盖的圆柱凸缘相配合。阀体空腔右侧圆柱槽用来放置密封圈，以保证球阀关闭时不泄露流体。阀体右端有用于连接系统中管道的外螺纹，内部阶梯孔与空腔相通。在阀体上部的圆柱体中，有阶梯孔与空腔相通，在阶梯孔内装有阀杆、填料压紧套等。阶梯孔顶端 90°扇形限位凸块，用来控制扳手和阀杆的旋转角度。

（2）拆卸装配体，画装配示意图

在拆卸前，应准备好有关的拆卸工具，以及放置零件的用具和场地，然后根据装配体的特点，制定周密的拆卸计划，按照一定的顺序拆卸零件。拆卸过程中，对每一个零件应进行编号、登记并贴上标签。对拆下的零件要分区分组放在适当地方，避免碰伤、变形，以免混乱和丢失，从而保证再次装配时能顺利进行。

拆卸零件时应注意：在拆卸之前应测量一些必要的原始尺寸，比如某些零件之间的相对位置等。拆卸过程中，严禁胡乱敲打，避免损坏原有零件。对于不可拆卸连接的零件、有较高精度的配合或过盈配合，应尽量少拆或不拆，避免降低原有配合精度或损坏零件。

如图 10-24 所示球阀的拆卸次序可以这样进行：

① 取下扳手 13；

② 拧出填料压紧套 11，取出阀杆 12，带出填料 9 和填料垫 8；

③ 用扳手分别拧下四组螺柱连接的螺母 7，取出阀盖 2、调整垫 5；

④ 从阀体中取出阀芯 4，拆卸完毕。

为了使装配体拆卸后装配复原，在拆卸零件的同时应画出部件的装配示意图，并编上序号，记录零件的名称、数量、传动路线、装配关系和拆卸顺序。

装配示意图是通过目测，徒手用简单的图线画出装配体各零件的大致轮廓，以表示其装配位置、装配关系和工作原理等情况的简图。

画示意图时，可将零件看成是透明体，其表示可不受前后层次的限制，并尽量把所有零件集中在一个图上表示出来。画机构传动部分的示意图时，应按照国家标准《机械制图　机构运动简图符号》(GB/T 4460—2013)的规定绘制。对一般零件，可按其外形和结构特点形象地画出零件的大致轮廓。

画装配示意图应在对装配体全面了解、分析之后画出，并在拆卸过程中进一步了解装配体内部结构和各零件之间的关系，进行修正、补充，以备将来正确地画出装配图和重新装配装配体之用。球阀的装配示意图如图 10-25 所示。

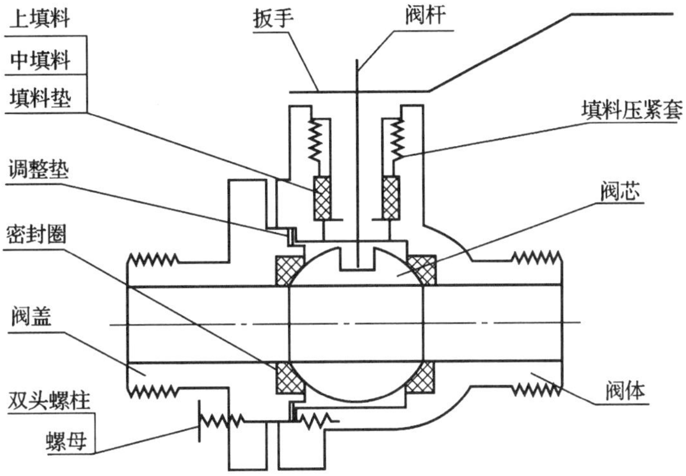

图 10-25　球阀的装配示意图

(3) 画零件草图

把拆下的零件逐个地徒手画出其零件草图。对于一些标准零件，如螺栓、螺钉、螺母、垫圈、键、销等可以不绘制，但应测量其主要规格尺寸，以确定它们的规定标记，其他数据可通过查阅有关标准获取。所有非标准件都必须绘出零件草图，绘制所有的工艺结构，如倒角、圆角、退刀槽、凸台等，并要准确、完整地标注测量尺寸。

标准件外购比自制便宜，所以只需要列出清单由供应部门采购即可，常用格式见表 10-1。

表 10-1　标准件明细表

序号	代号	名称	规格	数量	备注
1	GB/T 6170—2015	螺母	M10	1	件 9
2	GB/T 119.1—2000	销	3 m6×18	1	件 8

在装配体测绘中，绘零件草图还应注意以下三点。

① 绘制零件草图，除了图线是用徒手完成的外，其他方面的要求均和画正式的零件工作图一样。

② 零件草图可以按照装配关系或拆卸顺序依次绘出，以便随时校对和协调各零件之间的相关尺寸。

③ 零件间有配合、连接和定位等关系的尺寸要协调一致，并在相关零件草图上一并标出。

球阀的部分零件草图如图 10-26 所示。

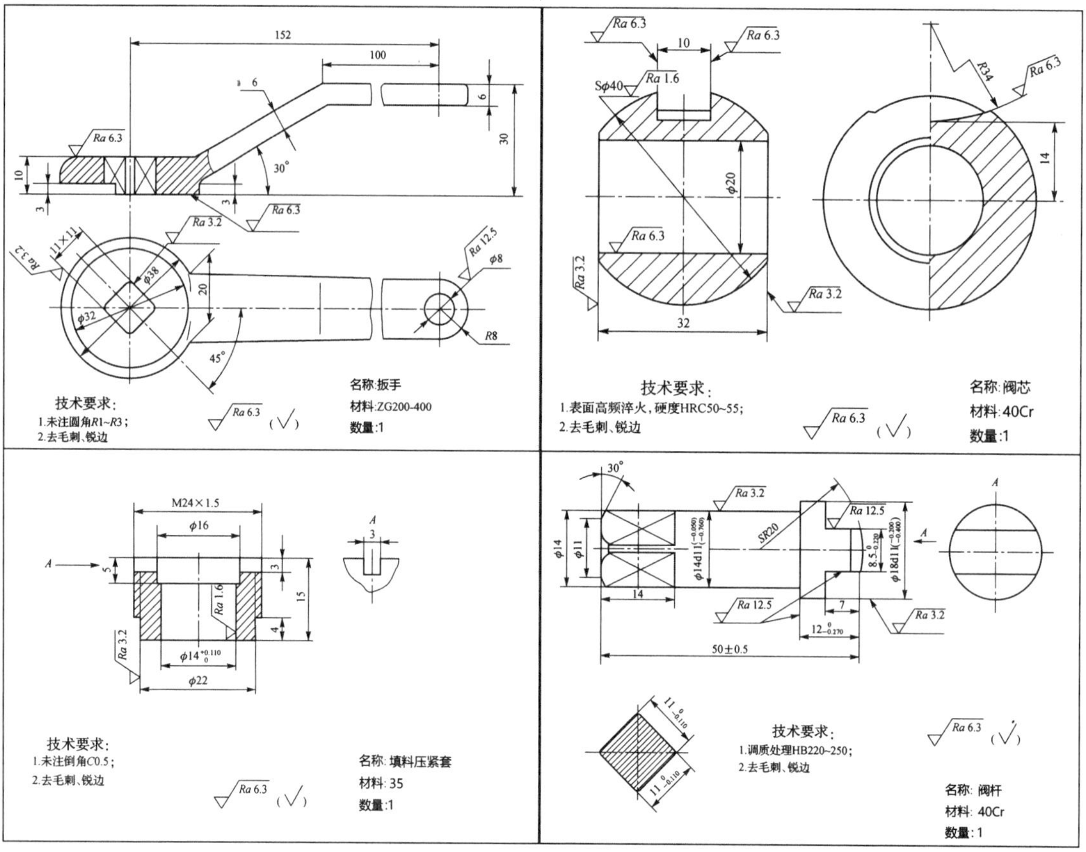

图 10-26 球阀的部分零件草图(单位: mm)

10.1.8 画装配图的方案和步骤

在画装配图之前，必须对该装配体的功用、工作原理、结构特点，以及装配体中各零件的装配关系等有一个全面的了解和认识。装配体是由若干零件组成，根据装配体所属的零件图，就可以画出装配体的装配图。

1. 拟定表达方案

表达方案包括选择主视图、确定其他视图。拟定的表达方案能较好地反映装配体的装配关系、工作原理和主要零件的结构形状等。

对装配图视图的要求：

① 投影关系正确，图样画法和标注方法符合国家标准规定。

② 装配体中各零件的装配关系表达清楚，主要零件的主要结构形状要表达清楚，但不要求把每个零件的形状结构都表达得完全确定。

③ 图形清晰，便于阅读者读图。

④ 便于绘制和尺寸标注。

（1）主视图的选择

一般按装配体的工作位置放置，并使主视图能够较多地表达装配体的工作原理、零件间主要装配关系及主要零件的结构形状特征。

一般在装配体中，将装配关系密切的一些零件，称为装配干线。机器或部件是由一些主要和次要的装配干线组成的，如齿轮油泵中的传动齿轮轴和齿轮轴为主要的装配干线，螺栓、螺钉和销是次要的装配干线。为了清楚地表达这些装配关系，常通过装配干线的轴线将部件剖开，画出剖视图作为装配图的主视图。

球阀的主视图选择考虑如下：

① 工作位置：球阀一般水平放置，即将其流体通道的轴线水平放置，并将阀芯转至完全开启状态。

② 主视图的投射方向：将阀盖放在左边，使左视图能清楚地反映其端面形状。

③ 沿球阀的前后对称面剖切，选取全剖视图，可将其工作原理、装配关系、零件间的相互位置表示清楚。

（2）其他视图的选择

主视图选定之后，一般只能把装配体的工作原理、主要装配关系和主要结构特征表示出来，但是，只靠一个视图是不能把所有的情况全部表达清楚的。因此，就需要有其他视图作为补充，并应考虑以何种表达方法最能做到易读易画。对主视图未能表示清楚的内容，选用其他视图、剖视图等表示。所选视图要重点突出，相互配合，避免遗漏和不必要的重复。

球阀的主视图虽反映出了工作原理、装配关系、零件间的相互位置，但球阀的外形结构、主要零件的结构形状，以及双头螺柱的连接部位和数量等尚未表示清楚，所以选取全剖视的左视图来表示。

选取俯视图，主要表达扳手的开关位置，同时表达球阀的外形和扳手的形状。

（3）检查、修改、调整、补充

检查是否表示完全，必要时，进行调整、补充。

2. 画装配图的步骤

确定了装配体的视图表达方案后，根据视图表达方案以及装配体大小及复杂程度，选取适当的比例，安排各视图的位置，从而选定图幅，便可着手画图。在安排各视图的位置时，要注意留有编写零件序号、明细栏，以及注写尺寸和技术要求的位置。

画图时，应先从装配干线入手，画出各视图的主要轴线、对称中心线和某些零件的基面及端面等作图基准线。由主视图开始，几个视图配合进行。画剖视图时按照装配干线，由内向外逐个画出各个零件，即从装配体的核心零件开始，由内向外按装配关系逐层扩展画出各零件,最后画壳体、箱体等支撑、包容零件。也可由外向里,即先将起支撑、包容作用的壳体、箱体零件画出,再按装配关系逐层向内画出各零件。

下面以球阀为例简要说明其画图过程:

(1) 根据所确定的视图数目、图形的大小和采用的比例,选定图幅;并在图纸上进行布局。在布局时,应留出标注尺寸、编注零件序号、书写技术要求、画标题栏和明细栏的位置。

(2) 画出图框、标题栏和明细栏。

(3) 画出各视图的主要中心线、轴线、对称线及基准线等,如图 10-27(a)所示。

(4) 画出各视图主要部分的底稿。通常可以先从主视图开始。根据各视图所表达的主要内容不同,可采取不同的方法着手。如果是画剖视图,则应从内向外画。这样被遮住的零件的轮廓线就可以不画。如果画的是外形视图,一般则是从大的或主要的零件着手,如图 10-27(b),(c),(d)所示。

(5) 画次要零件、小零件及各部分的细节,如图 10-27(e),(f)所示。

(6) 加深并画剖面线。在画剖面线时,主要的剖视图可以先画。最好画完一个零件所有的剖面线,然后再开始画另外一个,以免剖面线方向的错误。

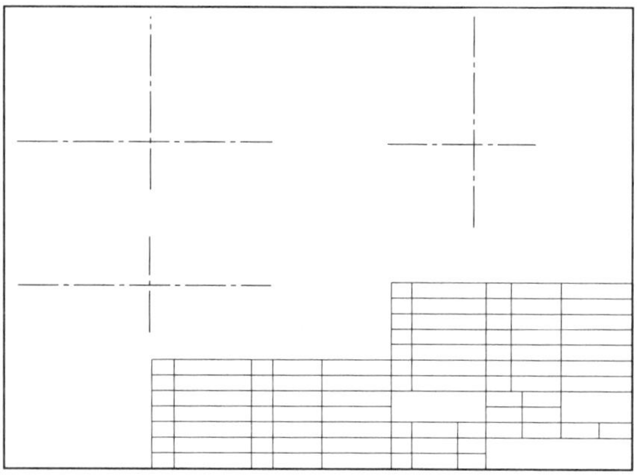

(a)

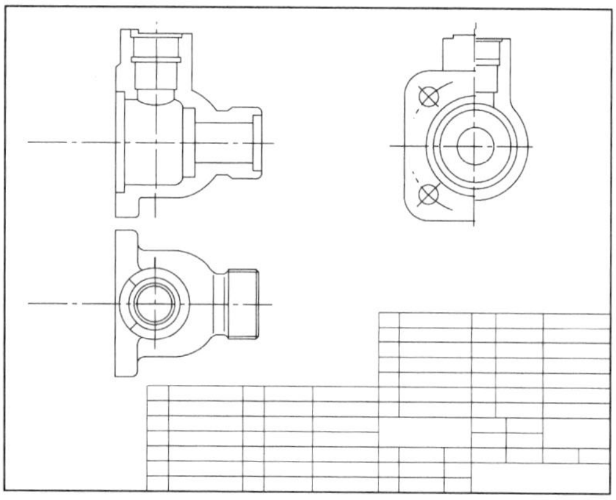

(b)

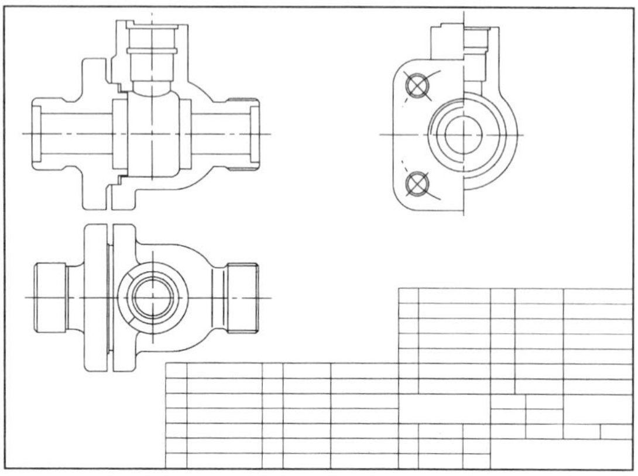

(c)

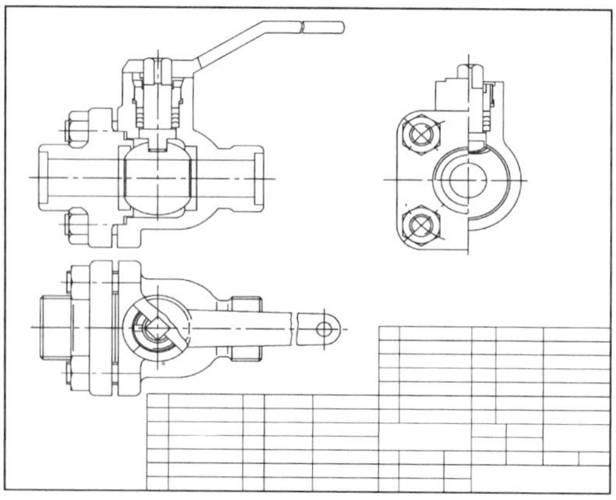

(d)

图 10-27 画球阀装配图的步骤

⑦ 注出必要的尺寸。

⑧ 编注零件序号，并填写明细栏和标题栏。

⑨ 填写技术要求等。

⑩ 仔细检查全图并签名，完成全图，如图 10-28 所示。

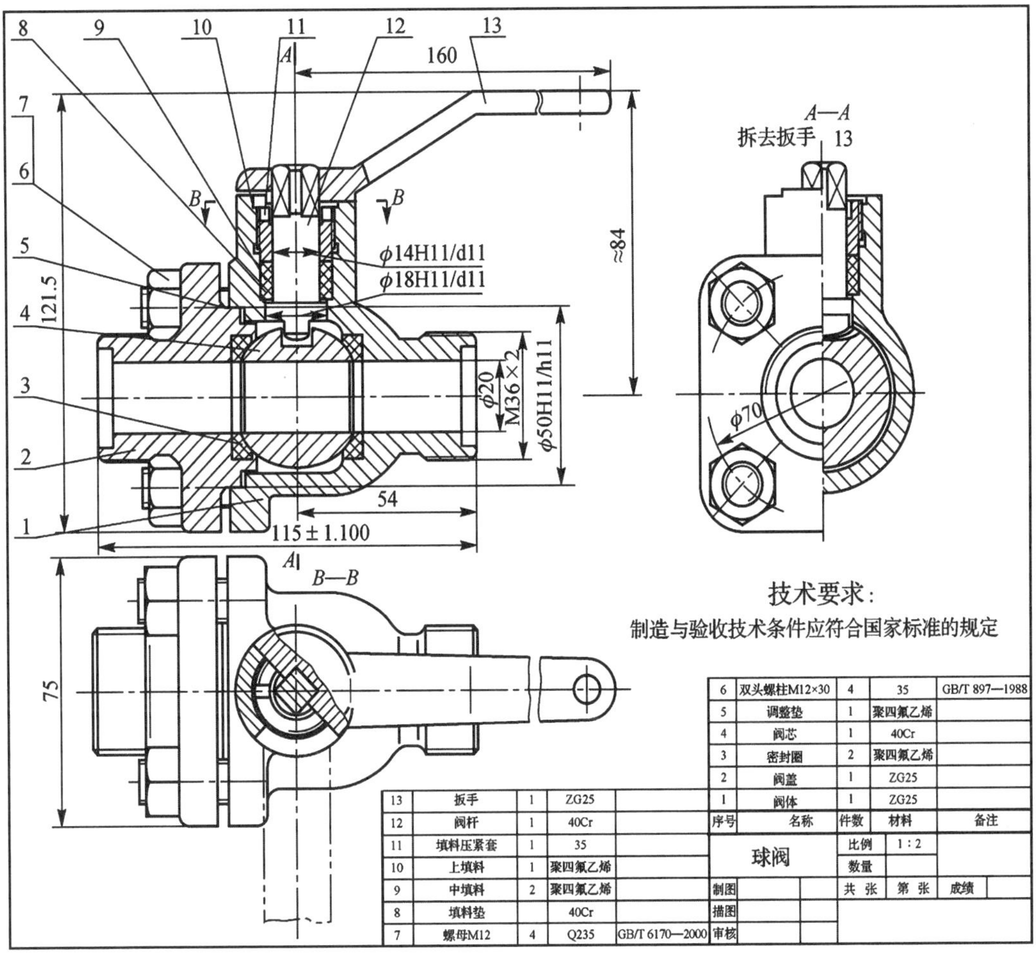

图 10-28 球阀装配图

10.2 齿轮油泵装配图识读

10.2.1 概括了解

(1) 从标题栏了解装配体名称、大致用途及绘图的比例等。如图 10-29 所示，齿轮油泵是机器润滑、供油系统中的一个部件，用来为机器输送润滑油，是液压系统中的动力元件。从绘图的比例为 1∶1，齿轮油泵外形尺寸为 118×85×95，可以对该装配体体形的大小有一个印象。

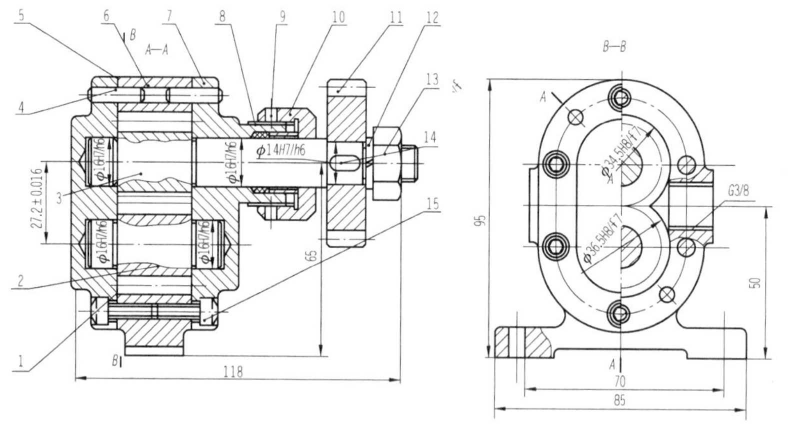

技术要求:

1.齿轮安装后，在用手转动传动齿轮时应灵活旋转;
2.两齿轮轮齿的啮合面占齿长的3/4以上;
3.产品试验按CBF系列齿轮泵技术规范进行

序号	名称	件数	材料	备注
15	内六角圆柱头螺钉M6×15	12	35	GB/T 70.1
14	键5×5×10	1	45	GB/T 1096
13	螺母M12×1.5	1	35	GB/T 6170
12	垫圈12	1	65Mn	GB/T 93
11	传动齿轮	1	45	m=2.5，z=20
10	压紧螺母	1	35	
9	轴套	1	ZCuSn5FtZn5	
8	密封圈	1	NBR	
7	右泵盖	1	HT200	
6	泵体	1	HT200	
5	垫片	2	F4	
4	圆柱销5m6×18	4	45	GB/T 119.1
3	传动齿轮轴	1	45	m=3，z=9
2	齿轮轴	1	45	m=3，z=9
1	左泵盖	1	HT200	

齿轮油泵		比例	1:1	
		数量		
制图		质量		共 张 第 张
校对		(单位名)		
审核				

图 10-29　齿轮油泵装配图(单位：mm)

(2) 从零件编号及明细栏可以了解零件的名称、数量及在装配体中的位置。从明细栏了解装配体由哪些零件组成,标准件和非标准件各为多少,以判断装配体复杂程度。

齿轮油泵是由泵体、传动齿轮、齿轮轴、泵盖等零件组成。齿轮油泵由 15 种 28 个零件组成,4 种标准件,属简单装配体。

(3) 分析视图,了解各视图、剖视、断面等相互间的投影关系及表达意图。了解视图数量、视图的配置,找出主视图,确定其他视图投射方向,明确各视图的画法。

齿轮油泵共有两个基本视图,主视图采用全剖视图,表达了齿轮泵的装配关系。左视图沿左泵盖与泵体结合面剖开,由于油泵在此方向内、外结构形状对称,故此视图采用了一半拆卸剖视和一半外形视图的表达方法——半剖,表达了一对齿轮的啮合情况;还采用了局部剖视,表达了进出口油路。

10.2.2　分析视图,了解工作原理

根据视图配置,找出它们的投影关系。对于剖视图,要找到剖切位置,分析所采用的表达方法及表达的主要内容。

如图 10-29 所示的齿轮油泵共用了两个视图,主视图是用两相交剖切平面剖切的全剖视图,它将该部件的结构特点和零件间的装配、连接关系大部分表达出来。由于油泵内、外结构形状对称,左视图为半剖视图,采用沿左端面剖切的拆卸画法,表达泵室内齿轮啮合情

况，以及泵体的形状和螺钉的分布情况。主视图中的局部剖视图表达了一对齿轮的啮合情况，左视图中的局部剖视图则用来表达进油口和出油口。

一般情况下，直接从图样上分析装配体的传动路线及工作原理。当装配体比较复杂时，需要参考产品说明书。如图 10-29 所示齿轮油泵，当外部动力经齿轮传至传动齿轮 11 时，即产生旋转运动。当它逆时针方向（在左视图上观察）转动时，通过键 14，带动传动齿轮轴 3，再经过齿轮啮合带动从动齿轮，从而使齿轮轴 2 顺时针方向转动。当主动齿轮逆时针方向转动时，从动齿轮顺时针方向转动，齿轮啮合区的右边的轮齿逐渐分开时，齿轮油泵的右腔空腔体积逐渐扩大，油压降低，形成负压，油箱内的油在大气压的作用下，经吸油口被吸入齿轮油泵的右腔，齿槽中的油随着齿轮的继续旋转被带到左腔；而左边的各对轮齿又重新啮合，空腔体积缩小，使齿槽中不断挤出的油成为高压油，并由压油口压出。这样，泵室右面齿间的油被高速旋转的齿轮源源不断地带往泵室左腔，然后经管道被输送到机器中需要供油的部位，如图 10-30 所示。

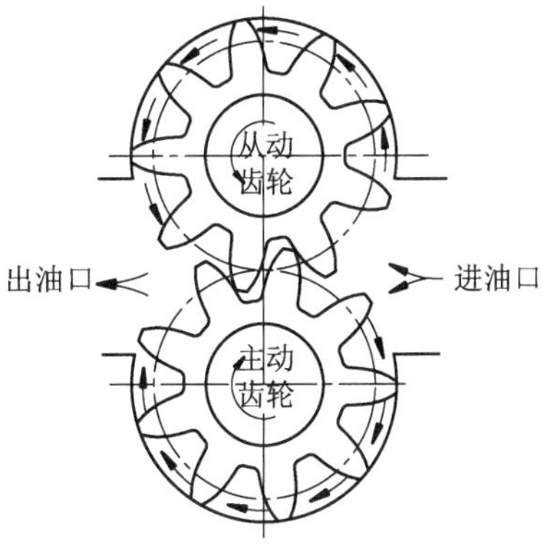

图 10-30　齿轮油泵的工作原理

10.2.3　分析零件间的装配关系及装配体的结构

这是读装配图进一步深入的阶段，需要把零件间的装配关系和装配体结构搞清楚。细致分析视图，弄清各零件之间的装配关系，以及各零件主要结构形状，各零件如何定位、固定，零件间的配合情况，各零件的运动情况，零件的作用和零件的拆、装顺序等。

1. **装配关系**

齿轮油泵主要有两条装配线：一条是主动齿轮轴系统。它是由主动齿轮轴 3 装在泵体 6 和左泵盖 1 及右泵盖 7 的轴孔内；在主动齿轮轴上装有填料 8、压紧套 9 及压紧螺母 10；在主动齿轮轴右边伸出端，装有齿轮 11、垫圈 12 及螺母 13。另一条是从动齿轮轴系统。从动齿轮轴 2 也是装在泵体 6 和左泵盖 1 及右泵盖 7 的轴孔内，与主动齿轮啮合。

2. **装配体的结构**

对于齿轮泵的结构可分析下列内容。

（1）连接和固定方式

在齿轮油泵中，左泵盖 1 和右泵盖 7 都是靠内六角螺钉 15 与泵体 6 连接，并用销 4 来定位。填料 8 是由压紧套 9 及压紧螺母 10 将其挤压在右泵盖的相应的孔槽内。齿轮 11 靠主动齿轮轴 3 端面定位，用螺母 13 及垫圈 12 固定。两齿轮轴向定位，是靠两泵盖端面及泵体两侧面分别与齿轮两端面接触。从图 10-29 中可以看出，采用 4 个圆柱销定位、12 个螺钉紧固的方法将两个泵盖与泵体连接在一起。

（2）配合关系

凡是配合的零件，都要弄清基准制、配合种类、公差等级等。这可由图上所标注的极限与配合代号来判别。如两齿轮轴与两泵盖轴孔的配合均为$\phi16H7/f6$，两齿轮与两齿轮腔的配合均为$\phi34.5H8/f7$等。它们都是基孔制、间隙配合，都可以在相应的孔中转动。

(3) 密封装置

泵、阀之类部件，为了防止液体或气体泄漏以及灰尘进入内部，一般都有密封装置。在齿轮油泵中，主动齿轮轴3伸出端用轴套9和压紧螺母10及压紧填料8加以密封；两泵盖与泵体接触面间放有垫片5的作用也是密封防漏。

(4) 装拆顺序

装配体在结构设计上都应有利于各零件能按一定的顺序进行装拆。齿轮油泵的拆卸顺序是：先拧出螺母13，取出垫圈12、齿轮11和键14，旋出压紧螺母10，取出压紧套9；再拧出左、右泵盖上各六个螺钉15，两泵盖、泵体和垫片即可分开；然后从泵体中抽出两齿轮轴。对于销和填料可不必从泵盖上取下。如果需要重新装配上，可按拆卸的相反次序进行。

10.2.4 分析零件，看懂零件的结构形状

弄清楚每个零件的结构形状和作用，是读懂装配图的重要标志。在分析清楚各视图表达的内容后，对照明细栏和图中的序号，逐一分析各零件的结构形状。分析时一般从主要零件开始，再看次要零件。

分析零件，首先要会正确地区分零件。区分零件的方法主要是依靠不同方向和不同间隔的剖面线，以及各视图之间的投影关系进行判别。从标注该零件序号的视图入手，用对线条、找投影关系以及根据“同一零件的剖面线在各个视图上方向相同、间隔相等”的规定等，将零件在各个视图上的投影范围及其轮廓搞清楚，进而构思出该零件的结构形状。此外，分析零件主要结构形状时，还应考虑零件为什么要采用这种结构形状，以进一步分析该零件的作用。

零件区分出来之后，便要分析零件的结构形状和功用。例如，齿轮油泵件7的结构形状。首先，从标注序号的主视图中找到件7，并确定该件的视图范围；然后用对线条找投影关系，以及根据同一零件在各个视图中剖面线应相同这一原则来确定该件在左视图中的投影。这样就可以根据从装配图中分离出来的属于该件的投影进行分析，想象出它的结构形状。齿轮油泵的两泵盖与泵体装在一起，将两齿轮密封在泵腔内；同时对两齿轮轴起着支承作用。所以需要用圆柱销来定位，以便保证左泵盖上的轴孔与右泵盖上的轴孔能够很好地对中。

分析清楚零件之间的配合关系、连接方式和接触情况，能够进一步了解装配体。

10.2.5 归纳总结

在详细分析各个零件之后，可综合想象出装配体的结构和装配关系，弄懂装配体的工作原理，拆卸顺序。还需要对装配图所标注的尺寸以及技术要求(符号、文字等)进行分析研究，进一步了解装配体的设计意图和装配工艺。传动齿轮轴的配合：$\phi14H7/k6$为基孔

制过渡配合；ϕ16H7/h6 为基孔制间隙配合；ϕ34.5H8/f7 为基孔制间隙配合。尺寸 27.2±0.016 为重要尺寸，反映出对啮台齿轮中心距的要求。118 为总长尺寸，85 为总宽尺寸，95 为总高尺寸。2×ϕ7，70 为安装尺寸。这样，对装配体的全貌就有了进一步的了解，从而读懂装配图，为进一步拆画零件图打好了基础。齿轮油泵的立体图如图 10-31 所示。

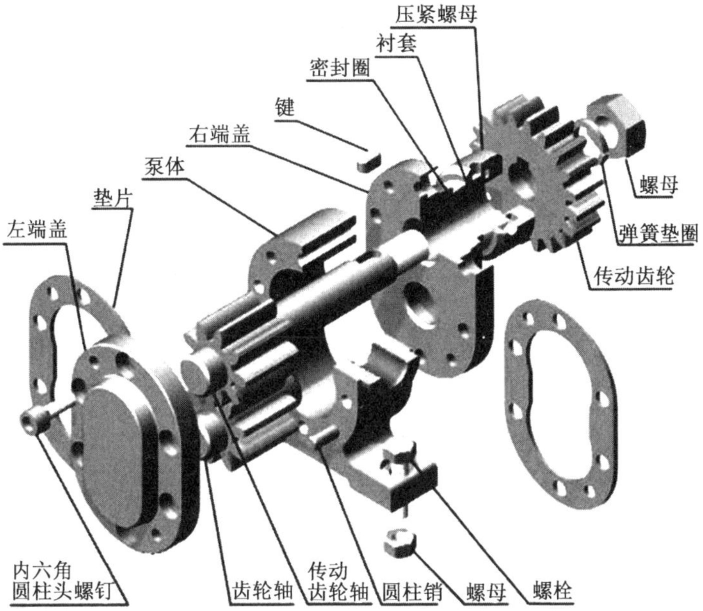

图 10-31 齿轮油泵的立体图

以上所述是读装配图的一般方法和步骤，事实上有些步骤不能截然分开，而要交替进行。再者，读图总有一个具体的重点目的，在读图过程中应该围绕着这个重点目的去分析、研究。只要这个重点目的能够达到，就可以不拘一格、灵活地解决问题。

10.3 铣刀头装配图绘制

1. 铣刀头的基本知识

(1) 铣刀头的功用

铣刀头是一种用于大件切削的机床附件，如装在龙门铣床上进行铣削加工。铣刀装在铣刀盘上，铣刀盘通过键与轴连接，当动力通过 V 带传给带轮，经键传到轴，即可带动铣刀盘转动，对零件进行铣削加工。

(2) 铣刀头的结构

基础件座体两端由圆锥滚子轴承支撑轴，轴承外侧有轴承盖；左边带轮为动力输入端，带轮和轴由键连接，带轮的左侧有销、挡圈、螺钉实现定位和紧固；轴的右边动力输出给铣刀盘，刀盘带动铣刀切削，轴与刀盘由键连接，挡圈、垫圈、螺钉把刀盘与轴紧固住，如图

10-32 所示。

2. **拆卸铣刀头**

拆卸铣刀头步骤如下：

(1) 拧出带轮左侧螺钉，取下挡圈和销，卸下带轮和键。

(2) 拧出刀盘右侧螺钉，取下垫圈和挡圈，卸下刀盘。

(3) 用扳手分别拧下两侧轴承盖螺钉，取出定位销和轴承盖。

(4) 从座体中取出铣刀头轴，卸下两端圆锥滚子轴承，拆卸完毕。

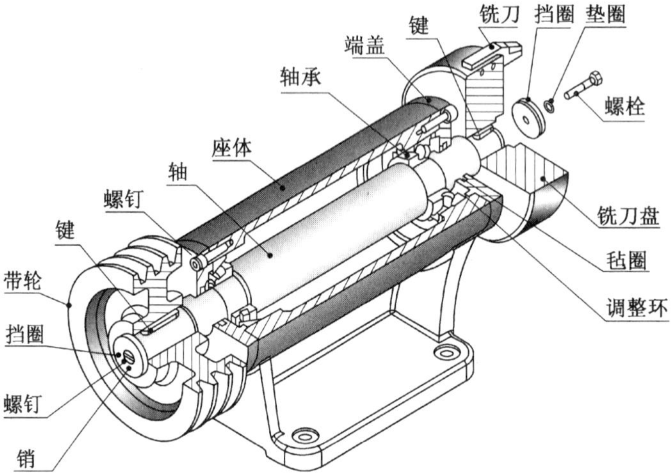

图 10-32 铣刀头结构

3. **画铣刀头装配图**

画装配图的步骤与画零件图的步骤类似。下面以铣刀头为例说明画装配图的步骤。

(1) 确定表达方案

根据装配体的用途、工作原理、结构特征及零件之间的装配关系，确定合适的表达方案。

(2) 定比例、选图幅、画出标题栏和明细栏的位置

根据装配体的大小和表达方案中图形的个数，确定画图比例和图幅。

注意 选定图幅时不仅要考虑到视图的大小和数量，还要考虑到零件序号、尺寸、标题栏、明细栏和技术要求的布置。图幅确定后先画出图框，定出标题栏和明细栏的位置。

(3) 画作图基准线

根据表达方案，画出各视图的基准线。

注意 此时要考虑整个图面布局，包括图形的位置，图形间的尺寸、零件序号等，使图面布局合理，如图 10-33(a)所示。

(4) 画底稿

画装配图时，依装配图的结构特点不同，其方法也不一样。一般应先从主要装配干线画，按“先里后外、先主后次”的原则逐个画出各零件。要特别注意尽量按照装配顺序绘出

各个零件，如图 10-33(a)—(e)所示。

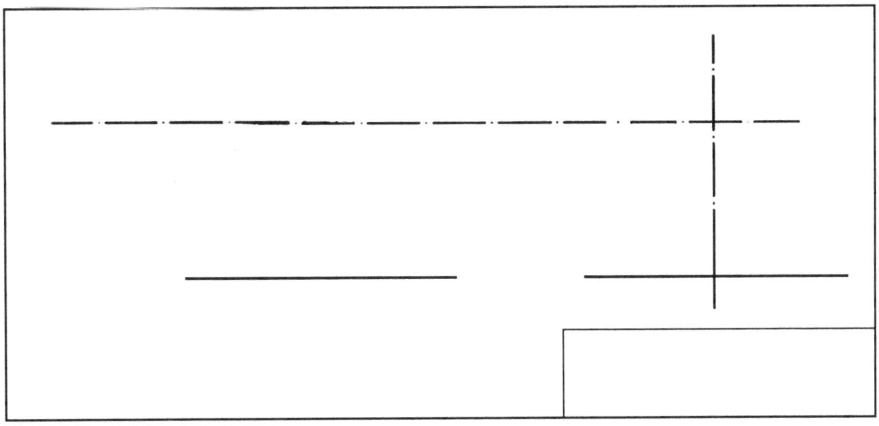

(a) 画基准线

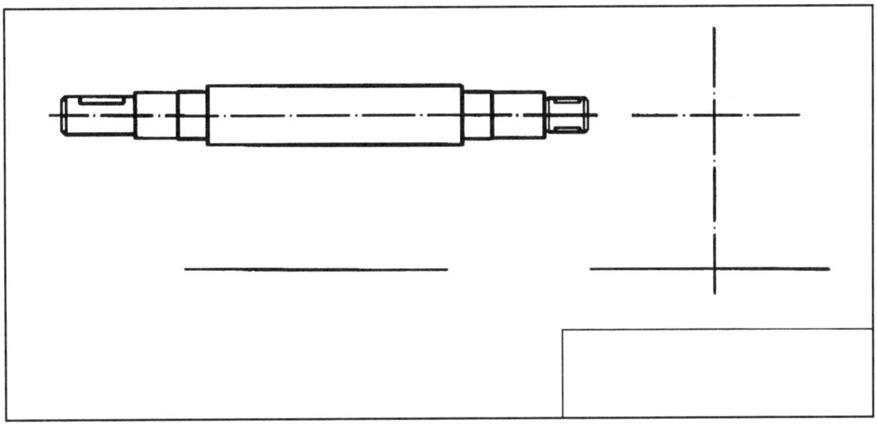

(b) 画轴

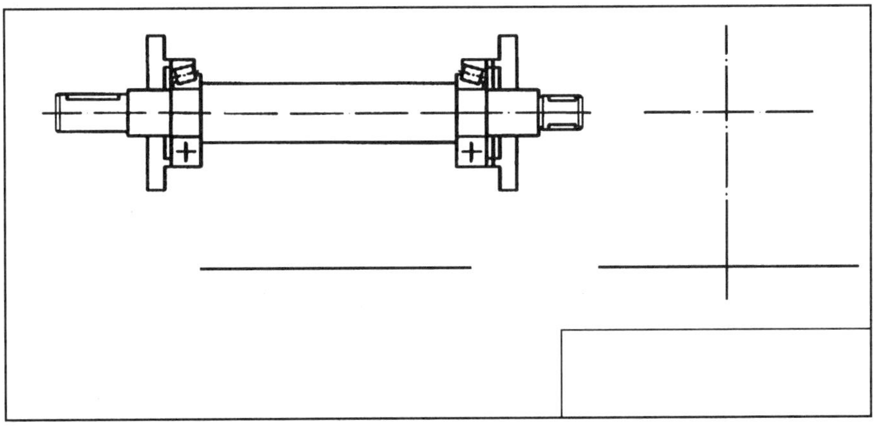

(c) 画轴承、垫圈、端盖

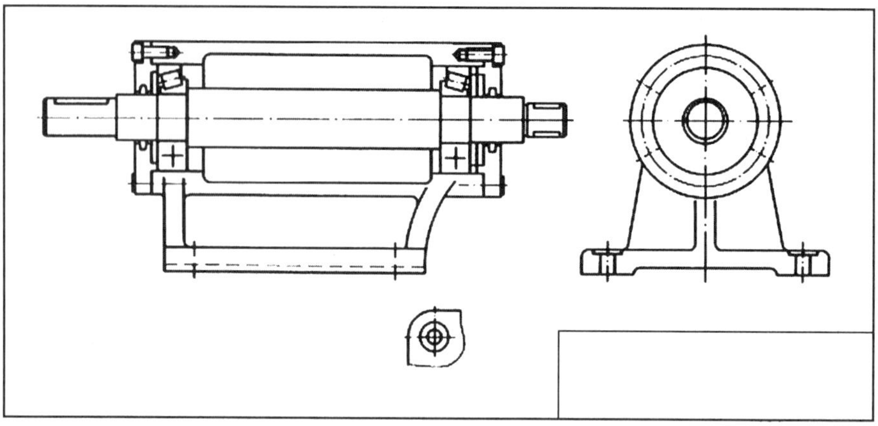

(d) 画座体、螺钉等

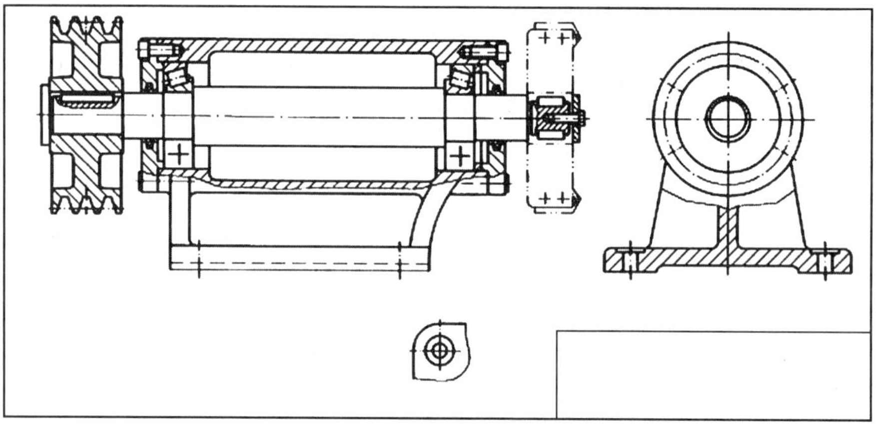

(e) 画带轮、铣刀盘、键等

图 10-33 画铣刀头装配图步骤

(5) 检查修改、画剖面线，描深全图

检查有无表达上的错误和画法上的错误，予以改正，而后画剖面线。注意各零件剖面线的方向和间隔要符合装配图的要求。确信无误后描深全图。

(6) 标注尺寸、编写序号、填写明细栏、注写技术要求、填写标题栏

图形完成后标注尺寸；而后依零件序号的编写方法编写序号，填写明细栏；再标注技术要求，填写好标题栏，至此完成全图。

具体画装配图时还要注意：

① 装配图的各视图间要保持对应的投影关系，各零件、各结构要素也要符合投影关系。

② 为保证各零件间相互位置的准确，应先画主要装配干线中起定位作用的基准件，明

确定位基准，再尽可能从各零件的接触面开始依次绘制各零件轮廓。基准件可根据具体机器（或部件）加以分析判断。

③ 画装配图中的每个零件时，应随时检查与相邻零件间的装配关系，针对接触面、配合面及间隙等不同情况，应正确表达清楚，还应检查零件间有无干涉，并及时纠正。

（7）仔细检查全图并签名，完成全图（图 10-34 为铣刀头装配图参考图样）

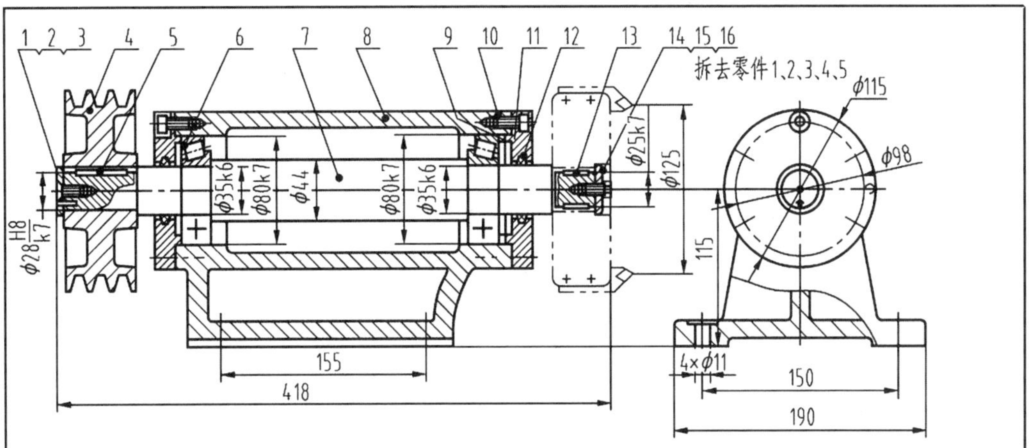

技术要求：

1 手动主轴应旋转灵活；

2. 主轴的轴线与箱底平面平行度；公差为 0.05

16	垫圈6	1	65Mn	GB/T 97.1	5	键 8×40	1	45	GB/T 1096
15	螺栓 M6×20	1	Q235-A	GB/T 5783	4	V 带轮	1	HT150	
14	挡圈 B32	1	35	GB/T 892	3	销 3×12	1	35	GB/T 119.1
13	键 6×20	2	45	GB/T 1096	2	螺钉 6×18	1	Q235-A	GB/T 69
12	毛毡25	2	212-36		1	挡圈35	1	Q235-A	GB/T 891
11	端盖	2	HT200		序号	名称	数量	材 料	备注
10	螺钉 M8×22	12	Q235-A	GB/T 74.1	铣刀头		比例	1:2	
9	调整环	1	35						
8	座体	1	HT200		制图		重量		材料
7	轴	1	45		描图				
6	轴承 (3030)	2	Q235-A	GB/T 294	审核				

图 10-34　铣刀头装配图参考图样(单位：mm)

附 录

附录 A 螺纹

附录 A1 普通螺纹直径与螺距系列(GB/T 193—2003)

基本尺寸(GB/T 196—2003)摘编

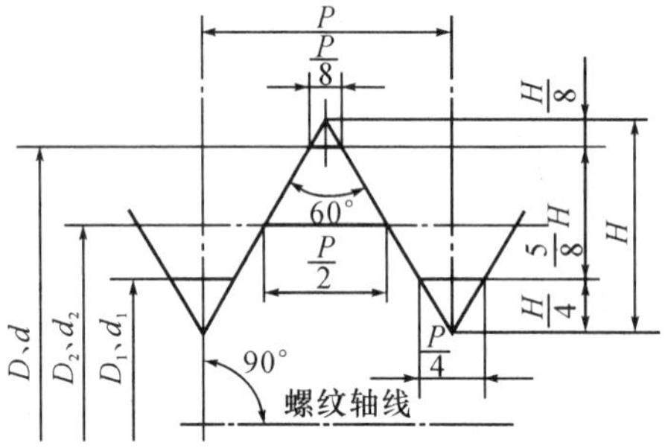

d——外螺纹大径；
D——内螺纹大径；
d_1——外螺纹小径；
D_1——内螺纹小径；
d_2——外螺纹中径；
D_2——内螺纹中径；
P——螺距；
H——原始三角形高度

标 记 示 例

粗牙普通外螺纹，公称直径 $d=12$，右旋，中径及大径公差带均为 5 g，中等旋合长度：M12—5 g

普通细牙内螺纹，公称直径 $D=12$，螺距 $P=1.5$，左旋，中径及小径公差带均为 6H，中等旋合长度：M12×1.5LH—6H

单位：mm

公称直径 D、d 第一系列	公称直径 D、d 第二系列	螺距 P 粗牙	螺距 P 细牙	粗牙小径 D_1、d_1
3		0.5	0.35	2.459
	3.5	(0.6)		2.850
4		0.7	0.5	3.242
	4.5	0.75		3.688
5		0.8		4.134
6		1	0.75	4.917
8		1.25	1、0.75、(0.5)	6.647
10		1.5	1.25、1、0.75、(0.5)	8.376
12		1.75	1.5、1.25、1、(0.75)、(0.5)	10.106
	14	2	1.5、1.25*、1、(0.75)、(0.50)	11.835
16		2	1.5、1、(0.75)、(0.5)	13.835
	18	2.5	2、1.5、1、(0.75)、(0.5)	15.294
20		2.5		17.294

公称直径 D、d 第一系列	公称直径 D、d 第二系列	螺距 P 粗牙	螺距 P 细牙	粗牙小径 D_1、d_1
	22	2.5	2、1.5、1、(0.75)、(0.5)	19.294
24		3	2、1.5、1、(0.75)	20.752
	27	3	2、1.5、1、(0.75)	23.751
30		3.5	(3)、2、1.5、(1)、(0.75)	29.211
	33	3.5	(3)、2、1.5、(1)、(0.75)	29.211
36		4	3、2、1.5、(1)	31.670
	39	4		34.670
42		4.5	(4)、3、2、1.5、(1)	37.129
	45	4.5		40.129
48		5		42.587
	52	5		46.587
56		5.5	4、3、2、1.5、(1)	50.046

注：1. 优先选用第一系列，括号内尺寸尽可能不用。第三系列未列入。
2. 尽可能地避免选用括号内的螺距。
3. M14×1.25*仅用于火花塞。

附录 A2　55°非螺纹密封的管螺纹(GB/T 7307—2001)

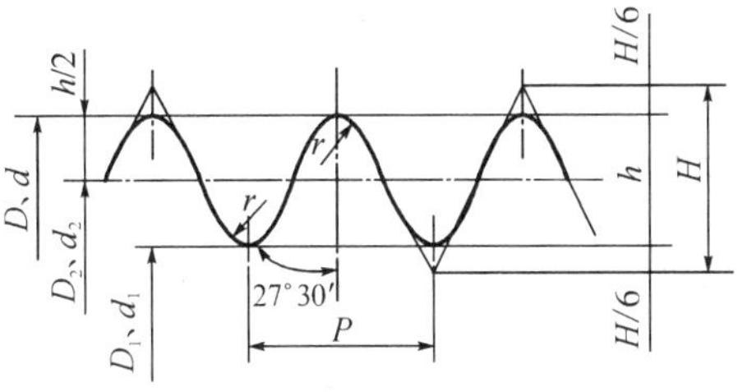

$P=\frac{25.4}{n}$　$H=0.960\,491P$

标 记 示 例

尺寸代号 2,右旋,圆柱内螺纹：G2

尺寸代号 3,右旋,A 级圆柱外螺纹：G3A

尺寸代号 2,左旋,圆柱内螺纹：G2LH

尺寸代号 4,左旋,B 级圆柱外螺纹：G4BLH

单位：mm

尺寸代号	每 25.4 mm 内的牙数 n	螺距 P	牙高 h	圆弧半径 r	基本直径		
					大径 $d=D$	中径 $d_2=D_2$	小径 $d_1=D_1$
1/16	28	0.907	0.581	0.125	7.723	7.142	6.561
1/8	28	0.907	0.581	0.125	9.728	9.147	8.566
1/4	19	1.337	0.856	0.184	13.157	12.301	11.445
3/8	19	1.337	0.856	0.184	16.662	15.806	14.950
1/2	14	1.814	1.162	0.249	20.955	19.793	18.631
5/8	14	1.814	1.162	0.249	22.911	21.749	20.587
3/4	14	1.814	1.162	0.249	26.441	25.279	24.117
7/8	14	1.814	1.162	0.249	30.201	29.039	27.877
1	11	2.309	1.479	0.317	33.249	31.770	30.291
$1\frac{1}{8}$	11	2.309	1.479	0.317	37.897	36.418	34.939
$1\frac{1}{4}$	11	2.309	1.479	0.317	41.910	40.431	38.952
$1\frac{1}{2}$	11	2.309	1.479	0.317	47.803	46.324	44.845
$1\frac{3}{4}$	11	2.309	1.479	0.317	53.746	52.267	50.788
2	11	2.309	1.479	0.317	59.614	58.135	56.658
$2\frac{1}{4}$	11	2.309	1.479	0.317	65.710	64.231	62.752
$2\frac{1}{2}$	11	2.309	1.479	0.317	75.184	73.705	72.226
$2\frac{3}{4}$	11	2.309	1.479	0.317	81.534	80.055	78.576
3	11	2.309	1.479	0.317	87.884	86.405	84.926
$3\frac{1}{2}$	11	2.309	1.479	0.317	100.330	98.851	97.372
4	11	2.309	1.479	0.317	113.030	111.551	110.072
$4\frac{1}{2}$	11	2.309	1.479	0.317	125.730	124.251	122.772
5	11	2.309	1.479	0.317	138.430	136.951	135.472
$5\frac{1}{2}$	11	2.309	1.479	0.317	151.130	149.651	148.172
6	11	2.309	1.479	0.317	163.830	162.351	160.872

附录 A3　55°螺纹密封管螺纹圆柱内螺纹与圆锥外螺纹(GB/T 7306.1—2000)

圆锥内螺纹与圆锥外螺纹(GB/T 7306.2—2000)

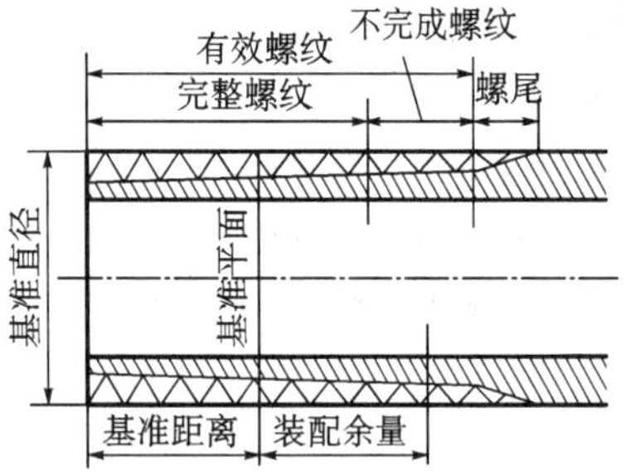

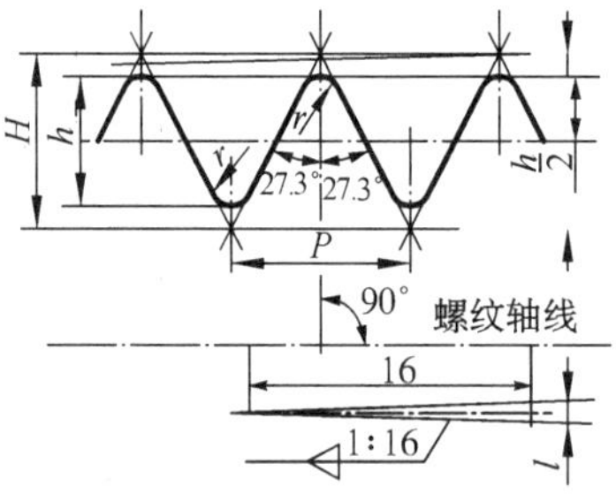

圆锥螺纹的设计牙型

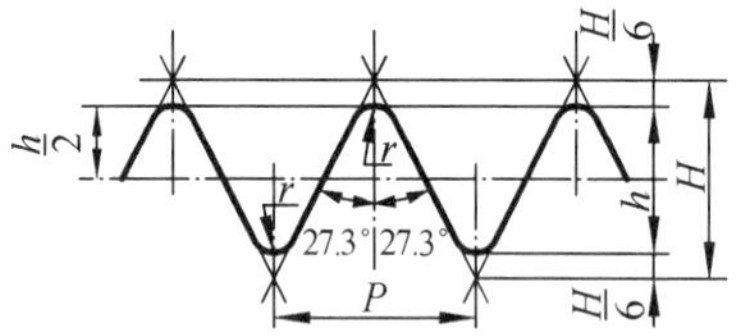

圆柱内螺纹的设计牙型

标 记 示 例

GB/T 7306.1—2000

尺寸代号 3/4,右旋,圆柱内螺纹：$R_P3/4$

尺寸代号 3,右旋,圆锥外螺纹：R_13

尺寸代号 3/4,左旋,圆柱内螺纹：$R_p3/4$LH

右旋圆锥外螺纹、圆柱内螺纹螺纹副：R_p/R_23

GB/T 7306.2—2000

尺寸代号 3/4,右旋,圆锥内螺纹：$R_P3/4$

尺寸代号 3,右旋,圆锥外螺纹：R_23

尺寸代号 3/4,左旋,圆锥内螺纹：$R_p3/4$LH

右旋圆锥内螺纹、圆锥外螺纹螺纹副：R_g/R_23

单位：mm

尺寸代号	每 25.4 mm 内所含的牙数 n	螺距 P	牙高 h	基准平面内的基本直径			基准距离(基本)	外螺纹的有效螺纹不小于
				大径(基准直径) $d=D$	中径 $d_2=D_2$	小径 $d_1=D_1$		
1/16	28	0.907	0.581	7.723	7.142	6.561	4	6.5
1/5	28	0.907	0.581	9.728	9.147	8.566	4	6.5
1/4	19	1.337	0.856	13.157	12.301	11.445	6	9.7
3/8	19	1.337	0.856	16.662	15.806	14.950	6.4	10.1
1/2	14	1.814	1.162	20.955	19.793	18.631	8.2	13.2
3/4	14	1.814	1.162	26.441	25.279	24.117	9.5	14.5
1	11	2.309	1.479	33.249	31.770	30.291	10.4	16.8
1 1/4	11	2.309	1.479	41.910	40.431	38.952	12.7	19.1
1 1/2	1	2.309	1.479	47.803	46.324	44.845	12.7	19.1
2	11	2.309	1.479	59.614	58.135	56.656	15.9	23.4
2 1/2	11	2.309	1.479	75.184	73.705	72.226	17.5	26.7
3	11	2.309	1.479	87.884	86.405	84.926	20.6	29.8
4	11	2.309	1.479	113.030	111.551	110.072	25.4	35.8
5	11	2.309	1.479	138.430	136.951	135.472	28.6	40.1
6	11	2.309	1.479	163.830	162.351	160.872	28.6	40.1

附录 A4　梯形螺纹直径与螺距系列(GB/T 5796.1～5796.4—1986)摘编

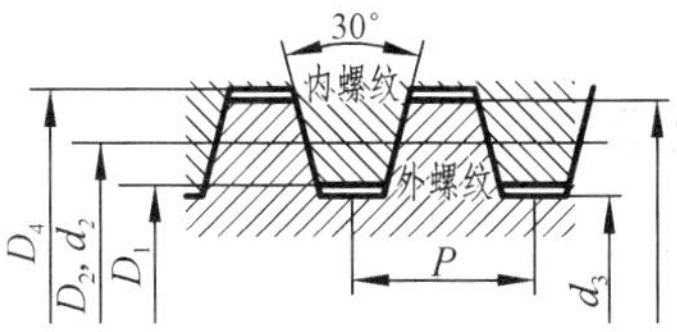

标 记 示 例

公称直径为 40 mm，螺距为 7 mm，右旋的单线梯形螺纹：Tr40×7

公称直径为 40 mm，导程为 14 mm，螺距为 7 mm，左旋的双线梯形螺纹：Tr40×14(P7)LH

单位：mm

公径直径 d		螺距 P	中径 $d_2=D_2$	大径 D_4	小径		公径直径 d		螺距 P	中径 $d_2=D_2$	大径 D_4	小径	
第一系列	第二系列				d_3	D_1	第一系列	第二系列				d_3	D_1
8		1.5	7.25	8.3	6.2	6.5	28		5	25.5	28.5	22.5	23
	9	2	8	9.5	6.5	7		30	6	27	31	23	24
10		2	9	10.5	7.5	8	32		6	29	33	25	26
	11	2	10	11.5	8.5	9		34	6	31	35	27	28
12		3	10.5	12.5	8.5	9	36		6	33	37	29	30
	14	3	12.5	14.5	10.5	11		38	7	34.5	39	30	31
16		4	14	16.5	11.5	12	40		7	36.5	41	32	33
	18	4	16	18.5	13.5	14		42	7	38.5	43	34	35
20		4	18	20.5	15.5	16	44		7	40.5	45	36	37
	22	5	19.5	22.5	16.5	17		46	8	42	47	37	38
24		5	21.5	24.5	18.5	19	48		8	44	49	39	40
	26	5	23.5	26.5	20.5	21		50	8	46	51	41	42

注：1. 本标准规定了一般用途梯形螺纹基本牙型，公称直径为 8～300 mm(本表仅摘录 8～50 mm)的直径与螺距系列以及基本尺寸。

2. 应优先选用第一系列的直径。

3. 在每一个直径所对应的诸螺距中，本表仅摘录应优先选用的螺距和相应的基本尺寸。

附录 B　螺纹紧固件

附录 B1　六角头螺栓(摘编)

六角头螺栓——A 级和 B 级(GB/T 5782—2000)

六角头螺栓——全螺栓——A 级和 B 级(GB/T 5783—2000)

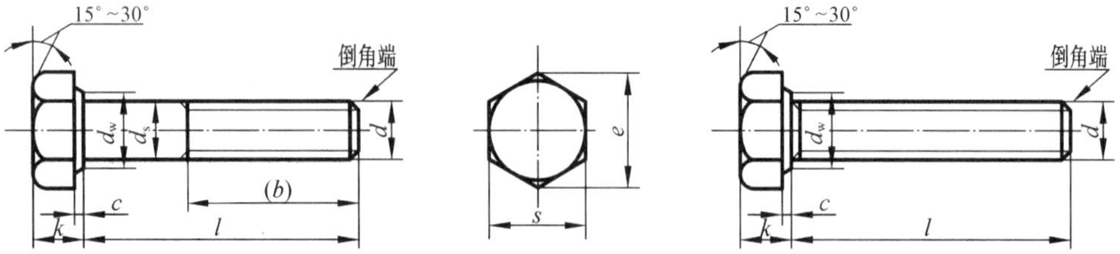

标 记 示 例

螺纹规格 d=M12,公称长度 l=80 mm,性能等级为 8.8 级,表面氧化,A 级的六角头螺栓:

螺栓 GB/T 5782　M12×80

螺纹规格 d=M12,公称长度 l=80 mm,性能等级为 8.8 级,表面氧化,全螺纹,A 级的六角头螺栓:

螺栓 GB/T 5782　M12×80

单位:mm

螺纹规格	d	M4	M5	M6	M8	M10	M12	M16	M20	M24	M30	M36	M42	M48
b 参考	$l \leqslant 125$	14	16	18	22	26	30	38	46	54	66	78	—	—
	$125 < l \leqslant 200$	—	—	—	28	32	36	44	52	60	72	84	96	108
	$l > 200$	—	—	—	—	—	—	57	65	73	85	97	109	121
c_{max}		0.4	0.5		0.6			0.8					1	
k		2.8	3.5	4	5.3	6.4	7.5	10	12.5	15	18.7	22.5	26	30
d_{max}		4	5	6	8	10	12	16	20	24	30	36	42	48
s_{max}		7	8	10	13	16	18	24	30	36	46	55	65	75
c_{min}	A	7.66	8.79	11.05	14.38	17.77	20.03	26.75	33.53	39.98	—	—	—	—
	B	—	8.63	10.89	14.2	17.59	19.85	26.17	32.95	39.55	50.85	60.79	72.02	82.6
$d_{a\min}$	A	5.9	6.9	8.9	11.6	14.6	16.6	22.5	28.2	33.6	—	—	—	—
	B	—	6.7	8.7	11.4	14.4	16.4	22	27.7	33.2	42.7	51.1	60.6	69.4
l 范围	GB 5782	25~40	25~50	30~60	35~80	40~100	45~120	55~160	65~200	80~240	90~300	110~360	130~400	140~400
	GB 5783	8~40	10~50	12~60	16~80	20~100	25~100	35~100	40~100				80~500	100~500
l 系列	GB 5782	20~65(5 进位)、70~160(10 进位)、180~400(20 进位)												
	GB 5783	8、10、12、16、18、20~65(5 进位)、70~160(10 进位)、180~500(20 进位)												

注:1. P—螺距。末端按 GB/T 2—1985 规定。

2. 螺纹公差:6 g;力学性能等级:8.8 级。

3. 产品等级:A 级用于 $d \leqslant 24$ 和 $l \leqslant 10d$ 或者≤150 mm(按较小值);B 级用于 $d > 24$ 或 $l > 10d$ 或>150 mm(按较小值)。

附录 B2　双头螺柱(摘编)

$b_m = 1d$	GB/T 897—1988
$b_m = 1.25d$	GB/T 898—1988
$b_m = 1.5d$	GB/T 899—1988
$b_m = 2d$	GB/T 900—1988

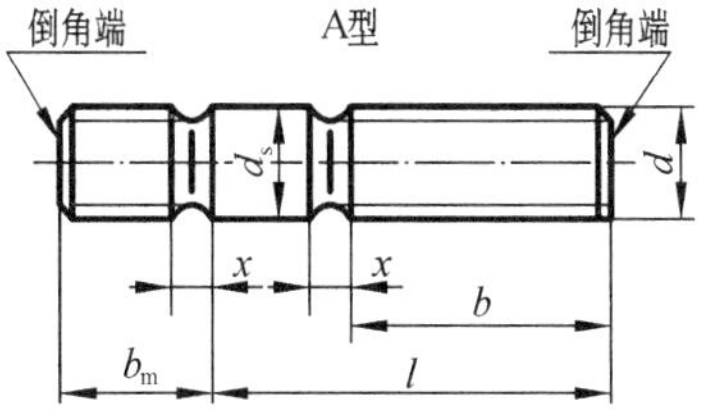

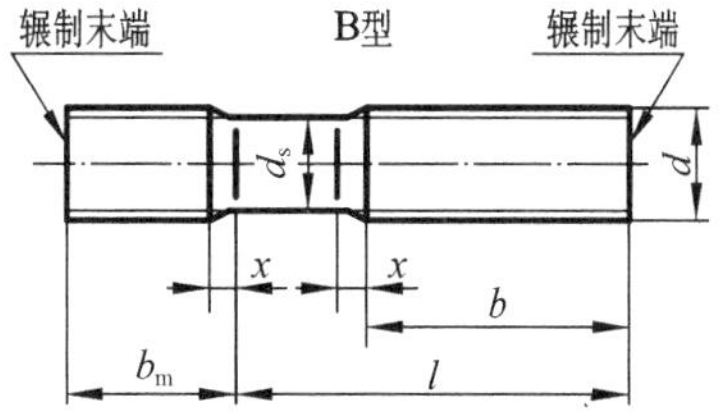

标 记 示 例

两端均为粗牙普通螺纹，d=10 mm，l=50 mm，性能等级为 4.8 级，B 型，b_m=1d 的双头螺柱：

螺柱 GB/T 897 M10×50

旋入一端为粗牙普通螺纹，旋螺母一端为螺距 P=1 mm 的细牙普通螺纹，d=10 mm，l=50 mm，性能等级为 4.8 级，A 型，b_m=1d 的双头螺柱；螺柱 GB/T 897 AM10—M10×1×50

旋入一端为过渡配合的第一种配合，旋螺母一端为粗牙普通螺纹，d=10 mm，l=50 mm，性能等级为 8.8 级，B 型，b_m=1d 的双头螺柱；螺柱 GB/T 897 GM10—M10×50—8.8

单位：mm

螺纹规格 d		M4	M5	M6	M8	M10	M12	M16	M20	M24	M30	M36	M42	M48
b_m	GB 897	—	5	6	8	10	12	16	20	24	30	36	42	48
	GB 898	—	6	8	10	12	15	20	25	30	38	45	52	60
	GB 899	6	8	10	12	15	18	24	30	36	45	54	65	72
	GB 900	8	10	12	16	20	24	32	40	48	60	72	84	96
d_n		A 型 d_x=螺纹大径　　B 型 d_x=螺纹中径												
s		1.5P												
$\frac{l}{b}$		$\frac{16-22}{8}$	$\frac{16-22}{10}$	$\frac{20-22}{10}$	$\frac{20-22}{12}$	$\frac{25-28}{14}$	$\frac{25-30}{16}$	$\frac{30-38}{20}$	$\frac{35-40}{25}$	$\frac{45-50}{30}$	$\frac{60-65}{40}$	$\frac{65-75}{45}$	$\frac{70-80}{50}$	$\frac{80-90}{60}$
		$\frac{25-40}{14}$	$\frac{25-50}{16}$	$\frac{25-30}{14}$	$\frac{25-30}{16}$	$\frac{30-38}{16}$	$\frac{32-40}{20}$	$\frac{40-55}{30}$	$\frac{45-65}{35}$	$\frac{55-75}{45}$	$\frac{70-90}{50}$	$\frac{80-110}{60}$	$\frac{85-110}{70}$	$\frac{95-110}{80}$
				$\frac{32-75}{18}$	$\frac{32-90}{22}$	$\frac{40-120}{26}$	$\frac{45-120}{30}$	$\frac{60-120}{38}$	$\frac{70-120}{46}$	$\frac{80-120}{54}$	$\frac{95-120}{60}$	$\frac{120}{78}$	$\frac{120}{90}$	$\frac{120}{102}$
						$\frac{130}{32}$	$\frac{130-180}{36}$	$\frac{130-200}{44}$	$\frac{130-200}{52}$	$\frac{130-200}{60}$	$\frac{130-200}{72}$	$\frac{130-200}{84}$	$\frac{130-200}{96}$	$\frac{130-200}{108}$
											$\frac{210-250}{85}$	$\frac{210-300}{97}$	$\frac{210-300}{109}$	$\frac{210-300}{121}$
l 系列		16、(18)、20、(22)、25、(28)、30、(32)、35、(38)、40、45、50、(55)、60、(65)、70、(75)、80、(85)、90、(95)、100、110、120、130、140、150、160、170、180、190、200、210、220、230、240、250、260、280、300												

附录 B3　螺钉(摘编)

开槽圆柱头螺钉(GB/T 65—2000)

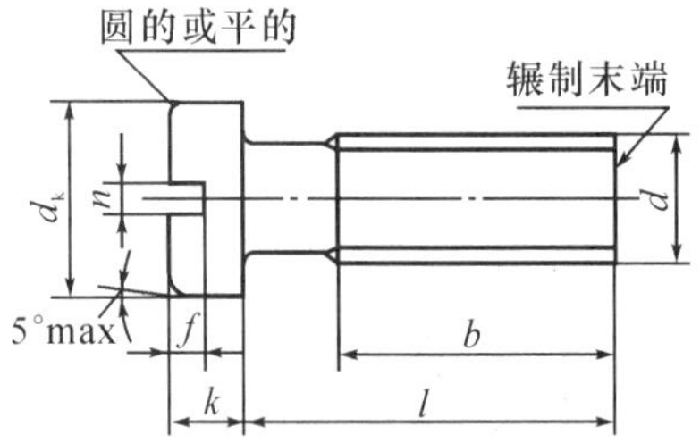

开槽盘头螺钉(GB/T 67—2000)

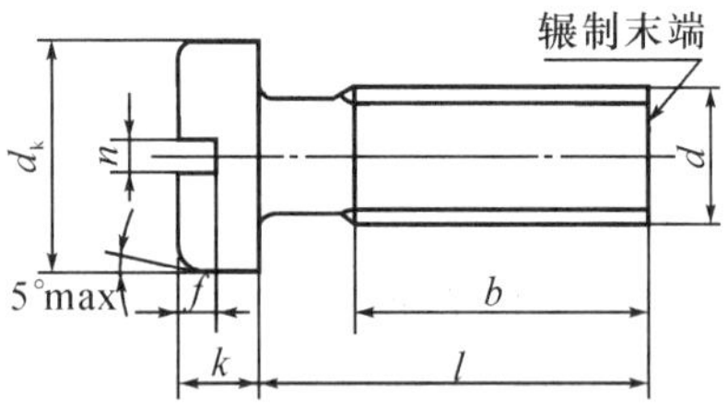

开槽沉头螺钉(GB/T 68—2000)

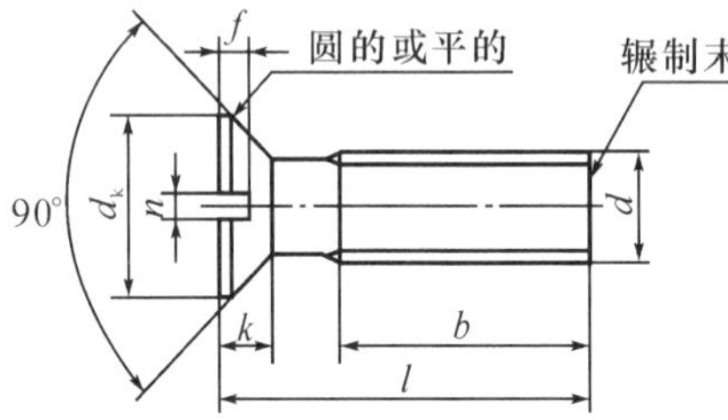

开槽半沉头螺钉(GB/T 69—2000)

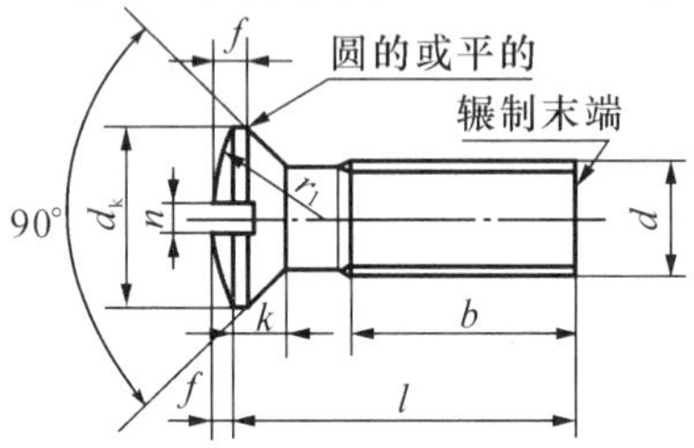

无螺纹部分杆径≈中径或=螺纹大径

标 记 示 例

螺纹规格 d=M5,公称长度 l=20 mm,性能等级为 4.8 级,不经表面处理的开槽圆柱头螺钉:

螺钉 GB/T 65　M5×20

单位:mm

螺纹规格 d	P	b_{min}	a 公称	f	r_f	k_{max}			d_{kmax}			t_{min}				l 范围
				GB 69	GB 69	GB 65	GB 67	GB 68 GB 69	GB 65	GB 67	GB 68 GB 69	GB 65	GB 67	GB 68	GB 69	
M3	0.5	25	0.8	0.7	6	1.8	1.8	1.65	5.6	5.6	5.5	0.7	0.7	0.6	1.2	4～30
M4	0.7	38	1.2	1	9.5	2.6	2.4	2.7	7	8	8.4	1.1	1	1	1.6	5～40
M5	0.8	38	1.2	1.2	9.5	3.3	3.0	2.7	8.5	9.5	9.3	1.3	1.2	1.1	2	6～50
M6	1	38	1.6	1.4	12	3.9	3.6	3.3	10	12	11.3	1.6	1.4	1.2	2.4	8～60
M8	1.25	38	2	2	16.5	5	4.8	4.65	13	16	15.8	2	1.9	1.8	3.2	10～80
M10	1.5	38	2.5	2.3	19.5	6	6	5	16	20	18.3	2.4	2.4	2	3.8	12～80
l 系列			4、5、6、8、10、12、(14)、16、20、25、30、35、40、50、(55)、60、(65)、70、(75)、80													

注:1. 螺纹规格 d=M1.6～M3,公称长度 l≤30 mm 的螺钉,应制出全螺纹;
　　螺纹规格 d=M4～M10,公称长度 l≤40 mm 的螺钉,应制出全螺纹($b=l-a$)。
　2. 尽可能不采用括号内的规格。

附录 B4　内六角圆柱头螺钉(摘编)

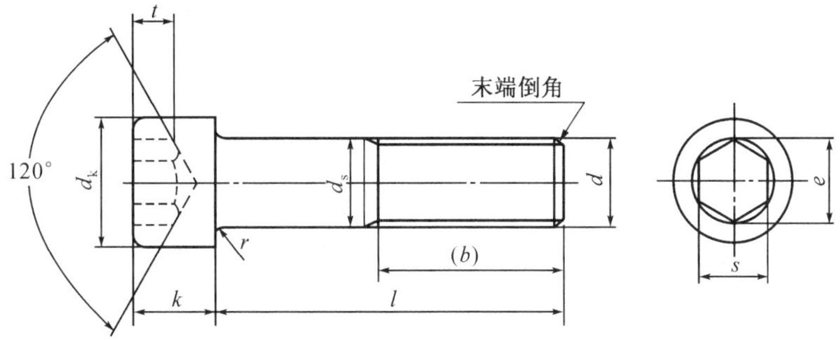

标 记 示 例

螺纹规格 d=M5,公称长度 l=20 mm,性能等级为 8.8 级,表面氧化的内六角圆柱头螺钉:

螺钉 GB/T 70　M5×20

单位:mm

螺纹规格 d	M3	M4	M5	M6	M8	M10	M12	M14	M16	M20	M24
P(螺距)	0.5	0.7	0.8	1	1.25	1.5	1.75	2	2	2.5	3
b 参考	18	20	22	24	28	32	36	40	44	52	60
d_{kmax}	5.5	7	8.5	10	13	16	18	21	24	30	36
k_{max}	3	4	5	6	8	10	12	14	16	20	24
t_{min}	1.3	2	2.5	3	4	5	6	7	8	10	12
s 公称	2.5	3	4	5	6	8	10	12	14	17	19
e_{min}	2.87	3.44	4.58	5.72	6.86	9.15	11.43	13.72	16.00	19.44	21.73
d_{smax}	$d_s = d$										
l 范围	5～30	6～40	8～50	10～60	12～80	16～100	20～120	25～140	25～160	30～200	40～200
l≤表中数值时,制出全螺纹	20	25	25	30	35	40	45	55	55	65	80
l 系列	5、6、8、10、12、(14)、(16)、20、25、30、35、40、45、50、(55)、60、(65)、70、80、90、100、110、120、130、140、150、160、180、200										

注:1. 螺纹规格 d=M1.6～M3,公称长度 l≤30 mm 的螺钉,应制出全螺纹;
螺纹规格 d=M4～M10,公称长度 l≤40 mm 的螺钉,应制出全螺纹($b=l-a$)。
2. 尽可能不采用括号内的规格。

附录 B5　开槽锥端紧定螺钉(GB/T 71—2000)
开槽平端紧定螺钉(GB/T 73—2000)
开槽长圆柱端紧定螺钉(GB/T 75—2000)摘编

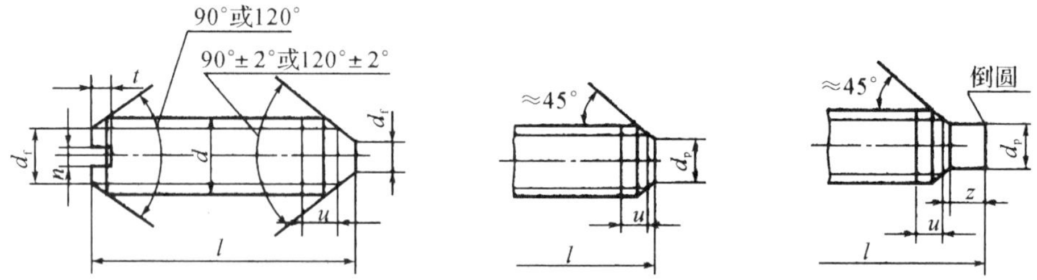

公称长度为短螺钉时，应制成 120°，u 为不完整螺纹的长度 $\leqslant 2P$

标 记 示 例

螺纹规格 d＝M5，公称长度 l＝12 mm，性能等级为 14H 级，表面氧化的开槽平端紧定螺钉：

螺钉　GB/T 73　M5×12

单位：mm

螺纹规格 d		M1.2	M1.6	M2	M2.5	M3	M4	M5	M6	M8	M10	M12
螺距 P		0.25	0.35	0.4	0.45	0.5	0.7	0.8	1	1.25	1.5	1.75
d_f	∞	螺纹小径										
d_t	min	—	—	—	—	—	—	—	—	—	—	—
	max	0.12	0.16	0.2	0.25	0.3	0.4	0.5	1.5	2	2.5	3
d_p	min	0.35	0.55	0.75	1.25	1.75	2.25	3.2	3.7	5.2	6.64	8.14
	max	0.6	0.8	1	1.5	2	2.5	3.5	4	5.5	7	8.5
n	公称	0.2	0.25	0.25	0.4	0.4	0.6	0.8	1	1.2	1.6	2
	min	0.26	0.31	0.31	0.46	0.46	0.66	0.86	1.06	1.26	1.66	2.06
	max	0.4	0.45	0.45	0.6	0.6	0.8	1	1.2	1.51	1.91	2.31
t	min	0.4	0.56	0.64	0.72	0.8	1.12	1.28	1.6	2	2.4	2.8
	max	0.52	0.74	0.84	0.95	1.05	1.42	1.63	2	2.5	3	3.6
z	min	—	0.8	1	1.25	1.5	2	2.5	3	4	5	6
	max	—	1.05	1.25	1.5	1.75	2.25	2.75	3.25	4.3	5.3	6.3
GB/T 71	l（公称长度）	2～6	2～8	3～10	3～13	4～16	6～20	8～25	8～30	10～40	12～50	14～60
	l（短螺钉）	2	2～2.5	2～2.5	2～3	2～3	2～4	2～5	2～6	2～8	2～10	2～12
GB/T 73	l（公称长度）	2～6	2～8	2～10	2.5～12	3～16	4～20	5～25	6～30	8～40	10～50	12～60
	l（短螺钉）	—	2	2～2.5	2～3	2～3	2～4	2～5	2～6	2～6	2～8	2～10
GB/T 75	l（公称长度）	—	2.5～8	3～10	4～12	5～16	6～20	8～25	8～30	10～40	12～50	14～60
	l（短螺钉）	—	2～2.5	2～3	2～4	2～5	2～6	2～8	2～10	2～14	2～16	2～20
l（系列）		2、2.5、3、4、5、6、8、10、12、(14)、16、20、25、30、35、40、45、50、(55)、60										

注：1. 公称长度为商品规格尺寸。

2. 尽可能不采用括号内的规格。

附录 B6 Ⅰ型六角螺母(GB/T 6170—2000) 摘编

Ⅰ型六角螺母—A 级和 B 级(摘自 GB/T 6170—2000)

Ⅰ型六角头螺母—细牙—A 级和 B 级(摘自 GB/T 6171—2000)

Ⅰ型六角螺母—C 级(摘自 GB/T 41—2000)

允许制造的形式

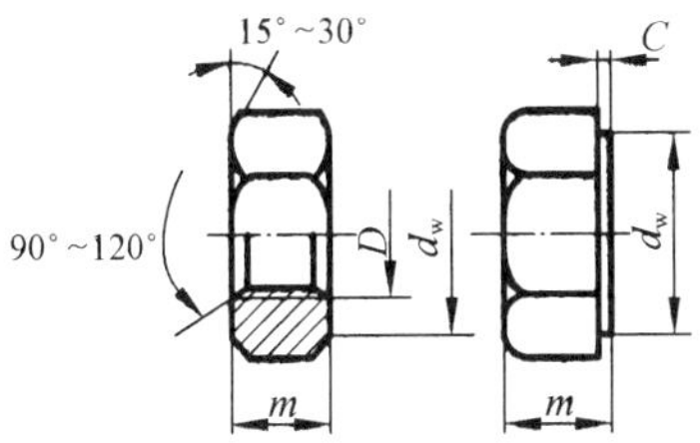

A级和B级

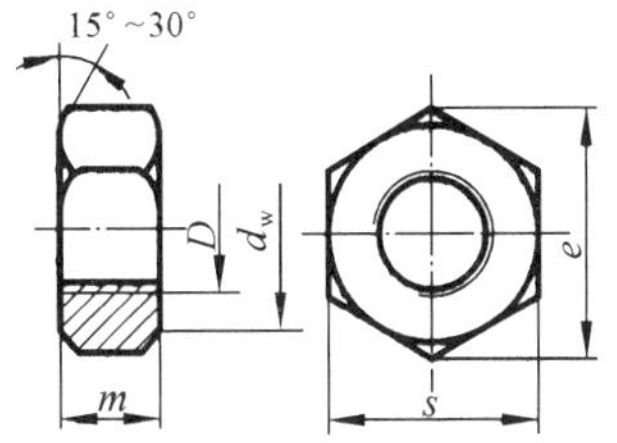

C级

标 记 示 例

螺纹规格 D=M12,性能等级为 5 级,不经表面处理,C 级的Ⅰ型六角螺母:

螺母 GB/T 41 M12

螺纹规格 D=M24,螺距 P=2,性能等级为 10 级,不经表面处理,B 级的Ⅰ型细牙六角螺母:

螺母 GB/T 6171 M24×2

单位:mm

螺纹规格	D	M4	M5	M6	M8	M10	M12	M16	M20	M24	M30	M36	M42	M48
	$D\times P$	—	—	—	M8×1	M10×1	M12×1.5	M16×1.5	M20×2	M24×2	M30×2	M36×3	M42×3	M48
C		0.4	0.5		0.6			0.8				1		
S_{max}		7	8	10	13	16	18	24	30	36	46	55	65	75
e_{min}	A、B级	7.66	8.79	11.05	14.38	17.77	20.03	26.75	32.95	39.95	50.85	60.79	72.02	82.6
	C级	—	8.63	10.89	14.2	17.59	19.85	26.17						
m_{max}	A、B级	3.2	4.7	5.2	6.8	8.4	10.8	14.8	18	21.5	25.6	31	34	38
	C级	—	5.6	6.1	7.9	9.5	12.2	15.9	18.7	22.3	26.4	31.5	34.9	38.9
d_{smin}	A、B级	5.9	6.9	8.9	11.6	14.6	16.6	22.5	27.7	33.2	42.7	51.1	60.6	69.4
	C级	—	6.9	8.7	11.5	14.5	16.5	22						

注:1. A 级用于 $D\leqslant 16$ 的螺母;B 级用于 $D>16$ 的螺母;C 级用于 $D\geqslant 5$ 的螺母。

2. 螺纹公差:A、B 级为 6H,C 级为 7H;机械性能等级:A、B 级为 6、8、10 级,C 级为 4、5 级。

附录 B7　普通垫圈

平垫圈—A 级(摘自 GB/T 97.1—2002)、平垫圈倒角型—A 级(摘自 GB/T 97.2—2002)
小垫圈—A 级(摘自 GB/T 848—2002)、平垫圈—C 级(摘自 GB/T 95—2002)
大垫圈—A 级和 C 级(摘自 GB/T 96.1～96.2—2002)

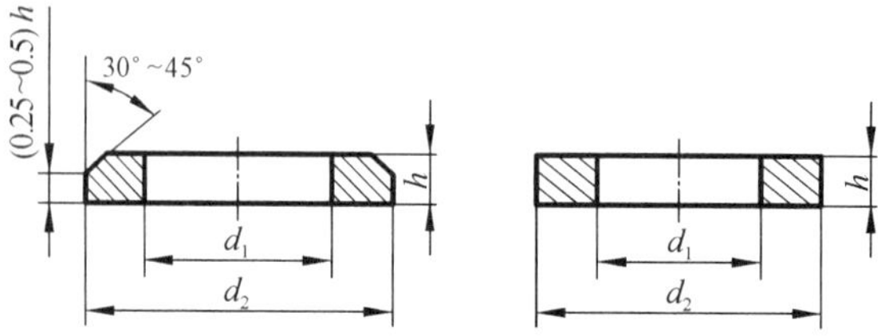

标 记 示 例

标准系列,公称尺寸 d=10,性能等级为 100HV 级,不经表面处理的平垫圈:
垫圈 GB/T 95　10～100HV
标准系列,公称尺寸 d=10,性能等级为 A140 级,不经表面处理的平垫圈:
垫圈 GB/T 97.2　10—A140

单位:mm

公称直径 d(螺纹规格)		4	5	6	8	10	12	14	16	20	24	30	36	42	48
GB/T 848—2002(A 级)	d_1	4.3	5.3	6.4	8.4	10.5	13	15	17	21	25	31	37	—	—
	d_2	8	9	11	15	18	20	24	28	34	39	50	60	—	—
	h	0.5	1	1.6	1.6	1.6	2	2.5	2.5	3	4	4	5	—	—
GB/T 97.1—2002(A 级)	d_1	4.3	5.3	6.4	8.4	10.5	13	15	17	21	25	31	37	—	—
	d_2	9	10	12	16	20	24	28	30	37	44	56	66	—	—
	h	0.8	1	1.6	1.6	2	2.5	2.5	3	3	4	4	5	—	—
GB/T 97.2—2002(A 级)	d_1	—	5.3	6.4	8.4	10.5	13	15	17	21	25	31	37	—	—
	d_2	—	10	12	16	20	24	28	30	37	44	56	66	—	—
	h	—	1	1.6	1.6	2	2.5	2.5	3	3	4	4	5	—	—
GB/T 95—2002(C 级)	d_1	—	5.5	6.6	9	11	13.5	15.5	17.5	22	26	33	39	45	52
	d_2	—	10	12	16	20	24	28	30	37	44	56	66	78	92
	h	—	1	1.6	1.6	2	2.5	2.5	3	3	4	4	5	8	8
GB/T 96—2002(A 级和 C 级)	d_1	4.3	5.6	6.4	8.4	10.5	13	15	17	22	26	33	39	45	82
	d_2	12	15	18	24	30	37	44	50	60	72	92	110	125	145
	h	1	1.2	1.6	2	2.5	3	3	3	4	5	6	8	10	10

注:A 级适用于精装配系列,C 级适用于中等装配系列。

附录 B8 标准型弹簧垫圈(GB/T 93—2003) 摘编

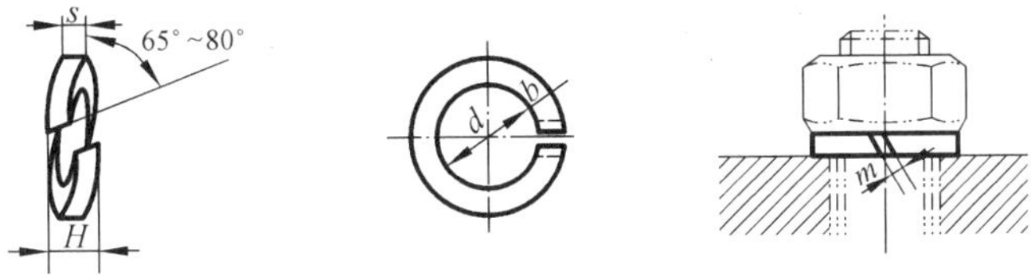

标 记 示 例

公径直径 16、材料为 65Mn 表面氧化的标准弹簧垫圈:

垫圈 GB/T 93 16

单位:mm

公称直径(螺纹规格)		4	5	6	8	10	12	16	20	24	30
d	min	4.1	5.1	6.1	8.1	10.2	12.2	16.2	20.2	24.5	30.5
	max	4.4	5.4	6.68	8.68	10.9	12.9	16.9	21.04	25.5	31.5
S、*b*	公称	1.1	1.3	1.6	2.1	2.6	3.1	4.1	5	6	7.5
	min	1	1.2	1.5	2	2.45	2.95	3.9	4.8	5.8	7.2
	max	1.2	1.4	1.7	2.2	2.75	3.25	4.3	5.2	6.2	7.8
H	min	2.2	2.6	3.2	4.2	5.2	6.2	8.2	10	12	15
	max	2.75	3.25	4	5.25	6.5	7.75	10.25	12.5	15	18.75
$m\leqslant$		0.55	0.65	0.8	1.05	1.3	1.55	2.05	2.5	3	3.75

附录C　其他标准件

附录C1　普通平键　键和键槽的剖面尺寸(GB/T 1095—2003) 普通平键型式及尺寸(GB/T 1096—2003)　摘编

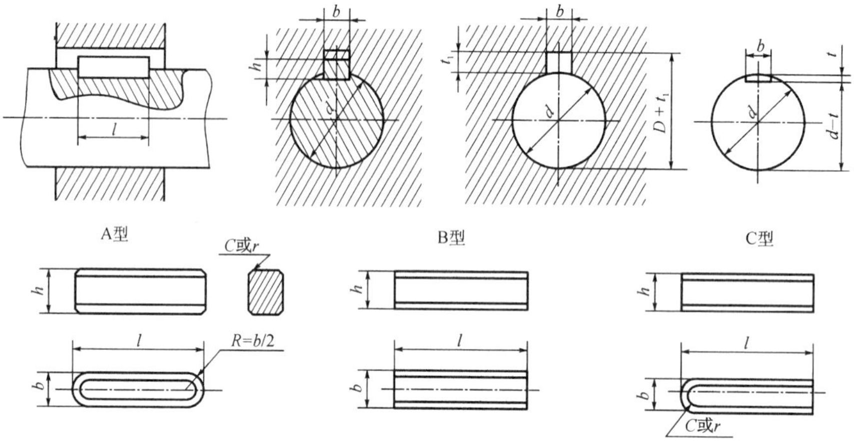

标 记 示 例

圆头普通平键(A型),$b=18,h=11,L=100$;GB/T 1096—2003　键 18×11×100

平头普通平键(B型),$b=18,h=11,L=100$;GB/T 1096—2003　键 B18×11×100

单圆头普通平键(C型),$b=18,h=11,L=100$;GB/T 1096—2003　键 C18×11×100

单位：mm

公称直径 d	键		键槽											
	公称尺寸 $b\times h$	长度 L	宽度 b						深度					
			公称尺寸 b	极限偏差					轴 t		毂 t_1		半径 r	
				较松键连接		一般键连接		较紧键连接						
				轴 H9	毂 D10	轴 N9	毂 JS9	轴和毂 P9	公称	偏差	公称	偏差	最大	最小
>10～12	4×4	8～45	4	+0.030 +0.000	+0.078 +0.030	−0.000 −0.030	±0.015	−0.012 −0.042	2.5	+0.10	1.8	+0.10	0.08	0.16
>12～17	5×5	10～56	5						3.0		2.3		0.16	0.25
>17～22	6×6	14～70	6						3.5		2.8			
>22～30	8×7	18～90	8	+0.036 +0.000	+0.098 +0.040	−0.000 −0.036	±0.018	−0.015 −0.051	4.0	+0.20	3.3	+0.20		
>30～38	10×8	22～110	10						5.0		3.3		0.25	0.40
>38～44	12×8	28～140	12	+0.043 +0.003	+0.120 +0.050	−0.003 −0.043	±0.021 5	−0.018 −0.061	5.0		3.3			
>44～50	14×9	36～160	14						5.5		3.8			
>50～58	16×10	45～180	16						6.0		4.3			
>58～65	18×11	50～200	18	+0.052 +0.002	+0.149 +0.065	−0.052 −0.052	±0.062	−0.002 −0.074	7.0		4.4			
>65～75	20×12	56～220	20						7.5		4.9		0.40	0.60
>75～85	22×14	63～250	22						9.0		5.4			
>85～95	25×14	70～280	25						9.0		5.4			
>95～110	28×16	80～320	28						10.0		6.4			

注：1. 键 b 的极限偏差为 h9，键 h 的极限偏差为 h11，键长 L 的极限偏差 h14。

2. $(d-t)$ 和 $(d+t_1)$ 两组组合尺寸的极限偏差按相应的 t 和 t_1 的极限偏差选取，但 $(d-t)$ 极限偏差应取负号(−)。

3. L 系列，6～22(2 进位)、25、28、32、36、40、45、50、56、63、70、80、90、100、110、125、140、160。

附录 C2 圆柱销、圆锥销、开口销 摘编

圆柱销(摘自 GB/T 119.1—2000)
圆锥销(摘自 GB/T 117—2000)
开口销(摘自 GB/T 91—2000)

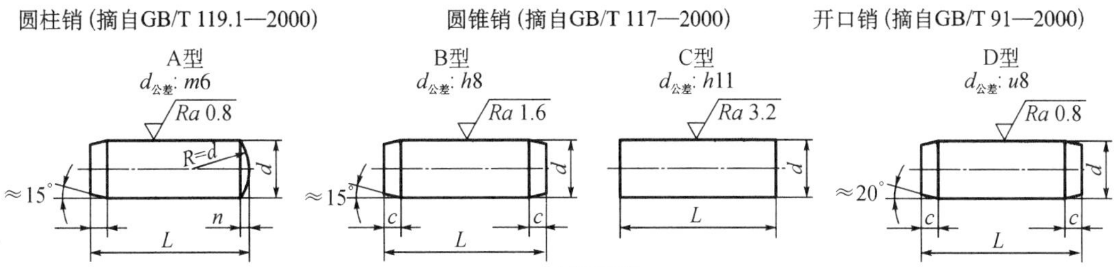

(a) 圆柱销

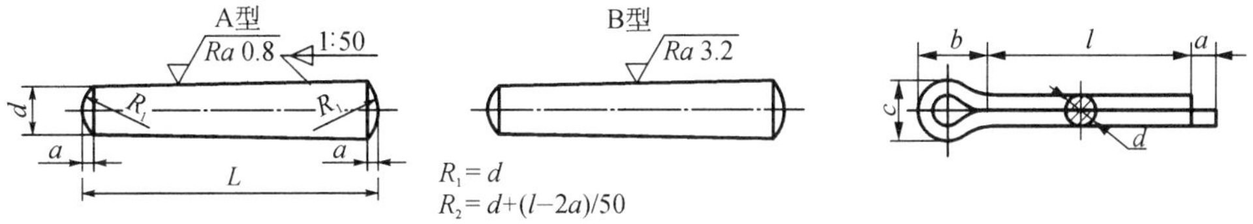

(b) 圆柱销 (c) 开口销

标 记 示 例

公称直径 10 mm、长 50 mm 的 A 型圆柱销,记为:销 GB/T 119.1—2000 6m10×50

公称直径 10 mm、长 60 mm 的 A 型圆柱销,记为:销 GB/T 117—2000 10×60

公称直径 5 mm、长 50 mm 的开口销,记为:销 GB/T 91—2000 10×50

单位:mm

名称	公称直径 d	1	1.2	1.5	2	2.5	3	4	5	6	8	10	12
圆柱销 GB/T 119.1	$n^{\approx}$	0.12	0.16	0.20	0.25	0.30	0.40	0.50	0.63	0.80	1.0	1.2	1.6
	$c^{\approx}$	0.20	0.25	0.30	0.35	0.40	0.50	0.63	0.80	1.2	1.6	2	2.5
圆锥销 GB/117	$a^{\approx}$	0.12	0.16	0.20	0.25	0.30	0.40	0.50	0.63	0.80	1	1.2	1.6
开口销 GB/T91	d(公称)	0.6	0.8	1	1.2	1.6	2	2.5	3.2	4	5	6.3	8
	c	1	1.4	1.8	2	2.8	3.6	4.6	5.8	7.4	9.2	11.8	15
	$b^{\approx}$	2	2.4	3	3	3.2	4	5	6.4	8	10	12.6	16
	a	1.6	1.6	1.6	2.5	2.5	2.5	2.5	4	4	4	4	4
	L(商品规格范围公称长度)	4～12	5～16	6～20	8～25	8～32	10～40	12～50	14～65	18～80	22～100	30～120	40～160
l 系列	2、3、4、5、6、8、10、12、14、16、18、20、22、24、26、28、30、32、35、40、45、50、55、60、65、70、75、80、85、90、100、120												

附录 C3　滚动轴承　摘编

单位：mm

深沟球轴承
（摘自 GB/T 276—1994）

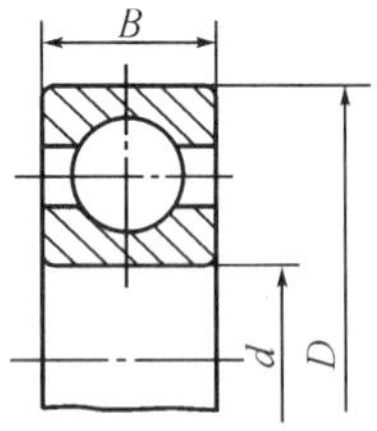

标记示例：
滚动轴承　6310
GB/T 276

圆锥滚子轴承
（摘自 GB/T 279—1994）

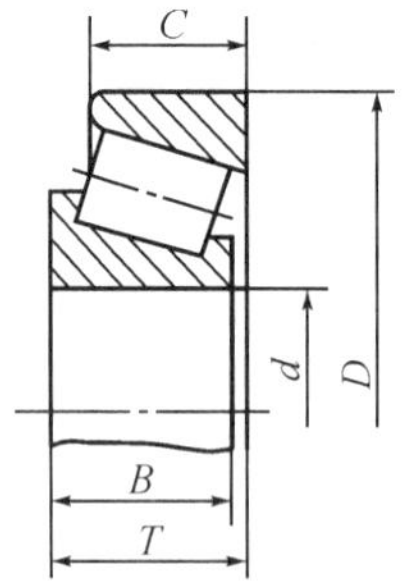

标记示例：
滚动轴承　30212　GB/T 297

推力球轴承
（摘自 GB/T 301—1995）

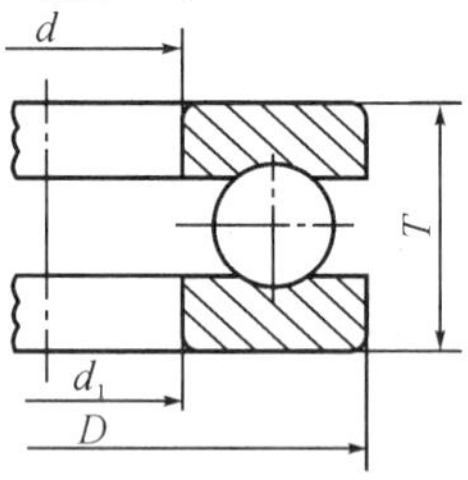

标记示例：
滚动轴承　51305
GB/T 301

轴承型号	尺寸			轴承型号	尺寸					轴承型号	尺寸			
	d	D	R		d	D	B	C	T		d	D	T	d_1
尺寸系列[(0)2]				尺寸系列[02]						尺寸系列[12]				
6202	15	35	11	30203	17	40	12	11	13.25	51202	15	32	12	17
6203	17	40	12	30204	20	47	14	12	15.25	51203	17	35	12	19
6204	20	47	14	30205	25	52	15	13	16.25	51204	20	40	14	22
6205	25	52	15	30206	30	62	16	14	17.25	51205	25	47	15	27
6206	30	62	16	30207	35	72	17	15	18.25	51206	30	52	16	32
6207	35	72	17	30208	40	80	18	16	19.75	51207	35	65	18	37
6208	40	80	18	30209	45	85	19	16	20.75	51208	40	68	19	42
6209	45	85	19	30210	50	90	20	17	21.75	51209	45	73	20	47
6210	50	90	20	30211	55	100	21	18	22.75	51510	50	75	22	52
6211	55	100	21	30212	60	110	22	19	23.75	51211	55	90	25	57
6212	60	110	22	30213	65	120	23	20	24.75	51212	60	95	26	62
尺寸系列[(0)3]				尺寸系列[03]						尺寸系列[13]				
6302	15	42	13	30302	15	42	13	11	14.25	51304	20	47	18	22
6030	17	47	14	30303	17	47	14	12	15.25	61305	25	52	18	27
6304	20	52	15	30204	20	52	15	13	16.25	51306	30	60	21	32
6305	25	62	17	30305	25	62	17	15	18.25	51307	35	68	24	37
6306	30	72	19	30306	30	72	19	16	20.75	51308	40	78	26	42
6307	35	80	21	30307	35	80	21	18	22.75	51309	45	85	28	47
6308	40	90	23	30308	40	90	23	20	25.25	51310	50	95	31	52
6309	45	100	25	30309	45	100	25	22	27.25	51311	55	105	35	57
6310	50	110	27	30310	50	110	27	23	29.25	51312	60	110	35	62
6311	5	120	29	30311	55	120	29	25	31.50	51313	65	115	36	67
6312	60	130	31	30312	60	130	31	26	33.50	51314	70	125	40	72

注：圆括号中的尺寸系列代号在轴承代号中省略。

附录 D 极限与配合

附录 D1 标准公差数值(GB/T 1800.3—1999) 摘编

基本尺寸/mm	公差等级																			
	IT01	IT0	IT1	IT2	IT3	IT4	IT5	IT6	IT7	IT8	IT9	IT10	IT11	IT12	IT13	IT14	IT15	IT16	IT17	IT18
>3~6	0.4	0.6	1	1.5	2.5	4	5	8	12	18	30	48	75	120	180	300	480	750	1 200	1 800
>6~10	0.4	0.6	1	1.5	2.5	4	6	9	15	22	36	58	90	150	220	360	580	900	1 500	2 200
>10~18	0.5	0.8	1.2	2	3	5	8	11	18	27	43	70	110	180	270	430	700	1 100	1 800	2 700
>18~30	0.6	1	1.5	2.5	4	6	9	13	21	33	52	84	130	210	330	520	840	1 300	2 100	3 300
>30~50	0.6	1	1.5	2.5	4	7	11	16	25	39	62	100	160	250	390	620	1 000	1 600	2 500	3 900
>50~180	0.8	1.2	2	3	5	8	13	19	30	46	74	120	190	300	460	740	1 200	1 900	3 000	4 600
>80~120	1	1.5	2.5	4	6	10	15	22	35	54	87	140	220	350	540	870	1 400	2 200	3 500	5 400

附录 D2 公差等级与加工方法的关系

加工方法	公差等级(IT)																	
	01	0	1	2	3	4	5	6	7	8	9	10	11	12	13	14	15	16
研磨	■	■	■	■	■	■	■											
圆磨、平磨							■	■	■	■								
金刚石车、金刚石镗							■	■	■									
铰孔								■	■	■	■	■						
车、镗									■	■	■	■	■					
铣										■	■	■	■					
刨、插												■	■					
钻孔													■	■	■	■		
冲压													■	■	■	■	■	
锻造																		■

附录 D3 线性尺寸的未注公差(GB/T 1804—1992) 摘编

<table>
<tr><td rowspan="3">公差等级</td><td colspan="8">线性尺寸的极限偏差数值</td><td colspan="4">倒圆半径与倒角高度尺寸的极限偏差数值</td></tr>
<tr><td colspan="8">尺寸分段</td><td colspan="4">尺寸分段</td></tr>
<tr><td>0.5~3</td><td>>3~6</td><td>>6~30</td><td>>30~120</td><td>>120~400</td><td>>400~1 000</td><td>>1 000~2 000</td><td>>2 000~4 000</td><td>0.5~3</td><td>>3~6</td><td>>6~30</td><td>>30</td></tr>
<tr><td>f(精密级)</td><td>±0.05</td><td>±0.05</td><td>±0.1</td><td>±0.15</td><td>±0.2</td><td>±0.3</td><td>±0.5</td><td></td><td rowspan="2">±0.2</td><td rowspan="2">±0.5</td><td rowspan="2">±1</td><td rowspan="2">±2</td></tr>
<tr><td>m(中等级)</td><td>±0.1</td><td>±0.1</td><td>±0.2</td><td>±0.3</td><td>±0.5</td><td>±0.8</td><td>±1.2</td><td>±2</td></tr>
<tr><td>c(粗糙级)</td><td>±0.2</td><td>±0.3</td><td>±0.5</td><td>±0.8</td><td>±1.2</td><td>±2</td><td>±3</td><td>±4</td><td rowspan="2">±0.4</td><td rowspan="2">±1</td><td rowspan="2">±2</td><td rowspan="2">±4</td></tr>
<tr><td>v(最粗级)</td><td></td><td>±0.5</td><td>±1</td><td>±1.5</td><td>±2.5</td><td>±4</td><td>±6</td><td>±8</td></tr>
<tr><td colspan="13">在图样上、技术文件或标准中的表示方法示例：GB/T 1804—m(表示选用中等级)</td></tr>
</table>

附录 D4　优先及常用配合轴的极限偏差表

单位：mm

代号		a	b	c	d	e	f	g	h									js	k	m	n	p	r	s	t	u	v	x	y	z
基本尺寸/mm		公差等级																												
大于	至	11	11	*11	*9	*8	*7	*6	5	*6	*7	8	*9	10	*11	12	6	*6	6	*6	*6	6	*6	6	6*	6	6	6	6
—	3	−270 −330	−140 −200	−60 −120	−20 −45	−14 −28	−6 −16	−2 −8	0 −4	0 −6	0 −10	−0 −14	−0 −25	−0 −40	−0 −60	−0 −100	±3	+6 0	−8 +2	+10 +4	+12 +6	+16 +10	+20 +14	—	+24 +28	—	+26 +20	—	+32 +26
3	6	−270 −345	−140 −215	−70 −145	−30 −60	−20 −38	−10 −22	−4 −12	0 −5	0 −8	0 −12	0 −18	0 −30	0 −48	0 −75	0 −120	±4	+9 +1	+12 +4	+16 +8	+20 +12	+23 +15	+27 +19	—	+31 +23	—	+36 +28	—	+43 +35
6	10	−280 −338	−150 −240	−80 −170	−40 −76	−25 −47	−13 −28	−5 −14	0 −6	0 −9	0 −15	0 −22	0 −36	0 −58	0 −90	0 −150	±4.5	+10 +1	+15 +6	+19 +10	+24 +15	+28 +19	+32 +23	—	+37 +28	—	+43 +34	—	+51 +42
10	14	−290 −400	−150 −250	−55 −205	−50 −93	−32 −59	−16 −34	−6 −17	0 −8	0 −11	0 −18	0 −27	0 −43	0 −70	0 −110	0 −180	±5.5	+12 +1	+18 +7	+23 +12	+29 +18	+34 +23	+39 +28	—	+44 +33	—	+51 +40	—	+61 +50
14	18																							—		+50 +39	+56 +45	—	+71 +60
18	24	−300 −430	−160 −290	−110 −240	−65 −117	−40 −73	−20 −41	−7 −20	0 −9	0 −13	0 −21	0 −33	0 −52	0 −84	0 −130	0 −210	±6.5	+15 +2	+21 +8	+28 +15	+35 +22	+41 +28	+48 +35	—	+54 +41	+60 +47	+67 +54	+76 +63	+86 +73
24	30																							+54 +41	+64 +48	+68 +55	+77 +65	+88 +75	+101 +88
30	40	−310 −470	−170 −330	−120 −280	−80 −142	−50 −89	−25 −50	−9 −25	0 −11	0 −16	0 −25	0 −39	0 −62	0 −100	0 −160	0 −250	±8	+18 +2	+25 +9	+33 +17	+42 +26	+50 +34	+59 +43	+64 +48	+76 +60	+84 +68	+96 +80	+110 +94	+128 +112
40	50	−320 −480	−180 −340	−130 −290																				+70 +54	+86 +70	+97 +84	+113 +97	+130 +114	+152 +136
50	65	−340 −530	−190 −380	−140 −330	−100 −174	−60 −106	−30 −60	−10 −29	0 −13	0 −19	0 −30	0 −46	0 −74	0 −120	0 −190	0 −300	±9.5	+21 +2	+30 +11	+39 +20	+51 +32	+60 +41	+72 +53	+85 +66	+106 +87	+121 +102	+141 +122	+163 +144	+191 +172
65	80	−360 −550	−200 −390	−150 −340																		+62 +43	+78 +59	+94 +75	+121 +102	+139 +120	+165 +146	+193 +174	+229 +210
80	100	−380 −600	−220 −400	−170 −390	−120 −207	−72 −126	−36 −71	−12 −34	0 −15	0 −22	0 −35	0 −54	0 −87	0 −140	0 −220	0 −350	±11	+25 +3	+35 +13	+45 +23	+59 +37	+73 +51	+93 +71	+113 +91	+46 +124	+168 +146	+200 +178	+236 +214	+280 +258
100	120	−410 −630	−340 −460	−180 −400																		+76 +54	+101 +79	+126 +104	+166 +144	+194 +172	+232 +210	+276 +254	+332 +310

（续表）

代号		a	b	c	d	e	f	g	h								js	k	m	n	p	r	s	t	u	v	x	y	z
基本尺寸/mm		公差等级																											
大于	至	11	11	*11	*9	*8	*7	*6	5	*6	*7	8	*9	10	*11	12	6	*6	6	*6	*6	6	*6	6	6*	6	6	6	6
120	140	−460 −710	−260 −510	−200 −450																		+88 +63	+117 +92	+147 +122	+195 +172	+227 +202	+273 +248	+325 +300	+390 +365
140	160	−520 −770	−280 −530	−210 −460	−145 −245	−85 −148	−43 −83	−14 −39	0 −18	0 −25	0 −40	0 −63	0 −100	0 −160	0 −250	0 −400	±12.5	+28 +3	+40 +15	+52 +27	+68 +43	+90 +65	+125 +100	+159 +134	+215 +190	+256 +228	+305 +280	+365 +340	+440 +415
160	180	−580 −830	−310 −560	−230 −480																		+93 +68	+133 +108	+171 +146	+235 +210	+277 +252	+335 +310	+405 +380	+490 +465
180	200	−660 −950	−340 −630	−240 −530																		+106 +77	+151 +122	195 166	+265 +236	+313 +284	+379 +350	+454 +425	+549 +520
200	225	−740 −1000	−380 −670	−260 −550	−170 −285	−100 −172	−50 −96	−15 −44	0 −20	0 −29	0 −46	0 −72	0 −115	0 −185	0 −290	0 −460	±14.5	+33 +4	+46 +17	+60 +31	+79 +50	+109 +80	+159 +130	+209 +180	+287 +258	+339 +310	+414 +385	+499 +470	+604 +575
225	250	−820 −1110	−420 −710	−280 −570																		+113 +84	+169 +140	+225 +196	+313 +284	+369 +340	+454 +425	+549 +520	+669 +640
250	280	−920 −1240	−480 −800	−300 −620	−190 −320	−110 −191	−56 −108	−17 −49	0 −23	0 −32	0 −52	0 −81	0 −130	0 −210	0 −320	0 −520	±16	+36 +4	+52 +20	+66 +34	+88 +56	+126 +94	+190 +158	+250 +218	+347 +315	+417 +385	+507 +475	+612 +530	+742 +710
280	315	−1050 −1370	−540 −860	−330 −650																		+130 +98	+202 +170	+272 +240	+382 +350	+457 +425	+557 +525	+682 +650	+822 +790
315	355	−1200 −1500	−600 −960	−360 −720	−210 −350	−125 −214	−62 −119	−18 −54	0 −25	0 −36	0 −57	0 −89	0 −140	0 −230	0 −360	0 −570	±18	+40 +4	+57 +21	+73 +37	+98 +62	+144 +108	+226 +190	+304 +268	+426 +390	+511 +475	+626 +590	+766 +730	+936 +900
355	400	−1350 −1710	−680 −1000	−400 −760																		+150 +114	+244 +208	+330 +294	+471 +435	+566 +530	+696 +660	+856 +820	+1086 +1000
400	450	−1500 1900	−760 −1160	−440 −840	−230 −385	−135 −232	−68 −131	−20 −60	0 −27	0 −40	0 −63	0 −97	0 −155	0 −250	0 −400	0 −630	±20	+45 +5	+63 +23	+80 +40	+108 +68	+126 +94	+190 +158	+250 +218	+347 +315	+417 +385	+507 +475	+612 +580	+742 +710
450	500	−1650 −2050	−840 −1340	−480 −880																		+130 +98	+202 +170	+232 +240	+382 +350	+457 +425	+557 +525	+682 +650	+822 +790

注：带“*”者为优先选用的，其他为常用的。

附录 D5　优先及常用配合孔的极限偏差表

单位：μm

代号		A	B	C	D	W	F	G	H							Js		K			M	N		P		R	S	T	U
基本尺寸/mm		公差等级																											
大于	至	11	11	*11	*9	8	*8	*7	6	*7	*8	*9	10	*11	12	6	7	6	*7	8	7	6	*7	9	*7	7	*7	7	*7
—	3	+330 +270	+200 +140	+120 +60	+45 +20	+28 +14	+20 +6	+12 +2	+6 +0	+10 0	+14 0	+25 0	+40 0	+60 0	+100 0	±3	±5	0 −6	0 −10	0 −14	−2 −12	−4 −10	−4 −14	−6 −12	−6 −16	−10 −20	−14 −24	—	−18 −28
3	6	+345 +270	+215 +140	+145 +70	+60 +30	+38 +20	+28 +10	+16 +4	+8 0	+12 0	+18 0	+30 0	+48 0	+75 0	+120 0	±4	±6	+2 −6	+3 −9	+5 −13	0 −12	−5 −13	−4 −16	−9 −17	−8 −20	−11 −23	−15 −27	—	−19 −31
6	10	+370 +280	+240 +150	+170 +80	+76 +40	+47 +25	+35 +13	+20 +5	+9 0	+15 0	+22 0	+36 0	+58 0	+90 0	+150 0	±4.5	±7	+2 −7	+5 −10	+6 −16	0 −15	−7 −16	−4 −19	−12 −21	−9 −24	−13 −28	−17 −32	—	−22 −37
10	14	−40 −290	+260 +150	+205 +95	+93 +50	+59 +32	+34 +16	+24 +6	+11 0	+18 0	+27 0	+43 0	+70 0	+110 0	+180 0	±5.5	±9	+2 −9	+6 −12	+8 −19	0 −18	−9 −20	−5 −23	−15 −26	−11 −29	−16 −34	−21 −39	—	−26 −44
14	18																												
18	24	+430 +300	+290 +160	+240 +110	+117 +65	+73 +40	+53 +20	+28 +7	+13 0	+21 0	+33 0	+52 0	+84 0	+130 0	+210 0	±6.5	±10	+2 −11	+6 −15	+10 −23	0 −21	−11 −24	−7 −28	−18 −31	−14 −35	−20 −41	−27 −48	—	−33 −54
24	30																											−33 −40	−54 −61
30	40	+470 +310	+330 +170	+280 +120	+142 +80	+89 +50	+64 +25	+34 +9	+16 0	+25 0	+39 0	+62 0	+100 0	+160 0	+250 0	±8	±12	+3 −13	+7 −18	+12 −27	0 −25	−12 −28	−8 −33	−21 −37	−17 −42	−25 −50	−34 −59	−39 −64	−51 −76
40	50	+480 +320	+340 +180	+290 +130																								−45 −70	−61 −86
50	65	+530 +340	+380 +190	+330 +140	+174 +100	+106 +60	+76 +30	+40 +10	+19 0	+30 0	+46 0	+74 0	+120 0	+190 0	+300 0	±9.5	±15	+4 −15	+9 −21	+14 −32	0 −30	−14 −33	−9 −39	−26 −45	−21 −51	−30 −60	−42 −72	−55 −85	−76 −106
65	80	+550 +360	+390 +200	+340 +150																						−32 −62	−48 −78	−64 −94	−91 −121
80	100	+600 +380	+460 +220	+390 +170	+107 +120	+126 72	+90 +36	+47 +12	+22 0	+35 0	+54 0	+87 0	+140 0	+220 0	+350 0	±11	±17	+4 −18	+10 −25	+16 −38	0 −35	−16 −38	−10 −45	−30 −52	−24 −59	−38 −73	−58 −93	−78 −113	111 −146
100	120	+630 +410	+460 +240	+400 +180																						−41 −76	−66 −101	−91 −126	−131 −166

（续表）

代号		A	B	C	D	W	F	G	H							J_s		K			M	N		P		R	S	T	U
基本尺寸/mm		公差等级																											
大于	至	11	11	*11	*9	8	*8	*7	6	*7	*8	*9	10	*11	12	6	7	6	*7	8	7	6	*7	9	*7	7	*7	7	*7
120	140	+710 +460	+510 +260	+450 +200																						-48 -88	-77 -117	-107 -147	-155 -195
140	160	+770 +520	+530 +280	+460 +210	+245 +145	+148 +85	+106 +43	+54 +14	+25 —	+40 0	+63 0	+100 0	+160 0	+250 0	+400 0	±12.5	±20	+4 -21	+12 -28	+20 -43	0 -40	-20 -40	-12 -53	-36 -61	-25 -68	-50 -90	-85 -125	-119 -159	-175 -215
160	180	+830 +580	+560 +310	+480 +230																						-53 -93	-93 -133	-131 -171	-195 -235
180	200	+950 +660	+630 +340	+530 +240																						-60 -106	-105 -151	-149 -195	-219 -165
200	225	+1030 +740	+670 +380	+550 +260	+285 +170	+172 +100	+122 +50	+61 +15	+29 0	+46 0	+72 0	+115 0	+185 0	+290 0	+460 0	±14.5	±23	+5 -24	+13 -33	+22 +50	0 -46	-22 -51	-16 -60	-41 -70	-33 -79	-63 -109	-113 -159	-163 -209	-241 -287
225	250	+1110 +820	+710 +420	+570 +280																						-67 -113	-123 -169	-179 -225	-267 -313
250	280	+1240 +920	+800 +480	+620 +300	+320 +190	+191 +110	+137 +56	+69 +17	+32 0	+52 0	+81 0	+130 0	+200 0	+320 0	+520 0	±16	±26	+5 -27	+16 -36	+25 -56	0 -52	-25 -57	-16 -66	-47 -79	-36 -88	-174 -126	-138 -190	-198 -250	-295 -347
280	315	+1370 +1050	+860 +540	+650 +330																						-78 -330	-150 -202	-220 -272	-330 -382
315	335	+1560 +1200	+960 +600	+720 +360	+350 +210	+214 +125	+151 62	+75 +18	+36 0	+57 0	+89 0	+140 0	+230 0	+360 0	+570 0	±18	±28	+7 -29	+17 -40	+28 -61	0 -57	-26 -62	-16 -73	-51 -87	-41 -98	-87 -144	-169 -226	-247 -304	-369 -426
353	400	+1710 1350	+1040 +680	+760 400																						-93 -150	-187 -244	-273 -330	-414 -471
400	450	+1900 +1500	+1160 +760	+840 +440	-385 +230	+232 +135	+165 +68	+83 +20	+40 0	+63 0	+97 0	+155 0	+250 0	+400 0	+630 0	±20	±31	+8 -32	+18 -45	+29 -68	0 -63	-27 -67	-17 -80	-155 -95	-45 -108	-103 -166	-209 -272	-307 -370	-467 -530
450	500	+2050 +1650	+1240 +840	+880 +480																						109 -172	-229 -292	-337 -400	-517 -580

注：带“*”者为优先选用的，其他为常用的。

参考文献

[1] 全国技术产品文件标准化技术委员会.机械制图卷[S].北京：中国标准出版社，2007.

[2] 全国技术产品文件标准化技术委员会.技术制图卷[S].北京：中国标准出版社，2007.

[3] 聂林水，王南燕.机械制图[M].长春：吉林大学出版社，2008.

[4] 文学红，宋金虎.机械制图[M].北京：人民邮电出版社，2009.

[5] 金大鹰.机械制图[M].6版.北京：机械工业出版社，2005.

[7] 夏华生，王其昌.机械制图[M].北京：高等教育出版社，2004.

[8] 胡建生.机械制图[M].北京：机械工业出版社，2013.

[9] 余立刚，熊国全.机械制图[M].北京：北京理工大学出版社，2011.

[10] 王冰.机械制图测绘及学习与训练指导[M].北京：高等教育出版社，2003.

[11] 李杰.机械制图[M].大连：大连理工大学出版社，2011.